信息科学技术学术著作丛书

时空编码脉冲耦合神经网络理论及应用

顾晓东 著

科学出版社
北京

内 容 简 介

本书全面而系统地介绍了具有生物学背景的时空编码脉冲耦合神经网络的理论及应用。本书共9章，第1、2章介绍时空编码人工神经网络和空间编码人工神经网络的异同，时空编码脉冲耦合神经网络的基本理论、应用及研究现状，脉冲耦合神经网络的动态行为，以及更便于用硬件实现的单位连接模型；第3～7章介绍脉冲耦合神经网络在图像处理、特征提取、模式识别和优化等方面的理论及应用研究，融合数学形态学、模糊数学、粗集和粒子滤波等理论，并由数学形态学得到脉冲耦合神经网络图像处理通用设计方法，具体介绍了近二十种相关应用；第8、9章介绍基于脉冲耦合神经网络的仿生建模理论及应用，将脉冲耦合神经网络和注意力选择相融合，充分贯彻拓扑性质知觉理论，采用同步振荡特征捆绑理论，引入光流场方法，分别建立方位检测、心理学注意力选择、神经生物学注意力选择仿生模型，并应用于目标跟踪等方面。

本书可供信号与信息处理、人工神经网络、模式识别、电路与系统、机器学习、计算机视觉、生物医学工程和遥感等专业的高年级本科生、研究生，以及科研与工程技术人员参考。

图书在版编目(CIP)数据

时空编码脉冲耦合神经网络理论及应用/顾晓东著.—北京:科学出版社，2017.10

(信息科学技术学术著作丛书)

ISBN 978-7-03-054805-4

Ⅰ.①时… Ⅱ.①顾… Ⅲ.①人工神经网络-应用-脉冲编码雷达-研究 Ⅳ.①TN958.3

中国版本图书馆 CIP 数据核字(2017)第 247751 号

责任编辑:朱英彪 赵晓廷 / 责任校对:桂伟利

责任印制:张 伟 / 封面设计:陈 敬

科学出版社 出版

北京东黄城根北街 16 号

邮政编码: 100717

http://www.sciencep.com

北京厚诚则铭印刷科技有限公司 印刷

科学出版社发行 各地新华书店经销

*

2017年10月第 一 版 开本:720×1000 B5

2021年 2 月第三次印刷 印张:20 1/4

字数:408 000

定价:145.00 元

(如有印装质量问题，我社负责调换)

《信息科学技术学术著作丛书》序

21 世纪是信息科学技术发生深刻变革的时代，一场以网络科学、高性能计算和仿真、智能科学、计算思维为特征的信息科学革命正在兴起。信息科学技术正在逐步融入各个应用领域并与生物、纳米、认知等交织在一起，悄然改变着我们的生活方式。信息科学技术已经成为人类社会进步过程中发展最快、交叉渗透性最强、应用面最广的关键技术。

如何进一步推动我国信息科学技术的研究与发展；如何将信息技术发展的新理论、新方法与研究成果转化为社会发展的新动力；如何抓住信息技术深刻发展变革的机遇，提升我国自主创新和可持续发展的能力？这些问题的解答都离不开我国科技工作者和工程技术人员的求索和艰辛付出。为这些科技工作者和工程技术人员提供一个良好的出版环境和平台，将这些科技成就迅速转化为智力成果，将对我国信息科学技术的发展起到重要的推动作用。

《信息科学技术学术著作丛书》是科学出版社在广泛征求专家意见的基础上，经过长期考察、反复论证之后组织出版的。这套丛书旨在传播网络科学和未来网络技术，微电子、光电子和量子信息技术、超级计算机、软件和信息存储技术，数据知识化和基于知识处理的未来信息服务业，低成本信息化和用信息技术提升传统产业，智能与认知科学、生物信息学、社会信息学等前沿交叉科学，信息科学基础理论，信息安全等几个未来信息科学技术重点发展领域的优秀科研成果。丛书力争起点高、内容新、导向性强，具有一定的原创性；体现出科学出版社“高层次、高质量、高水平”的特色和“严肃、严密、严格”的优良作风。

希望这套丛书的出版，能为我国信息科学技术的发展、创新和突破带来一些启迪和帮助。同时，欢迎广大读者提出好的建议，以促进和完善丛书的出版工作。

中国工程院院士

原中国科学院计算技术研究所所长

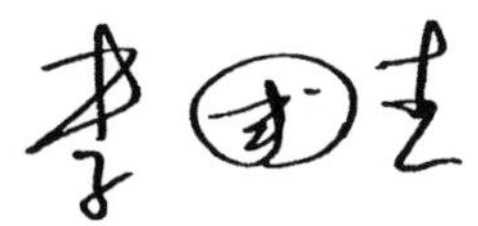

前　言

虽然目前得到广泛应用的串行冯·诺依曼计算机拥有强大的计算及信息处理能力,但其在模式识别、感知和情感等方面远不如并行运算的人脑。从模仿人脑的角度出发,研究者提出人工神经网络,以构造更接近人脑的信息处理系统,解决冯·诺依曼计算机不能解决或不能很好解决的问题。人工神经网络诞生至今已有七十多年,在信号与信息处理、模式识别和计算机科学等领域得到广泛应用,但其规模和功能与人脑相比还有很大的差距。人工神经网络发展初期,模型只考虑到空间编码,直至 20 世纪 90 年代,同时考虑空间编码与时间编码的模型才成为人工神经网络领域的研究热点。近十年来,深度学习是人工神经网络的另一个研究热点。时空编码神经网络和深度学习相结合是人工神经网络研究的未来发展趋势。20 世纪 90 年代诞生的脉冲耦合神经网络(PCNN)是一种重要的具有生物学依据的时空编码人工神经网络模型,比只有空间编码(无时间编码)的平均点火率神经网络能更好地模仿生物神经网络,模仿猫、猴等动物大脑视觉皮层的脉冲同步振荡。基于 PCNN 等时空编码神经网络的同步振荡编码理论可很好地解决特征捆绑这一难题,不存在基于平均点火率神经网络的 Barlow 脑编码理论(也称为“老祖母细胞理论”)无法解释组合爆炸的问题,也不存在 Hebb 脑编码理论无法解释重叠、特征捆绑及无法表达等级结构的问题。目前,PCNN 已被广泛地应用于图像处理、融合、特征提取、目标识别和优化等领域。

本书全面而系统地介绍了作者在 PCNN 理论及应用方面的研究工作与成果,采用理论和应用相结合的方式,主要内容可归纳为以下三个方面。

1. PCNN 基本理论及应用(第 1、2 章)

这部分主要阐明时空编码人工神经网络和空间编码人工神经网络的异同,综述时空编码 PCNN 的基本理论和应用,以及目前的研究现状,列出代表性参考文献;分析 PCNN 的动态行为;提出更便于用硬件实现的单位连接模型 Unit-linking PCNN。

2. PCNN 在图像处理、特征提取、模式识别和优化等方面的理论及应用(第 3～7 章)

这部分主要介绍基于 PCNN 的图像处理、特征提取、模式识别和优化等方面的理论及应用,融合数学形态学、模糊数学、粗集和粒子滤波等理论,揭示 PCNN 的脉冲传播和数学形态学之间的关系,并由此得到 PCNN 图像处理通用设计方法。

图像处理：将 PCNN 依次应用于图像分割、阴影去除、道路提取、图像去噪、结合模糊算法的图像去噪、融合粗集理论的图像增强、颗粒分析、图像斑点去除、边缘检测、空洞滤波和细化(骨架提取)等，并由数学形态学得到 PCNN 图像处理通用设计方法。

特征提取及模式识别等：用 Unit-linking PCNN 提取能反映图像局部变化的局部图像时间签名和具有多种不变性的全局图像时间签名等特征，并研究它们在特征提取中的融合；同时，对粒子滤波和 Unit-linking PCNN 的结合进行介绍。在特征提取及模式识别方面，其被应用于非平稳及平稳视频流机器人导航、粒子滤波目标跟踪、图像认证、图像检索、车牌定位、字符分割及识别、手静脉识别、(基于提出的多值模型的)数据分类等。

优化：介绍时延 Unit-linking PCNN、同组神经元共同控制阈值 Unit-linking PCNN 等模型及其在静态和动态网络路径寻优中的应用。

3. PCNN 在仿生建模等方面的理论及应用(第 8、9 章)

这部分主要介绍基于 PCNN 的仿生建模理论及应用。将 PCNN 和注意力选择相融合，充分贯彻拓扑性质知觉理论，采用同步振荡特征捆绑理论，引入光流场方法，分别建立方位检测、心理学注意力选择、神经生物学注意力选择仿生模型，并应用于获取注意力显著图、沙漠车辆和海面小目标识别、足球跟踪、镜头移动或存在背景扰动的目标跟踪等方面。第 8 章着重于心理学注意力选择建模理论及应用；第 9 章专注于神经生物学注意力选择建模理论及应用。

本书全面系统地介绍作者 2000 年以来在 PCNN 理论及应用方面的研究成果，相关内容从未授权他人使用。由于篇幅有限，所列参考文献挂一漏万，恳请相关研究人员谅解。

本书介绍的研究成果获得了 2016 年上海市自然科学奖三等奖(“基于脉冲耦合神经网络等智能方法的信号处理及仿生建模”，作者为第一完成人)。

本书包含作者博士学位论文、博士后研究报告中的成果及其他已发表与未发表的成果。在此向作者的博士研究生导师北京大学余道衡教授、博士后合作教授复旦大学张立明教授表示衷心的感谢。

本书的研究工作得到国家自然科学基金面上项目(61371148、60671062)、上海自然科学基金面上项目(12ZR1402500)、中国博士后科学基金(2004034282)等的资助，在此表示感谢。

作　者

2017 年 4 月

目　　录

第1章　绪　论

1.1　人工神经网络的缘起

虽然目前得到广泛应用的串行冯·诺依曼计算机拥有强大的计算及信息处理能力，但其在模式识别、感知和情感等方面的处理能力远不如并行运算的人脑。人脑的工作方式不同于计算机，它是一个极其复杂的非线性并行信息处理系统。构成人脑的单个神经元的反应速度为毫秒级，比计算机的基本单元（逻辑门）约低六个数量级，但由大量神经元构成的人脑处理有些问题时，速度反而比计算机快许多。例如，一个小孩可以很容易认出熟悉的人，无论这个人是在近处还是远处，走动中还是静止中，站着、坐着还是其他姿势等，计算机却很难做到。因此，研究人员从模仿人脑的角度出发，寻求异于冯·诺依曼计算机的信息处理方式及模型，构造更接近人脑的信息处理系统，争取解决冯·诺依曼计算机不能解决或不能很好解决的问题，由此提出了人工神经网络。目前，人工神经网络仅粗略而简单地模仿了人脑，在规模和功能上与人脑相比还相去甚远，但并行分布运算的原理、高效的学习算法以及对人的认知系统的模仿能力使其在信息科学及工程领域得到广泛应用，同时激发了越来越多学者的研究兴趣。

模型繁多的人工神经网络主要可分为两大类：平均点火率神经网络（average firing rate neural network，AFRNN）和脉冲神经网络（spiking neural network，SNN）。平均点火率神经网络（也可称为平均发放率神经网络）只考虑空间累加，而未考虑时间累加；脉冲神经网络则既考虑空间累加，也考虑时间累加[1,2]。后者比前者更好地模仿了生物神经元，且拥有更强的计算能力。在人工神经网络的发展初期，几乎所有的网络模型都属于平均点火率神经网络，目前仍有许多平均点火率神经网络模型被研究人员关注，并得到广泛的应用。随着神经生物学的发展，20世纪90年代以来，同时考虑空间编码与时间编码的SNN成为人工神经网络的一个研究热点[3,4]。随着深度学习的兴起[5]，Lecun等[6]提出的具有深度学习的卷积神经网络（convolutional neural network，CNN）在神经网络领域引起极大的关注。时空编码的脉冲神经网络和深度学习相结合是人工神经网络研究的未来发展趋势。

1.2 平均点火率神经网络

1.2.1 平均点火率神经网络的发展历程

人工神经网络的提出可回溯到20世纪40年代。1943年McCulloch等[7]最先提出了简单阈值的神经元模型,这种神经元由on和off两个状态分别对应生物神经元的点火和不点火,网络的连接权不能改变,即该网络没有学习能力。为了在神经网络中引入学习功能,1949年Hebb[8]提出了Hebb学习规则。在此基础上,Rosenblatt[9]提出了感知器(perceptron)模型,但其后的发展道路并不顺利,1969年Minsky等[10]指出感知器不能实现复杂逻辑判断功能,构成的多层网络受到很多限制,且学习效果不好,对于神经网络的研究一度趋于低落。80年代,Hopfield等[11-14]提出了全反馈Hopfield模型,引入能量函数的概念,并将该网络用于优化,取得了令人瞩目的成果。该研究建立神经网络与物理系统和电子线路的联系,使人工神经网络再次成为人们关注的焦点,促进这一领域的复兴与发展。除了Hopfield模型,Amari分析了Lyapunov方程在神经网络动力学分析中的重要作用[15,16]。Hinton等[17]提出利用能量函数的其他途径,其缺点是网络会被局部极小所阻塞,针对该问题Kirkpatrick等[18]提出了模拟退火法。结合Hinton和Kirkpatrick的成果,Boltzmann机被提出[19-22]。1986年,Willams和Hinton[23]提出引起广泛注意的误差反向传播(back propagation,BP)学习算法,解决了多层感知器的学习问题。1986年,Rumelhart等[24]和McClelland等[25]有关并行分布处理(parallel distributed processing)著作的出版,进一步推动了人工神经网络的发展。80年代末,Kohonen[26-28]提出一种无监督学习的自组织映射(self-organizing map,SOM)网络,也称为Kohonen网络,该网络模仿了大脑皮层的自组织特征。几乎同一时期Carpenter等[29-35]提出另一种自组织网络——自适应共振理论(adaptive resonance theory,ART)模型,这种模型模仿了人类的认知特点。1988年,Chua等[36]提出的细胞神经网络(cellular neural network)引起了研究者的注意,细胞神经网络是局部连接的网络,具有细胞自动机理论的支撑,它与Hopfield网络的不同之处在于它是局部连接的,而Hopfield网络是全局连接的。由于细胞神经网络是局部连接的,其更便于用硬件实现,而神经网络用硬件实现才能更充分地发挥其并行运算及鲁棒性强的优势。对于细胞神经网络的研究主要集中于模型的硬件实现。90年代,Lecun等[6]提出卷积神经网络,将其用于MNIST(mixed national institute of standards and technology)数据库中的邮政编码手写体识别,标准的卷积神经网络包含交替出现的卷积层和池化层以及顶部的全连接层。由于卷积神经网络的局部连接以及权重共享特性,与常规的同样规模的前馈神经网络相比,卷积神经网络的神经元连接数和模型参数少很多。2006 年，Hinton 等[5]在深度学习方面取得的重大成果标志着相关研究的兴起，深度卷积神经网络引起机器学习、神经网络、计算机视觉等领域的极大关注[37-41]。深度卷积神经网络是一种深度监督学习下的机器学习模型，本书作者近年来一直进行着相关的工作[42-45]，研究其与时空编码脉冲神经网络的结合。

虽然上述人工神经网络种类繁多，但它们都有一个共同点：只考虑空间编码，而未考虑时间编码。这些模型中，神经元的活动水平或状态是代表生物神经元的平均点火率，每个神经元无间断地发挥着作用，因此这样的网络称为平均点火率神经网络。这些模型中神经元的输入和输出均为平均点火率，平均点火率输入信号被加权求和后依次经状态函数及输出函数变换，得到神经元的平均点火率输出信号。神经元平均点火率指在一个生理级时间窗口内（100～200ms）对神经元的发放活动进行平均所得到的数值，是神经元发放脉冲的一阶统计量，这段时间内脉冲的精细时间结构则被忽略掉，平均点火率神经元没能用上时间的精细结构所具有的巨大信息编码能力。

1.2.2　平均点火率神经网络的局限性

因为平均点火率神经网络不能实现任何具有短暂或暂时效果的操作，所以无法使用时间编码或定时作为事件的表示，也不能实现任何带有步骤或时间顺序的计算。此外，平均点火率神经网络不能实现在现代计算机及通信中常用的高效时分机制。

人脑的信息编码是一个重要的研究课题，基于粗略模仿大脑的平均点火率神经网络的人脑信息编码理论也存在着问题。该脑编码理论是如何解释人脑对外界输入信息进行编码的呢？对此有两种不同的理论。Barlow[46]提出的理论认为单个细胞的平均点火率用来编码信息；Hebb[8]提出的理论认为由多个平均点火率同时升高的细胞所构成的细胞群是分布式表达信息的基本单位，该理论是平均点火率神经网络理论的重要基础。下面分别分析这两种理论的局限性。

1. Barlow 脑编码理论存在的问题

Barlow 认为平均点火率升高的神经元所在位置反映刺激的类型；平均点火率增加的程度反映外界刺激的强弱，这称为位置编码；进而认为某位置的神经元代表某特定功能，相同功能的神经元聚集在一起，且每一个独特的事物都被一对应的神经元表示。Barlow 的理论被脑初级视觉皮层存在的功能柱（如方位柱）所证实，但对于人脑的高级认知功能，此理论却存在问题。既然每一个独特的事物都被一对应的神经元表示，而世界上存在着无穷无尽的不同事物，即使它们可由数量少得多的特征组合表示，这些不同的事物仍需同样数目的神经元来一一对应地表示，这会造成组合爆炸，根本无法实现。另外，该理论存在信息集成问题，Barlow 认为脑信息编码时存在最终的主神经元，其集成所有部分的信息，从而形成对外界刺激的完整表示，但迄今为止并未得到生物学上的支持。根据 Barlow 的理论，老祖母的脸庞对应着一个特定的神经元，故 Barlow 脑编码理论也称为“老祖母细胞理论”。

2. Hebb 脑编码理论存在的问题

Hebb 认为平均点火率同时升高的细胞所构成的细胞群是分布式表达信息的基本单位，该理论虽不存在 Barlow 理论的组合爆炸问题，但存在不可区分的重叠、无法表达等级结构以及特征捆绑等问题。对于平均点火率神经网络，不同神经元群的区分是通过它们在一段时间内的平均点火率实现的，如果在某一时刻，多种刺激同时到来，则不可能区分这些神经元群，因为它们的平均点火率同时增高，从而导致不可区分的重叠问题；兴奋神经元群没有内部结构，从而难以表达等级结果；一个事物可能拥有多个特征，这些特征分别由不同的兴奋神经元群表示，当多个事物同时刺激时，对应各事物的兴奋神经元子群不能分门别类地集成在一起形成对各物体可区分的表达，从而出现了特征捆绑问题。

平均点火率神经网络具有一个显著的缺点，就是无法使用时间编码或定时表示事件，因此无论是 Barlow 脑编码理论还是 Hebb 脑编码理论，存在的问题在平均点火率神经网络的框架内都无法得到解决。

1.3 脉冲神经网络

平均点火率神经网络仅仅用到了脉冲密度，但脉冲到达时刻隐含着定时、同步、区分先后次序、作用时间等时间操作的能力，而平均点火率神经网络却忽视了这一强大的计算资源。因此，同时具有空间编码与时间编码能力的模型研究是神经网络理论及应用发展的一个趋势。

1.3.1 脉冲神经网络的发展回顾

Hodgkin 等[47]在 20 世纪 50 年代初就开始了对神经元电化学特性的研究，用四个相互耦合的微分方程描述神经细胞从毫秒到几秒的时间刻度内的脉冲发放行为；但对作为动态网络的脉冲神经系统的研究直到 80 年代末才开始，Eckhorn 等和 Gray 等神经生物学家发现猫脑视觉皮层的脉冲同步振荡现象[48-50]，该研究成果引起了神经科学界的极大关注。

1990 年，Eckhorn 等[51]据此提出展示该现象的连接模型。1993 年，Johnson 等[52]以 Eckhorn 的连接模型为基础，引入连接强度，提出脉冲耦合神经网络(pulse coupled neural network，PCNN)。连接强度的引入，更便于该模型在信号处理方面的应用。同一时期,神经生物学家也发现猴脑视觉皮层的脉冲同步振荡现象[53-57],这进一步为PCNN模型提供了生物学依据。神经活动中的同步振荡是神经生物学的一个重要发现,不仅存在于人脑、猴脑和猫脑,还发生在昆虫脑,例如,蝗虫天线神经节存在20Hz左右的同步振荡,蛞蝓的前脑叶存在0.5Hz的场电位同步振荡。研究还发现,同步振荡不仅发生在视皮层,也出现在外侧膝状体及视网膜。

Eckhorn等在动物大脑视觉皮层脉冲同步振荡方面的研究成果给Malsburg[58]提出的相关同步振荡脑编码理论提供了神经生物学证据。Malsburg指出在快时间尺度(2～5ms)上进行神经元相互作用时间调制的必要性,认为多个神经元所发放的脉冲串可在精细时间结构(2～5ms)上采用相关的方法进行同步与非同步的衡量,时间相关性依赖动态连接实现,同步发放脉冲的神经元之间的连接得到强化,而非同步神经元之间的连接被削弱。Malsburg认为存在生理快突触,即"Malsburg突触",其快变化特性使神经元间的连接可以跟上同步状态的变化,同步得到增强并保持;同时认为存在生理慢突触,其用于记忆。PCNN中神经元的双通道分别对应快突触与慢突触。

随着神经生物学的发展,同时考虑空间与时间的时空编码神经网络越来越引起研究者的关注。20世纪90年代中期,Hopfield[3]在*Nature*上指出神经元脉冲出现的准确时间,而不是神经元平均点火率(发放率),对输入信息进行编码,认为时间编码是神经网络的一个重要研究方向。另外,Sejnowski[4]也认为时间编码可能是一种新的神经编码方式。紧接着许多研究人员对由时空编码的脉冲神经元(spiking neurons)构成的脉冲神经网络展开研究[59-61]。脉冲神经元与平均点火率神经元的差别在于前者能进行短暂而不持续的活动,这使其可工作在离散时间而不是连续时间,从而用到平均点火率神经网络未用到的强大计算资源——时间。脉冲神经网络既考虑空间编码,又考虑时间编码,不仅更接近生物系统,且计算能力在某些方面已超过了平均点火率神经网络[62]。由于时间的引入,脉冲神经网络能将空间坐标转换为时间坐标,对于神经网络,空间相对坐标的计算是非常困难的,但时间相对坐标的计算很容易。

脉冲神经网络比平均点火率神经网络更好地模仿了生物神经网络,可认为是新一代的人工神经网络。脉冲神经网络是一类神经网络的总称,有很多不同的模型。这些模型的共同特征是脉冲发放、时空编码。20世纪90年代以来,一些有生物学背景的脉冲神经网络模型被提出来,如连接模型[51]、PCNN[52]和Malsburg等[63]提出的耦合振荡模型、Wang等[64]提出的同步振荡图像分割模型、郭爱克等[65]提出的同步振荡视觉处理模型等。

1.3.2 脉冲神经网络信息编码

1. 同步振荡编码理论

同步振荡给神经元之间的相关性提供了一种时间结构，一起同步振荡的神经元群对特定信息进行了编码。Malsburg[58]提出的同步振荡脑编码理论认为同步振荡可用于解释脑编码。一方面，输入被编码为产生振荡的神经元所在位置，即位置编码；另一方面，“同步”将各自发放脉冲的神经元群所编码的局部信息绑定整合起来，从而得到完整而统一的认知。1996 年，Fujii 等[66]提出动态神经元集群假设，认为神经元通过局部一致性检测形成局部动态神经元群，局部动态神经元群之间的关系由任务决定，并可根据任务的变化动态重组；脉冲不是等间隔的，脉冲的间隔用于编码信息。

根据同步振荡脑编码理论，目标识别中，同一目标各特征对应的兴奋神经元子群通过同步振荡整合起来，得到对该目标的识别。例如，要识别一个“红色圆形”，同步振荡可将“对应红色的神经元子群”及“对应圆形的神经元子群”通过同步振荡整合在一起，从而识别出“红色圆形”[2]。如果多种刺激同时出现，则可由多个内部同步而相互之间不同步的多个神经元群组分别表示。例如，在视野中同时存在“红色圆形”和“绿色圆形”两个目标，“红色神经元子群”与“圆形神经元子群”通过同步振荡整合在一起，从而识别出“红色圆形”。“绿色神经元子群”与“圆形神经元子群”通过同步振荡整合在一起，从而识别出“绿色圆形”。而“红色圆形神经元群组” 与“绿色圆形神经元群组”不发生同步振荡，这两个群组的不同步使“红色圆形”和“绿色圆形”这两个目标被区分开(图 1.1)。图 1.1 中，用同种线形的曲线将某些神经元子群圈在一起，表示它们同步振荡。由此可见，基于时空编码脉冲神经网络的同步振荡脑编码理论由于引入神经元发放脉冲的精细时间结构，比基于平

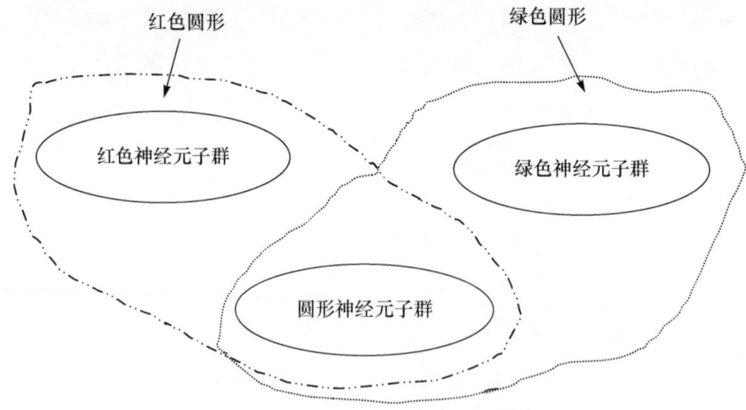

图 1.1 神经元群的同步振荡

均点火率(而未引入时间编码的)神经网络的 Hebb 脑编码理论具有更大的威力,解决了后者不能解决的特征捆绑、重叠灾难、无法表达等级结构等问题;显然,其也解决了 Barlow 脑编码理论存在的组合爆炸及信息集成问题。

2. 同步振荡编码理论有待进一步研究的方面

下面列出有关同步振荡编码理论的几个代表性问题,对应了需进一步研究的方面。要得到这些问题的真实答案,还有待进行深入的研究,特别是在神经生物学上。

(1) 为了得到稳定的特征捆绑关系,同步现象应该在刺激出现过程中一直持续,但生物实验发现,许多情况下同步只是瞬时的,那么这些情况下,在生物对同一目标的持续注意过程中,瞬时的同步如何维持持续的注意?

(2) 同步是否有持续的效应,而这种持续又会被某些条件所打破而解除对目标的注意?

(3) 如果同步有持续的效应,那么结束同步持续效应的条件是什么?

(4) 同步是否只是触发了脑中的某种注意机制? 如果是,那么注意是如何持续和结束的?

(5) 同步振荡是否只是注意力集中过程中的一种附带现象?

神经生物学的研究表明,脑编码方式并不唯一,可能同时存在同步振荡编码、平均发放率编码等多种方式,目前对脑编码方式的研究远不够深入,还有待进一步发展。

具有生物依据的时空编码脉冲耦合神经网络是一种重要的脉冲神经网络模型,利用其同步振荡特性可有效地进行信息编码。

1.4 本书的内容及组织安排

本书将全面系统而深入地介绍作者在时空编码脉冲耦合神经网络理论及应用方面的研究成果[1,2,67-121]。

1.4.1 本书内容

顾晓东等[67]自 2001 年 9 月在国内首次发表综述 PCNN 原理及应用的论文以来,展开了对 PCNN 理论及应用系统而深入的研究。本书从以下六个方面对此进行系统的介绍。

1. 理论方面

研究 PCNN 及简化模型的动态行为[1,68-70],提出 PCNN 图像处理通用设计方法[1,71],并将模糊数学[68,72,73]、粗集理论[68,74,75]、数学形态学[1,76-78]、拓扑性质知觉理论[79-83]和注意力选择机制[1,79-90]等引入 PCNN 研究之中。

研究过程中，PCNN 理论和应用密不可分，理论研究渗透于应用研究之中，例如，2002 年通过将粗集理论用于 PCNN 图像去噪增强[68,74,75]，从而开始粗集理论和 PCNN 结合的研究；2002 年通过将模糊算法用于 PCNN 多值图像去噪恢复[68,72,73]，从而开始模糊理论和 PCNN 结合的研究；2003 年通过提出基于 PCNN 的数学形态学颗粒分析方法，进而证明 PCNN 与数学形态学在图像处理中的等价关系[1,76-78]，并进一步提出 PCNN 图像处理通用设计方法[1,71]；2005 年将神经生物学研究成果与方位检测及目标轮廓提取相结合，提出基于 PCNN 的方位检测及同步振荡神经生物学注意力选择仿生模型[1,89,90]；2006 年开始研究将心理学拓扑性质知觉理论、注意力选择与 PCNN 相结合，得到基于 PCNN 的心理学注意力选择仿生模型，并应用于目标识别及跟踪[79-81,84-88]；将认知科学中有关运动的研究成果与动态目标识别及跟踪相结合[82,83,121]，进一步增强 PCNN 心理学注意力选择仿生模型中运动通道的作用。

2. 图像处理及在此基础上的应用

提出基于 PCNN 的图像去噪[68,91,92]、基于模糊算法和 PCNN 的图像去噪[68,72,73]、基于 PCNN 与粗集的图像增强[68,74,75]、基于 Unit-linking PCNN 的图像分割[2,68,93,94]、基于直方图及边缘乘积互信息的 Unit-linking PCNN 图像分割[95,96]、基于 Unit-linking PCNN 的图像阴影去除[68,97,98]、结合 Unit-linking PCNN 阴影去除的道路检测[99,100]、Unit-linking PCNN 颗粒分析[1,76,77]、Unit-linking PCNN 图像斑点去除[1,71,78]、Unit-linking PCNN 边缘检测[68,71,101]、Unit-linking PCNN 空洞滤波[68,71,102]、Unit-linking PCNN 细化[68,103,104]等图像预处理[105]方法。

3. 特征提取及在此基础上的应用

提出 Unit-linking PCNN 全局图像时间签名及局部图像时间签名[1,106,109]、基于 Unit-linking PCNN 全局图像时间签名的目标识别及跟踪[1,106,107]、基于 Unit-linking PCNN 图像时间签名的非平稳及平稳视频流机器人导航[1,106,108,109]、基于粒子滤波及 Unit-linking PCNN 图像时间签名的目标跟踪[110]、基于 Unit-linking PCNN 局部图像时间签名的图像认证[106,111]、基于 Unit-linking PCNN 特征提取的图像检索[112-114]等方法。

4. 图像处理及特征提取的综合应用等

提出基于 Unit-linking PCNN 的车牌定位、字符分割及识别[115]、Unit-linking PCNN 细化用于手静脉识别、多值 Unit-linking PCNN 用于数据分类[116]等方法。

5. 路径寻优

提出时延 Unit-linking PCNN，将其应用于寻找最短路径[68,117-119]；提出基于带宽剩余率和 Unit-linking PCNN 的静态[120]及动态网络的路径寻优方法。

6. 仿生建模及应用等

在 PCNN 和心理学注意力选择融合方面，提出注意力选择和 Unit-linking PCNN 相结合的沙漠车辆[84,85]、海面小目标检测识别、基于 PCNN 和注意力选择的足球检测与跟踪[86-88]等模型及方法。

对于心理学注意力选择仿生建模，提出贯彻拓扑性质知觉理论的基于 PCNN 和拓扑性质知觉理论的注意力选择[79-81]、基于 PCNN 和光流场及拓扑性质知觉理论的运动目标注意力选择[82,83,121]等模型。

对于神经生物学注意力选择仿生建模，提出模仿生物视觉皮层的 Unit-linking PCNN 方位检测、具有 Top-down 机制的同步振荡 Unit-linking PCNN 注意力选择等模型[1,89,90]，用 Unit-linking PCNN 统一实现了边缘检测、方位检测以及注意力选择，同时模仿了生物视觉皮层的同步振荡现象。

1.4.2　本书组织安排

本书对前述的六个方面进行了梳理归纳，按照理论与应用相结合的方式安排各章内容。

第 1 章为绪论[1]。

第 2 章[1,2,67-70,93,105]介绍 PCNN 的基本理论及所提出的便于用硬件实现的 Unit-linking PCNN，并对网络动态行为进行分析，同时综述其应用及发展前景。

第 3 章[2,68,72-75,91-94,95-100]理论方面：结合图像去噪及增强，提出 PCNN 与模糊算法、粗集理论的结合途径；应用方面：将 PCNN 依次应用于图像分割、阴影去除、道路提取、图像去噪、结合模糊算法的图像去噪、融合粗集理论的图像增强等图像处理方面，并提出相应算法。

第 4 章[1,2,68,71,76-78,101-104]理论方面：证明 PCNN 脉冲传播特性和数学形态学的等价关系，并由此提出 PCNN 用于图像处理的通用设计方法；应用方面：将 Unit-linking PCNN 依次应用于颗粒分析、斑点去除、边缘检测、空洞滤波和细化（骨架提取）等图像处理方面，并提出相应算法。

第 5 章[1,2,106-114]理论方面：提出用 Unit-linking PCNN 提取能反映图像局部变化的局部时间签名和具有多种不变性的全局时间签名等特征，并研究它们在特征提取中的融合，还对粒子滤波和 Unit-linking PCNN 的结合展开研究；应用方面：将 Unit-linking PCNN 应用于非平稳及平稳视频流机器人导航、粒子滤波目标跟踪、图像认证和图像检索等方面，并提出相应算法。

第 6 章[115,116]理论方面：结合具体应用提出多值 PCNN 模型[116]；应用方面：将 Unit-linking PCNN 图像处理及特征提取方法综合应用于车牌定位、字符分割及识别、手静脉识别等方面，同时将所提出的多值 PCNN 模型用于数据分类。

第 7 章[68,117-120]理论方面：结合应用分别提出时延 Unit-linking PCNN 模型、同组神经元共同控制阈值 Unit-linking PCNN 模型；应用方面：分别将这两个模型应用于静态及动态网络的路径寻优，并提出相应算法。

第 8 章[79-88,121]理论方面：将 PCNN 和心理学注意力选择相融合，进行心理学注意力选择仿生建模，提出基于 PCNN 和拓扑性质知觉理论的心理学注意力选择模型、基于 PCNN 和光流场及拓扑性质知觉理论的运动目标注意力选择模型，提出的模型首次充分贯彻拓扑性质知觉理论，强调运动在注意力选择中的重要作用；应用方面：获取注意力显著图，进行沙漠车辆、海面小目标识别，以及足球跟踪、镜头移动或存在背景扰动的运动目标跟踪。

第 9 章[1,89,90]理论方面：研究视觉皮层方位柱及神经生物学注意力选择仿生建模，提出模仿生物视觉皮层的 Unit-linking PCNN 方位检测、具有 Top-down 机制的同步振荡 Unit-linking PCNN 注意力选择模型；应用方面：将 Unit-linking PCNN 应用于基于边缘的方位检测及基于目标轮廓同步振荡的注意力选择。本章内容侧重于理论探索，模型有待进一步完善。

1.5 本章小结

本章综述了人工神经网络的发展历程、空间编码平均点火率神经网络和时空编码脉冲神经网络的异同[1,2]，并介绍了本书的内容及安排。

1.1 节介绍了人工神经网络的起源。

1.2 节综述了空间编码平均点火率神经网络的发展历程及局限。

1.3 节综述了时空编码脉冲神经网络的发展历程及其信息编码方式，引出脉冲耦合神经网络这一时空编码脉冲神经网络的重要模型。

1.4 节介绍了本书的内容及组织安排。

参考文献

[1] 顾晓东. 单位脉冲耦合神经网络中若干理论及应用问题的研究[R]. 上海：复旦大学，2005.

[2] Gu X D. Spatial-temporal-coding pulse coupled neural network and its applications[M]//Weiss M L. Neuronal Networks Research Horizons. New York：Nova Science Publishers，2007.

[3] Hopfield J J. Pattern recognition computation using action potential timing for stimulus representation[J]. Nature，1995，376(6535)：33-36.

[4] Sejnowski T J. Time for a new neural code[J]. Nature，1995，376(6535)：21-22.

[5] Hinton G E，Salakhutdinov R R. Reducing the dimensionality of data with neural networks[J]. Science，2006，313(5786)：504-507.

[6] Lecun Y，Bottou L，Bengio Y，et al. Gradient-based learning applied to document recognition[J].

Proceedings of the IEEE, 1998, 86(11): 2278-2324.

[7] McCulloch W S, Pitts W. A logical calculus of the ideas immanent in nervous activity[J]. The Bulletin of Mathematical Biophysics, 1943, 5(4): 115-133.

[8] Hebb D O. The Organization of Behavior—A Neurophysiological Theory[M]. New York: John Wiley & Sons, 1949.

[9] Rosenblatt F. The perceptron: A probabilistic model for information storage organization in the brain[J]. Psychological Review, 1958, 65(6), 386-408.

[10] Minsky M L, Papert S. Perceptron[M]. Cambridge: MIT Press, 1969.

[11] Hopfield J J. Neural networks and physical systems with emergent collective computational abilities[J]. Proceedings of the National Academy of Science of the United States of America-Biological Science, 1982, 79(8): 2554-2558.

[12] Hopfield J J. Neurons with graded response have collective computational properties like those of two-state neurons[J]. Proceedings of the National Academy of Sciences, 1984, 81(10): 3088-3092.

[13] Hopfield J J, Tank D W. Computing with neural circuits: A model[J]. Science, 1986, 233(4764): 625-633.

[14] Hopfield J J, Tank D W. Neuralcomputation of decisions in optimization problems[J]. Biological Cybernetics, 1985, 52(3): 141-152.

[15] Amari S A. Neural theory of association and concept-formation[J]. Biological Cybernetics, 1977, 26(3): 175-185.

[16] Amari S A, Arbib M A. Competition and cooperation in neural nets[C]. Proceedings of the U. S. -Japan Joint Seminar, Kyoto, 1982.

[17] Hinton G E, Sejnowski T J. Analyzing cooperative computation[C]. Proceedings of the 5th Annual Cognitive Science Society, Rochester, 1983.

[18] Kirkpatrick S, Vecchi M P. Optimization by simmulated annealing[J]. Science, 1983, 220(4598): 671-680.

[19] Ackley D H, Hinton G E, Sejnowski T J. A learning algorithm for Boltzmann machines[J]. Cognitive Science, 1985, 9(1): 147-169.

[20] 阎平凡. 玻兹曼机（Boltzmann Machine）与自适应模式识别[J]. 自动化学报, 1988, 14(6): 463-470.

[21] Apolloni B, de Falco D. Learning by asymmetric parallel Boltzmann machines[J]. Neural Computation, 1991, 3(3): 402-408.

[22] Aarts E H L, Korst J H M. Computations in massively parallel networks based on the Boltzmann machine: A review[J]. Parallel Computing, 1989, 9(2): 129-145.

[23] Williams D, Hinton G E. Learning representations by back-propagating errors[J]. Nature, 1986, 323: 533-536.

[24] Rumelhart D E, McClelland K L, PDP Research Group. Parallel Distributed Processing: Explorations in the Microstructure of Cognition Foundations(Volume 1)[M]. Cambridge: MIT

Press,1986.

[25] McClelland J L,Rumelhart D E,PDP Research Group. Parallel Distributed Processing：Explorations in the Microstructure(Volume 2)：Psychological and Biological Models[M]. Cambridge:MIT Press,1986.

[26] Kohonen T. Adaptive, associative, and self-organizing functions in neural computing[J]. Applied Optics,1987,26(23)：4910-4918.

[27] Kohonen T. Self-Organization and Associative Memory[M]. 3rd ed. New York:Springer-Verlag,1989.

[28] Kohonen T. Self-organizing map[J]. Proceedings of the IEEE,1990,78(9)：1464-1480.

[29] Carpenter G A,Grossberg S,Mehanian C. Invariant recognition of cluttered scenes by a self-organizing ART architecture：CORT-X boundary segmentation[J]. Neural Networks,1989, 2(3)：169-181.

[30] Carpenter G A,Grossberg S. ART 2：Self-organization of stable category recognition codes for analog input patterns[J]. Applied Optics,1987,26(23)：4919-4930.

[31] Carpenter G A,Grossberg S. The ART of adaptive pattern recognition by a self-organizing neural network[J]. Computer,1988,21(3)：77-88.

[32] Carpenter G A,Grossberg S. ART 3：Hierarchical search using chemical transmitters in self-organizing pattern recognition architectures[J]. Neural Networks, 1990, 3(2)：129-152.

[33] Carpenter G A,Grossberg S,Markuzon N,et al. Fuzzy ARTMAP：A neural network architecture for incremental supervised learning of analog multidimensional maps[J]. IEEE Transactions on Neural Networks,1992,3(5)：698-713.

[34] Carpenter G A,Grossberg S,Reynolds J H. ARTMAP：Supervised real-time learning and classification of nonstationary data by a self-organizing neural network[J]. Neural Networks,1991,4(5)：565-588.

[35] Carpenter G A,Grossberg S,Rosen D B. Fuzzy ART：Fast stable learning and categorization of analog patterns by an adaptive resonance system[J]. Neural Networks,1991,4(6)：759-771.

[36] Chua L,Yang L I N. Cellular neural network：Theory[J]. IEEE Transactions on Circuits Systems,1988,35(10)：1257-1272.

[37] Bengio Y,Courville A,Vincent P. Representation learning：A review and new perspectives[J]. IEEE Transactions on Pattern Analysis and Machine Intelligence,2013,35(8):1798-1828.

[38] Ciresan D,Meier U,Schmidhuber J. Multi-column deep neural networks for image classification[C]. IEEE Conference on Computer Vision & Pattern Recognition,Rhode Island,2012.

[39] LeCun Y,Bengio Y,Hinton G E. Deep learning[J]. Nature,2015,521:436-444.

[40] Hinton G E,Osindero S,Teh Y. A fast learning algorithm for deep belief nets[J]. Neural Computation,2006,18(7):1527-1554.

[41] Schölkopf B,Platt J,Hofmann T. Greedy layer-wise training of deep networks[J]. Advances

in Neural Information Processing Systems，2007，19：153-160.

[42] Wu H B，Gu X D. Towards dropout training for convolutional neural networks[J]. Neural Networks，2015，71：1-10.

[43] Wu H B，Gu X D. Max-pooling dropout for regularization of convolutional neural networks[J]. Lecture Notes in Computer Science，2015，9489：46-54.

[44] Wu H B，Gu X D，Gu Y W. Balancing between over-weighting and under-weighting in supervised term weighting[J]. Information Processing and Management，2017，53：547-557.

[45] Gu X D，Gu Y W，Wu H B. Cascaded convolutional neural networks for aspect-based opinion summary[J]. Neural Processing Letters，2017：DOI 10. 1007/s11063-017-9605-7.

[46] Barlow H B. Single units and sensation：A neuron doctrine for perceptual psychology?[J]. Perception，1972，1：371-394.

[47] Hodgkin A L，Huxley A F. A quantitative description of membrane current and its application to conduction and excitation in nerve[J]. The Journal of Physiology，1952，117(4)：500-544.

[48] Eckhorn R，Bauer R，Jordan W，et al. Coherent oscillations：A mechanism of feature linking in the visual cortex? Multiple electrode and correlation analyses in the cat[J]. Biological Cybernetics，1988，60(2)：121-130.

[49] Gray C M，Singer W. Stimulus-specific neuronal oscillations in orientation columns of cat visual cortex[J]. Proceedings of the National Academy of Sciences，1989，86(5)：1698-1702.

[50] Eckhorn R，Reitboeck H J，Arndt M，et al. A neural network for future linking via synchronous activity：Results from cat visual cortex and from simulations[M]//Cotterill R M J. Models of Brain Function. Cambridge：Cambridge University Press，1989.

[51] Eckhorn R，Reitboeck H J，Arndt M，et al. Feature linking via synchronization among distributed assemblies：Simulation of results fromcat cortex[J]. Neural Computation，1990，2(3)：293-307.

[52] Johnson J L，Ritter D. Observation of periodic waves in a pulse-coupled neural network[J]. Optics Letters，1993，18(15)：1253-1255.

[53] Kreiter A K，Singer W. Oscillatory neuronal responses in the visual cortex of the awake macaque monkey[J]. European Journal of Neuroscience，1992，4(4)：369-375.

[54] Murthy V N，Fetz E E. Coherent 25Hz to 35Hz oscillations in the sensorimotor cortex of awake behaving monkeys[J]. Proceedings of the National Academy of Sciences，1992，89(12)：5670-5674.

[55] Eckhorn R，Frien A，Bauer R，et al. High frequency (60-90Hz) oscillations in primary visual cortex of awake monkey[J]. Neuroreport，1993，4(3)：243-246.

[56] Frien A，Eckhorn R，Bauer R，et al. Stimulus-specific fast oscillations at zero phase between visual areas V1 and V2 of awake monkey[J]. Neuroreport，1994，5(17)：2273-2277.

[57] Frien A，Eckhorn R，Woelbern T，et al. Oscillatory group activity reveals sharper orientation

tuning than conventional measure in primary visual cortex of awake monkey[J]. Social Neuroscience,1995.

[58] Malsburg C V D. The correlation theory of brain function[M]//Domany E,van Hemmen J, Schulten K. Models of Neural Networks Ⅱ. New York:Springer,1994.

[59] Elias J G,Northmore D P M,Westerman W. An analog memory circuit for spiking silicon neurons[J]. Neural Computation,1997,9(2):419-440.

[60] Kwatra H S,Doyle F J,Rybak I A,et al. A neuro-mimetic dynamic scheduling algorithm for control: Analysis and applications[J]. Neural Computation,1997,9(3):479-502.

[61] Tal D,Schwartz E L. Computing with the leaky integrate-and-fire neuron: Logarithmic computation and multiplication[J]. Neural Computation,1997,9(2):305-318.

[62] Maass W. Fast sigmoidal networks via spiking neurons[J]. Neural Computation,1997, 9(2):279-304.

[63] Malsburg C V D,Buhmann J. Sensory segmentation with coupled neural oscillators[J]. Biological Cybernetics,1992,67(3):233-242.

[64] Wang D,Terman D. Image segmentation based on oscillatory correlation[J]. Neural Computation,1997,9(4):805-836.

[65] 郭爱克,孙海坚,杨先一. 旋转运动感知的多层神经网络模型[J]. 中国科学:B 辑,1995, 25(8):822-831.

[66] Fujii H,Ito H,Aihara K,et al. Dynamical cell assembly hypothesis—Theoretical possibility of spatio-temporal coding in the cortex[J]. Neural Networks,1996,9(8):1303-1350.

[67] 顾晓东,余道衡. PCNN 的原理及其应用[J]. 电路与系统学报,2001,6(3):45-50.

[68] 顾晓东. 脉冲耦合神经网络及其应用的研究[D]. 北京:北京大学,2003.

[69] 顾晓东,张立明,余道衡. 一定条件下 PCNN 动态行为的分析[J]. 计算机工程与应用, 2004,40(19):6-8,103.

[70] Gu X D,Zhang L M,Yu D H. Simplified PCNN and its periodic solutions[J]. Lecture Notes in Computer Science,2004,3173:26-31.

[71] Gu X D,Zhang L M,Yu D H. General design approach to unit-linking PCNN for image processing[C]. Proceedings of the IEEE International Joint Conference on Neural Networks, Montreal,2005.

[72] 顾晓东,郭仕德,余道衡. 基于模糊 PCNN 的四值图像恢复[C]. 神经网络与计算智能会议, 杭州,2002.

[73] 顾晓东,程承旗,余道衡. 结合脉冲耦合神经网络与模糊算法进行四值图像去噪[J]. 电子与信息学报,2003,25(12):1585-1590.

[74] 顾晓东,郭仕德,余道衡. 基于粗集与 PCNN 的图像增强方法[C]. 第十二届全国神经计算学术会议,北京,2002.

[75] 顾晓东,程承旗,余道衡. 基于粗集与 PCNN 的图像预处理[J]. 北京大学学报(自然科学版),2003,39(5):703-708.

[76] 顾晓东,余道衡,张立明. 基于 PCNN 的数学形态学颗粒分析[C]. 第十三届全国神经计算

学术会议,青岛,2003.

[77] 顾晓东,张立明. PCNN 与数学形态学在图像处理中的等价关系[J]. 计算机辅助设计与图形学学报,2004,16(8):1029-1032.

[78] Gu X D,Zhang L M. Morphology open operation in Unit-linking pulse coupled neural network for image processing[C]. Proceedings of the 7th International Conference on Signal Processing,Beijing,2004.

[79] Gu X D,Fang Y,Wang Y Y. Attention selection using global topological properties based on pulse coupled neural network[J]. Computer Vision and Image Understanding,2013,117(10):1400-1411.

[80] Fang Y,Gu X D,Wang Y Y. Attention selection model using weight adjusted topological properties and quantification evaluating criterion[C]. The International Joint Conference on Neural Networks,San Jose,2011.

[81] Fang Y,Gu X D,Wang Y Y. Pulse coupled neural network based topological properties applied in attention saliency detection[C]. International Conference on Natural Computation,Yantai,2010.

[82] Ni Q L,Gu X D. Video attention saliency mapping using pulse coupled neural network and optical flow[C]. International Joint Conference on Neural Networks,Beijing,2014.

[83] Ni Q L,Wang J C,Gu X D. Moving target tracking based on pulse coupled neural network and optical flow[J]. Lecture Notes in Computer Science,2015,9491:17-25.

[84] Zhang J J,Gu X D. Desert vehicle detection based on adaptive visual attention and neural network[J]. Lecture Notes in Computer Science,2013,8227:376-383.

[85] 张津剑,顾晓东. 自适应注意力选择与脉冲耦合神经网络相融合的沙漠车辆识别[J]. 计算机辅助设计与图形学学报,2014,26(1):56-64.

[86] Zheng T Y,Gu X D. Soccer detection based on attention selection and neural network[C]. Proceedings of the International Conference on Computer and Management,Wuhan,2012.

[87] 郑天宇,顾晓东. 基于四元数显著图和 PCNN 空洞滤波的足球检测[J]. 微型电脑应用,2012,28(4):1-5.

[88] 郑天宇,顾晓东. 四元数和脉冲耦合神经网络应用于足球检测[J]. 应用科学学报,2013 (2):183-189.

[89] Gu X D,Zhang L M. Orientation detection and attention selection based Unit-linking PCNN[C]. International Conference on Neural Networks & Brain,Beijing,2005.

[90] Gu X D. Orientation and contour extraction model using Unit-linking pulse coupled neural networks[M]//Portocello T A,Velloti R B. Visual Cortex:New Research. New York:Nova Science Publishers,2008.

[91] Gu X D,Wang H M,Yu D H. Binary image restoration using pulse coupled neural network[C]. International Conference on Neural Information Processing,Shanghai,2001.

[92] 顾晓东,郭仕德,余道衡. 一种基于 PCNN 的图像去噪新方法[J]. 电子与信息学报,2002,24(10):1304-1309.

[93] Gu X D,Guo S D,Yu D H. A new approach for automated image segmentation based on Unit-linking PCNN[C]. Proceedings of the International Conference on Machine Learning and Cybernetics,Beijing,2002.

[94] 顾晓东,张立明,余道衡. 用无需选取参数的 Unit-linking PCNN 进行自动图像分割[J]. 电路与系统学报,2007,12(6):54-59.

[95] Chen L X,Gu X D. PCNN-based image segmentation with contoured product mutual information criterion[C]. Proceedings of the International Conference on Information Science and Technology,Wuhan,2012.

[96] 陈立雪,顾晓东. 利用直方图及边缘乘积互信息的 PCNN 图像分割[J]. 计算机工程与应用,2012,48(7):181-183.

[97] Gu X D,Yu D H,Zhang L M. Image shadow removal using pulse coupled neural network[J]. IEEE Transactions on Neural Networks,2005,16(3):692-698.

[98] 顾晓东,郭仕德,余道衡. 基于 PCNN 的图像阴影处理新方法[J]. 电子与信息学报,2004,26(3):479-483.

[99] 张玉颖,顾晓东,汪源源. 基于梯形模型和支撑向量机的非结构化道路检测[J]. 计算机工程与应用,2010,46(15):138-141.

[100] Zhang Y Y,Gu X D,Wang Y Y. A model-oriented road detection approach using fuzzy SVM[J]. Journal of Electronics,2010,27(6):795-800.

[101] 顾晓东,郭仕德,余道衡. 一种用 PCNN 进行图像边缘检测的新方法[J]. 计算机工程与应用,2003,39(16):1-2,55.

[102] 顾晓东,郭仕德,余道衡. 基于 PCNN 的二值文字空洞滤波[J]. 计算机应用研究,2003,20(12):65-66.

[103] Gu X D,Yu D H,Zhang L M. Image thinning using pulse coupled neural network[J]. Pattern Recognition Letters,2004,25(9):1075-1084.

[104] 顾晓东,程承旗,余道衡. 基于 PCNN 的二值图像细化新方法[J]. 计算机工程与应用,2003,39(13):5-6,28.

[105] 顾晓东,余道衡,郭仕德. 关于 PCNN 应用于图像处理的研究[J]. 电讯技术,2003,43(3):21-24.

[106] Gu X D. Feature extraction using Unit-linking pulse coupled neural network and its applications[J]. Neural Processing Letters,2008,27(1):25-41.

[107] Gu X D,Wang Y Y,Zhang L M. Object detection using Unit-linking PCNN image icons[J]. Lecture Notes in Computer Science,2006,3972:616-622.

[108] Gu X D. Autonomous robot navigation using different features and hierarchical discriminant regression[M]//Ito D. Robot Vision:Strategies,Algorithms and Motion Planning. New York:Nova Science Publishers,2009.

[109] Gu X D,Zhang L M. Global icons and local icons of images based Unit-linking PCNN and their application to robot navigation[J]. Lecture Notes in Computer Science,2005,3497:836-841.

[110] Liu H,Gu X D. Tracking based on Unit-linking pulse coupled neural network image icon and particle filter[J]. Lecture Notes in Computer Science,2016,9719：631-639.

[111] Gu X D. A new approach to image authentication using local image icon of Unit-linking PCNN[C]. IEEE International Joint Conference on Neural Network,Vancouver,2006.

[112] Yang C,Gu X D. Combining PCNN with color distribution entropy and vector gradient in feature extraction [C]. The 8th International Conference on Natural Computation, Chongqing,2012.

[113] Yang C,Gu X D. Image retrieval using a novel color similarity measurement and neural networks[J]. Lecture Notes in Computer Science,2014,8836：25-32.

[114] 顾晓东,杨诚. 新的颜色相似度衡量方法在图像检索中的应用[J]. 仪器仪表学报,2014,35(10)：2286-2292.

[115] Zhao Y,Gu X D. Vehicle License plate localization and license number recognition using Unit-linking pulse coupled neural network[J]. Lecture Notes in Computer Science,2012,7667：100-108.

[116] Gu X D. Classification using multi-valued pulse coupled neural network[J]. Lecture Notes in Computer Science,2008,4985：549-558.

[117] 顾晓东,余道衡,张立明. 时延 PCNN 及其用于求解最短路径[J]. 电子学报,2004,32(9)：1441-1443.

[118] Gu X D,Zhang L M,Yu D H. Delay PCNN and its application for optimization[J]. Lecture Notes in Computer Science,2004,3173：413-418.

[119] Gu X D. A non-deterministic delay-neural-network-based approach to shortest path computation in networks[M]//Komarov F,Bestuzhev M. Large Scale Computations,Embedded Systems and Security. New York：Nova Science Publishers,2009.

[120] 郑皓天,顾晓东. 基于带宽剩余率的脉冲耦合神经网络最短路径算法[J]. 系统工程与电子技术,2013,35(4)：859-863.

[121] 王健丞,顾晓东. 基于背景抑制和 PCNN 的运动目标检测[J]. 微电子学与计算机,2017,34(3)：50-55,60.

第 2 章　脉冲耦合神经网络基本理论

根据猫脑视觉皮层的脉冲同步振荡现象[1-3]，1990 年 Eckhorn 提出了展示该现象的连接模型[3]。三年后，Johnson 在连接模型的基础上提出了脉冲耦合神经网络(PCNN)[4]，PCNN 中连接强度的引入更便于其在信号处理方面的应用。同时期，猴脑视觉皮层的脉冲同步振荡现象[5-6]的发现也进一步为 PCNN 模型提供了生物依据。1995 年，Hopfield 发现是神经元脉冲出现的准确时间而非神经元平均点火率(发放率)对输入信息进行了编码[7]，该重要研究成果掀起了时空编码脉冲神经网络的研究高潮[8-12]。脉冲神经网络比传统的平均点火率人工神经网络更好地模仿了生物神经网络，且计算能力超过平均点火率神经网络[13]。SNN 具有多种模型[3,4,14,15]，其共同特征是脉冲发放、时空编码，而具有生物学依据的 PCNN 是一种重要的 SNN 模型。

1999 年和 2004 年，*IEEE Transaction on Neural Networks* 两次出版了 PCNN 专刊。2001 年 9 月，顾晓东等[16]首次在国内学术期刊《电路与系统学报》上发表了综述 PCNN 原理、特性及其应用的论文，同年 10 月、11 月国内期刊相继刊出了 PCNN 用于红外目标分割[17]、植物胚性细胞图像分割[18]的论文；同年 11 月在上海召开的国际神经信息处理大会(ICONIP 2001)刊出了多篇国内研究人员在 PCNN 方面的论文[19,20]；2002 年，国内有更多的 PCNN 研究论文[21-25]发表于国内期刊、国内会议及国内召开的国际会议论文集。经过多年发展，PCNN 已成为国内外人工神经网络研究的一项重要内容。

本章将介绍 PCNN 基本理论、便于用硬件实现的单位连接脉冲耦合神经网络(Unit-linking PCNN)[23,26]，对 PCNN 和 Unit-linking PCNN 的动态行为进行分析[26-29]，综述其应用[16,30]及发展前景。

2.1　脉冲耦合神经元及其简化模型

2.1.1　脉冲耦合神经元模型及分析

1. 脉冲耦合神经元的基本模型

构成 PCNN 的脉冲耦合神经元(pulse coupled neuron，PCN)在脉冲耦合、时空编码、模仿生物神经元的疲劳与不应期三方面比平均点火率人工神经元能更好地模仿生物神经元，但 PCN 模型仍对真实神经元进行了简化与近似，影响真实神经元活动的一些因素，如细胞的年龄、温度的影响等均未考虑[31]。

图 2.1 中，j 为构成 PCNN 的单个脉冲耦合神经元。I_j、J_j 和 $Y_1,\cdots,Y_k$ 等为神经元 j 的输入，Y_j 为神经元 j 的脉冲输出。在神经元 j 的输入中，I_j、J_j 为来自外界的输入，它们分别输入神经元 j 的两个不同通道；$Y_1,\cdots,Y_k$ 等为与神经元 j 相连的其他神经元的脉冲输出。图 2.2 为脉冲耦合神经元 j 的内部构造。神经元 j 共分成三部分，即接收域、调制部分和脉冲产生部分。

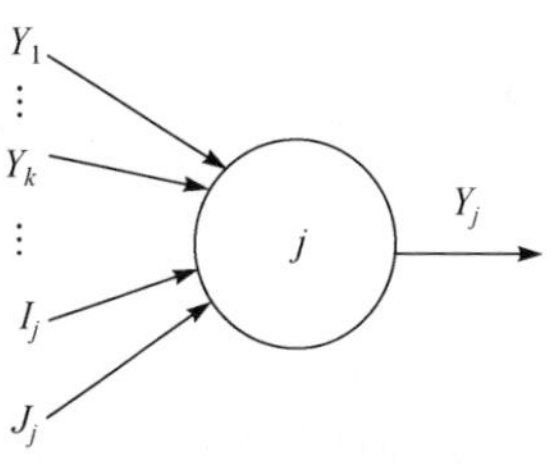

图 2.1　脉冲耦合神经元 j

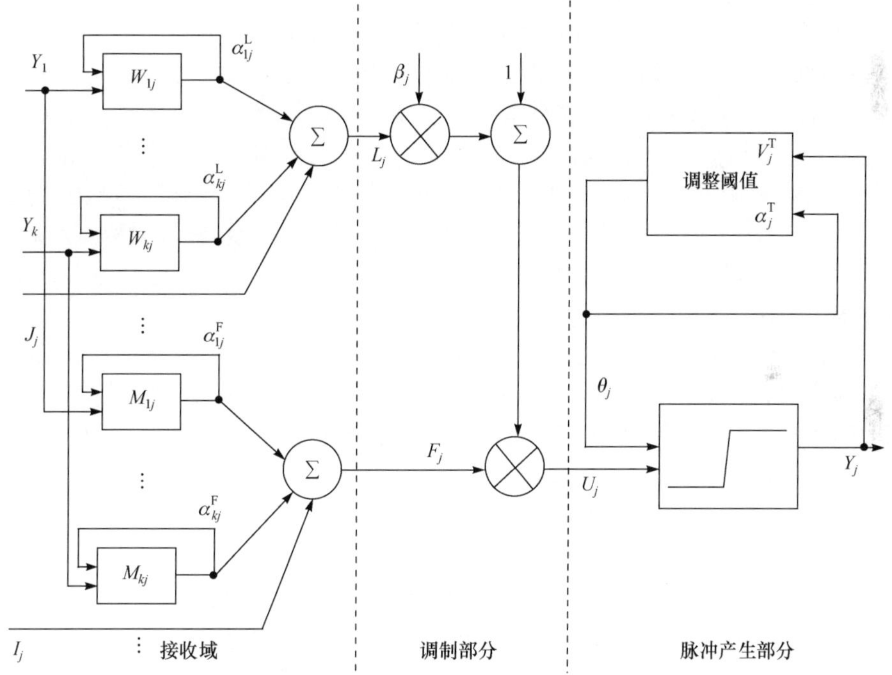

图 2.2　脉冲耦合神经元 j 的内部结构

同时，式(2-1)～式(2-5)描述了单个脉冲耦合神经元 j：

$$F_j(t) = \sum_k F_{kj}(t) = V_j^{F} \sum_k [M_{kj} \exp(-\alpha_{kj}^{F} t)] \otimes Y_k(t) + I_j \tag{2-1}$$

$$L_j(t) = \sum_k L_{kj}(t) = V_j^{L} \sum_k [M_{kj} \exp(-\alpha_{kj}^{L} t)] \otimes Y_k(t) + J_j \tag{2-2}$$

$$U_j(t) = F_j(t)[1 + \beta_j L_j(t)] \tag{2-3}$$

$$\frac{\mathrm{d}\theta_j(t)}{\mathrm{d}t}=-\alpha_j^{\mathrm{T}}\theta_j(t)+V_j^{\mathrm{T}}Y_j(t) \tag{2-4}$$

$$Y_j(t)=\mathrm{step}[U_j(t)-\theta_j(t)]=\begin{cases}1, & U_j(t)>\theta_j(t)\\ 0, & U_j(t)\leqslant\theta_j(t)\end{cases} \tag{2-5}$$

神经元 j 的接收域接收来自其他神经元和外部的输入。接收域接收到输入信号后，将其通过两条通道进行传输。一条通道称为 F 通道，另一条通道称为 L 通道。F 通道的脉冲响应函数随时间的变化比 L 通道慢。式(2-1)～式(2-5)中，F_{kj} 表示由神经元 k 引起的神经元 j 的 F 通道响应；M_{kj} 表示神经元 j 与 k 之间 F 通道的突触连接权；L_{kj} 表示由神经元 k 引起的神经元 j 的 L 通道响应；W_{kj} 表示神经元 j 与 k 之间 L 通道的突触连接权；α_{kj}^{F}、α_{kj}^{L} 分别为神经元 j 与 k 之间 F 通道、L 通道的时间常数(也可从电路角度出发将它们的倒数称为时间常数)，一般情况下，神经元 j 与所有相连神经元之间的 F 通道时间常数均相同，L 通道时间常数也均相同；$\otimes$表示卷积；V_j^{F}、V_j^{L} 分别为 F 通道、L 通道的幅度系数；I_j 表示外界输入 F 通道的常量；J_j 表示外界输入 L 通道的常量。

调制部分将来自 L 通道的信号 L_j 加上一个正的偏移量后与来自 F 通道的信号 F_j 进行相乘调制，得到内部状态信号 U_j，见图 2.2 和式(2-3)。模型中偏移量归整为 1，β_j 为连接强度。由于信号 F_j 的变化比信号 L_j 慢，在短时内，相乘调制得到的内部状态信号 U_j 就近似为一快速变化的信号叠加在一近似常量的信号上，接着 U_j 输入脉冲产生部分。

脉冲产生部分由阈值可变的比较器和脉冲产生器组成。当脉冲产生器打开时，其发放脉冲的频率是恒定的。当神经元输出一个脉冲时，神经元的阈值 θ_j 就通过反馈迅速得到提高，如式(2-4)所示。当神经元的阈值 θ_j 超过 U_j 时，脉冲产生器就被关掉，停止发放脉冲，紧接着，阈值开始呈指数下降，当阈值低于 U_j 时，脉冲产生器被打开，神经元点火，即处于激活状态，输出一个脉冲或脉冲序列。由此可知，神经元输出脉冲的最大频率不能超过脉冲产生器产生脉冲的频率。式(2-4)中，V_j^{T}、α_j^{T} 分别表示阈值幅度系数和阈值时间常数(也可从电路角度出发将 α_j^{T} 的倒数称为阈值时间常数)。求解式(2-4)时，积分下限为最近一次点火前一瞬。

若神经元每次点火只输出一个脉冲，则脉冲产生部分的比较器和脉冲产生器可由一阶跃函数 step(·)来表示，式(2-5)描述了这种情况下的输出，图 2.2 为这种情况下的单个神经元模型。单脉冲输出情况下，如 U_j 大于阈值 θ_j，则该神经元点火，即输出 Y_j 为 1，见式(2-5)，接着阈值 θ_j 通过反馈迅速提高到大于 U_j，Y_j 迅速由 1 变成 0，故当 U_j 大于阈值 θ_j 时，神经元就输出一个脉冲。

在神经元每次点火只输出一个脉冲的情况下，求解微分方程(2-4)，可得

$$\theta_j(t)=\begin{cases}V_j^{\mathrm{T}}, & t=t_{\mathrm{pre}}\\ V_j^{\mathrm{T}}\exp[-\alpha_j^{\mathrm{T}}(t-t_{\mathrm{pre}})], & t_{\mathrm{pre}}<t<t_{\mathrm{next}}\\ V_j^{\mathrm{T}}, & t=t_{\mathrm{next}}\end{cases} \tag{2-6}$$

式中，t_{pre}、t_{next}分别表示神经元 j 输出任意两个相邻脉冲的时刻，t_{pre}为输出前一个脉冲的时刻，t_{next}为输出后一个脉冲的时刻。

从式(2-6)可看出，神经元 j 在 t_{next}时刻和 t_{pre}时刻的阈值相等，都为一固定值 V_j^T。也就是说，神经元 j 每次点火后，阈值都迅速升高到一固定值，而与点火前瞬间的阈值大小无关，这是因为求解微分方程(2-4)时，积分下限为最近一次点火前一瞬。若求解式(2-4)时，积分下限改为开始时刻，则求解该方程可知，神经元 j 每次点火后，阈值不再是升高到一固定值，其大小与点火前瞬间的阈值大小紧密相关，如果点火前瞬间的阈值为 A，那么点火后阈值就变为 $A+V_j^T$，这使神经元的动态行为变得更为复杂。本书中提到的脉冲耦合神经元的阈值调整微分方程，若无特别说明，积分下限为最近一次点火前一瞬。

计算机仿真时，PCN 模型需用迭代式表示，式(2-7)～式(2-13)为 PCN 模型的迭代表达式：

$$F_j^1(n) = \exp(-\alpha_j^F)F_j^1(n-1) + V_j^F\sum_k M_{kj}Y_k(n-1) \tag{2-7}$$

$$F_j(n) = F_j^1(n) + I_j \tag{2-8}$$

$$L_j^1(n) = \exp(-\alpha_j^L)L_j^1(n-1) + V_j^L\sum_k W_{kj}Y_k(n-1) \tag{2-9}$$

$$L_j(n) = L_j^1(n) + J_j \tag{2-10}$$

$$U_j(n) = F_j(n)[1+\beta_j L_j(n)] \tag{2-11}$$

$$\theta_j(n) = \begin{cases} V_j^T, & Y_j(n-1) > 0 \\ \exp(-\alpha_j^T)\theta_j(n-1), & Y_j(n-1) \leqslant 0 \end{cases} \tag{2-12}$$

$$Y_j(n) = \mathrm{step}[U_j(n) - \theta_j(n)] = \begin{cases} 1, & U_j(n) > \theta_j(n) \\ 0, & U_j(n) \leqslant \theta_j(n) \end{cases} \tag{2-13}$$

这里，神经元 j 与所有相连神经元之间的 F 通道时间常数均相同，L 通道时间常数也均相同，分别为 α_j^F 和 α_j^L。F_j^1、L_j^1 分别为迭代计算 F_j、L_j 时用到的中间变量。

2. PCN 的点火间隔及点火频率

PCN 的点火间隔及点火频率是 PCNN 理论中的基本概念。

PCN 的点火间隔定义为当前发放的脉冲与上一次发放的脉冲之间的时间间隔。通过计算，得到图 2.2 中神经元 j 的点火间隔为

$$T_j = \frac{1}{\alpha_j^T}\ln\frac{V_j^T}{U_j} \tag{2-14}$$

PCN 的点火频率定义为点火间隔的倒数。图 2.2 中神经元 j 的点火频率公式为

$$f_j = \frac{\alpha_j^T}{\ln\dfrac{V_j^T}{U_j}} \tag{2-15}$$

由式(2-15)可知,神经元 j 的内部状态 U_j 越大,其点火频率就越高。若一孤立的神经元 j 不与任何其他神经元相连,只接收来自外界的输入常量 C 到 F 通道,即 $F_j=C$,则 $L_j=0$,$U_j=F_j=C$,于是神经元 j 周期性地发出脉冲,其点火频率为 $\alpha_j^{\mathrm{T}}/\ln(V_j^{\mathrm{T}}/C)$,输入常量 C 被神经元 j 编码成一定频率的周期脉冲。这种情况下的频率称为神经元的固有点火频率(或自然点火频率),点火间隔称为神经元的固有点火间隔(或自然点火间隔)。

3. PCN 的捕获现象

若神经元 j 除了通过 F 通道接收来自外界的输入常量(即 F_j 为一常量),还通过 L 通道与其他神经元相连,则其可能被其他神经元所捕获,或反之捕获住它们,同步地发放出脉冲。神经元 j 只有在其捕获期内,才会被其他神经元发放的脉冲所捕获。

下面结合图 2.3 来分析 PCN 的捕获现象是如何产生以及 PCN 是如何模仿生物神经元的不应期的。

假设神经元 j 通过 L 通道与另一神经元 k 相连。当神经元 k 还未开始发放脉冲时,神经元 j 像前面孤立时一样,周期性地发出脉冲。一旦神经元 k 点火,神经元 j 受其影响,L_j 不再为 0,通过相乘调制,U_j 升高($U_j=F_j(1+\beta_j L_j)$)。图 2.3(a)中,灰色粗线(—)表示阈值 θ_j 的波形,黑色细实线(—)表示 U_j 的波形;$U_{j\max}$表示当神经元 k 发出的脉冲到达时神经元 j 的 U_j 值的大小,此时 U_j 取得最大值,故称其为 $U_{j\max}$,$U_{j\max}=F_j(1+\beta_j L_{j\max})$,$L_{j\max}$表示当神经元 k 发出的脉冲到达时神经元 j 的 L_j 值的大小;T_{Cj} 为神经元 j 捕捉期的宽度,神经元 k 只要在神经元 j 的捕捉期内发放脉冲,神经元 j 就会被其捕捉住,同步地发放出脉冲,但若神经元 k 在神经元 j 的捕捉期外发放脉冲,神经元 j 不会被其捕获。因此,只有当神经元 j 的阈值 θ_j 指数下降到小于 $U_{j\max}$ 时,神经元 j 才可能被神经元 k 发出的脉冲所捕获,与之同步地发放出脉冲。若神经元 j 刚点火,则其阈值 θ_j 通过反馈迅速升高到 V_j^{T}(V_j^{T} 大于 $U_{j\max}$),接着 θ_j 开始呈指数下降,θ_j 下降到 $U_{j\max}$ 需要一段时间,在这段时间内,即使神经元 k 点火,也不能使神经元 j 与之同步地发放脉冲,故称这段时间为不应期。由此看出 PCNN 神经元很好地模仿了生物神经元的疲劳与不应期。图 2.3(b)、(c)分别显示了神经元 j、神经元 k 的输出,结合图 2.3(a)可知,神经元 j 在 $t=t_1$ 时被神经元 k 捕获。

图 2.3 中,神经元 j 的不应期宽度为

$$T_{Dj}=\frac{1}{\alpha_j^{\mathrm{T}}}\ln\frac{V_j^{\mathrm{T}}}{U_{j\max}} \tag{2-16}$$

神经元 j 的捕捉期宽度为

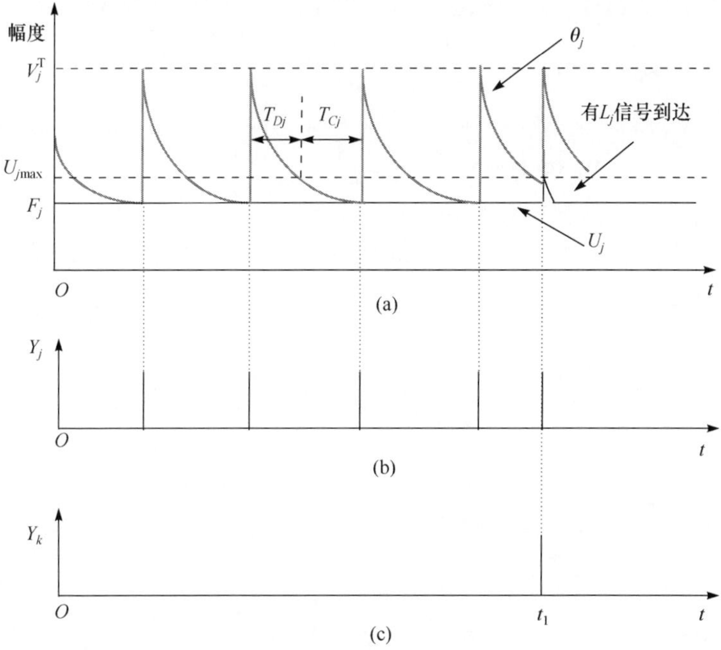

图 2.3　单脉冲输出情况下的 PCN 捕捉原理

$$
\begin{aligned}
T_{Cj} &= \frac{1}{\alpha_j^{\mathrm{T}}}\ln\frac{V_j^{\mathrm{T}}}{F_j} - \frac{1}{\alpha_j^{\mathrm{T}}}\ln\frac{V_j^{\mathrm{T}}}{U_{j\max}} \\
&= \frac{1}{\alpha_j^{\mathrm{T}}}\ln\frac{U_{j\max}}{F_j} \\
&= \frac{1}{\alpha_j^{\mathrm{T}}}\ln\frac{F_j(1+\beta_j L_{j\max})}{F_j} \\
&= \frac{1}{\alpha_j^{\mathrm{T}}}\ln(1+\beta_j L_{j\max})
\end{aligned}
\tag{2-17}
$$

神经元 j 的不应期宽度及捕捉期宽度可通过调节连接强度 β_j 方便地进行调整。β_j 越大，则 $U_{j\max}$越大，不应期宽度减小而捕捉期宽度增加；反之，则不应期宽度减小而捕捉期宽度增加。

2.1.2　单位连接脉冲耦合神经元模型及分析

人工神经网络用硬件实现才能充分发挥快速并行运算的优势，故在功能相似的情况下，人工神经网络模型应该尽可能简单，以便于用硬件实现。由于构成 PC-NN 的 PCN 结构复杂，在保留其脉冲发放、双通道相乘调制、阈值动态可变等主要特点的同时，对其进行合理的简化，得到单位连接脉冲耦合神经元(Unit-linking

PCN)[23,26,80]，极大减少了参数的选择，更便于硬件实现及信号处理方面的应用。

1. 单位连接脉冲耦合神经元模型

图 2.4 中，j 为一个单位连接脉冲耦合神经元，也可称为单位脉冲耦合神经元[29]。I_j 和 $Y_1,\cdots,Y_k$ 等为神经元 j 的输入，Y_j 为神经元 j 的输出。在神经元 j 的输入中，I_j 为来自外界的输入，$Y_1,\cdots,Y_k$ 等为与神经元 j 相连的其他神经元的脉冲输出。同 PCN 类似，Unit-linking PCN j 也分为接收域、调制部分和脉冲产生部分，如图 2.4 所示。

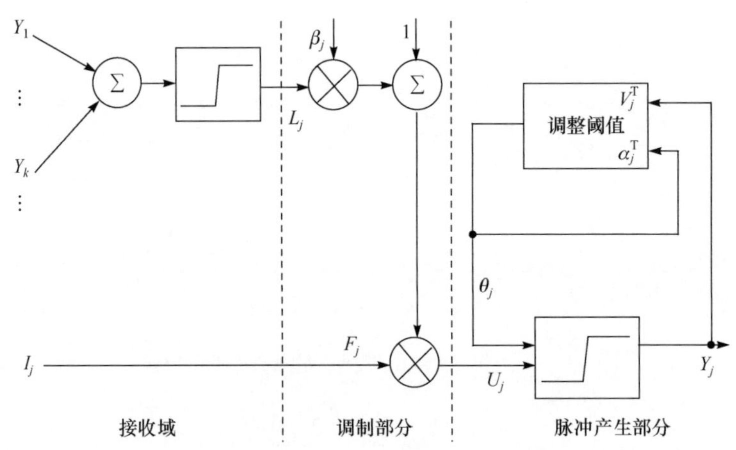

图 2.4 Unit-linking PCN j 的内部结构

同样，式(2-18)～式(2-22)描述了单个 Unit-linking PCN j：

$$F_j(t)=I_j(t) \tag{2-18}$$

$$L_j(t)=\text{step}\Big[\sum_{k\in N(j)}Y_k(t)\Big]=\begin{cases}1, & \sum\limits_{k\in N(j)}Y_k(t)>0\\ 0, & \sum\limits_{k\in N(j)}Y_k(t)\leqslant 0\end{cases} \tag{2-19}$$

$$U_j(t)=F_j(t)[1+\beta_j L_j(t)] \tag{2-20}$$

$$\frac{\mathrm{d}\theta_j(t)}{\mathrm{d}t}=-\alpha_j^{\mathrm{T}}+V_j^{\mathrm{T}}Y_j(t) \tag{2-21}$$

$$Y_j(t)=\text{step}[U_j(t)-\theta_j(t)]=\begin{cases}1, & U_j(t)>\theta_j(t)\\ 0, & U_j(t)\leqslant\theta_j(t)\end{cases} \tag{2-22}$$

神经元 j 通过接收域接收来自其他神经元和外部的输入，接收域接收到输入信号后，将其分别通过两条通道传输，即 F 通道和 L 通道。F_j、L_j 分别为来自 F 通道和 L 通道的信号。I_j 输入 j 的 F 通道，得到 F_j，如式(2-18)所示。

$Y_1,\cdots,Y_k$ 等输入 j 的 L 通道，得到 L_j，如式(2-19)所示。其中，$N(j)$为神经

元 j 的邻域，它是输出与神经元 j 的 L 通道相连的神经元的集合，step(·)为阶跃函数。由式(2-19)可知，Unit-linking PCN 构成的网络中的每个神经元，只要和它相连的神经元中有一个点火，其 L 通道信号就为 1，称其为单位连接模型，或简称为单位模型。和基本模型一样，调制部分先将来自 L 通道的信号 L_j 加上一个正的偏移量后与来自 F 通道的信号 F_j 进行相乘调制，得到内部状态信号 U_j，见图 2.4 和式(2-20)。接着，U_j 输入脉冲产生部分。模型中的偏移量归整为 1，β_j 为连接强度。一般情况下，F_j 的变化比信号 L_j 慢。在脉冲产生部分，当 U_j 超过神经元阈值 θ_j 时，神经元输出 Y_j 为 1(即点火，见式(2-22))，接着阈值 θ_j 通过反馈迅速提高到大于 U_j。因此，当 U_j 大于阈值 θ_j 时，神经元就输出一个脉冲。另外，阈值 θ_j 随着时间的增加而下降。神经元输出对阈值的反馈调整使神经元一旦受刺激有脉冲输出，其阈值就迅速升高，该神经元即使在相邻的一段时间内再受到刺激也不会被激活，这样就很好地模仿了生物神经元的疲劳与不应期。

求解微分方程(2-21)，可得

$$\theta_j(t)=\begin{cases}V_j^{\mathrm{T}}, & t=t_{\mathrm{pre}}\\ V_j^{\mathrm{T}}-\alpha_j^{\mathrm{T}}(t-t_{\mathrm{pre}}), & t_{\mathrm{pre}}<t<t_{\mathrm{next}}\\ V_j^{\mathrm{T}}, & t=t_{\mathrm{next}}\end{cases} \tag{2-23}$$

式中，t_{pre}为神经元 j 输出前一个脉冲的时刻；t_{next}为神经元 j 输出后一个脉冲的时刻。

从式(2-23)可看出，神经元 j 在 t_{next}时刻和 t_{pre}时刻的阈值都为一固定值 V_j^{T}，即神经元 j 每次点火后，阈值都迅速地升高到一固定值，与点火前瞬间的阈值大小无关，这是因为求解微分方程(2-21)时，积分下限为最近一次点火前一瞬。若求解微分方程(2-21)时积分下限改为开始时刻，则神经元 j 每次点火后，阈值不再是升高到一固定值，其大小与点火前瞬间的阈值大小紧密相关，如果点火前瞬间的阈值为 A，那么点火后阈值就变为 $A+V_j^{\mathrm{T}}$，这使神经元的动态行为变得更为复杂。由式(2-23)可知，根据微分方程(2-21)调整的 Unit-linking PCN 的阈值是线性下降的。计算机仿真有时会用到这种阈值线性下降方式。Unit-linking PCN 阈值线性下降调整时神经元的点火间隔 T_j、点火频率 f_j 分别为

$$T_j=\frac{V_j^{\mathrm{T}}-U_j}{\alpha_j^{\mathrm{T}}} \tag{2-24}$$

$$f_j=\frac{\alpha_j^{\mathrm{T}}}{V_j^{\mathrm{T}}-U_j} \tag{2-25}$$

图 2.3 中，若神经元 j 是 Unit-linking PCN，当阈值呈线性下降时，神经元 j 的不应期宽度 T_{Dj}、捕捉期宽度 T_{Cj} 分别为

$$T_{Dj}=\frac{V_j^{\mathrm{T}}-U_{j\max}}{\alpha_j^{\mathrm{T}}} \tag{2-26}$$

$$T_{Cj}=\frac{U_{j\max}-F_j}{\alpha_j^{\mathrm{T}}} \tag{2-27}$$

Unit-linking PCN 的阈值调整方式也可以和基本模型一样，采取指数下降的方式：

$$\frac{\mathrm{d}\theta_j(t)}{\mathrm{d}t}=-\alpha_j^{\mathrm{T}}\theta_j(t)+V_j^{\mathrm{T}}Y_j(t) \tag{2-28}$$

计算机仿真时，Unit-linking PCN 模型的迭代式如式(2-29)～式(2-33)所示：

$$F_j(n)=I_j(n) \tag{2-29}$$

$$L_j(n)=\mathrm{step}\Big[\sum_{k\in N(j)}Y_k(n-1)\Big]=\begin{cases}1, & \sum\limits_{k\in N(j)}Y_k(n-1)>0\\ 0, & \sum\limits_{k\in N(j)}Y_k(n-1)\leqslant 0\end{cases} \tag{2-30}$$

$$U_j(n)=F_j(n)[1+\beta_j L_j(n)] \tag{2-31}$$

$$\theta_j(n)=\begin{cases}V_j^{\mathrm{T}}, & Y_j(n-1)>0\\ \theta_j(n-1)-\alpha_j^{\mathrm{T}}, & Y_j(n-1)\leqslant 0\end{cases} \tag{2-32}$$

$$Y_j(n)=\mathrm{step}[U_j(n)-\theta_j(n)]=\begin{cases}1, & U_j(n)>\theta_j(n)\\ 0, & U_j(n)\leqslant\theta_j(n)\end{cases} \tag{2-33}$$

由式(2-32)可知，Unit-linking PCN 的阈值是线性下降的。若 Unit-linking PCN 的阈值为指数下降，则阈值迭代调整公式如下：

$$\theta_j(n)=\begin{cases}V_j^{\mathrm{T}}, & Y_j(n-1)>0\\ \exp(-\alpha_j^{\mathrm{T}})\theta_j(n-1), & Y_j(n-1)\leqslant 0\end{cases} \tag{2-34}$$

2. Unit-linking PCN 模型与 PCN 基本模型的区别

由上述可知，Unit-linking PCN 模型与 PCN 基本模型的区别主要体现在 L 通道和 F 通道，以及阈值调整方式。它们的具体区别如下。

1) L 通道

L 通道的区别是 Unit-linking PCN 模型与 PCN 基本模型之间最重要的区别。PCN 的 L 通道原来既接收相连神经元的脉冲输出，又接收来自外界的输入，有多个参数需要选取，这导致 L 通道信号的变化非常复杂，不便于分析与控制。而 Unit-linking PCN 的 L 通道只接收相连神经元的脉冲输出，不接收来自外界的输入；每个 Unit-linking PCN 是单位连接的，即其邻域内神经元中有一个点火(或多个同时点火)，其 L 通道信号就为 1，否则为 0。L 通道信号的大小只与其邻域内是否有神经元点火有关，而与点火神经元的数量无关。对于 Unit-linking PCN 的 L 通道，无需进行参数选取。由此可见，与 PCN 相比，Unit-linking PCN 便于分析与控制，易于构造新算法，拓展应用；结构也简单得多，便于用硬件实现。

2) F 通道

PCN 的 F 通道原来既接收来自外界的输入，又接收其他神经元的脉冲输出，有多个参数需要选取，这导致 F 通道信号的变化也非常复杂；而 Unit-linking PCN 的 F 通道只接收来自外界的输入，不接收其他神经元的脉冲输出，无需进行参数选取。

3) 阈值调整方式的增加

PCN 的阈值下降采用指数方式。而 Unit-linking PCN 阈值下降除了指数方式，还采用了线性方式，有时计算机仿真会用到阈值线性下降的方式。

综上所述，Unit-linking PCN 之间是通过 L 通道相互影响的。通过改变连接强度，可方便地控制神经元之间的影响程度。在保留 PCN 脉冲发放、双通道相乘调制、阈值可变等主要特点的同时，Unit-linking PCN 结构简单得多，并极大地减少了参数的选取，便于分析与控制，更便于用硬件实现。

2.1.3　脉冲耦合神经元与平均点火率神经元的区别

PCN 是一种具有生物学背景的、不同于平均点火率神经元的、存在脉冲发放及双通道相乘调制功能且阈值动态可变的时空编码人工神经元。Unit-linking PCN 可认为是保留了其主要特点的简化模型。传统平均点火率神经元是先将输入信号的加权和与阈值相比，再由状态函数得到内部状态，最后由输出函数得到最终输出。PCN 和 Unit-linking PCN 在脉冲耦合、时空编码、模仿生物神经元的疲劳与不应期方面比平均点火率人工神经元能更好地模仿生物神经元。表 2.1 显示了 PCN 与平均点火率神经元之间的主要区别。

表 2.1　PCN 与平均点火率神经元的区别

PCN	平均点火率神经元
时空编码	时间编码
双通道相乘调制	无
脉冲耦合	一般非脉冲耦合
阈值动态改变	一般阈值不变
存在不应期	不存在不应期

2.2　脉冲耦合神经网络

2.2.1　脉冲耦合神经网络的连接方式

一般情况下，脉冲耦合神经网络中的 PCN 是局域连接的。图 2.5 示意性地画

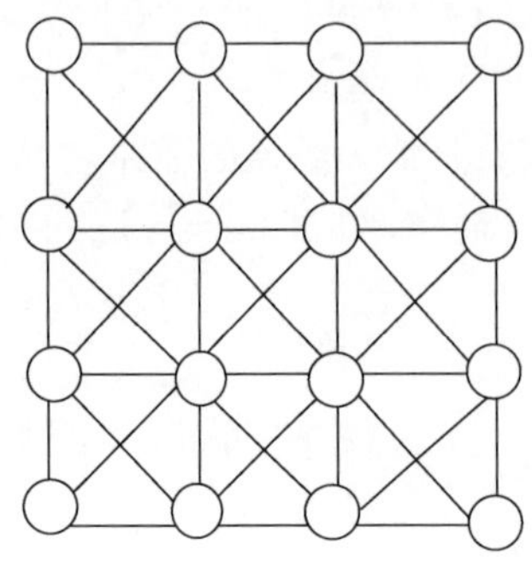

图 2.5 PCNN 的常用连接方式

出了由 16 个神经元构成的 PCNN，其中每个神经元与其最紧邻的 8 个神经元相连，即 8 邻域连接。

图像处理时，PCNN 或 Unit-linking PCNN 一般为一个单层二维的局部连接网络，所有神经元的参数均相同。神经元与像素点一一对应，神经元的个数等于输入图像中像素点的个数。每个像素点的亮度(或某彩色通道的值)输入对应神经元的 F 通道，使每个神经元的 F 通道信号等于其对应像素点的亮度值或彩色通道的值；同时，每个神经元的 L 通道信号由其邻域内其他神经元的输出产生，即各神经元通过 L 通道接收其邻域内其他神经元的输出，因此网络中的神经元是通过 L 通道相互影响的。对于 Unit-linking PCNN，只要其邻域中的其他神经元有一个点火，其 L 通道信号就为 1。图 2.6 所示为图像处理时 16 个像素点对应的 PCNN 或 Unit-linking PCNN 的连接方式，其中每个神经元为 8 邻域连接。图 2.7 所示为图像处理时 PCNN 或 Unit-linking PCNN 中神经元的 4 邻域连接方式。

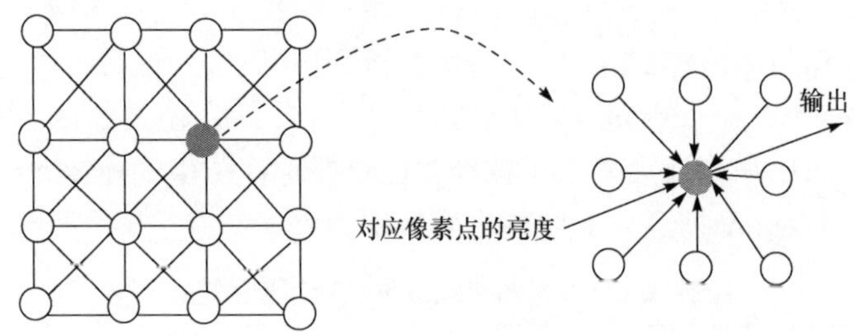

图 2.6 图像处理时 PCNN 或 Unit-linking PCNN 的 8 邻域连接方式

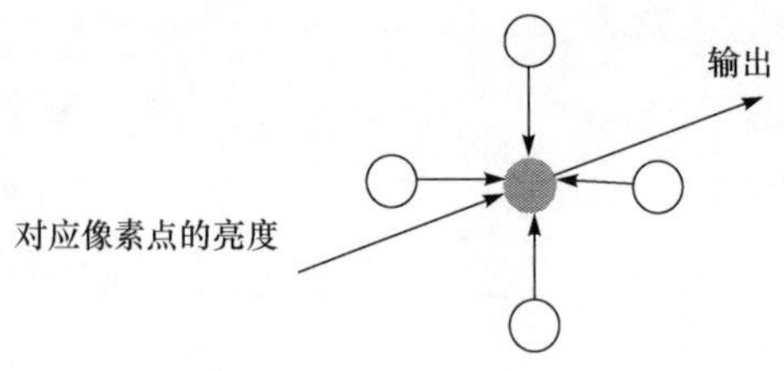

图 2.7 图像处理时 PCNN 或 Unit-linking PCNN 的 4 邻域连接方式

PCN 的 F 通道和 L 通道很好地对应了 Malsburg 的同步振荡脑编码理论[32]中的慢突触和快突触。慢突触用于记忆，快突触(即 Malsburg 突触)使神经元间的连接可以跟上同步状态的变化，并使同步得到增强并保持。图像处理时，神经元 F 通道接收到的亮度(或某彩色通道)保持不变或变化缓慢，相当于慢突触；神经元

L 通道接收到的其邻域内其他神经元的输出的变化相对较快，相当于 Malsburg 突触。

在其他应用中，PCNN 或 Unit-linking PCNN 可根据需要在模型的约束下进行连接。

2.2.2　脉冲耦合神经网络动态行为分析

PCNN 动态特性非常复杂，对其进行分析研究非常困难[4]。本节在一定条件下对 PCNN 动态行为进行分析。这些条件对 PCNN 的初始取值、参数选取和连接方式等进行了限制。以下动态特性分析得到的结论同时适用于 PCNN 和 Unit-linking PCNN。下面先分析两个神经元构成的网络在一定条件下的动态行为，再分析多个神经元构成的网络在一定条件下的动态行为。

1. 两个神经元构成的 PCNN 的动态行为

神经元 i 与神经元 j 互相连接，构成一个两神经元的系统。这里分析该系统在满足以下初始条件与参数选取条件时的动态行为。

初始条件：两个神经元在开始时同时点火。

参数选取条件：各神经元 L 通道的时间常数均远大于阈值部分的时间常数。

假设神经元 i 的 F 通道常量信号 F_i 大于神经元 j 的 F 通道常量信号 F_j，T_i、T_j 分别为神经元 i、神经元 j 的固有点火间隔。根据初始条件，开始时($t=0$)，两个神经元同时点火，发放出脉冲，紧接着它们的阈值由于自身的反馈均分别升高到 V_i^{T}、V_j^{T}，随后阈值 θ_i、θ_j 开始下降，其下降的速度分别取决于各自的阈值时间常数；同时两个神经元的 L 通道信号(L_i、L_j)由于对方发出的脉冲的刺激而升高，引发两者的内部状态($U_i=F_i(1+\beta_iL_i)$，$U_j=F_j(1+\beta_jL_j)$)升高，但此刻它们均小于各自的阈值，此时两个神经元的阈值分别为 V_i^{T}、V_j^{T}。接着，U_i、U_j 开始下降，其下降的速度取决于各自 L 通道的时间常数。因为根据参数选择条件，各神经元 L 通道的时间常数均远大于其阈值部分的时间常数，所以 U_i、U_j 分别衰减得远快于阈值 θ_i、θ_j，可认为两神经元在 $t>0$ 时不会因为受对方在 $t=0$ 时发放的脉冲的影响而改变今后的点火状况。由此可知，这种情况下，两个神经元之间的影响几乎是瞬时的，即若一神经元点火，但未能激发另一神经元与之同步地发放脉冲，则在以后的时间里前者这次发放的脉冲对后者行为的影响可以忽略。

由于 F_i 大于 F_j，神经元 i 的点火频率 f_i 大于神经元 j 的点火频率 f_j，在两个神经元发放出初始脉冲后，神经元 i 首先在 $t=T_i$ 时点火(神经元 i 的第二次点火)，其输出脉冲输入神经元 j 的 L 通道，使 L_j 升高，接着通过相乘调制使 U_j 升高($U_j=F_j(1+\beta_jL_j)$)，此时，如果 U_j 大于 θ_j，则神经元 j 也点火，于是神经元 j 被神经元 i 捕捉住，两个神经元开始同步点火，且一直进行下去，点火频率为 f_i。

如果$t=T_i$,U_j受神经元i点火影响迅速升高,但未能大于θ_j,则神经元j未能在此刻被神经元i捕捉,同时U_j开始下降,由于其L通道的时间常数远大于阈值时间常数,U_j衰减得远快于θ_j。这种情况下,$t>T_j$,认为U_j不受神经元i在$t=T_i$时发出的脉冲的影响。

若神经元j在神经元i第三次点火前点火,该点火时刻为$t=T_j$,这时,如果$U_i>\theta_i$,则神经元i被其捕捉,两者在$t=T_j$时同步点火;否则神经元i不被其捕捉。这种情况下,若神经元i被神经元j捕捉,则两者在$0\leqslant t\leqslant T_j$内的脉冲发放形式将以$T_j$为周期循环往复下去。若神经元$j$在神经元$i$第三次点火前仍未点火,则在$t=2T_i$时,神经元$i$点火。这时,若神经元$i$发出的脉冲使$U_j>\theta_j$,则神经元$j$被其捕捉,两者在$t=2T_i$时同步点火;否则神经元$j$不被其捕捉。

如果满足前面给出的初始条件及参数选取条件,在两个神经元构成的网络系统中,经过一段时间后,一个神经元会捕获住另一个神经元。若一个神经元在$t=T$时捕获住另一个神经元,则两个神经元在$t=T$时的状态与它们$t=0$时的状态相同,故两个神经元从$t=T$开始,又将重复它们从$t=0$开始的行为;当$t=2T$时,它们又将重复同样的行为,这样循环往复下去,直至无穷。也就是说,这个系统的动态行为是以T为周期的。注意,该结论并不要求两个神经元的参数完全一样。

2. 多个神经元构成的PCNN的同步振荡

多个神经元构成的PCNN的动态行为非常复杂,这里主要分析其用于图像处理时的动态行为。PCNN用于图像处理时,其连接方式如前所述:网络为一个单层二维的局部连接网络,神经元与像素点一一对应。每个像素点的亮度输入对应神经元的F通道,同时,每个神经元与其邻域内的神经元通过L通道相连,所有神经元的参数均相等。现在分析PCNN满足以下初始条件和参数选取条件时的动态行为。

初始条件:所有神经元在开始时同时点火。

参数选取条件:各神经元L通道的时间常数均远大于其阈值时间常数。

若图像处理时,$F_{\max}$、$F_{\min}$分别为输入图像的最大、最小亮度值,则所有神经元中,最大的F通道信号为$F_{\max}$,最小的F通道信号为$F_{\min}$。$T_{\max}$、$T_{\min}$分别表示F通道信号为$F_{\max}$、$F_{\min}$的神经元的固有点火间隔。所有神经元的连接强度均为β。当$t=T_{\max}$时,F通道信号为$F_{\max}$的神经元最先点火,被其捕获的神经元与之同步点火,被其捕获的神经元的F通道信号值需满足一定的条件。设神经元j被F通道信号为$F_{\max}$的神经元所捕获,则必须满足

$$F_j[1+\beta L_j(T_{\max})]>\theta_j(T_{\max}) \tag{2-35}$$

显然

$$\theta_j(T_{max})=F_{max} \tag{2-36}$$

将式(2-36)代入不等式(2-35),化简可得

$$F_j>\frac{F_{max}}{1+\beta L_j(T_{max})} \tag{2-37}$$

由此可知,只有 $F_j\in\left(\frac{F_{max}}{1+\beta L_j(T_{max})},F_{max}\right)$时,神经元 j 才可能被F通道信号为 F_{max}的神经元所捕获,这是被捕获的必要条件。当神经元 j 被F通道信号为 F_{max}的神经元所捕获时,前者并不一定要与后者直接相连,后者发出的脉冲可通过其他神经元传递到前者,从而捕获前者,这就是PCNN中的脉冲传播与同步。

当 $t=T_{min}$时,网络中神经元至少已点火一次。如果在 $t=T_{min}$时设置所有神经元都点火,则其网络状态与 $t=0$ 时一样,故从 $t=T_{min}$开始,网络将重复从 $t=0$ 开始的行为;当 $t=2T_{min}$时,网络又重复同样的行为,这样循环往复乃至无穷。也就是说,在满足前面的条件下,$t=nT_{min}$时(n 为正整数)设置网络中所有神经元都点火,则这个网络的输出以 T_{min}为周期进行振荡。

为了便于分析及应用,在时间$[0,T_{min}]$内,希望所有神经元只点火一次,这可以通过选取合适的阈值幅度系数 V^T来实现(网络中所有神经元的阈值幅度系数均相同)。

下面讨论阈值指数下降、线性下降两种情况下在时间$[0,T_{min}]$内如何选取V^T才能使网络中的所有神经元只点火一次。网络中所有神经元的阈值时间常数 α^T均相同。

1) 阈值指数下降时 V^T的选取

F通道信号为 F_{max}的神经元在 $t=T_{max}$时点火,当 $t=T_{min}$时,其阈值为

$$\theta_{max}(T_{min})=V^T\exp(-\alpha^T(T_{min}-T_{max})) \tag{2-38}$$

为了使网络中所有神经元只点火一次,必须满足

$$\theta_{max}(T_{min})\geqslant U_{max}(T_{min}) \tag{2-39}$$

即

$$V^T\exp(-\alpha^T(T_{min}-T_{max}))\geqslant U_{max}(T_{min}) \tag{2-40}$$

又因为

$$T_{min}=\frac{1}{\alpha^T}\ln\frac{V^T}{F_{min}} \tag{2-41}$$

$$T_{max}=\frac{1}{\alpha^T}\ln\frac{V^T}{F_{max}} \tag{2-42}$$

$$U_{max}(T_{min})=F_{max}[1+\beta L_{max}(T_{min})] \tag{2-43}$$

将式(2-41)～式(2-43)代入式(2-40),化简得

$$V^{\mathrm{T}}\left(\frac{F_{\min}}{F_{\max}}\right)\geqslant F_{\max}[1+\beta L_{\max}(T_{\min})] \tag{2-44}$$

$L_{\max}(T_{\min})$的大小取决于其L通道的参数及$t=T_{\min}$时神经元邻域中正在点火的神经元数目。令$L_{\max}^{\max}$表示$L_{\max}(T_{\min})$可能取得的最大值(即邻域中所有神经元同时点火时的取值),不等式(2-44)可表示为

$$V^{\mathrm{T}}\geqslant\frac{F_{\max}^2}{F_{\min}}(1+\beta L_{\max}^{\max}) \tag{2-45}$$

在阈值指数下降的情况下,当V^{T}满足不等式(2-45)时,可保证在时间$[0,T_{\min}]$内网络中的所有神经元只点火一次。

对于Unit-linking PCNN,$L_{\max}^{\max}=1$,与$t=T_{\min}$时神经元邻域中点火神经元的数目无关,不等式(2-45)可写为

$$V^{\mathrm{T}}\geqslant\frac{F_{\max}^2}{F_{\min}}(1+\beta) \tag{2-46}$$

2) 阈值线性下降时V^{T}的选取

F通道信号为$F_{\max}$的神经元在$t=T_{\max}$时最先点火,当$t=T_{\min}$时,其阈值为

$$\theta_{\max}(T_{\min})=V^{\mathrm{T}}-\alpha^{\mathrm{T}}(T_{\min}-T_{\max}) \tag{2-47}$$

要使网络中所有神经元只点火一次,必须满足

$$\theta_{\max}(T_{\min})\geqslant U_{\max}(T_{\min}) \tag{2-48}$$

即

$$V^{\mathrm{T}}-\alpha^{\mathrm{T}}(T_{\min}-T_{\max})\geqslant U_{\max}(T_{\min}) \tag{2-49}$$

又因为

$$T_{\min}=\frac{V^{\mathrm{T}}-F_{\min}}{\alpha^{\mathrm{T}}} \tag{2-50}$$

$$T_{\max}=\frac{V^{\mathrm{T}}-F_{\max}}{\alpha^{\mathrm{T}}} \tag{2-51}$$

$$U_{\max}(T_{\min})=F_{\max}[1+\beta L_{\max}(T_{\min})] \tag{2-52}$$

将式(2-50)～式(2-52)代入不等式(2-49),化简可得

$$V^{\mathrm{T}}-(F_{\max}-F_{\min})\geqslant F_{\max}[1+\beta L_{\max}(T_{\min})] \tag{2-53}$$

$L_{\max}(T_{\min})$的大小取决于其邻域的形状大小及在$T_{\min}$时神经元邻域中正在点火的神经元数目。令$L_{\max}^{\max}$表示$L_{\max}(T_{\min})$可能取得的最大值,则不等式(2-53)可表示为

$$V^{\mathrm{T}}\geqslant F_{\max}(2+L_{\max}^{\max})-F_{\min} \tag{2-54}$$

在阈值线性下降的情况下,当V^{T}满足不等式(2-54)时,可保证在时间$[0,T_{\min}]$内网络中的所有神经元只点火一次。

对于 Unit-linking PCNN，$L_{\max}^{\max}=1$，不等式(2-54)可写为

$$V^{\mathrm{T}} \geqslant 3F_{\max}-F_{\min} \tag{2-55}$$

2.3　脉冲耦合神经网络的特性与应用

PCNN 是一种具有生物学背景的时空编码人工神经网络，拥有脉冲发放及双通道相乘调制功能，阈值动态可变，且具有广泛的应用背景。

2.3.1　脉冲耦合神经网络的特性

通过前面对 PCNN 的分析可知，时空编码的 PCNN 具有以下特性。

1. 脉冲耦合

PCNN 中神经元的输出为脉冲，来自其他神经元的输入也为脉冲，这就是其脉冲耦合特性。在这一方面，PCN 比平均点火率神经元更好地模仿了生物神经元。

2. 双通道相乘调制

PCN 分别通过 L 通道、F 通道接收输入信号，来自 L 通道的信号被加上一个正的偏移量后与来自 F 通道的信号进行相乘调制，从而得到神经元内部状态信号。PCN 的双通道分别对应生物神经元的快突触、慢突触。L 通道信号和 F 通道信号之间联系的紧密程度可通过调整连接强度系数 β 来调节。这是 PCN 所独有的双通道相乘调制特性，便于 PCNN 更好地模仿动物脑视觉皮层的脉冲同步振荡现象。

3. 动态阈值

PCN 的阈值动态可变特性体现在两个方面。一方面，当某神经元点火时，其输出脉冲迅速反馈调整阈值，使阈值迅速升高，从而该神经元在短时内不再点火，这很好地模仿了生物神经元的不应期；另一方面，阈值随着时间的增加而下降。

4. 同步振荡

PCN 的双通道相乘调制特性使网络中一群相互连接的神经元可相互捕获，同步发放脉冲。当一个或数个神经元开始点火时，输出的脉冲信号传送到其他神经元，后者中符合点火条件的神经元被前者捕获而迅速点火，从而使这一群神经元就像一个巨大的神经元，同步地发放出脉冲并产生振荡。

5. 脉冲并行传播

当一个或数个神经元开始点火时，输出的脉冲信号传播到与其相连的神经元，后者中符合点火条件的神经元被前者捕获而迅速点火，这些被捕获的神经元发放的脉冲继续去捕捉那些满足点火条件并与其相连的还未点火的神经元，这样的过程一直延续下去，使最初点火的神经元发出的脉冲在整个网络中并行传播开，这就是 PCNN 的脉冲并行传播特性。在脉冲传播过程中，如果各神经元只点火一次，即神经元点火后不再点火，在网络中扩散穿播的脉冲就形成了以最初点火神经元为中心的脉冲波。

以上五个特性是 PCNN 的基本特性，几乎所有基于 PCNN 的应用都是由这些特性得到的。充分地运用这些特性，可不断地拓展 PCNN 的应用范围。Unit-linking PCNN 在保留这些主要特性的同时，还具有单位连接的特性，便于分析、控制及硬件实现，易于构造新算法及推广。

2.3.2 脉冲耦合神经网络的应用

PCNN 是工程中信号处理的有力工具，目前已得到了广泛的应用[16-30,33-146]，如图像处理[16-21,24-26,29,30,33,38,46-52,54,58,63-68,76,78,84,88,89,92,93,96,100,101,105,123,125,131,145,146]及图像等数据融合[37,71,75,87,90,107,112-114,116,117,120,127,130,133-136,144]，特征提取[44,56,70,73,78,80,86,100,101,118,138,141]，目标检测、识别及跟踪[35,45,74,80,84,97,103,109,111,119,143]，模式识别[55,81,106,115,140]，迷宫求解[34]及路径寻优[53,59,85,108,126]，仿生建模[69,82,91,94,110,122,129,141]，语音识别[40]和化学物质的气味检测[36]等方面。

PCNN 的应用可概括为图像处理及融合、特征提取、优化、仿生建模等方面，在此基础上可实现很多具体的应用。具体应用的实现方式各有不同，如目标识别就有基于 PCNN 图像处理中平滑分割的目标识别[35]、基于 PCNN 特征提取的目标识别[56,80]、基于 PCNN 仿生建模的目标识别[111]等多种方法。

1. 图像处理及融合

图像领域是 PCNN 应用最为广泛的领域，这与其生物学背景是一致的。例如，PCNN 被有效地应用于图像分割、去噪、增强、阴影去除、边缘检测、空洞滤波、细化、颗粒分析、凹点搜索和图像等数据的融合方面。以 PCNN 图像处理为基础又衍生出更多的应用，如可用于无人驾驶的基于阴影去除的道路提取，基于平滑分割结果的军事目标检测，车牌识别中的车牌提取、字符分割和字符细化，静脉识别预处理，将语音特征转变为图像进行识别等。基于 PCNN 的图像处理都用到了其脉冲并行传播特性，例如，去噪及分割是脉冲波的平滑结果，细化可由脉冲波相遇得到，空洞滤波可通过洞边界对脉冲的阻挡实现，边缘检测或颗粒分析可通过脉冲波对目标的腐蚀实现等。PCNN 中的脉冲波不仅可应用于上述图像处理，还可通过对数据空间的划分进行数据(模式)分类，此时对于低维数据的表现更加直观形象，利用脉冲波分类时，因区分不同类别的需要，神经元的输出必须是多值的。PCN 的双通道调制、PCNN 中脉冲波的传播及平滑作用为图像或其他数据的融合提供了便利，例如，PCNN 可有效地用于遥感高光谱多波段图像的融合和增强，以及多聚焦图像的融合和多路传感器信号的融合等。

基于 PCNN 的图像处理中，分别融合了模糊数学、粗集理论和形态学方法；证明了 PCNN 脉冲传播特性与数学形态学的等价关系，并由此提出 PCNN 用于图像处理的通用设计方法，可用于设计基于 PCNN 脉冲传播特性的图像处理算法；提出的很多基于 PCNN 的图像处理方法是采用更易于用硬件实现的 Unit-linking PCNN 来完成的。

2. 特征提取

PCNN 可通过空间和时间信息的转换，有效地提取图像的特征，一方面能提取反映图像全局特性的具有平移和旋转不变性的特征；另一方面又能提取可反映图像局部变化的特征，两者结合可得到更有效、更广泛的应用。PCNN 提取的特征可有效地用于非平稳和平稳视频流的机器人导航、目标识别、跟踪、图像检索、图像认证、车牌识别、星系识别等方面。应用中采用 Unit-linking PCNN 提取图像特征，其在有效提取图像特征的同时更便于用硬件实现。

3. 优化

在优化领域，PCNN 主要被应用于路径寻优及由此派生出的应用。PCNN 从起始点发出的脉冲波沿着所有可能的路径传播，可以迅速地求解迷宫、求取最短路径等。通过路径参数对神经元的控制，可用 Unit-linking PCNN 实现静态和动态网络的路径寻优。基于 Unit-linking PCNN 的路径寻优的计算量与路径图的复杂度和回路数无关，只与路径参数有关(如路径长度、路径拥挤程度等)。

4. 仿生建模

人类的注意力选择机制是一种在大量视觉信息中快速选择部分信息进行优先处理的机制。在工程信息领域，同样面临着从海量信息中提取有效信息的任务。

一方面，将 PCNN 与心理学注意力选择相融合，有效地应用于沙漠及海面小目标识别、足球跟踪等。另一方面，提出基于 PCNN 的仿生注意力选择计算模型，并将其应用于工程中的信号处理。建立仿生注意力选择计算模型有两条途径，即基于心理学的仿生建模和基于神经生物学的仿生建模。一般以工程应用为目的仿生注意力选择计算模型都是基于心理学理论的。

在基于 PCNN 的仿生注意力选择建模方面，分别提出基于 Unit-linking PCNN 和拓扑性质知觉理论的心理学注意力选择模型及基于 Unit-linking PCNN 同步振荡的神经生物学注意力选择模型。

1) 基于 Unit-linking PCNN 和拓扑性质知觉理论的心理学注意力选择模型

将 Unit-linking PCNN 与拓扑性质知觉理论相结合，提出基于 Unit-linking PCNN 和拓扑性质知觉理论的心理学注意力模型。该模型贯彻了拓扑性质知觉理论，其注意力选择效果优良，可用于目标识别、跟踪等方面。

将光流场、Unit-linking PCNN 和拓扑性质知觉理论融合到一起，提出基于 PCNN、光流场及拓扑性质知觉理论的运动目标注意力选择模型，强调运动在注意力选择中的重要作用，进一步贯彻拓扑性质知觉理论。该模型在镜头运动或视频背景存在干扰情况下的运动目标关注及跟踪中具有优势。

心理学注意力选择计算模型可应用于工程中的信号处理。

2) 基于 Unit-linking PCNN 同步振荡的神经生物学注意力选择模型

提出模仿生物视觉皮层方位检测功能的模型及方法；在 Unit-linking PCNN 方位检测的基础上，结合目标轮廓链码，提出具有 Top-down 机制的 Unit-linking PCNN 注意力选择模型及方法，该方法通过目标轮廓的周期性振荡实现注意力选择，是基于神经生物学的注意力选择模型；用 Unit-linking PCNN 统一实现边缘检测、方位检测以及注意力选择，同时模仿生物视觉皮层的同步振荡现象。

Unit-linking PCNN 方位检测模型是根据小范围感受野内边缘像素点的分布情况得到边缘的方向，能检测到的方向数有限，对生物视觉皮层中方位柱的模仿是粗略的。若要增加其可检测的方向数，则需增大 Unit-linking PCNN 方位柱的感受野，或通过综合小感受野的方位检测结果得到，这还有待于进一步的研究。

在 Unit-linking PCNN 注意力选择模型中，Top-down 机制是通过引入目标轮廓链码序列作为先验知识实现的，注意力选择则是通过感兴趣目标轮廓链码序列与输入的先验链码序列相一致从而产生周期性振荡实现的。对 Unit-linking PCNN 注意力选择模型的研究表明，将目标轮廓链码引入有生物学背景的 Unit-linking PCNN 可以实现具有 Top-down 机制的注意力选择。

2.3.3 脉冲耦合神经网络的硬件实现

最早用硬件实现的 PCNN 是 Johnson 和 Ritter 在 1993 年设计完成的一个光电系统[4]。1994 年，Johnson 设计完成了神经元 1×8 连接的最大脉冲发放频率为 1MHz 的 PCNN 集成电路芯片。1996 年，Johns Hopkins 大学开发出最大脉冲发放频率为 2MHz 的 PCNN 集成芯片。此后，有研究人员相继用 FPGA 实现 PCNN，提出用集成电路或光电器件实现 PCNN 的方案[39,41-43,57]。2007 年，Kaulmann 等[79]开发了实现 PCNN 和其他 SNN 模型功能的集成芯片。与 PCNN 基于

130nm 技术的理论和算法研究相比，其硬件开发的研究有所滞后。用硬件实现 PCNN 才能更好地发挥其快速并行处理和容错能力，使之成为运算迅速而可靠的信号处理工具。随着 PCNN 研究的深入与成熟，相信会有更多的人员及机构加入用大规模集成电路或光电器件实现 PCNN 的研究中来。

2.4　脉冲耦合神经网络的发展前景

PCNN 自诞生至今已有二十多年，目前在工程领域得到广泛的应用。其诞生之初就与同步振荡脑编码理论及神经生物实验结果密切相关，可以说，动物视觉皮层的同步振荡研究催生了 PCNN 模型。虽然对于 PCNN 理论及应用的研究取得了很大的进展，但同步振荡方面的研究还远不够深入，同时其他方面的应用也有待进一步完善、拓展和推广。顾晓东等[16]自 2000 年以来对 PCNN 理论及应用展开了全面系统而深入的研究，研究了 PCNN 及所提出的简化模型[23,26]的动态行为[26-29]，提出 PCNN 用于图像处理时的通用设计方法[29,67]，将模糊数学[24,26,51]、粗集理论[22,26,47]、数学形态学[29,48,58]、拓扑性质知觉理论[91,94,110]、注意力选择机制等[97,103,109,111,119,122,129]引入 PCNN 理论及应用研究中，并将 PCNN 应用于图像处理[19,22-26,29,30,47-52,58,60,61,63,66-68,76,78,89,92,100,101]、特征提取[29,70,73,74,78,80,86,100,102,118,121]、模式分类[81]、机器人导航[29,70,80,86]、目标检测识别[29,74,100,111,119]及跟踪[97,103,109,143]、路径寻优[26,59,62,85,108]、注意力仿生建模[29,69,82,91,94,110,122,129,142]等方面。基于以上的研究工作可知，PCNN 理论及应用在以下方面值得重视。

1. 完整目标的分割提取

目前 PCNN 在图像处理方面的应用虽然已经比较成熟，但还可深化发展。在 PCNN 应用较多的图像分割领域，也可进一步完善。PCNN 图像分割的过程也就是脉冲波对图像进行平滑的过程，每一次迭代都自动生成一块平滑区域，通过参数选取可控制平滑区域的大小与形状，无论采用信息熵还是其他准则或方法，几乎所有的 PCNN 图像分割算法都可看成是采用一定的准则或方法挑选平滑区域。目前虽然有 PCNN 分割方法可获得优良的分割效果，但若以分割出完整的目标为图像分割的目的，则难以取得好的效果，这是因为无论选择何种准则，都只能控制脉冲波平滑区域的大小与形状，而无法提取不同平滑区域之间的关系，如一个目标被分割成分离的数块，很多情况下，仅凭 PCNN 参数的优化无法直接分割出整个目标。因此，如何通过 PCNN 直接分割得到完整的目标是 PCNN 乃至整个图像分割领域的有意义的课题。

2. 采用深度学习的 PCNN

深度学习是一种有效的信号处理技术,具有深度学习能力的 PCNN 的研究有待得到重视。例如,在 PCNN 图像分割方面,目前互信息提供了一个较好的图像分割标准,但通常只作为图像系统预处理部分的图像分割,有些情况下根据分割准则得到的分割结果和图像系统后续处理的要求并不一致,因此一个更合适的评价 PCNN 图像分割效果的标准除了信息熵标准,还应该和系统后续处理乃至整个系统的最终效果联系起来。而学习就是一个不错的选择。有研究者通过神经元发放脉冲之间的间隔训练网络,但效果并不明显。寻找有效的深度学习方式,得到具有深度学习能力的 PCNN,进一步提高 PCNN 的性能,应是今后 PCNN 研究的一个重要方向。

3. 通用 PCNN 系统的硬件实现

PCNN 的很多应用需进行迭代运算,如特征提取及图像分割,实时应用中耗时越少越好,要进一步提高特征提取及图像分割的运算速度,仅凭算法及程序优化提升速度是有限的,必须用硬件实现 PCNN,才能充分发挥其快速并行运算的优势,因此用大规模集成电路或光电器件实现通用的 PCNN 图像系统是一个有重要意义的课题。

4. PCNN 心理学注意力模型的完善及应用拓展

基于 Unit-linking PCNN 和拓扑性质知觉理论的心理学注意力选择模型,是首个贯彻了拓扑性质知觉理论的心理学注意力选择计算模型,可快速地计算出优良的注意力显著图,有效地用于目标检测及跟踪,具有很好的应用前景,但模型还有待进一步完善。

5. PCNN 心理学运动目标注意力模型中运动通道的完善

基于 PCNN、光流场及拓扑性质的运动目标注意力选择模型,用光流场表述运动,贯彻拓扑性质知觉理论的同时,强调了运动在注意力选择中的重要作用。用光流场表达运动对于镜头移动的视频有优势,对于其他情况下拍摄的视频及运动方式多种多样的目标,模型的运动通道可考虑采用其他更好的表达方式。同时,模型中如何表达运动目标的运动协调性,也需进一步研究。

6. PCNN 同步振荡特性有待在应用中充分发挥作用

生物学的研究表明同步振荡在脑感知、认知中起着非常重要的作用,而 PCNN 能很方便地实现同步振荡,因此可考虑用 PCNN 或 Unit-linking PCNN 实现脑的部分感知或认知功能，Unit-linking PCNN 仿生方位检测及 Unit-linking PCNN 同步振荡神经生物学注意力选择模型就是对此的初步尝试。如何更好地利用 PCNN 同步振荡进行仿生建模还有待深入的研究。PCNN 的同步振荡这一重要特性在脑编码理论中非常重要，但在已有的应用中尚未充分发挥作用。

7. Top-down 注意力选择模型中先验知识的表达方式

在具有 Top-down 机制的基于 Unit-linking PCNN 同步振荡的神经生物学注意力选择模型中，先验知识是用目标轮廓的链码表达的，其对噪声敏感，故需采用鲁棒性更强的先验知识表达方式。

8. PCNN 同步振荡、拓扑性质知觉、整体目标运动感知、注意力选择的融合

将拓扑性质知觉、整体目标运动感知、注意力选择融合到 Unit-linking PCNN 同步振荡中，可望解决或部分解决机器视觉中长期没有解决的柔性变形目标的检测和识别问题。基于 PCNN、光流场及拓扑性质的运动目标注意力选择模型，将拓扑性质知觉、整体目标运动、注意力选择和 PCNN 融合在一起，但没有用到同步振荡；Unit-linking PCNN 同步振荡注意力选择模型仅对 Unit-linking PCNN 同步振荡和注意力选择进行了初步结合。未来可以进一步将基于 PCNN、光流场及拓扑性质的运动目标注意力选择模型和 Unit-linking PCNN 同步振荡结合到一起，建立一个具有良好鲁棒性的新感知模型。该模型将采用“同一动态目标各部分的协同运动”与“拓扑性质知觉”相结合得到对柔性变形目标稳定的不变特征，在此基础上通过同步振荡和视觉注意力进行特征捆绑，从而精准地感知到目标。

2.5 本章小结

本章介绍了 PCNN 基本理论[16,26]及便于用硬件实现的 Unit-linking PCNN[23,26,29,80]，并对网络的动态行为进行了分析[26-29]，同时综述了其研究状况和发展前景。

2.1 节介绍了脉冲耦合神经元的模型及其简化模型，同时分析并总结了脉冲耦合神经元与平均点火率神经元的区别。

2.2 节介绍了 PCNN 在不同应用中的连接方式，并分析其动态行为。

2.3 节总结了 PCNN 的特性、应用及硬件实现情况。

2.4 节描述了 PCNN 在完整目标的分割提取、与深度学习的结合、硬件实现、仿生建模等方面可能的发展前景。

参考文献

[1] Eckhorn R,Bauer R,Jordan W,et al. Coherent oscillations: A mechanism of feature linking in the visual cortex? Multiple electrode and correlation analyses in the cat[J]. Biological Cybernetics,1988,60(2): 121-130.

[2] Gray C M,Singer W. Stimulus-specific neuronal oscillations in orientation columns of cat visual cortex[J]. Proceedings of the National Academy of Sciences,1989,86(5): 1698-1702.

[3] Eckhorn R,Reitboeck H J,Arndt M,et al. Feature linking via synchronization among distributed assemblies: Simulation of results from cat cortex[J]. Neural Computation,1990,2(3): 293-307.

[4] Johnson J L,Ritter D. Observation of periodic waves in a pulse-coupled neural network[J]. Optics Letters,1993,18(15): 1253-1255.

[5] Kreiter A K,Singer W. Oscillatory neuronal responses in the visual cortex of the awake macaque monkey[J]. European Journal of Neuroscience,1992,4(4): 369-375.

[6] Murthy V N,Fetz E E. Coherent 25Hz to 35Hz oscillations in the sensorimotor cortex of awake behaving monkeys[J]. Proceedings of the National Academy of Sciences,1992,89(12): 5670-5674.

[7] Hopfield J J. Pattern recognition computation using action potential timing for stimulus representation[J]. Nature,1995,376(6535): 33-36.

[8] Elias J G,Northmore D P M,Westerman W. An analog memory circuit for spiking silicon neurons[J]. Neural Computation,1997,9(2): 419-440.

[9] Kwatra H S,Doyle F J,Rybak I A,et al. A neuro-mimetic dynamic scheduling algorithm for control: Analysis and applications[J]. Neural Computation,1997,9(3): 479-502.

[10] Tal D,Schwartz E L. Computing with the leaky integrate-and-fire neuron: Logarithmic computation and multiplication[J]. Neural Computation,1997,9(2): 305-318.

[11] Izhikevich E M. Which model to use for cortical spiking neurons?[J]. IEEE Transactions on Neural Networks,2004,15(5): 1063-1070.

[12] Izhikevich E M. Simple model of spiking neurons[J]. IEEE Transactions on Neural Networks,2010,14(6): 1569-1572.

[13] Maass W. Fast sigmoidal networks via spiking neurons[J]. Neural Computation,1997,9(2): 279-304.

[14] Malsburg C V D,Buhmann J. Sensory segmentation with coupled neural oscillators[J]. Biological Cybernetics,1992,67(3): 233-242.

[15] Wang D,Terman D. Image segmentation based on oscillatory correlation[J]. Neural Computation,1997,9(4): 805-836.

[16] 顾晓东,余道衡. PCNN的原理及其应用[J]. 电路与系统学报,2001,6(3): 45-50.

[17] 孔祥维,黄静,石浩. 基于改进的脉冲耦合神经网络的红外目标分割方法[J]. 红外与毫米波

学报,2001,20 (5): 365-369.

[18] 马义德,戴若兰,李廉,等. 一种基于脉冲耦合神经网络的植物胚性细胞图像分割[J]. 科学通报,2001,46(21): 1781-1786.

[19] Gu X D, Wang H M, Yu D H. Binary image restoration using pulse coupled neural network[C]. International Conference on Neural Information Processing, Shanghai, 2001.

[20] Shi M H, Fan X J, Zhang J Y. On autowave travelling of discrete pulse-coupled neural networks[C]. International Conference on Neural Information Processing, Shanghai, 2001.

[21] 石美红,张军英,朱欣娟,等. 基于 PCNN 的图像高斯噪声滤波的方法[J]. 计算机应用,2002,22(6): 1-4.

[22] 顾晓东,郭仕德,余道衡. 基于粗集与 PCNN 的图像增强方法[C]. 第十二届全国神经计算学术会议,北京,2002.

[23] Gu X D, Guo S D, Yu D H. A new approach for automated image segmentation based on Unit-linking PCNN[C]. Proceedings of the 1st International Conference on Machine learning and Cybernetics, Beijing, 2002.

[24] 顾晓东,郭仕德,余道衡. 基于模糊 PCNN 的四值图像恢复[C]. 神经网络与计算智能会议,杭州,2002.

[25] 顾晓东,郭仕德,余道衡. 一种基于 PCNN 的图像去噪新方法[J]. 电子与信息学报,2002,24(10): 1304-1309.

[26] 顾晓东. 脉冲耦合神经网络及其应用的研究[D]. 北京:北京大学,2003.

[27] 顾晓东,张立明,余道衡. 一定条件下 PCNN 动态行为的分析[J]. 计算机工程与应用,2004,40(19): 6-8,103.

[28] Gu X D, Zhang L M, Yu D H. Simplified PCNN and its periodic solutions[J]. Lecture Notes in Computer Science, 2004, 3173: 26-31.

[29] 顾晓东. 单位脉冲耦合神经网络中若干理论及应用问题的研究[R]. 上海:复旦大学,2005.

[30] 顾晓东,余道衡,郭仕德. 关于 PCNN 应用于图像处理的研究[J]. 电讯技术,2003,43(3): 21-24.

[31] Koch K, Segev I. Methods in Neuronal Modeling: From Synapses to Networks[M]. Cambridge: MIT Press, 1990.

[32] Malsburg C V D. The correlation theory of brain function[M]//Domany E, van Hemmen J, Schulten K. Models of Neural Networks Ⅱ. New York: Springer, 1994.

[33] Kuntimad G, Ranganath H S. Perfect image segmentation using pulse coupled neural networks[J]. IEEE Transactions on Neural Networks, 1999, 10(3): 591-598.

[34] Caulfield H J, Kinser J M. Finding the shortest path in the shortest time using PCNN's[J]. IEEE Transactions on Neural Networks, 1998, 10(3): 604-606.

[35] Broussard R P, Rogers S K, Oxley M E, et al. Physiologically motivated image fusion for object detection using a pulse coupled neural network[J]. IEEE Transactions on Neural Networks, 1999, 10(3): 554-563.

[36] Padgett M L, Roppel T A, Johnson J L. Pulse coupled neural networks (PCNN), wavelets

and radial basis functions: Olfactory sensor applications[C]. Proceedings of the IEEE International World Congress on Computational Intelligence, Anchorage, 1998.

[37] Johnson J L, Schamschula M P, Inguva R, et al. Pulse coupled neural network sensor fusion[C]. Proceedings of the International Society for Optical Engineering, Orlando, 1998.

[38] Johnson J L, Padgett M L. PCNN models and applications[J]. IEEE Transactions on Neural Networks, 1999, 10(3): 480-498.

[39] Banish M, Ranganath H, Karpinsky J, et al. Three applications of pulse coupled neural networks and an optoelectronic hardware implementation[C]. Proceedings of the International Society for Optical Engineering, San Jose, 1999.

[40] Chandrasekaran P, Bodruzzaman M, Yuen G, et al. Speech recognition using pulse coupled neural network[C]. Proceedings of the Southeastern Symposium on System Theory, Morgantown, 1998.

[41] Frank G, Hartmann G, Jahnke A, et al. An accelerator for neural networks with pulse-coded model neurons[J]. IEEE Transactions on Neural Networks, 1999, 10(3): 527-538.

[42] Ota Y, Wilamowski B M. Analog implementation of pulse-coupled neural networks[J]. IEEE Transactions on Neural Networks, 1999, 10(3): 539-543.

[43] Waldemark J, Millberg M, Lindblad T, et al. Implementation of a pulse coupled neural network in FPGA[J]. International Journal of Neural Systems, 2000, 10(3): 171-177.

[44] Johnson J L. Pulse-coupled neural nets: Translation, rotation, scale, distortion and intensity signal invariance for images[J]. Applied Optics, 1994, 33(26): 6239-6253.

[45] Becanovic V. Image object classification using saccadic search, spatio-temporal pattern encoding and self-organisation[J]. Pattern Recognition Letters, 2000, 21(3): 253-263.

[46] Stewart R D, Fermin I, Opper M. Region growing with pulse-coupled neural networks: An alternative to seeded region growing[J]. IEEE Transactions on Neural Networks, 2002, 13(6), 1557-1562.

[47] 顾晓东，程承旗，余道衡. 基于粗集与 PCNN 的图像预处理[J]. 北京大学学报(自然科学版)，2003，39(5)：703-708.

[48] 顾晓东，余道衡，张立明. 基于 PCNN 的数学形态学颗粒分析[C]. 第十三届全国神经计算学术会议，青岛，2003.

[49] 顾晓东，郭仕德，余道衡. 一种用 PCNN 进行图像边缘检测的新方法[J]. 计算机工程与应用，2003，39(16)：1-2，55.

[50] 顾晓东，郭仕德，余道衡. 基于 PCNN 的二值文字空洞滤波[J]. 计算机应用研究，2003，20(12)：65-66.

[51] 顾晓东，程承旗，余道衡. 结合脉冲耦合神经网络与模糊算法进行四值图像去噪[J]. 电子与信息学报，2003，25(12)：1585-1590.

[52] 顾晓东，程承旗，余道衡. 基于 PCNN 的二值图像细化新方法[J]. 计算机工程与应用，2003，39(13)：5-6，28.

[53] 张军英,王德峰,石美红. 输出-阈值耦合神经网络及基于此的最短路问题求解[J]. 中国科学 E 辑: 技术科学,2003,33(6): 522-530.

[54] Chacon M I,Zimmerman A. Image processing using the PCNN time matrix as a selective filter[C]. Proceedings of the International Conference on Image Processing,Barcelona,2003.

[55] Yamada H,Ogawa Y,Ishimura K,et al. Face detection using pulse-coupled neural network[C]. Proceedings of the SICE Annual Conference,Fukui,2003.

[56] Muresan R C. Pattern recognition using pulse-coupled neural networks and discrete Fourier transforms[J]. Neurocomputing,2003,51(2): 487-493.

[57] Katayama K,Iwata A. A pulse-coupled neural network simulator using a programmable gate array technique[J]. IEICE Transactions on Information and Systems, 2003, 86(5): 872-881.

[58] 顾晓东,张立明. PCNN 与数学形态学在图像处理中的等价关系[J]. 计算机辅助设计与图形学学报,2004,16(8): 1029-1032.

[59] 顾晓东,余道衡,张立明. 时延 PCNN 及其用于求解最短路径[J]. 电子学报,2004,32(9): 1441-1443.

[60] 顾晓东,郭仕德,余道衡. 基于 PCNN 的图像阴影处理新方法[J]. 电子与信息学报,2004,26(3): 479-483.

[61] Gu X D,Yu D H,Zhang L M. Image thinning using pulse coupled neural network[J]. Pattern Recognition Letters,2004,25(9): 1075-1084.

[62] Gu X D,Zhang L M,Yu D H. Delay PCNN and its application for optimization[J]. Lecture Notes in Computer Science,2004,3173: 413-418.

[63] Gu X D,Zhang L M. Morphology open operation in Unit-linking pulse coupled neural network for image processing[C]. Proceedings of the 7th International Conference on Signal Processing,Beijing,2004.

[64] Karvonen J A. Baltic sea ice SAR segmentation and classification using modified pulse-coupled neural networks[J]. IEEE Transactions on Geoscience and Remote Sensing, 2004, 42(7): 1566-1574.

[65] Zhang X,Minai A A. Temporally sequenced intelligent block-matching and motion-segmentation using locally coupled networks[J]. IEEE Transactions on Neural Networks, 2004, 15(5): 1202-1214.

[66] Gu X D,Yu D H,Zhang L M. Image shadow removal using pulse coupled neural network[J]. IEEE Transactions on Neural Networks,2005,16(3): 692-698.

[67] Gu X D,Zhang L M,Yu D H. General design approach to unit-linking PCNN for image processing[C]. Proceedings of the IEEE International Joint Conference on Neural Networks, Montreal,2005.

[68] Gu X D. Integrate different neural models using double channels of pulse coupled neural network[C]. Workshop on Achieving Functional Integration of Diverse Neural Models in IEEE

International Joint Conference on Neural Networks, Montreal, 2005.

[69] Gu X D, Zhang L M. Orientation detection and attention selection based Unit-linking PCNN[C]. International Conference on Neural Networks & Brain, Beijing, 2005.

[70] Gu X D, Zhang L M. Global icons and local icons of images based Unit-linking PCNN and their application to robot navigation[J]. Lecture Notes in Computer Science, 2005, 3497: 836-841.

[71] 苗启广,王宝树.一种自适应 PCNN 多聚焦图像融合新方法[J].电子与信息学报,2006,28(3):466-470.

[72] 张军英,梁军利,保铮.强混叠模式下基于神经元捕获/抑制原理的分类器设计[J].电子学报,2006,34(12):2154-2160.

[73] Gu X D. A new approach to image authentication using local image icon of Unit-linking PCNN[C]. International Joint Conference on Neural Network, Vancouver, 2006.

[74] Gu X D, Wang Y Y, Zhang L M. Object detection using Unit-linking PCNN image icons[J]. Lecture Notes in Computer Science, 2006, 3972: 616-622.

[75] Li M, Cai W, Tan Z. A region-based multi-sensor image fusion scheme using pulse-coupled neural network[J]. Pattern Recognition Letters, 2006, 27(16): 1948-1956.

[76] 顾晓东,张立明,余道衡.用无需选取参数的 Unit-linking PCNN 进行自动图像分割[J].电路与系统学报,2007,12(6):54-59.

[77] 聂仁灿,周冬明,赵东风.双通道时延脉冲耦合神经网络的 AOV-网拓扑排序[J].计算机工程与应用,2007,43(11):57-60.

[78] Gu X D. Spatial-temporal-coding pulse coupled neural network and its applications[M]//Weiss M L. Neuronal Networks Research Horizons. New York: Nova Science Publishers, 2007.

[79] Kaulmann T, Luetkemeier S, Rueckert U. IAF neuron implementation for mixed-signal PCNN hardware[C]. International Work-Conference on Artificial Neural Networks, San Sebastian, 2007.

[80] Gu X D. Feature extraction using Unit-linking pulse coupled neural network and its applications[J]. Neural Processing Letters, 2008, 27(1): 25-41.

[81] Gu X D. Classification using multi-valued pulse coupled neural network[J]. Lecture Notes in Computer Science, 2008, 4985: 549-558.

[82] Gu X D. Orientation and contour extraction model using Unit-linking pulse coupled neural networks[M]//Portocello T A, Velloti R B. Visual Cortex: New Research. New York: Nova Science Publishers, 2008.

[83] 张煜东,吴乐南,王水花,等.一种基于时延 PCNN 的最短路径算法用于火灾救援调度[J].物流技术,2009,28(12):120-122.

[84] 彭真明,刘世军,蒋彪.基于 PCNN 的遥感 SAR 图像桥梁目标检测与识别[J].航空科学技术,2009,(5):22-27.

[85] Gu X D. A Non-deterministic delay-neural-network-based approach to shortest path compu-

tation in networks[M]//Komarov F, Bestuzhev M. Large Scale Computations, Embedded Systems and Security. New York: Nova Science Publishers, 2009.

[86] Gu X D. Autonomous robot navigation using different features and hierarchical discriminant regression[M]//Ito D. Robot Vision: Strategies, Algorithms and Motion Planning. New York: Nova Science Publishers, 2009.

[87] Yang S Y, Wang M, Lu Y X, et al. Fusion of multiparametric SAR images based on SW-nonsubsampled contourlet and PCNN[J]. Signal Processing, 2009, 89(12): 2596-2608.

[88] Murugavel M, Sullivan J M. Automatic cropping of MRI rat brain volumes using pulse coupled neural networks[J]. Neuroimage, 2009, 45(3): 845-854.

[89] 张玉颖，顾晓东，汪源源. 基于梯形模型和支撑向量机的非结构化道路检测[J]. 计算机工程与应用，2010，46(15)：138-141.

[90] 李美丽，李言俊，王红梅，等. 基于 NSCT 和 PCNN 的红外与可见光图像融合方法[J]. 光电工程，2010，37(6)：90-95.

[91] Fang Y, Gu X D, Wang Y Y. Pulse coupled neural network based topological properties applied in attention saliency detection[C]. IEEE International Conference on Natural Computation, Yantai, 2010.

[92] Zhang Y Y, Gu X D, Wang Y Y. A model-oriented road detection approach using fuzzy SVM[J]. Journal of Electronics, 2010, 27(6): 795-800.

[93] Fu J C, Chen C C, Chai J W, et al. Image segmentation by EM-based adaptive pulse coupled neural networks in brain magnetic resonance imaging[J]. Computerized Medical Imaging and Graphics, 2010, 34(4): 308-320.

[94] Fang Y, Gu X D, Wang Y Y. Attention selection model using weight adjusted topological properties and quantification evaluating criterion[C]. International Joint Conference on Neural Networks, San Jose, 2011.

[95] Wang C Q, Zhou J Z, Qin H, et al. Fault diagnosis based on pulse coupled neural network and probability neural network[J]. Expert Systems with Applications, 2011, 38(11): 14307-14313.

[96] Zhang D, Mabu S, Hirasawa K. Image denoising using pulse coupled neural network with an adaptive Pareto genetic algorithm[J]. IEEE Transactions on Electrical and Electronic Engineering, 2011, 6(5): 474-482.

[97] 郑天宇，顾晓东. 基于四元数显著图和 PCNN 空洞滤波的足球检测[J]. 微型电脑应用，2012，28(4)：1-5.

[98] 陈立雪，顾晓东. 利用直方图及边缘乘积互信息的 PCNN 图像分割[J]. 计算机工程与应用，2012，48(7)：181-183.

[99] 赵慧洁，葛文谦，李旭东. 最小误差准则与脉冲耦合神经网络的裂缝检测[J]. 仪器仪表学报，2012，33(3)：637-642.

[100] Zhao Y, Gu X D. Vehicle license plate localization and license number recognition using Unit-linking pulse coupled neural network[J]. Lecture Notes in Computer Science, 2012, 7667: 100-108.

[101] Chen L X, Gu X D. PCNN-based image segmentation with contoured product mutual information criterion[C]. International Conference on Information Science and Technology, Wuhan, 2012.

[102] Yang C, Gu X D. Combining PCNN with color distribution entropy and vector gradient in feature extraction[C]. International Conference on Natural Computation, Chongqing, 2012.

[103] Zheng T Y, Gu X D. Soccer detection based on attention selection and neural network[C]. International Conference on Computer and Management, Wuhan, 2012.

[104] Lim Y, Kang S. Path management method using partially connected neural network in large-scale heterogeneous sensor network[J]. Neural Computing and Applications, 2012, 21(8): 1931-1936.

[105] Zhuang H L, Low K S, Yau W Y. Multichannel pulse-coupled-neural-network-based color image segmentation for object detection[J]. IEEE Transactions on Industrial Electronics, 2012, 59(8): 3299-3308.

[106] Zhuang H L, Zhao B, Ahmad Z, et al. 3D depth camera based human posture detection and recognition using PCNN circuits and learning-based hierarchical classifier[C]. The International Joint Conference on Neural Networks, Brisbane, 2012.

[107] Yang S Y, Wang M, Jiao L C. Contourlet hidden Markov Tree and clarity-saliency driven PCNN based remote sensing images fusion[J]. Applied Soft Computing, 2012, 12(1): 228-237.

[108] 郑皓天，顾晓东. 基于带宽剩余率的脉冲耦合神经网络最短路径算法[J]. 系统工程与电子技术，2013, 35(4): 859-863.

[109] 郑天宇，顾晓东. 四元数和脉冲耦合神经网络应用于足球检测[J]. 应用科学学报，2013, 31(2): 183-189.

[110] Gu X D, Fang Y, Wang Y Y. Attention selection using global topological properties based on pulse coupled neural network[J]. Computer Vision and Image Understanding, 2013, 117(10): 1400-1411.

[111] Zhang J J, Gu X D. Desert vehicle detection based on adaptive visual attention and neural network[J]. Lecture Notes in Computer Science, 2013, 8227: 376-383.

[112] Xu L, Du J P, Li Q P. Image fusion based on nonsubsampled contourlet transform and saliency-motivated pulse coupled neural networks[J]. Mathematical Problems in Engineering, 2013, (4): 831-842.

[113] Sudeb D, Malay Kumar K. Aneuro-fuzzy approach for medical image fusion[J]. IEEE Transactions on Bio-medical Engineering, 2013, 60(12): 3347-3353.

[114] Shi C, Miao Q G, Xu P F. A novel algorithm of remote sensing image fusion based on shearlets and PCNN[J]. Neurocomputing, 2013, 117: 47-53.

[115] Tolba M F, Samir A, Aboul-Ela M. Arabic sign language continuous sentences recognition using PCNN and graph matching[J]. Neural Computing and Applications, 2013, 23(3/4): 999-1010.

[116] Lin Z, Yan J W, Yuan Y. Algorithm for image fusion based on orthogonal grouplet transform and pulse-coupled neural network[J]. Journal of Electronic Imaging, 2013, 22(3): 663-670.

[117] Kang B, Zhu W P, Yan J. Fusion framework for multi-focus images based on compressed sensing[J]. IET Image Processing, 2013, 7(4): 290-299.

[118] 顾晓东，杨诚. 新的颜色相似度衡量方法在图像检索中的应用[J]. 仪器仪表学报，2014, 35(10): 2286-2292.

[119] 张津剑，顾晓东. 自适应注意力选择与脉冲耦合神经网络相融合的沙漠车辆识别[J]. 计算机辅助设计与图形学学报，2014, 26(1): 56-64.

[120] 李奕，吴小俊. 粒子群进化学习自适应双通道脉冲耦合神经网络图像融合方法研究[J]. 电子学报，2014, 42(2): 217-222.

[121] Yang C, Gu X D. Image retrieval using a novel color similarity measurement and neural networks[J]. Lecture Notes in Computer Science, 2014, 8836: 25-32.

[122] Ni Q L, Gu X D. Video attention saliency mapping using pulse coupled neural network and optical flow[C]. International Joint Conference on Neural Networks, Beijing, 2014.

[123] Cui K B, Li B S, Yuan J S, et al. An improved Unit-linking PCNN for segmentation of infrared insulator image[J]. Applied Mathematics & Information Sciences, 2014, 8(6): 2997-3004.

[124] Li Y X, Zhang Y, Lv J C. Support vector set selection using pulse-coupled neural networks[J]. Neural Computing and Applications, 2014, 25(2): 401-410.

[125] Taravat A, Latini D, Del Frate F. Fully automatic dark-spot detection from SAR imagery with the combination of nonadaptive Weibull multiplicative model and pulse-coupled neural networks[J]. IEEE Transactions on Geoscience and Remote Sensing, 2014, 52(5): 2427-2435.

[126] Syed U A, Kunwar F, Iqbal M. Guided autowave pulse coupled neural network (GAPCNN) based real time path planning and an obstacle avoidance scheme for mobile robots[J]. Robotics and Autonomous Systems, 2014, 62(4): 474-486.

[127] Lang J, Hao Z C. Novel image fusion method based on adaptive pulse coupled neural network and discrete multi-parameter fractional random transform[J]. Optics & Lasers in Engineering, 2014, 52(1): 91-98.

[128] 吴骏，刘玉伟，肖志涛，等. 结合果蝇算法优化 PCNN 和相位一致性的图像检索[J]. 计算机辅助设计与图形学学报，2015, 27(8): 1483-1489.

[129] Ni Q L, Wang J C, Gu X D. Moving target tracking based on pulse coupled neural network and optical flow[J]. Lecture Notes in Computer Science, 2015, 9491: 17-25.

[130] Yin H P, Liu Z D, Fang B, et al. A novel image fusion approach based on compressive sensing[J]. Optics Communications, 2015, 354: 299-313.

[131] Jiang W, Zhou H Y, Shen Y, et al. Image segmentation with pulse-coupled neural network and canny operators[J]. Computers & Electrical Engineering, 2015, 46: 528-538.

[132] Chen Y, Ma Y D, Kim D H, et al. Region-based object recognition by color segmentation using a simplified PCNN[J]. IEEE Transactions on Neural Networks and Learning Systems, 2015, 26(8): 1682-1697.

[133] Kong W W, Wang B H, Lei Y. Technique for infrared and visible image fusion based on non-subsampled shearlet transform and spiking cortical model[J]. Infrared Physics & Technology, 2015, 71: 87-98.

[134] Singh S, Gupta D, Anand R S, et al. Nonsubsampled shearlet based CT and MR medical image fusion using biologically inspired spiking neural network[J]. Biomedical Signal Processing and Control, 2015, 18: 91-101.

[135] Zhang X L, Li X F, Feng Y C, et al. Image fusion with internal generative mechanism[J]. Expert Systems with Applications, 2015, 42(5): 2382-2391.

[136] Xiang T Z, Yan L, Gao R R. A fusion algorithm for infrared and visible images based on adaptive dual-channel unit-linking PCNN in NSCT domain[J]. Infrared Physics & Technology, 2015, 69: 53-61.

[137] Wang H, Zhang C, Shi T W, et al. Real-time EEG-based detection of fatigue driving danger for accident prediction[J]. International Journal of Neural Systems, 2015, 25(2): 1-14.

[138] Zhong Y F, Liu W F, Zhao J, et al. Change detection based on pulse-coupled neural networks and the NMI feature for high spatial resolution remote sensing imagery[J]. IEEE Geoscience and Remote Sensing Letters, 2015, 12(3): 537-541.

[139] Xu T, Jia S M, Dong Z Y, et al. Obstacles regions 3D-perception method for mobile robots based on visual saliency[J]. Journal of Robotics, 2015, 3: 1-10.

[140] Yang L J, Lou P H, Qian X M. Recognition of initial welding position for large diameter pipeline based on pulse coupled neural network[J]. Industrial Robot: An International Journal, 2015, 42(4): 339-346.

[141] Li H H, Jin X, Yang N, et al. The recognition of landed aircrafts based on PCNN model and affine moment invariants[J]. Pattern Recognition Letters, 2015, 51: 23-29.

[142] 王健丞，顾晓东. 基于背景抑制和 PCNN 的运动目标检测[J]. 微电子学与计算机，2017，34(3)：50-55，60.

[143] Liu H, Gu X D. Tracking based on Unit-linking pulse coupled neural network image icon and particle filter[J]. Lecture Notes in Computer Science, 2016, 9719: 631-639.

[144] 殷明，庞纪勇，魏远远，等. 结合 NSDTCT 和压缩感知 PCNN 的图像融合算法[J]. 计算机辅助设计与图形学学报，2016，28 (3)：411-419.

[145] Gomez W，Pereira W C A，Infantosi A F C. Evolutionary pulse-coupled neural network for segmenting breast lesions on ultrasonography[J]. Neurocomputing，2016，175：877-887.

[146] Helmy A K，El-Taweel G S. Image segmentation scheme based on SOM-PCNN in frequency domain[J]. Applied Soft Computing，2016，40(C)：405-415.

第3章　基于 PCNN 的图像处理与模糊数学及粗集理论

本章主要介绍 PCNN 图像处理理论及应用成果，包括基于 Unit-linking PCNN 的图像分割[1-3]、基于直方图及边缘乘积互信息的 Unit-linking PCNN 图像分割[4,5]方法、基于 Unit-linking PCNN 的图像阴影去除[2,6,7]方法及其在道路检测上的应用[8,9]、基于 PCNN 的图像去噪[2,10,11]方法、基于模糊数学算法和 PCNN 的图像去噪恢复[2,12,13]方法、基于 PCNN 与粗集理论的图像增强[2,14,15]方法。

本章中 PCNN 理论及应用的研究密不可分，前者渗透在后者之中，例如，本书作者通过将模糊算法用于 PCNN 多值图像去噪恢复[2,12,13]，开始模糊理论和 PCNN 结合的研究；又通过将粗集理论应用于 PCNN 图像增强[2,14,15]，开始粗集理论和 PCNN 结合的研究。

3.1　基于 Unit-linking PCNN 的图像分割

图像分割是按照某种特定的规则把图像划分成若干个互不相交、满足一定性质的部分，每个部分都满足该特征在区域内的一致性或相似性，这些特征可能是灰度、彩色、空间纹理和几何形状等图像分割。也就是在一幅图像中，把感兴趣的对象从背景中提取出来，以方便进一步的处理。图像分割是图像处理的重要内容，且具有很大的应用价值，得到研究人员的广泛重视。很多基于图像或视频的信号系统在预处理中都用到图像分割，其分割结果常作为特征提取和识别等图像理解的源数据，直接影响后续处理乃至整个系统的效果。图像分割不仅可大大减少其后的分析、识别等高级图像处理阶段所要处理的数据量，还可保留图像结构特征等相关信息。图像分割的方法虽有很多种[16]（如阈值法、区域生长法、松弛迭代法和小波分割法等），但通常某一种方法只有针对某一类或几类图像时才能取得良好的分割结果。当适用于某类图像的某分割方法用于分割其他类型的图像时，可能得不到合适的结果；有时需用几种不同的分割方法处理同一幅图像中的不同部分。

PCNN 广泛应用于图像分割领域[1-5,17-39]，与其他图像分割方法相比，基于 PCNN 的图像分割方法有其优点，如分割完全依赖于图像的自然属性，不用预先选择处理的空间范围，是一种更自然的分割方式；再如通过调节神经元的连接强度，可方便地对图像进行不同层次的分割，且分割速度迅速。用 PCNN 进行图像分割时，分割效果取决于 PCNN 中各参数的选择。一般各种不同类型的图像对应的 PCNN 图像分割参数是不同的，适用于某一类图像的分割参数很可能就不适用于另一类图像[17]。这种情况下，参数是根据以往的经验及不断试探得到的，当分割的图像与以往分割过的图像属于不同类型时，必须经过大量的试探与比较，才能得到满意的分割效果。因此，用 PCNN 分割图像时，如何得到合适的 PCNN 参数是一大难题。基于 PCNN 的图像分割是根据图像的自然属性，利用 PCNN 的脉冲快速并行传播特性对图像进行自然而迅速的分割，基于 Unit-linking PCNN 的图像分割[1-3]保持了这一特点。与 PCNN 相比，Unit-linking PCNN 在保留其主要特性的同时，结构得到简化，参数得到极大的减少，只有连接强度和迭代次数这两个参数需要选择，用于图像分割时更便于调试和控制。

3.1.1　基于 Unit-linking PCNN 及图像熵的图像分割方法

1. 原理

Unit-linking PCNN 用于图像分割时，采用图像处理时常用的连接方式，网络为一个单层二维局部连接网络，神经元与像素点一一对应。每个像素点的亮度值输入对应神经元的 F 通道，同时每个神经元的 L 通道与其 8 邻域中的其他神经元的输出相连，接收其 8 邻域中其他神经元的输出。每个神经元的输出只有两种状态，即 1 或 0，分别代表点火或不点火。基于 Unit-linking PCNN 的图像分割算法的基本思路是用 Unit-linking PCNN 沿着由高亮度值到低亮度值的方向分层依次分割灰度图像，同时结合图像熵得到最终的分割结果，如图 3.1 所示。

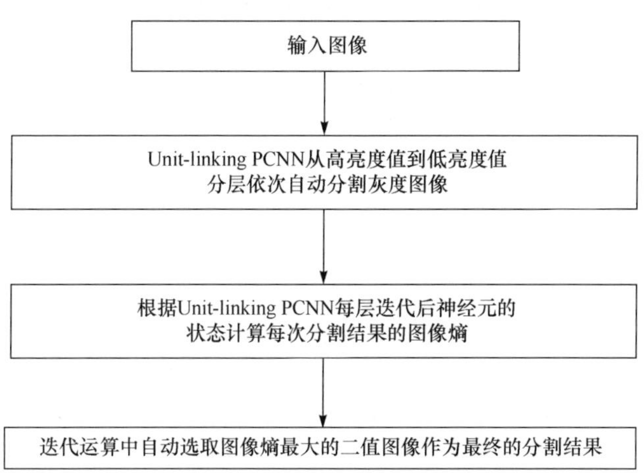

图 3.1　基于 Unit-linking PCNN 的图像分割流程

某个 Unit-linking PCN 点火时，其邻域内的任何一个未点火的且输入亮度与其输入亮度差别不大的神经元都会受其影响而点火。根据 Unit-linking PCN 模型,L 通道信号的统一(取 0 或 1)使整个网络中的脉冲传播行为及图像分割过程清楚明了,易于分析控制。Unit-linking PCNN 用于图像分割时,输入亮度值较高的神经元先点火,发放出脉冲,捕捉到它们 8 邻域内的输入亮度值相似的还未点火的神经元,使它们也发放出脉冲,继续进行捕捉操作,当捕捉过程结束时,就分割出一块区域。这个过程既考虑图像中同一区域内像素点亮度之间的相似性,又通过网络脉冲并行传播特性自然地利用图像中像素点之间的空间位置关系。

这里以图 3.2 为例分析如何利用 Unit-linking PCNN 分割图像。图 3.2(a)为一个 5 像素×5 像素的图像,图中方格代表对应的像素点与神经元,方格中的数值表示对应像素点的亮度值,像素点的亮度值位于 0～255。分割过程中,当一方格点火时,该方格就涂成灰色。分割结束时,所有灰色方格就构成图像中的一块区域,所有白色方格构成图像中的另一块区域。因此,图 3.2(a)就被分割成一幅二值图像。若 Unit-linking PCNN 采用 8 邻域连接,开始时图 3.2(a)中各神经元的阈值均相同,假设为 199,所有神经元的连接强度 β 均为 0.2。

	1	2	3	4	5
1	100	100	170	175	175
2	110	110	170	200	180
3	160	120	140	170	140
4	190	195	130	170	160
5	185	170	130	170	130

(a)

100	100	170	175	175
110	110	170	200	180
160	120	140	170	140
190	195	130	170	160
185	170	130	170	130

(b)

100	100	170	175	175
110	110	170	200	180
160	120	140	170	140
190	195	130	170	160
185	170	130	170	130

(c)

100	100	170	175	175
110	110	170	200	180
160	120	140	170	140
190	195	130	170	160
185	170	130	170	130

(d)

100	100	170	175	175
110	110	170	200	180
160	120	140	170	140
190	195	130	170	160
185	170	130	170	130

(e)

图 3.2　基于 Unit-linking PCNN 的图像分割流程示例

(1) 图 3.2(a)中所有亮度值大于 199 的方格点火,如图 3.2(b)所示。此时只有方格(2,4)点火,发出脉冲。该方格的亮度值捕捉范围是(199/(1+0.2),200),即(165.8,200)。方格(2,4)发出脉冲后,其阈值迅速升高,使之在整个分割过程中不再点火。很明显,只有未点火的方格才可能被捕捉,因任一方格通过阈值调整保证最多点火一次,所以即使已点火方格的亮度值位于捕捉范围内,也不会再次被捕捉。可从图中直观地看出,灰色方格是不会被捕捉的。

(2) 方格(2,4)的 8 邻域中的方格同时收到方格(2,4)发出的脉冲,其中 6 个方格的亮度值处于方格(2,4)的捕捉范围,故这 6 个方格被激发点火发放出脉冲,如图 3.2(c)所示。这 6 个方格发出脉冲后,其阈值迅速升高,从而在整个分割过程中不再点火。这 6 个方格的亮度值捕捉范围仍是(165.8,200)。由于 Unit-linking PCNN 神经元中 L 通道信号的统一,在脉冲并行传播过程中亮度值捕捉范围是不变的,从而使图像的分割过程清楚明了。

(3) 刚点火的 6 个方格的 8 邻域中的方格均同时收到它们发出的脉冲,其中只有方格(3,4)的 8 邻域中的方格(4,4)被捕捉,如图 3.2(d)所示。方格(3,4)的 8

邻域中的方格(2,3)、(2,5)的亮度值虽也位于捕捉范围内,但它们已点火,故不被方格(3,4)捕捉。

(4) 刚点火的方格(4,4)的 8 邻域中的方格均同时收到它发出的脉冲,其中只有方格(5,4)被其捕捉,发放出脉冲,如图 3.2(e)所示。

(5) 不再有方格被捕捉点火,分割过程结束。图 3.2(e)中的灰色部分为同一块区域,白色部分为另一块区域。整个过程中所有被捕捉点火的方格可看成是被最先点火的方格(2,4)发放出的脉冲波所捕捉。很明显,最先点火的方格可以有多个。

图 3.2 中,方格(4,1)、(4,2)、(5,1)、(5,2)的亮度值均处于捕捉范围内,同时它们的亮度值还高于其他被初始点火方格(2,4)捕捉到的方格,即它们的亮度值更接近于阈值与初始点火方格(2,4)的亮度值,但它们未被捕捉到,这是由它们的空间位置所决定的,它们与灰色区域之间被其他位于捕捉范围之外的亮度值较低的方格隔开了。

图像中同一区域内像素点亮度值的差别不大,存在着相关性。若将该包含像素点空间位置关系的相关性和阈值分割结合起来,则可极大地提高图像分割效果。由前面的分析可知,Unit-linking PCNN 分割图像时自然地将这两者紧密地联系在一起,既用到动态阈值划分,又通过其脉冲传播特性利用到像素点之间的空间位置关系。

2. 自动生成分割结果

Unit-linking PCNN 进行图像分割时只有连接强度和迭代次数这两个参数需要选择。用 Unit-linking PCNN 沿着由高亮度值到低亮度值的方向分层依次分割灰度图像,对于亮度值处于 0～255 的大多数灰度图像,分 20 个层次处理已经足够,故取循环迭代次数 $N=20$。分割时分 20 个层次处理就可得到 20 幅二值图像,那么如何确定在这 20 幅二值图像中,哪一幅是最佳的分割结果呢?这里所说的分割结果最佳是指在一定条件下是最佳的。这里采用图像熵作为选取最终分割结果的标准。熵是信息论中的重要概念,有许多图像分割算法借助求熵极值的方式[29,40,41]。一般情况下,分割后图像的熵值越大,则从原图得到的信息量就越大,细节越丰富,据此认为分割效果也越好。因此,在 Unit-linking PCNN 图像初步分割结果中,采用图像熵作为判断图像分割效果的标准,选择 20 幅二值分割图像中图像熵最大的二值图像作为最终分割结果。

二值图像的图像熵公式为

$$\mathrm{Er}[n]=-P_1\log_2 P_1-P_0\log_2 P_0 \tag{3-1}$$

式中,P_1 为二值图像中 1 出现的概率;P_0 为 0 出现的概率。具体计算时,可通过由图像中的点火像素估计得到,$P_0+P_1=1$。

具体算法中对图像熵进行估算时，P_0、P_1 的估计如下：

$$P_0=\frac{k_0}{k_0+k_1} \tag{3-2}$$

$$P_1=\frac{k_1}{k_0+k_1} \tag{3-3}$$

式中，k_0、k_1 分别表示一幅二值图像中亮度值为 0、1 的像素点数。

二值图像的图像熵估计值计算公式如下：

$$\widetilde{\mathrm{Er}}[n]=-\frac{k_0}{k_0+k_1}\log_2\frac{k_0}{k_0+k_1}-\frac{k_1}{k_0+k_1}\log_2\frac{k_1}{k_0+k_1} \tag{3-4}$$

算法中，可通过统计 Unit-linking PCNN 第 n 次迭代结束后点火及不点火的神经元数进行计算，k_0 为第 n 次迭代结束后 Unit-linking PCNN 中不点火的神经元数，k_1 为点火的神经元数，这样得到的图像熵称为 Unit-linking PCNN 图像熵。$P_0=0(P_1=1)$时，图像全白；$P_0=1(P_1=0)$时，图像全黑。这两种情况下，$\widetilde{\mathrm{Er}}$取得最小值 0($\widetilde{\mathrm{Er}}[n]=0$)。当 $P_0=0.5$，$P_1=0.5$ 时，$\widetilde{\mathrm{Er}}$取得最大值 1。

下面给出具体的基于 Unit-linking PCNN 的图像分割算法。首先介绍算法中用到的符号。

F：输入图像矩阵，用来存放原始图像，矩阵中各个元素与神经元一一对应，它们为各神经元 F 通道的信号，等于各个神经元相对应的原始输入图像中像素点的亮度值。

L：连接矩阵，其中各个元素为图像中各个像素点对应神经元的 L 通道信号。$\boldsymbol{L}=\mathrm{step}(\boldsymbol{Y}\otimes\boldsymbol{K})$，该式实现单位连接功能，使神经元 L 通道的信号得到统一，$\boldsymbol{L}$ 中的元素只有两种取值，即 0 或 1。

U：内部状态矩阵，用来存放调制结果，矩阵中各个元素为图像中各个像素点对应神经元的双通道调制结果。

$\boldsymbol{\theta}$：阈值矩阵，其中各元素为各神经元的阈值，处理过程中阈值是动态调整的。

Δ：阈值调节矩阵，用于调节阈值。该矩阵中各元素均为常量 δ，它与循环迭代次数 N 相对应，$\delta=1/N=0.05$。

Y：神经元输出矩阵，记录神经元的点火状况，是一个二值矩阵。

K：3×3 运算核矩阵(计算 $\boldsymbol{L}$ 时用到)，具体为

$$\boldsymbol{K}=\begin{bmatrix}1&1&1\\1&0&1\\1&1&1\end{bmatrix}$$

该运算核矩阵表示网络是 8 邻域局部连接的，***K*** 中“1”表示存在连接，“0”表示不存在连接。***K*** 的中心元素为 0，表示 8 邻域不含自身。

Res:二值输出矩阵,用于存放最终的分割结果。

Inter、**Bin**:用于存放中间结果的临时矩阵。

$\otimes$:二维卷积。

.*:两矩阵中对应的元素相乘。

β:连接强度,所有神经元的连接强度均为 0.2。

Height:图像的高度。

Width:图像的宽度。

矩阵 $\boldsymbol{F}$、$\boldsymbol{L}$、$\boldsymbol{U}$、$\boldsymbol{\theta}$、**Inter**、**Bin**、**Res**、Δ 的维数均相同,与图像的大小相一致,均为 Height×Width。

接着,基于 Unit-linking PCNN 的图像分割算法介绍如下。

(1) 原始图像 $\boldsymbol{F}$ 归整到[0,1]。令 $\boldsymbol{L}=\boldsymbol{U}=\boldsymbol{Y}=\mathbf{Bin}=\mathbf{0}$,$\boldsymbol{\Theta}=\mathbf{1}$,$n=0$,$\beta=0.2$,$N=20$,$\delta=0.05$。

(2) $\boldsymbol{L}=\text{step}(\boldsymbol{Y}\otimes\boldsymbol{K})$。

(3) $\mathbf{Inter}=\boldsymbol{Y}$,$\boldsymbol{U}=\boldsymbol{F}\ .*\ (\mathbf{1}+\beta\boldsymbol{L})$,$\boldsymbol{Y}=\text{step}(\boldsymbol{U}-\boldsymbol{\theta})$。

(4) 如果 $\boldsymbol{Y}=\mathbf{Inter}$,则到第(5)步;否则,$\boldsymbol{L}=\text{step}(\boldsymbol{Y}\otimes\boldsymbol{K})$,回到第(3)步。

(5) 如果 $\boldsymbol{Y}(i,j)=1$,则 $\mathbf{Bin}(i,j)=1(i=1,2,\cdots,\text{Height};j=1,2,\cdots,\text{Width})$。其中,$\boldsymbol{Y}(i,j)$、$\mathbf{Bin}(i,j)$ 分别为矩阵 $\boldsymbol{Y}$、**Bin** 的元素。

(6) $\boldsymbol{\theta}=\boldsymbol{\theta}-\Delta$,随着迭代次数的增加降低阈值。

(7) 如果 $\boldsymbol{Y}(i,j)=1$,则 $\boldsymbol{\theta}(i,j)=100(i=1,2,\cdots,\text{Height};j=1,2,\cdots,\text{Width})$,其中 $\boldsymbol{\theta}(i,j)$为矩阵 $\boldsymbol{\theta}$ 的元素。当某神经元点火后,迅速增加其阈值到一足够大的固定值,使之不再点火。

(8) 计算图像 **Bin** 的图像熵,将到目前为止图像熵最大的 **Bin** 存为 **Res**。当循环迭代结束时,**Res** 就是最终的分割结果。

(9) $N=N-1$。如果 $N\neq0$,返回第(2)步;否则,结束。

算法中的第(3)步到第(5)步,在某层次的阈值条件下,利用 Unit-linking PCNN 的脉冲传播特性,根据像素点之间的空间位置关系及图像中同一区域内像素点之间的相似性对原始图像进行自动分割,得到一候选结果,存于 **Bin** 中。

第(6)步中,通过阈值的降低改变分割的层次。

第(7)步中,某神经元点火后,迅速增加其阈值到一足够大的固定值,使之在整个分割过程中不再点火。

第(8)步中,计算某一层次下的候选分割结果的图像熵,并动态地更新 **Res**,使其中保存的图像的图像熵在已有的候选分割结果中是最大的,这样分割结束后,**Res** 中就保存了最终的分割结果。

若集合 S_1 为迭代次数 $N=N_1$ 时分割得到的亮区，集合 S_2 为迭代次数 $N=N_2$ 时分割得到的亮区，若 $N_1<N_2$，则 $S_1\subseteq S_2$。这是因为本算法是沿着高亮度值到低亮度值的方向分层依次分割灰度图像，故在较低亮度层次分割得到的区域一定包括在较高亮度层次分割得到的区域中。直观地看，随着迭代次数的增加，迭代得到的二值图像中的亮区越来越多。

基于 Unit-linking PCNN 的图像分割算法将动态阈值划分、各区域的空间位置关系与图像熵有机地结合在一起，根据图像的自然属性，利用网络中脉冲的传播对图像进行自然而迅速的分割；分割图像时，迭代次数固定为 20，连接强度为 0.2，不存在选择 PCNN 参数的问题。

3. 仿真结果及讨论

计算机仿真结果表明，用无需参数选择的 Unit-linking PCNN 图像分割算法，可有效地自动分割各种图像。图 3.3～图 3.5 为三个图像分割的例子。图 3.3 为 256 级的 Lena 原始灰度图像及 Unit-linking PCNN 分割结果，由图 3.3(b)可见，分割结果中细节很丰富。图 3.4 为飞机原始灰度图像及 Unit-linking PCNN 分割结果，图 3.4(b)显示飞机被清晰地分割出来。图 3.5 为海洋中硅藻细胞的显微照片及 Unit-linking PCNN 分割结果，图 3.5(b)显示硅藻细胞被清晰地分割出来，且细节非常丰富。

图 3.3　Lena 原始灰度图像及 Unit-linking PCNN 分割结果

基于 Unit-linking PCNN 及图像熵的图像分割方法可根据图像熵自动地分割各种图像，但对某些特定的分割要求仍无法自动得到满足需要的结果，这时需通过观察才能得到符合要求的结果。

(a)　　(b)

图 3.4　飞机原始灰度图像及 Unit-linking PCNN 分割结果

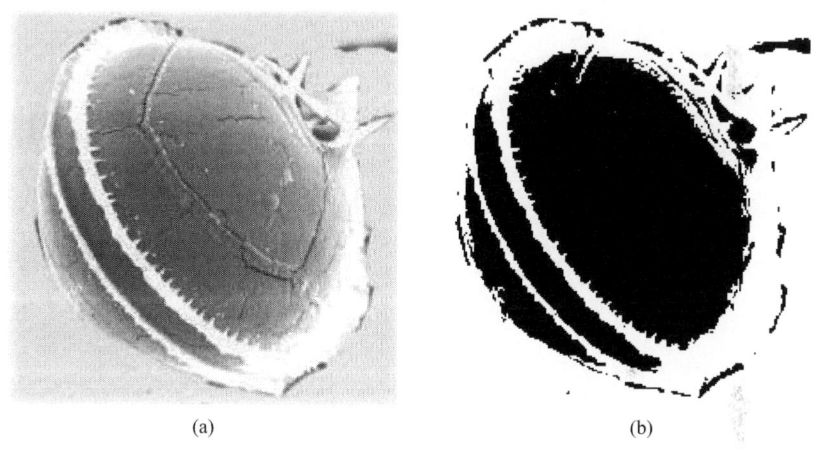

(a)　　(b)

图 3.5　硅藻细胞显微照片及 Unit-linking PCNN 分割结果

Unit-linking PCNN 用于图像分割时，迭代过程中阈值是等间隔下降的，每次下降一个较小的步长，这没有考虑图像的先验灰度分布规律；阈值每次的下降量应该较小以尽量避免错过最佳分割阈值，而小步长下降增加了运算量。此外，采用最大图像熵准则时黑白分布越为均匀的二值图像被选为最终分割结果，而有些情况下这并不是一个好的结果。下面将介绍如何针对上述问题对基于 Unit-linking PCNN 的图像分割方法进行改进。

3.1.2　基于直方图及边缘乘积互信息的 Unit-linking PCNN 图像分割

直方图中包含图像的先验灰度分布信息，常用于图像分割。针对基于 Unit-linking PCNN 及图像熵的图像分割方法中阈值等间隔下降而没有考虑图像的先验灰度分布的情况，将直方图与 Unit-linking PCNN 相结合进行分割[4,5]。分割过程中将直方图的波谷点作为 Unit-linking PCNN 图像分割的阈值点，在这些阈值点通过Unit-linking PCNN脉冲波的传播分割图像，同时在各阈值点通过改变连接强度来控制分割的层次，再从这些初步分割得到的二值图像中根据所采用的准则得到最终的分割结果。

基于Unit-linking PCNN及图像熵的图像分割方法采用最大图像熵准则，最大图像熵强调的是均匀性，并不考虑图像的空间关系，最大图像熵对灰度变化缓慢的图像或纹理图像的分割能力较好[1,29,31]。对于其他的图像，最大图像熵并不是一个好的准则。在基于直方图及边缘乘积互信息的Unit-linking PCNN图像分割方法中，采用边缘乘积互信息[4,5]作为得到最终图像分割结果的准则。边缘乘积互信息是在乘积型熵和边缘互信息的基础上提出的。

基于直方图及边缘乘积互信息的Unit-linking PCNN图像分割流程如图3.6所示。

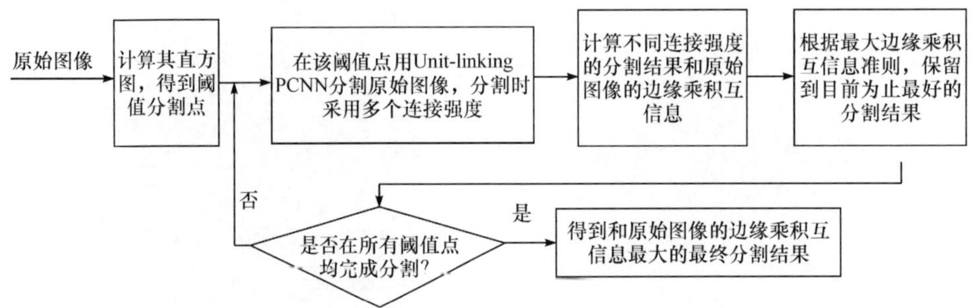

图3.6　基于直方图及边缘乘积互信息的Unit-linking PCNN图像分割流程

1. 直方图与Unit-linking PCNN图像分割的结合

直方图是对原图像灰度值的直观统计，它描述了图像的先验灰度。将它引入Unit-linking PCNN图像分割中的阈值选择，使阈值不再是从高到低等间隔下降，从而很好地利用了图像的先验灰度分布规律。

直方图确定阈值的过程为：计算待分割图像直方图，对其进行拟合，得到平滑的拟合曲线后，求得各个波谷处的局部极小值作为后续Unit-linking PCNN图像分割的阈值点。

在得到分割阈值后，据此利用Unit-linking PCNN脉冲波的传播分割图像，为保证不同阈值点的分割结果能覆盖各层次的各种情况，采用不同的连接强度。如果某幅图像直方图的波谷点有两个(对应两个分割阈值)，各阈值的分割层次为4(对应四个由小到大的连接强度)，那么Unit-linking PCNN迭代运算八次，得到八个分割结果，再根据提出的边缘乘积互信息准则从八个结果中选出最优的一个。

图3.7(a)所示的灰度图像中圆形区域A是目标；图3.7(b)为图3.7(a)的直

方图分割结果,其中目标 A 和灰度较接近的背景区域 C 混在一起被分为同一块;图 3.7(c)为图 3.7(a)的直方图与 Unit-linking PCNN 相结合的分割结果,其中目标 A 被成功地分割出来。图 3.7 表明直方图与 Unit-linking PCNN 相结合进行图像分割时,一方面利用直方图能反映图像的先验灰度分布,找到合适的阈值点;另一方面利用 Unit-linking PCNN 能得到像素点的空间关系;两者相互配合可得到良好的分割结果。

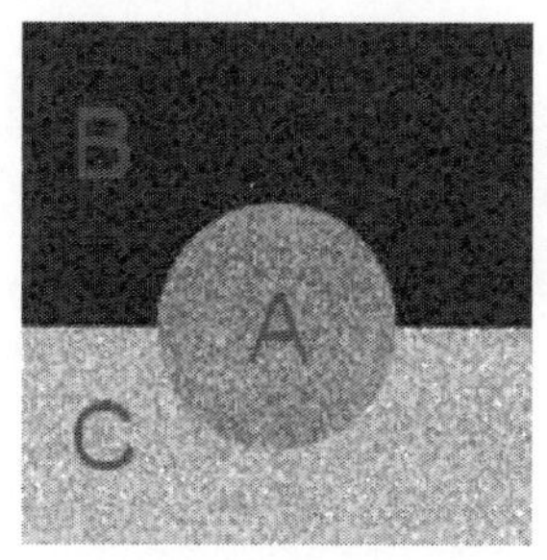

(a) 原始灰度图像

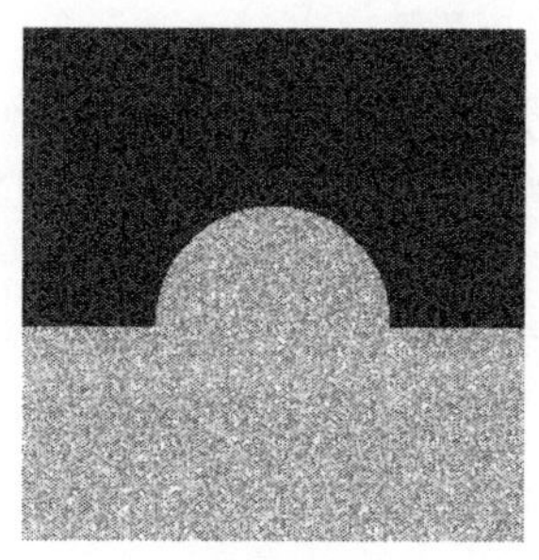

(b) 直方图

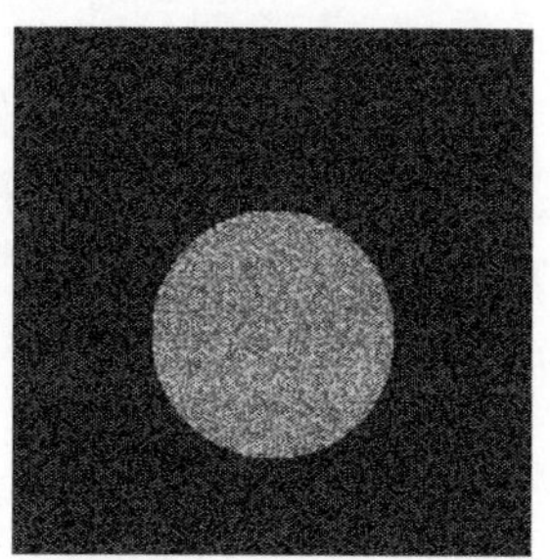

(c) 直方图+Unit-linking PCNN

图 3.7　图像分割结果比较

2. 最大边缘乘积互信息图像分割准则

前面已提到对灰度变化较剧烈或纹理不明晰的图像,最大图像熵并不是一个好的准则。互信息作为图像分割标准,得到广泛的应用[42-45]。采用最大互信息可有效地让分割前后两幅图像的互信息最大,但是当图像背景和目标交叉模糊时,该准则对图像细节分割的效果欠佳。而带有边缘信息的最大边缘互信息,不仅可使分割前后两幅图像之间的互信息最大,还可以让目标边缘的信息最大化,大大增强区域内图像分割的细节分辨能力[46],边缘互信息常应用于医学图像的配准[47-49]等。在边缘互信息的基础上,结合乘积型熵[50]的原理提出边缘乘积互信息[4,5],并将其用于基于直方图的 Unit-linking PCNN 图像分割中。

1) 边缘互信息

定义 N 为图像中相邻但灰度不同的像素点对的总个数,n_{ij} 为某一灰度 i 与其不同灰度相邻的像素点对的个数,于是有 $N=\sum_j\sum_i n_{ij}$。用 $P_i(i)$ 表示图像中灰度为 i 的像素点的边缘概率,则 $P_i(i)=\dfrac{\sum_j n_{ij}}{N}$,此即图像的边缘信息。

分割前后两幅图像 X、Y 之间的边缘互信息的定义为

$$I^*(X,Y)=H^*(X)+H^*(Y)-H^*(X,Y) \tag{3-5}$$

式中，$H^*(X)$为带有边缘信息的香农熵(即信息熵)，如式(3-6)所示；$H^*(X,Y)$为两幅图像之间带有边缘信息的联合熵，如式(3-7)所示。

$$H^*(X)=-\sum_i p_i(x_i)p(x_i)\lg p_i(x_i)p(x_i) \tag{3-6}$$

$$H^*(X,Y)=-\sum_j\sum_i p_{ij}(x_i,y_j)p(x_i,y_j)\lg p_{ij}(x_i,y_j)p(x_i,y_j) \tag{3-7}$$

式中，$p_{ij}(x_i,y_j)$表示分割前后两幅图像 X、Y 的联合边缘概率；$p(x_i,y_j)$表示两幅图像重叠后灰度对(x_i,y_j)的边缘概率。

计算边缘互信息时不仅有加减乘除运算，还有对数运算。现有 CPU 的算术运算单元中没有对数运算部件，需将对数运算转化成加法和乘法运算执行，故对数运算远比乘法运算耗时。为了减少计算量，采用边缘乘积互信息，将其作为基于直方图的 Unit-linking PCNN 图像分割准则[4,5]。

2) 乘积型熵

为了解决香农熵的计算速度问题，文献[50]曾提出一种乘积型香农熵，简称乘积型熵。

设离散概率分布 $P=(p_1,p_2,\cdots,p_i,\cdots,p_n)$，其中 $0\leqslant p_i\leqslant 1(i=1,2,\cdots,n)$，且$\sum_i p_i=1$，定义乘积型熵为

$$H_N=\prod_{i=1}^{n}(1+p_i) \tag{3-8}$$

3) 边缘乘积互信息

借鉴乘积型熵的原理，提出边缘乘积互信息，定义为

$$\begin{aligned}I_N^*(X,Y)=&\prod_{i=1}^{m}[1+p(x_i)p_i(x_i)]+\prod_{j=1}^{n}[1+p(y_j)p_j(y_j)]\\&-\prod_{j=1}^{n}\prod_{i=1}^{m}[1+p(x_i,y_j)p_{ij}(x_i,y_j)]\end{aligned} \tag{3-9}$$

下面比较边缘乘积互信息(式(3-9))和边缘互信息(式(3-5))的运算量。

先计算边缘互信息运算量。假设计算机每执行加法或减法运算一次需要时间 t_1，执行乘法或除法运算一次需要时间 t_2，且 $t_1<t_2$。在满足一定的计算误差 $\varepsilon(\varepsilon>0)$ 条件下，计算函数 $\ln x$ 的值常采用幂级数中前 $k+1$ 项来逼近，计算一次 $\ln x$ 所需时间为

$$T[\ln]=(4k+3)t_1+(k^2+3k+3)t_2 \tag{3-10}$$

由式(3-10)可得到据式(3-5)计算两幅同样大小的图像(大小均为 $m\times n$)的边缘互信息，其总耗时如式(3-11)所示，其复杂度为 $o(k^2mn)$：

$$T[I^*]=(4k+2+3mn+m+n)t_1+(k^2mn+3kmn+7mn+m+n+3)t_2 \tag{3-11}$$

接着分析边缘乘积互信息的运算量。边缘乘积互信息如式(3-9)所示，计算

时不存在对数运算，计算大小为 $m\times n$ 的两幅图像的边缘乘积互信息，其总耗时如式(3-12)所示，其复杂度为 $o(mn)$：

$$T[I_N^*]=2(m+n+mn)t_1+(2m+2n+2mn-1)t_2 \tag{3-12}$$

由两者的时间复杂度可以看出，边缘乘积互信息计算速度比边缘互信息有较大提高，故这里采用前者作为图像分割的评判标准。

图 3.8 和图 3.9 给出了 Lena(256 像素×256 像素)及一飞机原图(640 像素×480 像素)分别按照最大互信息、最大边缘互信息、最大边缘乘积互信息准则得到的基于直方图的 Unit-linking PCNN 分割结果。图 3.8 和图 3.9 中，(a)为原图(256 像素×256 像素)；(b)为 Unit-linking PCNN、直方图及最大互信息分割结果；(c)为 Unit-linking PCNN、直方图及最大边缘互信息分割结果；(d)为 Unit-linking PCNN、直方图及最大边缘乘积互信息分割结果。

如图 3.8 所示，采用边缘互信息或边缘乘积互信息准则的 Unit-linking PCNN 分割结果比采用互信息准则的分割结果能更好地保留帽顶、饰物等细节；基于边缘乘积互信息的分割效果和基于边缘互信息的分割效果差不多，但分割时间节省了 43.60%。

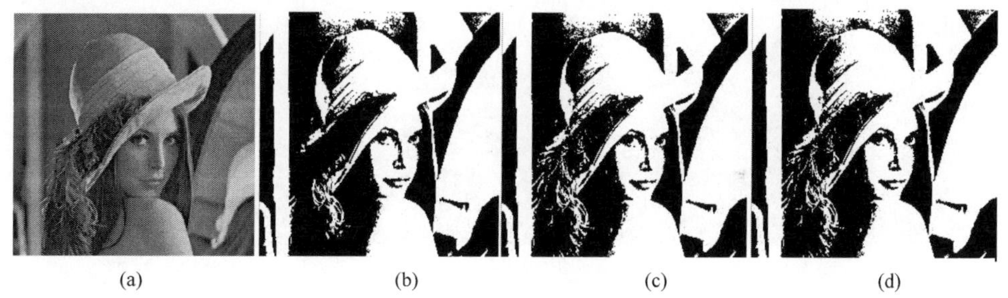

(a)　(b)　(c)　(d)

图 3.8　Lena 原图与采用不同互信息及直方图时的 Unit-linking PCNN 分割结果

图 3.9 显示了与图 3.8 类似的结果，采用边缘互信息或边缘乘积互信息准则的 Unit-linking PCNN 分割结果比采用互信息准则的分割结果能更好地保留飞机图像的边缘信息，特别是飞机的机尾和天线细节；基于边缘乘积互信息的分割效果和基于边缘互信息的分割效果差不多，但分割时间节省了 57.13%。

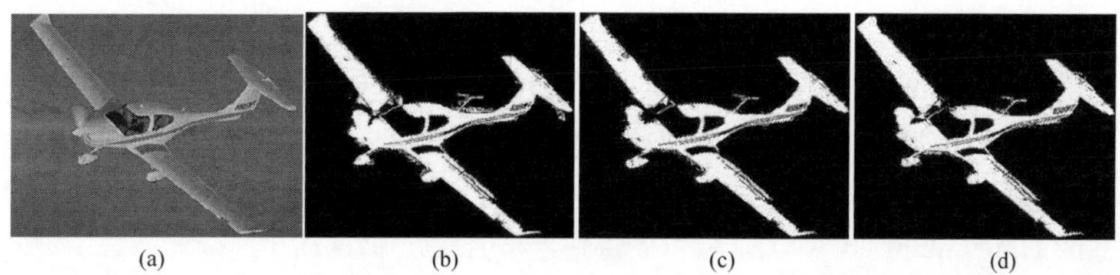

(a)　(b)　(c)　(d)

图 3.9　飞机原图与采用不同互信息及直方图时的 Unit-linking PCNN 分割结果

基于直方图的 Unit-linking PCNN 图像分割中,采用边缘互信息或边缘乘积互信息准则都能得到优良的分割结果,但理论及实验中后者比前者节约不少的运算时间。因此,在基于直方图和 Unit-linking PCNN 的图像分割中,采用最大边缘乘积互信息准则。

3. 仿真比较

图 3.10～图 3.13 分别给出仿真实验中的几个例子。图 3.10～图 3.13 中,(a)为原始灰度图;(b)为 Otsu 分割结果;(c)为直方图多阈值分割结果;(d)为阈值从高到低等间隔下降的基于边缘乘积互信息的 Unit-linking PCNN 分割结果;(e)为基于直方图及边缘乘积互信息的 Unit-linking PCNN 分割结果。这些图像的尺寸均为 640 像素×480 像素。

对于建筑物场景图像,基于直方图及边缘乘积互信息的 Unit-linking PCNN 分割结果与其他三者相比,可以很好地保留原图中建筑物和树木的轮廓特征,清晰展现图中建筑场景的基本面貌,而其他三者都存在严重的欠分割或过分割现象,如图 3.10 所示。

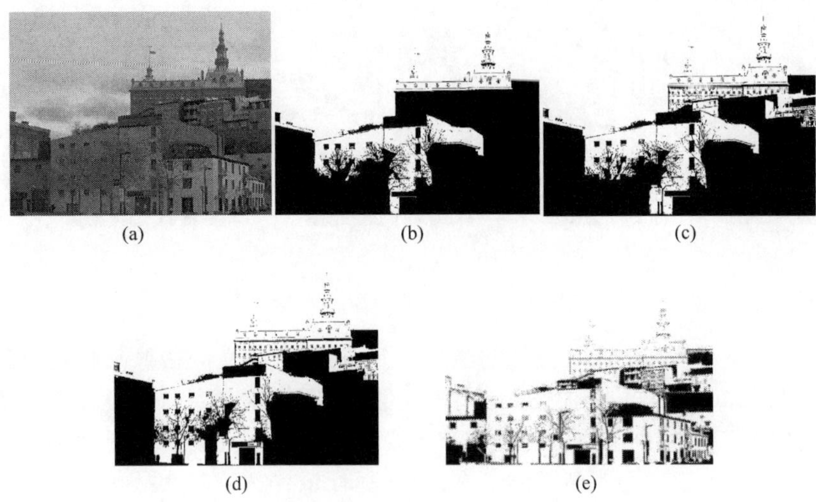

图 3.10 建筑物图像仿真实验

对于动物图像,Otsu 算法未能将狗从背景中分割出来,狗的形体轮廓不仅有很多毛刺,而且一些不是目标的草也被分割出来掺杂进目标;狗舌和毛发灰度值相近,直方图多阈值分割方法不能将狗舌与毛发区分开;基于直方图及边缘乘积互信息的 Unit-linking PCNN 方法,可以将狗舌与毛发分开,从而更精确地体现了狗的形态特征。与采用等间隔阈值下降的 Unit-linking PCNN 方法相比,基于直方图及边缘乘积互信息的 Unit-linking PCNN 方法能更好地分割出狗舌。如图 3.11 所示。

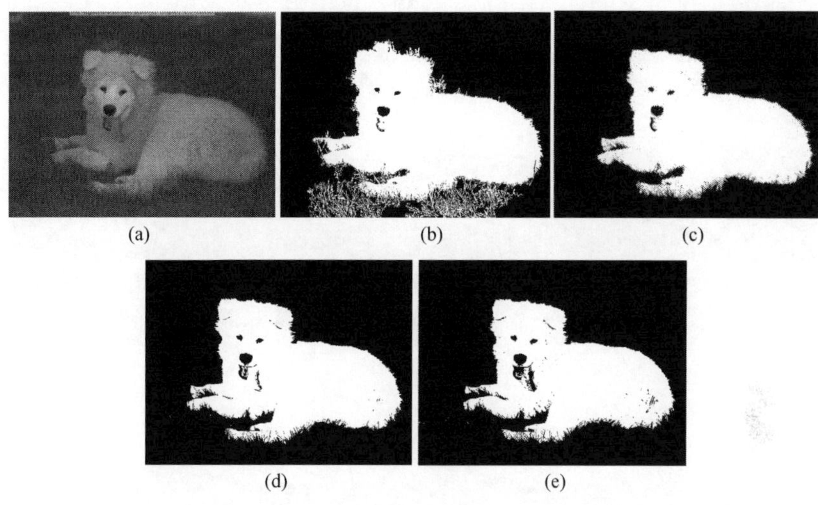

(a)　(b)　(c)

(d)　(e)

图 3.11　动物图像仿真实验

对于门栏图像，基于直方图及边缘乘积互信息的 Unit-linking PCNN 分割结果能很好地保留门栏的结构和形态特征，以及很多门栏细节，而其他三者都存在欠分割或过分割现象，如图 3.12 所示。

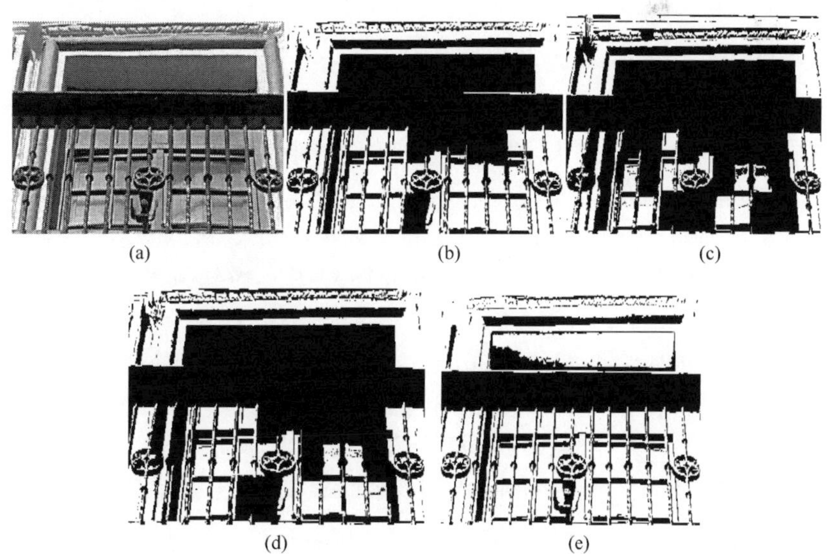

(a)　(b)　(c)

(d)　(e)

图 3.12　门栏图像仿真实验

图 3.13 显示，对于船舶场景图像，基于直方图及边缘乘积互信息的 Unit-linking PCNN 分割结果保留了全体船的大部分轮廓，比 Otsu 分割结果、直方图多阈值分割结果保留了更多的信息。Otsu 分割结果丢失了两条船；直方图多阈值分割结果最差，不仅丢失了两条船，其他区域也分割得不好；与采用等间隔阈值下降的 Unit-linking PCNN 方法相比，分割出的区域更干净。

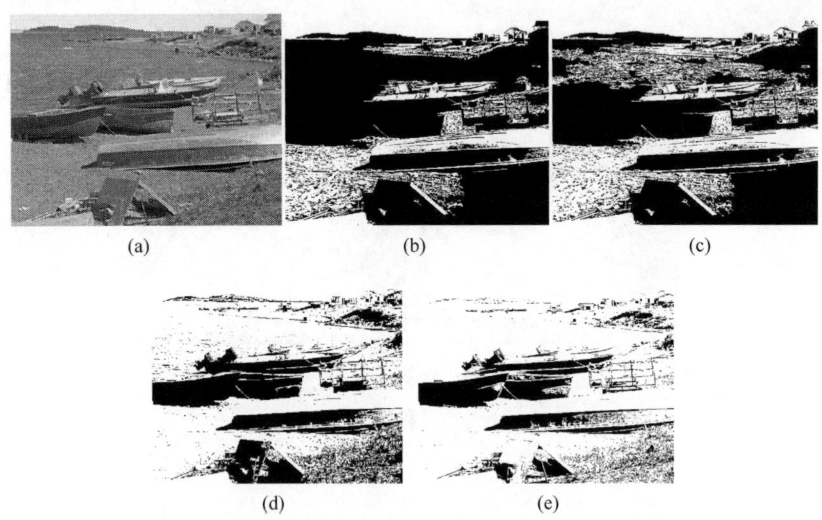

图 3.13 船舶场景仿真实验

4. Unit-linking PCNN 三维图像分割算法

近几年来，三维图像分割越来越引起人们的关注[51]，它是图像实现三维可视化的基础和前提。很多二维图像分割方法可推广到三维图像分割。目前常用的三维图像分割方法有三维 Ostu 算法[52-55]、分类器算法[56]、三维边缘检测算法[57]、马尔可夫算法[58]和混合多尺度算法[59]等，也有研究人员将 PCNN 用于三维图像的分割[60-62]。基于直方图及边缘乘积互信息的 Unit-linking PCNN 分割方法很容易从二维推广到三维。Unit-linking PCNN 用于三维图像处理时，像二维时一样，神经元和像素点一一对应，神经元 F 通道接收对应像素点的亮度值作为输入，同时通过 L 通道与其邻域内的神经元相连。图 3.14 显示了三维 Unit-linking PCNN 的 6 邻域连接方式。三维分割算法和二维时一样，分割流程可参见二维分割的流程图(图 3.6)，在此不再赘述。

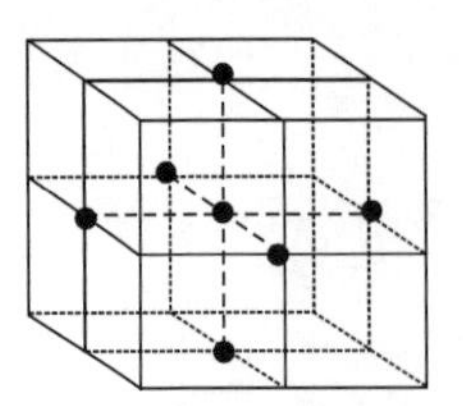

图 3.14 三维图像分割中 Unit-linking PCNN 的 6 邻域连接方式

3.2　基于Unit-linking PCNN的图像阴影去除

图像阴影去除可应用于目标检测及识别，如医疗检测、军事目标识别等。当图像中存在阴影时，如果能消除阴影的影响，就能更好地达到正确识别目标的目的。结合基于Unit-linking PCNN的图像分割算法，这里提出基于Unit-linking PCNN的图像阴影去除方法[2,6,7]。

3.2.1　基于Unit-linking PCNN的图像阴影去除方法及分析

1. 方法概述

图像中的阴影是由图像中一块像素点的亮度值减小造成的。目标识别时，有些图像中存在阴影，若能去除这些阴影，就能更好地达到正确识别目标的目的。基于Unit-linking PCNN的图像阴影去除方法[2,6]的基本思路(图3.15)是先用Unit-linking PCNN对被阴影覆盖的图像进行分割处理，得到多值分割结果，然后用被阴影覆盖的图像除以分割得到的多值图像。相除得到的结果(熵图像)中既保存了原始图像的信息，又消除了图像中阴影的影响。算法中被阴影覆盖的图像除以其分割后的多值图像的相除过程融合在分割过程中，边分割边去除阴影，而不是孤立地先分割整幅图像再相除。

图3.15　基于Unit-linking PCNN的图像阴影去除方法的基本思路

下面通过一个简单的例子具体分析阴影去除方法的基本思路。

图3.16(a)的亮度值处于0～1，背景亮度值为1，中间目标圆区域的亮度值为0.6。图3.16(b)中，一块阴影覆盖了图3.16(a)的左半部分，阴影部分的亮度值为原来亮度值的10%。阴影部分的亮度值与原来亮度值的百分比称为阴影强度，图3.16(b)的阴影强度为10%。图3.16(b)中，被阴影覆盖的背景部分亮度值变为0.1，被阴影覆盖的目标圆区域亮度值变为0.06。

现在用Unit-linking PCNN对如图3.16(b)所示的阴影图像进行分割处理，令网络的连接强度为0.8。开始时未被阴影覆盖的亮度值为1的背景亮区对应的神经元首先点火，其亮度捕捉值的范围为(1/1.8,1)，即(0.56,1)。未被阴影覆盖的目标圆区域的亮度值0.6处于该捕捉范围内，又由于该区域和背景亮度值为1的区域是相连的，此时未被阴影覆盖的背景区域通过脉冲传播迅速捕捉到未被阴影覆盖的圆区域，并将未被阴影覆盖的圆区域的亮度值由 0.6 提高到 1。被阴影覆盖部分的亮度值为 0.06 和 0.1，不在未被阴影覆盖的亮度值为 1 的背景区域的捕捉范围内，故它们未被亮度值为 1 的背景区域捕获。此时，未被阴影覆盖区域对应的神经元均已点火，通过升高这些神经元的阈值，它们不再点火。

接着，随着迭代次数的增加，继续进行分割处理。基于 Unit-linking PCNN 的图像阴影去除方法中，随着阈值的下降进行迭代运算，每次迭代都分割出一块区域，同时去除该块区域的阴影。阴影去除中的分割处理与 3.1.1 节基于 Unit-linking PCNN 及图像熵的分割算法不同，分割算法中较低亮度层次分割得到的区域一定包含较高亮度层次分割得到的区域，而在阴影去除中不同亮度层次上分割得到的区域之间是没有交集的，处理结束时，这些不同区域之间的并集等于原始图像的多值分割结果。

图 3.16(b)中，随着分割处理继续进行，神经元的阈值不断地线性下降。当未点火神经元的阈值下降到小于 0.1 时，被阴影覆盖的背景区对应的神经元开始点火，发放出脉冲，该区域的亮度值捕捉范围是(0.1/1.8，0.1)，即(0.056，0.1)。被阴影覆盖的圆区域的亮度值为 0.06，属于该亮度值捕捉范围，又由于被阴影覆盖的圆区域与被阴影覆盖的背景区相连，前者被后者捕捉到，前者的亮度值由 0.06 提高到后者的亮度值 0.1。此时，被阴影覆盖区域对应的神经元均已点火，通过升高这些神经元的阈值，它们不再点火。此刻，所有区域的神经元均已点火，整个分割过程结束，得到分割结果，见图 3.16(c)。该图由两个区域组成，左半部分(对应图 3.16(b)的阴影覆盖部分)的亮度值为 0.1，右半部分(对应图 3.16(b)的未被阴影覆盖部分)的亮度值为 1。

将被阴影覆盖的图 3.16(b)各像素点的亮度值除以其用 Unit-linking PCNN 分割得到的图 3.16(c)的对应像素点的亮度值，得到图 3.16(d)。图 3.16(d)中，右半部分背景区(对应于图 3.16(b)中未被阴影覆盖的背景区)的亮度值为 1/1=1；右半部分圆区域(对应于图 3.16(b)中未被阴影覆盖的圆区域)的亮度值为 0.6/1=0.6；左半部分背景区(对应于图 3.16(b)中被阴影覆盖的背景区)的亮度值为 0.1/0.1=1；左半部分圆区域(对应于图 3.16(b)中被阴影覆盖的圆区域)的亮度值为 0.06/0.1=0.6。由此可知，图 3.16(d)中圆区域的亮度值均为 0.6，背景区域的亮度值均为 1，该图与未被阴影覆盖时的原图(图 3.16(a))完全一样，图 3.16(b)中的阴影被完全去除了。可见在一定条件下，被阴影覆盖的图像除以其 Unit-linking PCNN 分割结果得到的商图像中，阴影被有效去除了。

从前面分析可知，图 3.16(b)中阴影位置及形状大小的改变对最终的阴影去除结果不会产生影响。

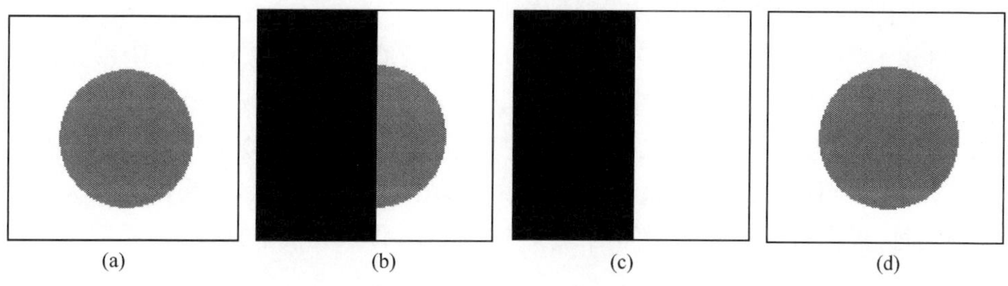

图 3.16　基于 Unit-linking PCNN 的图像阴影去除的原理示例

2. 两个有效去除阴影的条件及连接强度 β 的选取

以图 3.16 为例仔细分析可知：①未被阴影覆盖的背景区点火时，若其捕捉到未被阴影覆盖的目标圆区域，也捕捉到被阴影覆盖的背景区，则阴影就不能有效去除；②背景区（包括阴影区与非阴影区）点火时，若背景区捕捉不到对应的目标区（包括阴影区与非阴影区），则阴影也不能有效去除。由此，有效去除阴影必须满足以下两个条件。

条件一：保证没有阴影的背景区不会捕捉到有阴影的背景区，该条件使连接强度 β 不能取得过大。

条件二：保证背景区能捕捉到目标区，即保证有阴影的背景区能捕捉到有阴影的目标区，无阴影的背景区能捕捉到无阴影的目标区。一般情况下，无阴影的背景区能捕捉到无阴影的目标区时，有阴影的背景区也能捕捉到有阴影的目标区。该条件使 β 不能取得过小。

这两个条件适用于所有图像的阴影去除。根据这两个条件可获得连接强度 β 的取值范围。下面以图 3.16(b) 为例，讨论在有效去除阴影的前提下连接强度 β 的取值范围。

图 3.16 中，根据条件一可得

$$0.1(1+\beta)<1$$

解得

$$\beta<9$$

根据条件二，可得

$$0.6(1+\beta)\geqslant 1$$

解得

$$\beta\geqslant 0.67$$

因此，当 $0.67\leqslant\beta<9$ 时，图 3.16(b) 中的阴影可被有效去除。

下面仍以图 3.16 为例，分析在有效去除阴影的前提下阴影强度的改变、无阴影的目标原始亮度值的改变、无阴影的背景原始亮度值的改变对 β 取值范围的影响。

1）阴影强度改变对 β 取值范围的影响

图 3.16(b) 中，目标原始亮度值为 0.6，背景原始亮度值为 1，当阴影强度从 10%增加到 60%时，根据有效去除阴影的两个条件得到的 β 取值范围如表 3.1 所示。在目标亮度值一定的情况下，阴影强度越大(即阴影越浅)，β 的取值越窄。在实际应用中，当阴影很淡时，也就没有必要去除了。图 3.16(b)中阴影强度大于等于 60%时，根据有效去除阴影的两个条件，β 无解，即无论 β 取何值，阴影都不可能被有效去除。

表 3.1 阴影强度改变对 β 取值范围的影响

阴影强度/%	β 取值范围
10	$0.67 \leqslant \beta < 9$
20	$0.67 \leqslant \beta < 4$
30	$0.67 \leqslant \beta < 2.33$
40	$0.67 \leqslant \beta < 1.5$
50	$0.67 \leqslant \beta < 1$
60	无解

2）无阴影的目标原始亮度值的改变对 β 取值范围的影响

图 3.16(b)中，假设阴影强度为 10%，无阴影的背景原始亮度值为 1，当目标原始亮度值从 0.9 减少到 0.1 时，根据有效去除阴影的两个条件得到的 β 取值范围如表 3.2 所示。在阴影强度一定的情况下，随着目标原始亮度值的减小，β 的取值越来越窄。当图 3.16(b)中目标原始亮度值小于等于 0.1 时，根据 β 取值条件，β 无解。实际应用中，无阴影的目标原始亮度值往往大于有阴影的背景区域的亮度值。

表 3.2 无阴影的目标原始亮度值的改变对 β 取值范围的影响

目标原始亮度值	β 取值范围
0.9	$0.11 \leqslant \beta < 9$
0.8	$0.25 \leqslant \beta < 9$
0.7	$0.43 \leqslant \beta < 9$
0.6	$0.67 \leqslant \beta < 9$
0.5	$1 \leqslant \beta < 9$
0.4	$1.5 \leqslant \beta < 9$
0.3	$2.33 \leqslant \beta < 9$
0.2	$4 \leqslant \beta < 9$
0.1	无解

3) 无阴影的背景原始亮度值的改变对 β 取值范围的影响

图 3.16(b)中,假设阴影强度为 10%,无阴影的目标原始亮度值为 0.6,当背景原始亮度值从 1 减少到 0.7 时,根据有效去除阴影的两个条件得到的 β 取值范围如表 3.3 所示。无阴影的背景原始亮度值与无阴影的目标原始亮度值越接近,β 的取值范围就越大。

表 3.3　无阴影的背景原始亮度值的改变对 β 取值范围的影响

背景原始亮度值	β 取值范围
1	$0.6 \leqslant \beta < 9$
0.9	$0.5 \leqslant \beta < 9$
0.8	$0.33 \leqslant \beta < 9$
0.7	$0.17 \leqslant \beta < 9$

背景原始亮度值的变化有时会影响阴影处理结果的整体亮度。

当无阴影的背景亮度值取得最大值 1 时(图像的取值范围为 0～1),无论阴影强度与无阴影的目标原始亮度取何值,只要阴影能被有效去除,去除阴影得到的结果就与没有阴影的原始图像完全一样,没有任何区别。

图 3.16(b)中,若无阴影的背景原始亮度值为 0.9,则有效去除阴影后图像的背景亮度值升高到 1/1=1,同时目标圆区域亮度值由 0.6 升高到 0.6/0.9=0.67,此时,去除阴影后图像中目标圆区域亮度值与背景亮度值的比值仍然和无阴影时一样((0.6/0.9)/1=0.6/0.9)。去除阴影后,所有像素点的亮度值比无阴影时的原始亮度值升高了(1−0.9)/0.9=11%,故去除阴影后的图像比无阴影的原始图像要亮一些。

若无阴影的背景原始亮度值为 0.8,则去除阴影后图像的背景亮度值升高到 1/1=1,同时目标圆区域的亮度值由 0.6 升高到 0.6/0.8=0.75。去除阴影后,所有像素点的亮度值比无阴影时的原始亮度值升高了(1−0.8)/0.8=25%。

若无阴影的背景原始亮度值为 0.7,则去除阴影后图像的背景亮度值升高到 1/1=1,同时目标圆区域的亮度值由 0.6 升高到 0.6/0.7=0.86。去除阴影后,所有像素点的亮度值比无阴影时的原始亮度值升高了(1−0.7)/0.7=43%。

综上所述,当无阴影的背景亮度值 I 小于 1 时,去除阴影后图像的背景亮度值升高到 1,同时目标亮度值也得到相应的升高,所有像素点的亮度值比无阴影时的原始亮度值升高了百分之 $(1-I)/I$,I 越小,则亮度值升高得越多。但这种情况下,去除阴影后图像中目标亮度值与背景亮度值的比值(对比度)仍然和无阴影时一样。直观地看,此时,去除阴影后的图像比无阴影的原始图像要亮一些。

3. β的取值满足条件一，但不满足条件二时的阴影去除情况

由前面的分析可知，当β的取值同时满足有效去除阴影的两个条件时，阴影可有效去除，且得到的图像几乎和原始图像完全一样。要有效去除阴影，条件一是一定要满足的。对于灰度图像，若β的取值满足条件一，但不满足条件二，仔细分析可知，若目标区的原始亮度值是单一的(即目标区所有像素点的亮度值均相等)，则阴影去除后，目标也丢失了；若目标区的亮度层次很丰富，则阴影去除后，还能看出目标的形状，但对比度发生很大的变化；若背景区能捕捉到部分目标区，则阴影去除后，被背景区捕捉到的目标区几乎和原始图像中的对应区域一样。对于亮度层次丰富的灰度图像，只要β值满足条件一(即使不满足条件二)，阴影也可被去除，一般情况下，阴影去除结果中能保留目标的形状。

4. 具体算法

基于 Unit-linking PCNN 的图像阴影去除算法中，$\boldsymbol{F}$为输入图像矩阵，用于存放阴影图像。$\boldsymbol{L}$、$\boldsymbol{U}$、$\boldsymbol{Y}$、$\boldsymbol{\theta}$、Δ分别为连接矩阵、内部状态矩阵、神经元输出矩阵、阈值矩阵、阈值调节矩阵。阈值调节矩阵中Δ各元素均为δ。$\otimes$与 .* 分别表示二维卷积、两矩阵中对应的元素相乘。Height 为图像的高度，Width 为图像的宽度。所有神经元的连接强度β均相同。

Seg 为临时多值分割矩阵，用于存放分割得到的多值图像。**Inter** 为算法中用到的临时矩阵。**Quo** 为商矩阵，用于存放商图像。**Res** 为输出矩阵，存放最终的阴影去除结果。运算核矩阵为

$$\boldsymbol{K}=\begin{bmatrix}1 & 1 & 1\\1 & 0 & 1\\1 & 1 & 1\end{bmatrix}$$

基于 Unit-linking PCNN 的图像阴影去除算法步骤如下。

(1) 原始图像$\boldsymbol{F}$的亮度值归化到 min 与 1 之间，min=0.004>σ；$\boldsymbol{L}=\boldsymbol{U}=\boldsymbol{Y}=\boldsymbol{0}$，$\boldsymbol{\theta}=\boldsymbol{1}$，$\delta=1/256=0.0039$，优选参数$\beta$(多数情况下，取值为 0.8)。

(2) $\boldsymbol{L}=\text{step}(\boldsymbol{Y}\otimes\boldsymbol{K})$。

(3) **Inter**=$\boldsymbol{Y}$，$\boldsymbol{U}=\boldsymbol{F}.*(\boldsymbol{1}+\beta\boldsymbol{L})$，$\boldsymbol{Y}=\text{step}(\boldsymbol{U}-\boldsymbol{\theta})$。

(4) 如果$\boldsymbol{Y}$=**Inter**，到第(5)步；否则，$\boldsymbol{L}=\text{step}(\boldsymbol{Y}\otimes\boldsymbol{K})$，返回第(3)步。

(5) 如果$\boldsymbol{Y}(i,j)=1$，则 **Seg**$(i,j)=\boldsymbol{\theta}(i,j)$，**Quo**$(i,j)=\boldsymbol{F}(i,j)/$**Seg**$(i,j)$ ($i=1,2,\cdots,\text{Height}$；$j=1,2,\cdots,\text{Width}$)，其中，$\boldsymbol{Y}(i,j)$、**Seg**$(i,j)$、$\boldsymbol{\theta}(i,j)$、**Quo**$(i,j)$、$\boldsymbol{F}(i,j)$分别为矩阵$\boldsymbol{Y}$、**Seg**、$\boldsymbol{\theta}$、**Quo**、$\boldsymbol{F}$中的元素。

(6) $\boldsymbol{\theta}=\boldsymbol{\theta}-\Delta$,随循环次数的增加降低阈值。

(7) 如果 $\boldsymbol{Y}(i,j)=1$,则 $\boldsymbol{\theta}(i,j)=100(i=1,2,\cdots,\text{Height};j=1,2,\cdots,\text{Width})$。

(8) 如果 $\boldsymbol{\theta}>\mathbf{1}$,即所有神经元均已点火时,到第(9)步。

(9) 归整化 **Quo** 并保存到 **Res**,得到最终的阴影去除结果,结束。

算法的第(1)步,原始图像 $\boldsymbol{F}$ 的亮度值归化到 min(min=0.004>σ)与 1 之间,而不是 0 与 1 之间,这是为确保网络中神经元的阈值不被调整到小于等于 0。第(3)步～第(5)步利用 Unit-linking PCNN 的脉冲传播特性,根据图像中像素点的空间位置关系与图像中同一区域内像素点亮度值之间的相似性在某一层次对原始图像进行分割,得到该层次分割出的区域,同时通过相除运算,得到该区域的阴影去除结果。第(6)步,通过阈值的逐次改变实现多值分割。第(7)步,某神经元点火后,迅速增加其阈值到一足够大的固定值,使之在整个处理过程中不再点火。第(8)步,判断阴影去除过程是否结束。第(9)步,得到最终的阴影去除结果 **Res**。由算法可知,阴影去除中的除法运算和图像分割过程是融合在一起的,无法割裂。

5. 仿真及讨论

计算机仿真结果表明,基于 Unit-linking PCNN 的阴影去除方法中,当优选的连接强度满足前面给出的两个条件时,去除阴影后的图像几乎和未被阴影覆盖的原始图像一样。即使连接强度不能完全满足这两个条件,一般情况下,灰度图像或彩色图像去除阴影后,仍可得到目标的形状。阴影在图像中位置的不同不会造成阴影去除结果的不同;阴影强度在一定范围内变化也不会引起阴影去除结果的不同。该方法已被有效地应用于道路提取、人脸识别、机械表面加工、交通中的阴影去除等方面。Kasetkasem 和曾任国际信息融合大会主席的 Varshney[63]认为该阴影去除方法是亮度估计的代表性算法。

图 3.17～图 3.20 是同一战斗机图像在不同阴影位置、不同阴影强度下的阴影图像及 Unit-linking PCNN 阴影去除结果。图 3.17(a)中一块阴影覆盖了该战斗机的前部,阴影强度为 10%,图 3.17(b)为其 Unit-linking PCNN 阴影去除结果。图 3.18(a)中阴影覆盖位置移到了该战斗机的中间部分,阴影强度仍为 10%,图 3.18(b)为其 Unit-linking PCNN 阴影去除结果。图 3.19(a)中强度为 30%的阴影覆盖了战斗机的左半部分,图 3.19(b)为其 Unit-linking PCNN 阴影去除结果。图 3.20(a)中强度为 10%的阴影覆盖了整架战斗机,使之处于黑暗中,图 3.20(b)为其 Unit-linking PCNN 阴影去除结果。图 3.17～图 3.20 均是在连接强度 β 为 0.8 时的 Unit-linking PCNN 阴影去除结果。在该连接强度下,阴影有效去除的两个条件都得到满足,因此阴影去除结果与无阴影的原始图像几乎完全一样,且与阴影位置的变化及阴影强度在一定范围内的变化无关。处于黑暗中

的目标可看成目标被阴影完全覆盖(图 3.20),因而该算法也可有效地在黑暗中发现目标。

(a) 阴影图像(阴影强度为10%)

(b) Unit-linking PCNN阴影去除结果(β=0.8)

图 3.17 阴影位于战斗机前部的图像及 Unit-linking PCNN 阴影去除结果

(a) 阴影图像(阴影强度为10%)

(b) Unit-linking PCNN阴影去除结果(β=0.8)

图 3.18 阴影位于战斗机中部的图像及 Unit-linking PCNN 阴影去除结果

(a) 阴影图像(阴影强度为30%)

(b) Unit-linking PCNN阴影去除结果(β=0.8)

图 3.19 阴影位于战斗机前部的图像及 Unit-linking PCNN 阴影去除结果

(a) 完全覆盖阴影的图像(阴影强度为10%)

(b) Unit-linking PCNN阴影去除结果(β=0.8)

图 3.20 战斗机完全被阴影覆盖的图像及 Unit-linking PCNN 阴影去除结果

图 3.17(a)中的阴影图像，若连接强度 β 变为 0.4，则阴影有效去除的条件二不能被满足，背景区只能捕捉到目标区的部分像素点，但由于目标区(飞机)的亮度层次较丰富，阴影去除后仍能看出目标的形状，如图 3.21 所示，但其视觉效果不如原始无阴影图像。实际应用中，有时只需得到目标的形状或消除阴影对后续处理的影响即可，并不需要无失真地去除阴影，如在道路检测中的应用，该应用将在 3.2.2 节介绍。

图 3.21　图 3.17(a)中阴影图像在 $\beta=0.4$ 时的阴影去除结果

图 3.22(a)为阿霉素作用下的黏液表皮癌细胞灰度图像，一块阴影覆盖了该图像的大部分，阴影强度为 10%，图 3.22(b)为其 Unit-linking PCNN 阴影去除结果(连接强度 β 为 0.8)，该结果中阴影被去除了，原来被阴影覆盖的癌细胞清楚地呈现出来，只是整体亮度比原图亮一些。

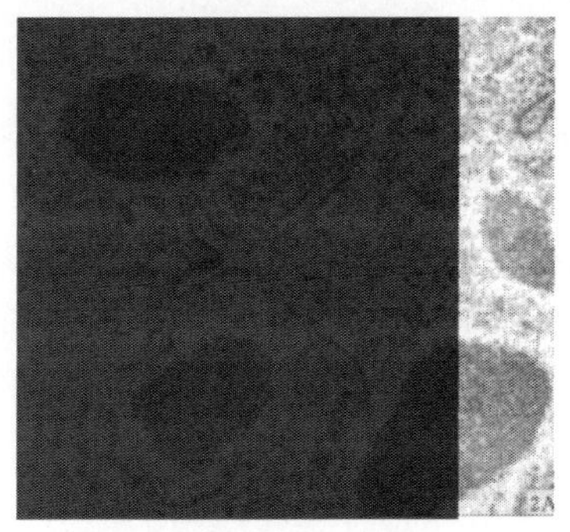

(a) 阴影图像(阴影强度为10%)

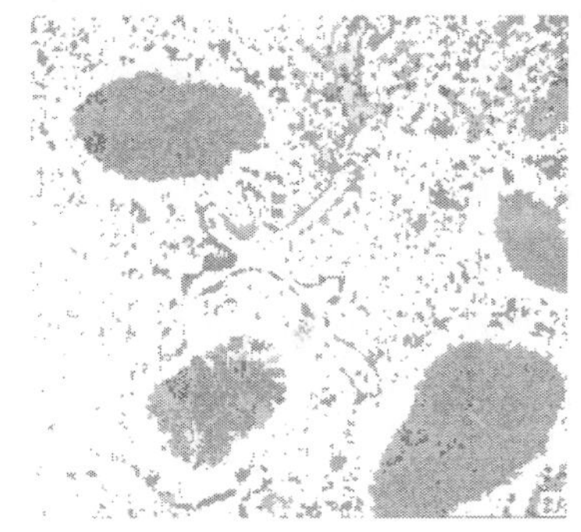

(b) Unit-linking PCNN阴影去除结果(β=0.8)

图 3.22　有阴影的癌细胞图像及 Unit-linking PCNN 阴影去除结果

基于 Unit-linking PCNN 的阴影去除方法也可用于彩色图像的阴影去除，此时可在颜色空间里将彩色图像分为 R(红色)、G(绿色)、B(蓝色)三个通道分别进行处理(也可在其他颜色空间进行处理)。图 3.23(a)为被阴影多处覆盖的坦克彩色图像，阴影强度为 10%，图 3.23(b)为其 Unit-linking PCNN 阴影去除结果(R、G、B 三个通道的连接强度均为 2.4)，因为不能满足阴影有效去除的条件，阴影去除结果与原图相比，色调发生了变化，但坦克的形状得到很好的保留。

人们只知道猫的眼睛具有十分敏锐的能力，在黑暗中也能看清物体，但并不知道猫看清物体的过程中有无去除阴影的处理步骤。阴影去除的研究表明，以猫的视觉系统为生物学背景的 Unit-linking PCNN 的确可以具有去除阴影的功能。

(a) 彩色阴影图像(阴影强度为10%)

(b) Unit-linking PCNN阴影去除结果(β=2.4)

图 3.23　被阴影多处覆盖的坦克彩色图像及 Unit-linking PCNN 阴影去除结果

3.2.2　Unit-linking PCNN 阴影去除方法在道路检测中的应用

智能车辆的自主导航系统，是一个集视频采集、道路检测和辅助驾驶等多种技术于一体的综合系统。其中，道路检测是自主导航系统的关键技术之一[64-68]。视频是自主导航系统感知外界环境进行道路检测的重要来源。实际的道路往往可以分为结构化道路和非结构化道路两种。结构化道路具有明显车道线和边界，可根据车道线或者道路边界来识别；非结构化道路一般无车道线或者边界线不清晰，又因阴影或水迹的影响，识别起来比结构化道路困难。

将 Unit-linking PCNN 阴影去除方法用于图 3.24 所示的道路检测系统的图像预处理中，该道路检测系统分别采用了三种非结构化道路检测方法[8,9]，即基于梯形模型和支持向量机(support vector machine，SVM)的方法[8]、基于梯形模型和模糊支持向量机(fuzzy SVM，FSVM)的方法[9]以及基于梯形模型和 Ada-SVM 的道路检测方法。这三种方法都采用道路梯形模型[69]，且具有学习的能力。

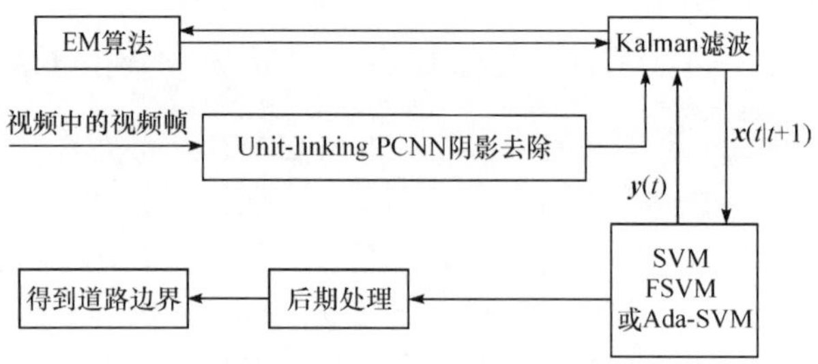

图 3.24　将 Unit-linking PCNN 阴影去除方法用于道路检测系统

由于道路不可避免地会受树荫、光照等影响而产生阴影，在道路检测中一般先对视频帧进行 Unit-linking PCNN 阴影去除。去除阴影时，分别在彩色图像的 R、G、B 三个通道进行。道路检测中去除阴影的目的是消除阴影对后续处理乃至最终检测结果的影响，并不需要去除阴影后的视频帧和原视频帧一样，因此无需为了

得到尽可能和原视频帧一样的去除结果而反复精心地调节 Unit-linking PCNN 连接强度。对于采集得到的视频中的视频帧，先用 Unit-linking PCNN 进行预处理，去除道路上的阴影；然后采用 Kalman 滤波器根据当前视频帧的观测值 $\boldsymbol{y}(t)$ 预测出下一帧的状态量 $\boldsymbol{x}(t|t+1)$；接着根据预测出的状态量得到包含道路边缘的区域，这一区域经过 SVM 或 FSVM 或 Ada-SVM 处理，最终得到道路的边界。其中，SVM、FSVM 或 Ada-SVM 的输入包含道路左右边缘的两块区域，这两块区域由 Kalman 滤波器的预测值(即 $\boldsymbol{x}(t|t+1)$)决定，取靠近当前道路边缘的区域；系统采用最大化期望(expectation maximization，EM)算法不断更新，用于提供改变车辆或者道路状态的匹配。

图 3.25(a)为一帧有阴影的不能被正确提取道路的原始帧，图 3.25(b)为其经 Unit-linking PCNN 阴影去除后的结果，该视频帧的道路能被正确提取。虽然该阴影去除后视频帧中路边风景的色调发生了变化，但其未对后续处理产生消极影响。阴影去除的目的在于是否有利于道路的正确提取，背景色调的变化并不用关心。

(a) 原始帧(不能正确提取)

(b) 阴影去除结果(能正确提取)

图 3.25　有阴影原始帧及 Unit-linking PCNN 阴影去除结果

提取道路的过程中并不知道哪些帧需去除阴影，哪些帧无需去除阴影。如果加上是否需要去除阴影的判断，则会导致问题复杂化。实验表明，Unit-linking PCNN 阴影去除方法没有造成无阴影帧中道路的错误提取。图 3.26(a)为一帧没有阴影且能被正确提取道路的原始帧，图 3.26(b)为其经 Unit-linking PCNN 阴影去除后的结果，虽然阴影去除处理后原图像背景的色调发生了变化，但道路仍能被正确提取。因此，不管有无阴影，均可先对视频帧统一进行 Unit-linking PCNN 阴影去除处理。

(a) 无阴影原始帧(能正确提取)

(b) 阴影去除结果(能正确提取)

图 3.26　无阴影原始帧及 Unit-linking PCNN 阴影去除结果

表 3.4 分别给出了 Unit-linking PCNN 阴影去除时采用基于梯形模型和 SVM 的方法[8]、基于梯形模型和 FSVM 的方法[9]、基于梯形模型和 Ada-SVM 的方法以及基于梯形模型和 BP 神经网络的方法[69]在多段各类视频上随机抽取得到的 500 幅视频帧上的道路检测正确率。

表 3.4 各方法中 Unit-linking PCNN 阴影去除对道路检测正确率的影响

道路检测方法	道路检测正确率/%（无阴影去除）	道路检测正确率/%（有阴影去除）
基于梯形模型和 BP 神经网络	62.8	65.6
基于梯形模型和 SVM	80.0	82.8
基于梯形模型和 FSVM	84.8	87.6
基于梯形模型和 Ada-SVM	85.6	88.4

当车辆行驶在实际道路上时，如果检测得到的道路边界线向道路区域发生少量的偏移，并不会妨碍车辆在道路上的安全行驶；反之，如果检测出的道路边界线向非道路区域偏移，则容易发生车辆误入非道路区域的现象，造成交通事故。因此，可采用下面的方法判定道路检测算法划分出的道路边缘是否正确：

若算法自动提取的道路边界线往人工绘制的实际道路区域外偏移，哪怕是一个像素点，则认为错误；若算法自动提取的道路边界线往人工绘制的实际道路区域内偏移几个像素点（即道路左边缘向右平移几个像素点，道路右边缘向左平移几个像素点，可根据道路区域的宽度设置偏移像素点的数目），则仍认为道路提取正确。

如图 3.27 所示，若某视频帧（图像帧）中检测出的道路边界线位于图中的灰色区域，则认为道路检测正确，否则检测错误；如果视频帧（图像帧）中，道路区域的下边缘宽度为 D 像素，道路边缘线允许向道路区域内平移的像素宽度为 l，则设置 $l=D\times5\%$；对于一幅 160 像素×120 像素大小的视频帧（图像帧），如果道路区域

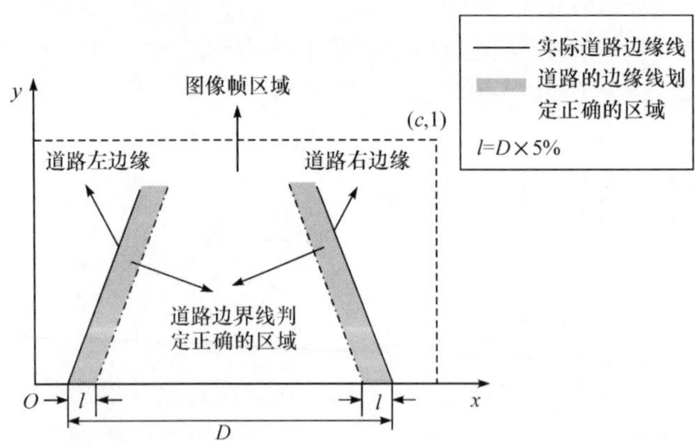

图 3.27 计算道路检测正确率时判断自动提取的道路边界线是否正确的方法

下边缘的像素宽度 D 为 100，则 l 取 5，即左边缘向右侧平移 5 个像素，右边缘向左侧平移 5 个像素。道路检测正确率就是某段视频中检测正确的视频帧数占该段视频总帧数的百分比。此外，也可以以像素为单位（而不是以帧为单位）计算道路检测正确率。实验表明，两者得到的数值相差不多。表 3.4 是按前者计算道路检测正确率。

表 3.4 显示，提出的基于梯形模型和 SVM 的方法[8]、基于梯形模型和 FSVM 的方法[9]、基于梯形模型和 Ada-SVM 的方法比基于梯形模型和 BP 神经网络的方法[69]的道路检测正确率高出 17%以上，其中基于梯形模型和 Ada-SVM 的方法更是高出约 23%。采用 Unit-linking PCNN 阴影去除后，四种方法的道路检测正确率都比原先高出 2.8%。

道路提取中，基于 Unit-linking PCNN 的阴影去除方法并不需要满足阴影有效去除的两个条件，即使去除阴影后视频帧的视觉效果不如原始图像，Unit-linking PCNN 阴影去除方法也能提高道路检测的正确率[8,9]。实际应用中，有很多情况都是如此（如人脸识别），只需得到目标的形状等特征或消除阴影对后续处理的影响即可，并不需要无失真地去除阴影。

3.3　基于 PCNN 的图像去噪及与模糊数学的结合

动物的视觉系统存在去噪、增强的功能。PCNN 是依据猫、猴等动物脑视觉皮层的脉冲同步振荡生理现象提出的，这为其应用于图像去噪及增强提供了生物学上的支撑。

3.3.1　基于 PCNN 的图像去噪

图像去噪是图像预处理的基本内容，噪声去除效果的好坏直接影响图像的后续处理，许多图像处理系统都有去除噪声的功能。本节将介绍基于 PCNN 的图像去噪方法[2,10,11]。

1. 用 PCNN 进行二值图像去噪

1) 去噪算法

PCNN 用于图像去噪时，采用图像处理时的通用连接方式，每个像素点的亮度值输入对应神经元的 F 通道，同时每个神经元的 L 通道与其 8 邻域中的其他神经元的输出相连，接收其 8 邻域中其他神经元的输出。PCNN 中所有神经元的参数均相同。

图像中任一像素点的亮度与其周围像素点的亮度之间存在一定的相关性。而大多数情况下，被噪声污染的像素点的亮度与其周围像素点的亮度存在差异，噪声破坏了相邻像素点之间的亮度相关性。由于被噪声污染的像素点与相邻像素点之间的亮度相关性被破坏，PCNN 中大多数被噪声污染的像素点对应的神经元点火状况不同于其邻域内其他神经元的点火状况。因此，去噪时，可根据每个神经元与其邻域内其他神经元的点火状况，调整其对应像素点的亮度值，从而达到减少噪声、恢复图像的目的。

当神经元阈值采用指数下降方式时，神经元的点火频率为

$$f_j=\frac{\alpha_j^{\mathrm{T}}}{\ln\frac{V_j^{\mathrm{T}}}{U_j}}=\frac{\alpha_j^{\mathrm{T}}}{\ln\frac{V_j^{\mathrm{T}}}{F_j(1+\beta_j L_j)}} \tag{3-13}$$

式中，F_j 为像素点的亮度值；V_j^{T}、α_j^{T} 分别为神经元阈值幅度系数和阈值时间常数。

去噪时，由式(3-13)可知，像素点的亮度值 F_j 越大，其对应的神经元点火频率越高，先点火；反之，后点火。

神经元阈值采用线性下降方式时，也可得到同样的结论。

由相邻像素点之间的相关性可知，如果一个神经元点火而大多数邻近的神经元尚未点火，则认为其对应像素点的亮度值因噪声污染而升高，故该像素点的亮度值应降低；如果一个神经元尚未点火而大多数邻近的神经元点火，则认为其对应像素点的亮度值因噪声污染而降低，故该像素点的亮度值应增加；其他情况下，认为其对应像素点未被噪声污染，亮度值不改变。每个神经元的阈值 θ_j 均相同，连接强度 β_j 也均相同。

基于 PCNN 的图像去噪算法如下。

(1) 给出阈值 θ_j、连接强度 β_j、调整次数 N 和调整步长 δ。同时，令每个像素点处于熄火状态。

(2) 在每个神经元的 8 邻域内，计算其信号 L_j，调整其阈值 θ_j。

(3) 计算每个神经元的内部调制信号：$U_j=F_j(1+\beta_j L_j)$。

(4) 根据每个神经元自身及其邻域内其他神经元的点火状况，调整其对应像素点的亮度值。具体调整过程如下。

① 若一个神经元点火，且在其 8 邻域内有四个以上的其他神经元不点火，则这个神经元对应的像素点的亮度减少一个步长 δ(δ 是预先设置的)。

② 若一个神经元不点火，且在其 8 邻域内有四个以上的其他神经元点火，则这个神经元对应的像素点的亮度增加一个步长 δ。

③ 否则，对应像素点的亮度不改变。图像边缘的像素点需单独处理。

(5) 将 U_j 与阈值 θ_j 相比，记录神经元的输出，即点火或不点火。

(6) $N=N-1$。如果 $N\neq 0$，返回第(2)步；否则，结束。

去噪时神经元 L 通道不是单位连接的，L 通道信号 L_j 用于判断其邻域内神经元的点火状态，不同的值对应着不同的状态。去噪算法的主要思路是依据图像相邻像素点之间的相关性，根据各像素点及其邻域内其他像素点对应神经元的点火状况，调整各像素点的亮度值，从而达到减少噪声的目的。

2) 仿真及分析

图 3.28(a)为二值 Lena 原始图像,其亮度值分别为 0 和 255;图 3.28(b)为其被高斯白噪声污染的图像,其信噪比(signal noise ration,SNR)为 3dB;图 3.28(c)为 PCNN 去噪恢复图像;图 3.28(d)为 5 点中值滤波恢复图像。对比可知,PCNN 去噪恢复图像比中值滤波恢复图像更清晰,且保留了更多的细节。

(a) 二值Lena原图　(b) 噪声图像(SNR=3dB)　(c) PCNN去噪恢复图像　(d) 5点中值滤波恢复图像

图 3.28　高斯白噪声污染的 Lena 图像的去噪恢复

图 3.29(a)为一坦克的原始二值图像;图 3.29(b)为其被高斯白噪声污染的图像,SNR=6dB;图 3.29(c)为其 PCNN 去噪恢复图像。图 3.30(a)为二值风景原始图像;图 3.30(b)为其被高斯白噪声污染的图像,SNR=6dB;图 3.30(c)为其 PCNN 去噪恢复图像。图 3.29 及图 3.30 中的 PCNN 去噪恢复图像保留了原始图像的很多细节,画面非常清晰。

(a) 二值坦克原图

(b) 噪声图像(SNR=6dB)

(c) PCNN去噪恢复图像

图 3.29　高斯白噪声污染的坦克图像的 PCNN 去噪恢复

在相同的 SNR 条件下,当 PCNN 调整次数 N 增加而其他参数不变时,被恢复图像将更光滑,同时,原始图像更多的细节也将丢失;当步长 δ 增加而其他参数不变时,得到同样的结论;邻域增大而其他参数不变时,亦得到同样的结论。由仿真结果可知,二值图像去噪时,对于大噪声,只要 δN 稍大于 127,就能有效去除噪声,若 δN 远大于 127,对去噪并无帮助,只会丢失更多的细节;若噪声较小,δN 可进一步减小,可小于 127,从而使更多的细节得到保留。计算机仿真表明,当图像

(a) 二值风景原图

(b) 噪声图像(SNR=6dB)

(c) PCNN去噪恢复图像

图 3.30 高斯白噪声污染的风景图像的 PCNN 去噪恢复

被SNR≤3dB 的高斯白噪声污染时，取 $\delta=14$，$N=10$；当图像被 SNR>3dB 的高斯白噪声污染时，取 $\delta=8$，$N=10$，则恢复图像的 SNR 较高，主观视觉效果较好，且图像细节得到很好的保持。由此可知，实际应用中采用 PCNN 进行二值图像去噪时，可固定取 $N=10$，若侧重于保留原始图像的细节或噪声较小，取 $\delta=8$；若噪声较大，可取 $\delta=14$；还可分别采用前述的参数，去噪得到两幅候选图像后，对它们进行比较或平均处理，从而得到最终的结果。

中值滤波和均值滤波是两种常用的图像噪声去除方法。图 3.31 分别给出被高斯白噪声污染的图像的 SNR 分别为 0dB、1dB、2dB、3dB、4dB、5dB、6dB 时 PCNN、中值滤波、均值滤波三种情况下恢复图像的 SNR 增量曲线，或称为 SNR 改善曲线。图 3.31 中，PCNN 算法的 $N=10$，$\delta=8$；中值滤波的窗口长度为 5；均值滤波的邻域为 3×3。由图 3.31 可知，与中值滤波和均值滤波相比，PCNN 恢复的二值图像的 SNR 增量最大。

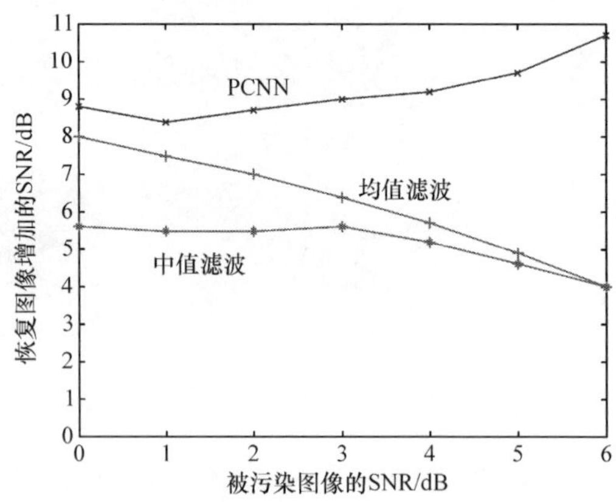

图 3.31 PCNN、中值滤波、均值滤波三种情况下恢复图像的 SNR 增量曲线

用 PCNN 图像去噪可大大缓解中值滤波中存在的丢失脉冲跳跃信息的问题和均值滤波中存在的图像模糊问题，从而使 PCNN 恢复图像比中值滤波、均值滤波拥有更高的 SNR 和更好的主观视觉效果，计算机仿真结果也表明了这一点[2,10,11]。

2. PCNN 去噪方法用于 256 级灰度图像去噪

前述的 PCNN 去噪算法也可用于去除 256 级灰度图像的噪声。灰度图像亮度值为 0～255 时，δ 恒为 1，阈值 θ_j 的调整步长为 1，每个像素点的亮度值最多调整 255 次。对于分别被 SNR 为 0dB、1dB、2dB、3dB、4dB、5dB、6dB 的高斯白噪声污染的 256 级灰度图像，采用 PCNN 去噪后，SNR 可平均增加 6.4dB。此时，PCNN 恢复图像的主观视觉效果与中值滤波、均值滤波得到的恢复图像相比，优势没有二值图像去噪时那么明显[2,10,11]。

3.3.2　基于 PCNN 及模糊算法的四值图像去噪

在医用和军事图像处理方面，四值图像的去噪恢复是非常有价值的。前面提出的 PCNN 去噪算法也可用于四值图像的去噪。为了进一步提高 PCNN 的四值图像去噪能力，这里将 PCNN 与模糊算法相结合[2,12,13]。PCNN 与模糊算法相结合去噪时，首先用 PCNN 去除被污染图像的噪声[2,10,11]，得到初步的结果，然后用模糊算法对其进行继续处理，得到最终的去噪恢复结果，该处理过程如图 3.32 所示。

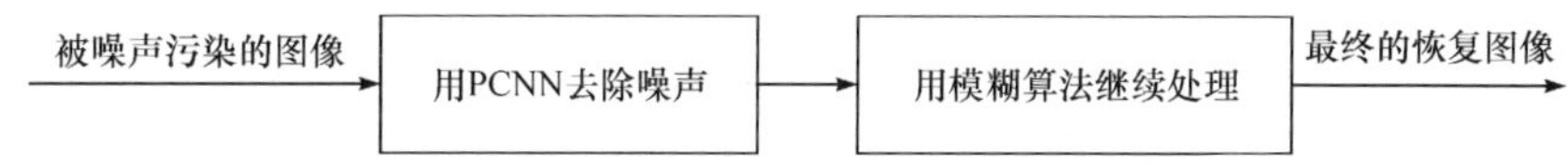

图 3.32　PCNN 与模糊算法相结合用于图像去噪的过程

1. 在 PCNN 去噪处理中引入模糊算法

模糊理论[70]是一个重要的数学分支，由控制论专家 Zadeh 在 20 世纪 60 年代提出，基本思想是把普通集合中绝对隶属度的关系灵活化，使元素对集合的隶属度从原来只能取{0,1}中的值扩大到可以取[0,1]区间中的任意数值，从而可以对一些不确定性问题进行描述和处理。设计一个模糊系统时，必须构造模糊集，选取模糊规则；确定隶属函数；确定模糊决策算法。

通过对 PCNN 初步调整得到的各像素点及其 8 邻域内像素点的亮度值一起进行模糊运算，从而得到最终的恢复结果。四值图像的 4 个灰度值为(0,85,170,255)，构造 4 个模糊子集分别表示图像中各像素点及其 8 邻域内像素点的亮度值与 0 的接近程度、与 85 的接近程度、与 170 的接近程度、与 255 的接近程度。$\mu_1(i)$、$\mu_2(i)$、$\mu_3(i)$、$\mu_4(i)$分别为对应于像素点 i 的上述 4 个模糊子集的 4 个隶属函数，如式(3-14)所示，其大小由像素点 i 及其邻域内的其他像素点经 PCNN 调整后的亮度值共同决定。与隶属函数 $\mu_1(i)$、$\mu_2(i)$、$\mu_3(i)$、$\mu_4(i)$相对应的输出函数分别为 $f(\mu_1(i))$、$f(\mu_2(i))$、$f(\mu_3(i))$、$f(\mu_4(i))$，如式(3-15)～式(3-18)所示。

$$\begin{cases}\mu_1(i)=\sum\limits_{k\in N(i)}|d_{ik}|/9\\ \mu_2(i)=\sum\limits_{k\in N(i)}|d_{ik}-85|/9\\ \mu_3(i)=\sum\limits_{k\in N(i)}|d_{ik}-170|/9\\ \mu_4(i)=\sum\limits_{k\in N(i)}|d_{ik}-255|/9\end{cases}\tag{3-14}$$

式中，$N(i)$表示像素点 i 的邻域，包括像素点 i 自身；d_{ik} 表示第 i 个像素点$N(i)$内像素点 k 的亮度值，d_{ii} 就是像素点 i 自身的亮度值。

$$f(\mu_1(i))=\begin{cases}0, & d_i\leqslant 85\\ 85, & d_i>85\end{cases}\tag{3-15}$$

$$f(\mu_2(i))=\begin{cases}0, & d_i\leqslant 0\\ 85, & 0<d_i<170\\ 170, & d_i\geqslant 170\end{cases}\tag{3-16}$$

$$f(\mu_3(i))=\begin{cases}85, & d_i\leqslant 85\\ 170, & 85<d_i<255\\ 255, & d_i\geqslant 255\end{cases}\tag{3-17}$$

$$f(\mu_4(i))=\begin{cases}170, & d_i\leqslant 170\\ 255, & d_i>170\end{cases}\tag{3-18}$$

式(3-15)～式(3-18)中，d_i 表示像素点 i 的亮度值。

由式(3-14)可知，隶属函数 $\mu_1(i)$、$\mu_2(i)$、$\mu_3(i)$、$\mu_4(i)$反映了各像素点及其 8 邻域内像素点经 PCNN 调整后的亮度值距离 4 个亮度值{0.85,175,255}的远近，一个像素点的某隶属函数值越小，表示该像素点及其邻域内像素点的亮度值与该隶属函数对应的亮度值越接近。因此，采用极小决策，即哪一个隶属函数的值最小，则该隶属函数为真，选定该隶属函数，将其对应的输出函数（式(3-15)～式(3-18)中的某一个）输出作为最终的结果。例如，若某像素点 i 通过式(3-14)计算，在$\mu_1(i)$、$\mu_2(i)$、$\mu_3(i)$、$\mu_4(i)$这 4 个隶属函数中，$\mu_2(i)$的值最小，则以 $\mu_2(i)$对应的输出函数 $f(\mu_2(i))$的输出为最终的结果。

上述模糊算法中，隶属函数的确定考虑到四值图像所固有的四值特性，反映像素点及其邻域内像素点的亮度值与 4 个亮度级之间的接近程度，从而在模糊处理中进一步用到四值图像所固有的四值特性。因此，将 PCNN 与模糊算法结合，可进一步提高 PCNN 去除四值图像噪声的能力。

2. 仿真及分析

图 3.33(a)为一幅四值飞机图像被高斯白噪声污染后的图像，SNR＝3dB；

图 3.33(b)为其 5 点中值滤波四值恢复图像；图 3.33(c)为其 3×3 均值滤波四值恢复图像；图 3.33(d)为其未加模糊算法时的 PCNN 四值恢复图像；图 3.33(e)为其增加了模糊算法的 PCNN 四值恢复图像。对比可知，图 3.33(e)比图 3.33(b)、(c)、(d)更清晰，主观视觉效果更明显。比较图 3.33(e)与图 3.33(d)可发现，在 PCNN 中加入模糊算法后，四值恢复图像的视觉效果比未加模糊算法时有明显的提高。

(a) 噪声图像(SNR=3dB)　(b) 5点中值滤波四值恢复图像　(c) 3×3均值滤波四值恢复图像

(d) 无模糊算法的PCNN四值恢复图像　(e) 有模糊算法的PCNN四值恢复图像

图 3.33　四值飞机图像被高斯白噪声污染后多种去噪方法的恢复结果

某患者进行肺癌射频消融治疗时肺部的局部四值 CT(computed tomography)图像被高斯白噪声污染，SNR 为 3dB，如图 3.34(a)所示；图 3.34(b)为其 5 点中值滤波四值恢复图像；图 3.34(c)为其 3×3 均值滤波四值恢复图像；图 3.34(d)为其未加模糊算法时的 PCNN 四值恢复图像；图 3.34(e)为其加了模糊算法的 PCNN 四值恢复图像。通过对比发现，图 3.34(e)比图 3.34(b)、(c)、(d)更清晰，其主观视觉效果明显更好。比较图 3.34(e)与图 3.34(d)可发现，在 PCNN 中加入模糊算法后，四值恢复图像的视觉效果比未加模糊算法时有明显的提高。

计算机仿真结果表明，引入模糊算法后，PCNN 去噪能力得到进一步的增强，可有效去除被噪声污染的四值图像的噪声，恢复图像的视觉效果明显优于中值滤波、均值滤波、非模糊 PCNN 去噪恢复的结果[2,12]。

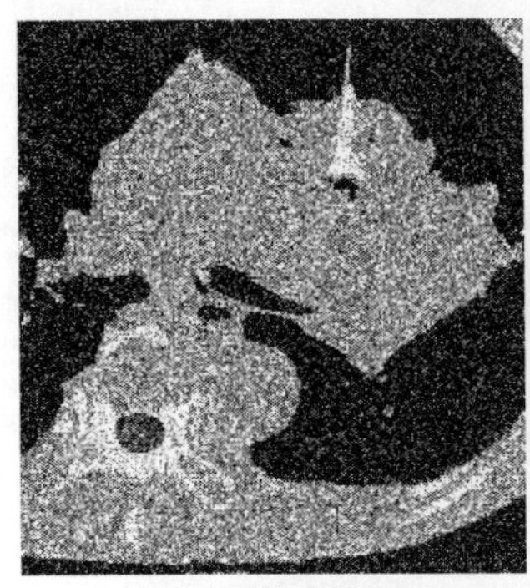

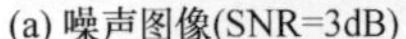
(a) 噪声图像(SNR=3dB)

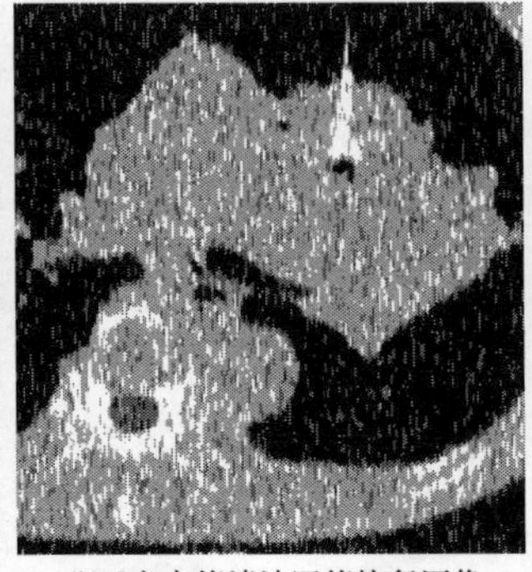
(b) 5点中值滤波四值恢复图像

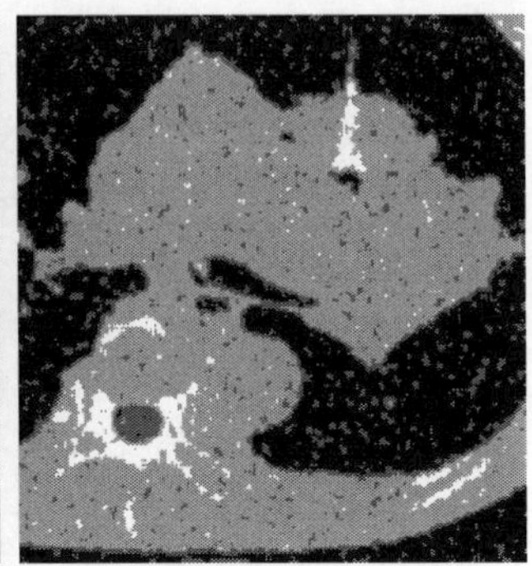
(c) 3×3均值滤波四值恢复图像

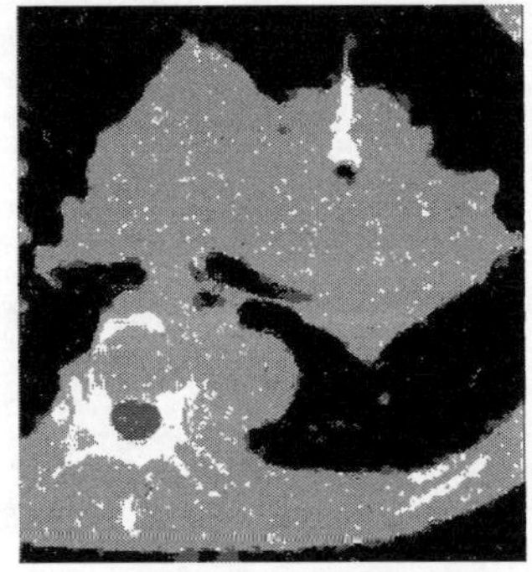
(d) 无模糊算法的PCNN四值恢复图像

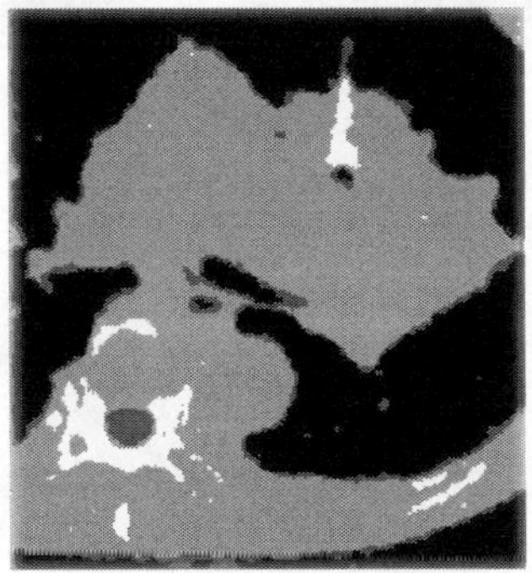
(e) 有模糊算法的PCNN四值恢复图像

图 3.34　局部四值 CT 图像被高斯白噪声污染后多种去噪方法的恢复结果

3.4　基于 PCNN 与粗集理论的图像增强

在 PCNN 图像去噪基础上，顾晓东等将 PCNN 图像去噪方法与粗集理论结合，得到基于 PCNN 与粗集理论的图像增强方法[2,14,15]。

3.4.1　粗集理论简介

粗集理论是一种处理含糊和不确定性问题的数学工具。1982 年，波兰学者 Pawlak[71]发表的经典论文 *Rough sets* 标志着粗集理论的诞生。1991 年，Pawlak 出版的粗集专著是粗集理论研究的又一个重要里程碑。1992 年在波兰 Kiekrz 召开的第一届国际粗集研讨会进一步拓展了粗集理论的应用领域。近年来，粗集理论已成为智能信息处理领域和人工智能领域一个新的研究热点[72-74]。目前，粗集理论在机器学习、知识获取、知识发现、决策分析、数据分析和近似分类等领域得到广泛的研究与应用。

由于图像信息本身的复杂性和较强的相关性，图像处理过程中的各个层次可能出现不完整和不精确的问题,将粗集理论用于图像处理,在一些场合具有比硬计算方法(即精确、固定的算法)更好的效果[73]。

粗集理论的要点是将知识与分类联系在一起,知识被认为是一种分类的能力,即根据事物的属性对其进行分类的能力。下面简单介绍粗集最基本的概念。

给定一有限的非空集合 U,称为论域,R 为一等价关系,则称知识库 $K=(U,R)$为一近似空间。设 x 为 U 中的一个对象,X 为 U 的一个子集,$R(x)$表示所有与 x 不可分辨的对象所组成的集合。当 X 能用 R 的属性确切描述时,则 X 是 R 可定义的,称 X 为 R 精确集;当 X 不能用 R 的属性确切描述时,X 是 R 不可定义的,称 X 为 R 非精确集或粗集。粗集理论中,对象用其属性集合表示。粗集中有条件和决策两种属性。

3.4.2　基于 PCNN 与粗集理论的图像增强方法及仿真

基于 PCNN 与粗集的图像增强[2,14,15]过程如图 3.35 所示。用基于 PCNN 与粗集的图像增强算法进行图像增强时,图像可看成一个知识系统,进而有目的地调整图像中某类像素点的亮度值。对于 256 级的图像 U,设像素 x 为 U 的一个对象,称知识系统 $K=(U,R)$为一图像近似空间。

定义条件属性集 Con={con1,con2},其中,con1 是亮度值属性,con2 为噪声属性。T 为由图像直方图得到的划分较亮区域与较暗区域的阈值。

con1={0,1},其中 0 表示处于 0～T 的亮度值;1 表示处于 $T+1$～255 的亮度值。

con2={0,1},其中 0 表示像素点未受到噪声污染;1 表示像素点受到噪声污染。

基于粗集与 PCNN 的图像增强算法如下。

1) 利用不可分辨关系的等价概念对原始图像按条件属性 Con 进行粗糙划分

(1) 根据 con1 划分。

设 x 表示图像中较亮的像素点;$I(x)$为像素 x 的亮度值。

定义等价关系 Rcon1 为:若某些像素点的亮度值大于阈值 T,则这些像素是 Rcon1 相关的,属于该等价类,即

$$\mathrm{Rcon1}(x)=\{x \mid I(x)>T\}$$

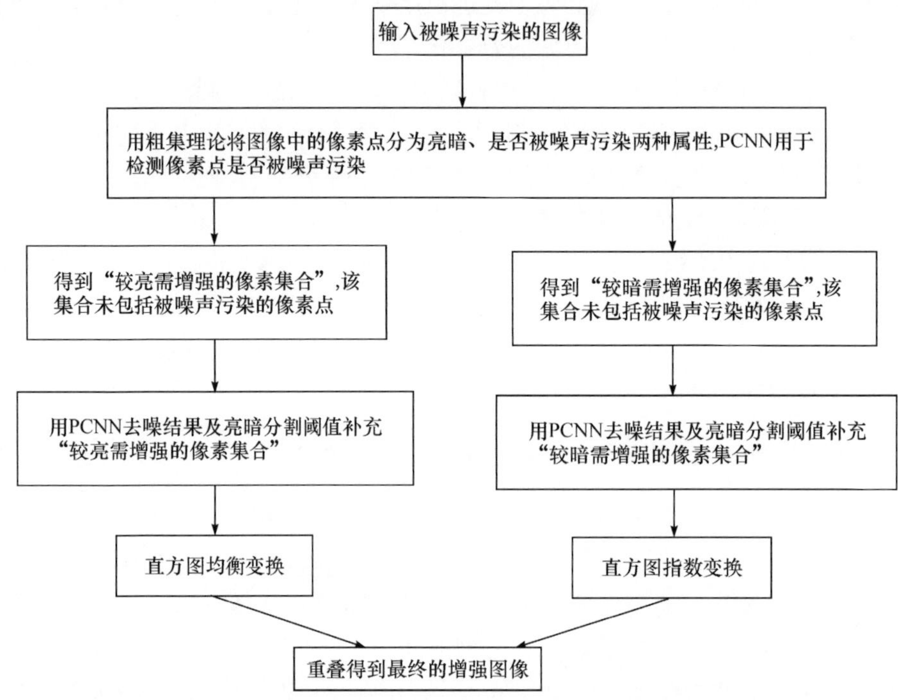

图 3.35　基于 PCNN 与粗集的图像增强过程

Rcon1(x)为所有较亮的像素点组成的集合,其非集$\overline{\text{Rcon1}}$(x)是所有较暗的像素点组成的集合。

(2) 根据 con2 划分。

设 y 表示图像中由 PCNN 检测出的被噪声污染的像素点。

定义等价关系 Rcon2 为:PCNN 检测出的被噪声污染的像素点是 Rcon2 相关的,即

$$\text{Rcon2}(y)=\{y\,|\,\text{PCNN 检测出的被噪声污染的像素点}\}$$

Rcon2(y)为所有被 PCNN 检测出的被噪声污染的像素点组成的集合,其非集$\overline{\text{Rcon2}}$(y)为所有被 PCNN 判定为未被噪声污染的像素点组成的集合。

PCNN 检测像素点是否被噪声污染时,根据各像素点对应的神经元及其 8 邻域内像素点对应的神经元的点火状况进行判断。图像中任一像素点的亮度值与其周围像素点的亮度值之间存在着一定的相关性。大多数情况下,被噪声污染的像素点的亮度值与其周围像素点的亮度值存在不同,因而大多数被噪声污染的像素点对应神经元点火状况不同于其邻域内像素点对应神经元的点火状况。因此,可根据每个神经元与其邻域内其他神经元的点火状况,判断各神经元对应的像素点是否被噪声污染。如果某神经元的点火状况不同于其 8 邻域内大多数神经元的点

火状况,则认为其对应像素点被噪声污染;否则,认为其对应像素点未被噪声污染。

(3) 合并上两步的划分结果。

合并上两步的划分结果,可得

$$S_1 = \mathrm{Rcon1}(x) - \mathrm{Rcon2}(y), \quad S_2 = \overline{\mathrm{Rcon1}}(x) - \mathrm{Rcon2}(y)$$

式中,S_1 表示所有较亮的未被噪声污染的像素点组成的集合;S_2 表示所有较暗的未被噪声污染的像素点组成的集合。S_1、S_2 是需增强的像素点集合,下面对其进行增强处理。

2) 结合粗集与 PCNN 进行图像增强处理

(1) 补全 S_1,补全后进行直方图均衡变换,得到图像 Z_1。补 S_1 时,用阈值 T 填充较暗的像素位置;用 PCNN 的去噪结果填充被噪声污染的像素位置。PCNN 去噪时,依据各被噪声污染的像素点对应的神经元及邻近神经元的点火状况,调整其亮度值[2,10,11]。

(2) 补全 S_2,补全后进行直方图指数变换,得到图像 Z_2。补 S_2 时,用阈值 T 填充较亮的像素位置;用 PCNN 的去噪结果填充被噪声污染的像素位置。

(3) 将图像 Z_1 和 Z_2 进行重叠处理,得到最终的增强结果。

很多情况下,侦察或监视图像由较亮区域与较暗区域组成,其中较亮区域很可能是背景,较暗区域很可能是目标。基于 PCNN 与粗集的图像增强算法中,一方面对较亮的背景区进行直方图均衡变换,使背景区的亮度变得均匀,目标更加清晰;另一方面对较暗的目标区进行直方图指数变换,而不是均衡变换(均衡变换虽能增强图像对比度,但会丢失图像细节),这是为了保留目标更多的细节,同时可以控制图像亮暗区的对比度,便于后续的处理。此外,该算法充分利用了 PCNN 的去噪能力,从而对噪声有抑制作用。

常规的图像增强方法是先去除被污染图像的噪声(一般用中值滤波或均值滤波),再进行直方图均衡变换得到增强结果。而基于 PCNN 与粗集的图像增强方法将 PCNN 与粗集理论相结合,在减少噪声的同时,对较亮的背景区和较暗的目标区分别进行不同的亮度变换,使背景区亮度均匀,而目标区保留较丰富的层次及细节,使得在增强的图像中目标更加清晰。

上述基于 PCNN 与粗集理论的图像增强[2,14,15]开启了 PCNN 与粗集理论相结合的研究。数年后文献[75]也将 PCNN 与粗集理论用于图像增强,两者的不同之处仅在于,PCNN 检测像素点是否被噪声污染时,本章介绍的方法是根据各像素点对应的神经元及其 8 邻域内其他神经元的点火状况进行判断[2,14,15],文献[75]则根据 PCNN 神经元和邻域内其他神经元的点火次序作出判断。

3.4.3 仿真及分析

图 3.36(a)为脉冲噪声污染的飞机图像,脉冲噪声的脉冲概率为 20%;

图 3.36(b)为其常规增强结果，即先用 5 点中值滤波去噪，再进行直方图均衡变换得到的图像增强结果；图 3.36(c)为基于 PCNN 与粗集的图像增强结果；图 3.36(c)中原始图像的对比度得到明显的增强，同时噪声得到有效的抑制。比较图 3.36(c)与图 3.36(b)可发现，图 3.36(c)比图 3.36(b)更清晰，背景明亮而平坦，且飞机的细节得到很好的保留，图像增强效果更佳。

(a) 噪声图像(20%脉冲噪声)

(b) 5点中值滤波及直方图均衡变换

(c) PCNN与粗集

图 3.36　脉冲噪声污染的飞机图像的增强恢复

基于 PCNN 与粗集理论的图像增强方法[2,14,15]将去噪和增强融合在一起，而不是先去噪再增强。计算机仿真结果表明，基于 PCNN 与粗集理论的图像增强方法可有效地对被噪声污染的图像进行增强，减少图像噪声，增加图像对比度，从而使图像更加清晰，且图像增强效果优于常规的先中值滤波后直方图均衡的方法。

3.5　本章小结

本章在理论方面，介绍了本书作者结合图像去噪及增强，在 PCNN 与模糊算法、粗集理论结合方面的研究成果。在应用方面，介绍了将 PCNN 依次应用于图像分割、阴影去除、道路提取、图像去噪、结合模糊算法的图像去噪、融合粗集理论的图像增强等图像处理方面的算法及成果。

3.1 节介绍无需 PCNN 参数选择的基于 Unit-linking PCNN 及图像熵的图像分割方法[1-3]，可有效地自动分割各种不同的图像；进一步提出基于直方图及边缘乘积互信息的 Unit-linking PCNN 图像分割方法[4,5]，可得到优良的图像分割结果，且采用所提出的边缘乘积互信息准则比采用边缘互信息准则的运行速度更快。

3.2 节介绍基于 Unit-linking PCNN 的阴影去除方法[2,6]，在满足推导出的两个阴影有效去除条件时，可完全去除灰度及彩色图像的阴影。很多实际应用中(如人脸识别等)，并不需要满足阴影有效去除的两个条件，只需消除阴影对后续处理的影响即可[8,9]。

3.3 节介绍将基于 PCNN 的图像去噪方法[2,10,11]用于二值图像去噪，可大大缓解中值滤波中存在的丢失脉冲跳跃信息的问题与均值滤波中存在的图像模糊问题，从而使 PCNN 恢复图像比中值滤波恢复图像、均值滤波恢复图像拥有更高的 SNR，并取得更好的主观视觉效果；当该方法用于 256 级灰度图像的噪声去除时，PCNN 恢复图像的主观视觉效果与中值滤波、均值滤波得到的恢复图像相比，不像二值图像去噪那样存在着明显的优势。另外，介绍了基于模糊算法及 PCNN 的图像去噪方法[2,12]，由于数学模糊算法的引入，PCNN 去噪能力得到进一步的增强，可有效去除四值图像的噪声，且四值恢复图像的视觉效果明显优于中值滤波、均值滤波、非模糊 PCNN 去噪恢复的结果。

3.4 节介绍基于 PCNN 与粗集理论的图像增强方法[2,14,15]，在 PCNN 中引入粗集理论，可有效地对被噪声污染的图像进行图像增强，使图像更加清晰，且图像增强效果优于常规的基于去噪（如中值滤波）及直方图均衡的方法。仿真结果表明图像处理中粗集理论与 PCNN 结合的有效性。

参考文献

[1] Gu X D, Guo S D, Yu D H. A new approach for automated image segmentation based on Unit-linking PCNN[C]. Proceedings of the 1st International Conference on Machine Learning and Cybernetics, Beijing, 2002.

[2] 顾晓东. 脉冲耦合神经网络及其应用的研究[D]. 北京：北京大学，2003.

[3] 顾晓东，余道衡，张立明. 用无需选取参数的 Unit-linking PCNN 进行自动图像分割[J]. 电路与系统学报，2007，12(6)：54-59.

[4] Chen L X, Gu X D. PCNN-based image segmentation with contoured product mutual information criterion[C]. International Conference on Information Science and Technology, Wuhan, 2012.

[5] 陈立雪，顾晓东. 利用直方图及边缘乘积互信息的 PCNN 图像分割[J]. 计算机工程与应用，2012，48(7)：181-183.

[6] Gu X D, Yu D H, Zhang L M. Image shadow removal using pulse coupled neural network[J]. IEEE Transactions on Neural Networks, 2005, 16(3)：692-698.

[7] 顾晓东，郭仕德，余道衡. 基于 PCNN 的图像阴影处理新方法[J]. 电子与信息学报，2004，26(3)：479-483.

[8] 张玉颖，顾晓东，汪源源. 基于梯形模型和支撑向量机的非结构化道路检测[J]. 计算机工程与应用，2010，46(15)：138-141.

[9] Zhang Y Y, Gu X D, Wang Y Y. A model-oriented road detection approach using fuzzy SVM[J]. Journal of Electronics, 2010, 27(6)：795-800.

[10] Gu X D, Wang H M, Yu D H. Binary image restoration using pulse coupled neural network[C]. International Conference on Neural Information Processing, Shanghai, 2001.

[11] 顾晓东，郭仕德，余道衡. 一种基于 PCNN 的图像去噪新方法[J]. 电子与信息学报，2002，24(10)：1304-1309.

[12] 顾晓东，程承旗，余道衡. 结合脉冲耦合神经网络与模糊算法进行四值图像去噪[J]. 电子与

信息学报,2003,25(12):1585-1590.

[13] 顾晓东,郭仕德,余道衡. 基于模糊 PCNN 的四值图像恢复[C]. 神经网络与计算智能会议,杭州,2002.

[14] 顾晓东,郭仕德,余道衡. 基于粗集与 PCNN 的图像增强方法[C]. 第十二届全国神经计算学术会议,北京,2002.

[15] 顾晓东,程承旗,余道衡. 基于粗集与 PCNN 的图像预处理[J]. 北京大学学报,2003,39(5):106-111.

[16] 章毓晋. 图像分割[M]. 北京:科学出版社,2001.

[17] Kuntimad G, Ranganath H S. Perfect image segmentation using pulse coupled neural networks[J]. IEEE Transactions on Neural Networks, 1999, 10(3): 591-598.

[18] Ranganath H S, Banish M, Karpinsky J, et al. Three applications of pulse coupled neural networks[C]. Proceedings of the Society of Photo-Optical Instrumentation Engineers, Stockholm, 1999.

[19] Keller P E, McKinnon D. Pulse-coupled neural networks for medical image analysis[C]. Proceedings of Conference on Applications and Science of Computational Intelligence Ⅱ, Orlando, 1999.

[20] Johnson J L, Padgett M L. PCNN models and applications[J]. IEEE Transactions on Neural Networks, 1999, 10(3): 480-498.

[21] Waldemark K, Lindblad T, Becanovic V, et al. Patterns from the sky—Satellite image analysis using pulse coupled neural networks for pre-processing, segmentation and edge detection[J]. Pattern Recognition Letters, 2000, 21(3): 227-237.

[22] Stewart R D, Fermin I, Opper M. Region growing with pulse-coupled neural networks: An alternative to seeded region growing[J]. IEEE Transactions on Neural Networks, 2002, 13(6), 1557-1562.

[23] Chen Y L, Ma Y D, Kim D H, et al. Region-based object recognition by color segmentation using a simplified PCNN[J]. IEEE Transactions on Neural Networks and Learning Systems, 2015, 26(8): 1682-1697.

[24] Iftekharuddin K M, Prajna M, Samanth S, et al. Mega voltage X-ray image segmentation and ambient noise removal[C]. Proceedings of the Annual International Conference of the Engineering-in-Medicine-and-Biology-Society/Annual Fall Meeting of the Biomedical-Engineering-Society, Houston, 2002.

[25] Zoroofi R A, Sato Y, Nishii T, et al. Automated segmentation of acetabular cartilage in CT images of the hip[J]. International Journal of Computer Assisted Radiology and Surgery, 2006, 1: 73-76.

[26] Vega-Pineda J, Chacon-Murguia M I, Camarillo-Cisneros R. Synthesis of pulsed-coupled neural networks in FPGAs for real-time image segmentation[C]. International Joint Conference on Neural Networks, Vancouver, 2006.

[27] Helmy A K, El-Taweel G S. Image segmentation scheme based on SOM-PCNN in frequency

domain[J]. Applied Soft Computing,2016,40：405-415.

[28] 孔祥维,黄静,石浩. 基于改进的脉冲耦合神经网络的红外目标分割方法[J]. 红外与毫米波学报,2001,10(5)：365-369.

[29] 马义德,戴若兰,李廉. 一种基于脉冲耦合神经网络和图像熵的自动图像分割方法[J]. 通信学报,2002,23(1)：46-51.

[30] 张军英,樊秀菊,董继扬,等. 一种改进型脉冲耦合神经网络及其图像分割[J]. 计算机工程与应用,2003,8：7-8.

[31] 毕英伟,邱天爽. 一种基于简化 PCNN 的自适应图像分割方法[J]. 电子学报,2005,33(4)：647-650.

[32] 张志宏,马光胜. PCNN 模型参数优化与多阈值图像分割[J]. 哈尔滨工业大学学报,2009,41(3)：240-242.

[33] 张煜东,吴乐南,韦耿,等. 改进 Split-Merge 分割用于蝗虫图像[J]. 计算机工程与应用,2009,45(14)：34-38.

[34] 姚畅,陈后金. 一种新的视网膜血管网络自动分割方法[J]. 光电子・激光,2009,(2)：274-278.

[35] 谭颖芳,周冬明,赵东风,等. Unit-linking PCNN 和图像熵的彩色图像分割与边缘检测[J]. 计算机工程与应用,2009,45(12)：174-177.

[36] 王伯雄,李伟,秦垚,等. 基于改进 PCNN 和局部相关度的药液检测图像分割[J]. 清华大学学报(自然科学版),2012,52(12)：1746-1750.

[37] 汪华章,宰文姣. 改进型脉冲耦合神经网络高分辨率 SAR 图像分割[J]. 北京大学学报(自然科学版),2013,49(2)：176-182.

[38] 王力,王敏. 基于区间参数寻优的 PCNN 红外图像自动分割方法[J]. 红外技术,2015,37(7)：553-559.

[39] 廖艳萍,张鹏. PCNN 文本图像分割的细菌觅食优化算法[J]. 哈尔滨工业大学学报,2015,47(11)：89-92.

[40] Paul N R,Pal S K. A review on image segmentation techniques[J]. Pattern Recognition,1993,26(9)：1277-1294.

[41] Sahoo P,Wilkins C,Yeager J. Threshold selection using Renyi's entrop[J]. Pattern Recognition,1997,30(1)：71-84.

[42] Collignon A,Maes F,Deleare D,et al. Automated multi-modality image registration based on information theory[C]. Information Processing in Medical Imaging Conference,Ile de Berder,1995.

[43] Maes F,Vandermeulen D,Suetens P. Medical image registration using mutual information[J]. Proceedings of the IEEE,2003,91(10)：1699-1722.

[44] Maes F,Collignon A,Vandermeulen D,et al. Multimodality image registration by maximization of mutual information[J]. IEEE Transactions on Medical Imaging,1997,16(2)：187-198.

[45] Xiao Z H,Shi J,Chang Q. Automatic image segmentation algorithm based on PCNN and

fuzzy mutual information[C]. IEEE International Conference on Computer and Information Technology, Xiamen, 2009.

[46] 周小舟,张加万,孙济洲. 基于互信息和 Chan-Vese 模型的图像分割方法[J]. 计算机工程, 2007,33(22): 220-227.

[47] 康晓东,孙越恒,乔清理,等. 一种基于小波与概率估计的医学图像配准算法[J]. 计算机科学,2009,36(9): 281-282.

[48] Lu X S, Zhang S, Su H, et al. Non-rigid medical image registration with joint histogram estimation based on mutual information[J]. Transaction of Tianjin University, 2007, 13 (6): 452-455.

[49] 李靖宇,沈焕泉,程燕,等. 基于最大互信息的医学图像分割配准算法[J]. 中国介入影像与治疗学,2010,7(3): 325-327.

[50] 吴成茂. 一种新信息熵定义及其在图像分割中的应用[J]. 西安邮电学院学报,2009,14(1): 72-79.

[51] Shareef N, Wang D L, Yagel R. Segmentation of medical images using legion[J]. IEEE Transaction on Medical Imaging, 1999, 18(1): 74-91.

[52] Shi Z Z, Zheng Z, Meng Z Q. Image segmentation-oriented tolerance granular computing model[C]. IEEE International Conference on Granular Computing, Hangzhou, 2008.

[53] Bai Y. Three-dimensional Otsu's method for medical image segmentation based on a simulated annealing particle swarm optimization algorithm[J]. Journal of Clinical Rehabilitative Tissue Engineering Research, 2008, 12(22): 4380-4384.

[54] Zhang Y, Sankar R, Wei Q. Boundary delineation in transrectal ultrasound image for prostate cancer[J]. Computers in Biology & Medicine, 2007, 37(11): 1591-1599.

[55] 范九伦,赵凤,张雪峰. 三维 Otsu 阈值分割方法的递推算法[J]. 电子学报,2007,35(7): 1398-1402.

[56] 边肇祺. 模式识别[M]. 北京:清华大学出版社,2000.

[57] Liu H K. Two and three dimensional boundary detection[J]. Computer Graphics and Image Processing, 1977, 6(2): 123-134.

[58] Rivera M, Ocegueda O, Marroquin J L. Entropy-controlled quadratic Markov measure field models for efficient image segmentation[J]. IEEE Transactions on Image Processing, 2007, 16(12): 3047-3057.

[59] Tsantis S, Dimitropoulos N, Cavouras D, et al. A hybrid multi-scale model for thyroid nodule boundary detection on ultrasound images[J]. Computer Methods and Programs in Biomedicine, 2006, 84(2): 86-98.

[60] Chang Q, Shi J, Xiao Z H. A new 3D segmentation algorithm based on 3D PCNN for lung CT slices[C]. International Conference on BioMedical Engineering and Informatics, Tianjin, 2009.

[61] 施俊,常谦,钟瑾. 基于三维脉冲耦合神经网络模型的医学图像分割信号与信息处理[J]. 应用科学学报,2010,28(6): 609-615.

[62] 唐宁，江贵平，吕庆文. 优化的 PCNN 自适应三维图像分割算法[J]. 计算机应用研究，2012，29(4)：1591-1594.

[63] Kasetkasem T，Varshney P K. An optimum land cover mapping algorithm in the presence of shadows[J]. IEEE Journal of Selected Topics in Signal Processing，2011，5(3)：592-605.

[64] Thorpe C，Hebert M H，Kanade T，et al. Vision and navigation for the Carnegie-Mellon Navlab[J]. IEEE Transaction on Pattern and Machine Intelligence，1988，10(3)：362-373.

[65] Thorpe C，Hebert M，Kanade T，et al. The new generation system for the CMU Navlab[J]. Vision-based Vehicle Guidance，1992，11(2)：30-82.

[66] Maurer A M，Behringer R，Dickmanns D，et al. VaMoRs-P：An advanced platform for visual autonomous road vehicle guidance[C]. Proceedings of the International Society for Optical Engineering，Boston，1994.

[67] Massimo B，Alberto B，Gianni C，et al. Obstacle and lane detection on ARGO[C]. IEEE Conference on Intelligent Transportation System，Boston，1997.

[68] 张俊. 基于视觉的户外自主导航车辆的道路识别研究[D]. 西安：西安理工大学，2007.

[69] Jeong H，Oh Y，Park J H，et al. Vision-based adaptive and recursive tracking of unpaved roads[J]. Pattern Recognition Letters，2002，23(1)：73-82.

[70] 贺仲雄. 模糊数学及其应用[M]. 天津：天津科学技术出版社，1983.

[71] Pawlak Z. Rough sets[J]. International Journal of Information and Computer Science，1982，11(5)：341-356.

[72] 曾黄麟. 粗集理论及其应用[M]. 重庆：重庆大学出版社，1996.

[73] 徐立中. 数字图像的智能处理[M]. 北京：国防工业出版社，2001.

[74] 潘励，张祖勋，张剑清. 粗集理论在图像特征选择中的应用[J]. 数据采集与处理，2002，17(1)：42-45.

[75] Ma Y D，Lin D M，Zhang B D，et al. A novel algorithm of image enhancement based on pulse coupled neural network time matrix and rough set[C]. Proceedings of the 4th International Conference on Fuzzy Systems and Knowledge Discovery，Haikou，2007.

第 4 章　PCNN 图像处理通用设计方法与数学形态学

PCNN 在图像领域已经得到广泛的应用，其应用都涉及 PCNN 的脉冲快速并行传播特性。本章通过分析并证明 PCNN 的脉冲传播波特性与数学形态学之间的关系[1-4]，提出 Unit-linking PCNN 图像处理的通用设计方法[4,5]。首先介绍 Unit-linking PCNN 进行图像处理时，其脉冲快速并行传播特性产生的网络行为完全等价于数学形态学中一定结构元素下的形态学运算[1-4]；进而介绍从数学形态学角度出发提出的 Unit-linking PCNN 图像处理通用设计方法[4,5]，以及根据该通用设计方法提出的 Unit-linking PCNN 颗粒分析方法[1,2,4]、图像斑点去除方法[3-5]；同时提出基于 Unit-linking PCNN 的边缘检测[6-8]、空洞滤波[7-9]、细化[7,8,10,11]等方法，并从通用设计方法角度进行分析讨论[4,5]。

4.1　Unit-linking PCNN 与数学形态学的关系

PCNN(Unit-linking PCNN)应用于图像处理时，可根据具体的应用需求，利用脉冲传播特性得到具体的算法。随着 PCNN 图像处理应用范围的不断拓展，有必要利用严谨的数学工具分析脉冲传播特性及所提出的具体算法，从而提出规范统一的通用设计方法，指导或帮助具体应用算法的设计，进而深化 PCNN 理论并拓展其应用。

4.1.1　图像处理中的数学形态学

20 世纪 60 年代，Serra[12,13]提出了至今仍在图像处理领域广泛应用的数学形态学。自数学形态学诞生之日起，它在图像处理与分析领域就得到了非常广泛而成功的应用。数学形态学理论严谨，基本观念简单优美，其基本思想和方法对图像处理理论和技术产生了重大影响，许多成功的理论模型和图像处理系统都以数学形态法作为组成部分[12-14]。数学形态学图像处理方法的基本思想是用结构元素(或称为探针)收集图像的信息，探针在图像内不断移动，可了解到图像各部分之间的关系，从而得到图像的结构特征。

在二值数学形态学中，腐蚀、膨胀、开、闭是其常用的运算。其中，腐蚀和膨胀是最基本的运算，形态学中几乎所有的运算都是以这两者为基础展开的。不妨令集合 A 表示输入图像，集合 B 表示结构元素。

A 被 B 腐蚀，定义为

$$A \odot B = \bigcap \{A - b:\ b \in B\} \tag{4-1}$$

A 被 B 膨胀，定义为

$$A \oplus B = \bigcup \{A + b:\ b \in B\} \tag{4-2}$$

结构元素 B 对图像 A 作开运算，定义为

$$A \circ B = (A \odot B) \oplus B \tag{4-3}$$

结构元素 B 对图像 A 作闭运算，定义为

$$A \bullet B = (A \oplus B) \odot B \tag{4-4}$$

若 $A \circ B = A$，则称 A 为 B 开的；若 $A \bullet B = A$，则称 A 为 B 闭的。

从几何角度看，如果结构元素的原点在结构元素内部，则腐蚀具有收缩原始图像的作用，腐蚀后的图像为原始图像的一个子集；膨胀具有扩展原始图像的作用，原始图像为膨胀后图像的一个子集。腐蚀、膨胀运算具有平移不变性和递增性，平移不变性如式(4-5)～式(4-8)所示；另外，还具有结构元素分解性质和膨胀结合性质，如式(4-9)和式(4-10)所示，其中 C 为另一结构元素。

腐蚀的平移不变性：

$$(A + x) \odot B = (A \odot B) + x, \quad x \text{ 为平移量} \tag{4-5}$$

$$A \odot (B + x) = (A \odot B) + x, \quad x \text{ 为平移量} \tag{4-6}$$

膨胀的平移不变性：

$$(A + x) \oplus B = (A \oplus B) + x, \quad x \text{ 为平移量} \tag{4-7}$$

$$A \oplus (B + x) = (A \oplus B) + x, \quad x \text{ 为平移量} \tag{4-8}$$

结构元素分解性质：

$$A \odot (B \oplus C) = A \odot B \odot C \tag{4-9}$$

结构元素膨胀结合性质：

$$(A \oplus B) \oplus C = A \oplus (B \oplus C) \tag{4-10}$$

开运算的结果为所有可以填入原始图像内部的结构元素的并集，开运算是非扩展的，即 $A \circ B$ 是 A 的子集，如式(4-11)所示；闭运算是扩展的，即 $A \bullet B$ 必包含 A，如式(4-12)所示。开(闭)运算还具有幂等性，如式(4-13)和式(4-14)所示。幂等性是指同一结构元素对同一图像的任意多次开(闭)运算等价于作用一次开(闭)运算。开(闭)运算还具有递增性，如式(4-15)和式(4-16)所示。

开运算的非扩展性质：

$$A \circ B \subseteq A \tag{4-11}$$

闭运算的扩展性质：

$$A \bullet B \supseteq A \tag{4-12}$$

开闭运算的幂等性质：

$$(A\circ B)\circ B=A\circ B \tag{4-13}$$

$$(A\bullet B)\bullet B=A\bullet B \tag{4-14}$$

若图像 A 为图像 D 的真子集($A\subset D$)，则开闭运算的递增性描述如下：

$$A\subset D\Rightarrow A\circ B\subset D\circ B \tag{4-15}$$

$$A\subset D\Rightarrow A\bullet B\subset D\bullet B \tag{4-16}$$

4.1.2 网络中脉冲传播和数学形态学的等价关系

Unit-linking PCNN 用于二值图像处理时为一个单层二维的局部连接网络，所有神经元的参数完全一样(见第 2 章)。神经元与像素点一一对应，神经元的个数等于输入图像中像素点的个数。每个像素点的亮度输入对应神经元的 F 通道，使每个神经元的 F 通道信号等于其对应像素点的亮度值；同时，每个神经元通过 L 通道接收其邻域内其他神经元的输出，只要其邻域中的其他神经元有一个点火，其 L 通道信号就为 1。

Unit-linking PCNN 的脉冲快速并行传播特性是其进行二值图像处理的基础。研究发现，该特性完全等同于数学形态学中一定结构元素下的运算。若二值图像中暗区为目标，亮区为背景。这种情况下，若 Unit-linking PCNN 为 4 邻域连接(图 4.1(a))，则脉冲传播等价于用数学形态学中的结构元素 Four(如图 4.1(b) 所示，原点在 Four 的中心)对原始目标进行腐蚀运算，脉冲每传播一次等价于一次腐蚀运算，传播 k 次则等价于 k 次腐蚀运算。若 Unit-linking PCNN 为 8 邻域连接(图 4.2(a))，则脉冲传播等价于用数学形态学中的结构元素 Eight(如图 4.2(b) 所示，原点在 Eight 的中心)对原始图像进行腐蚀运算。

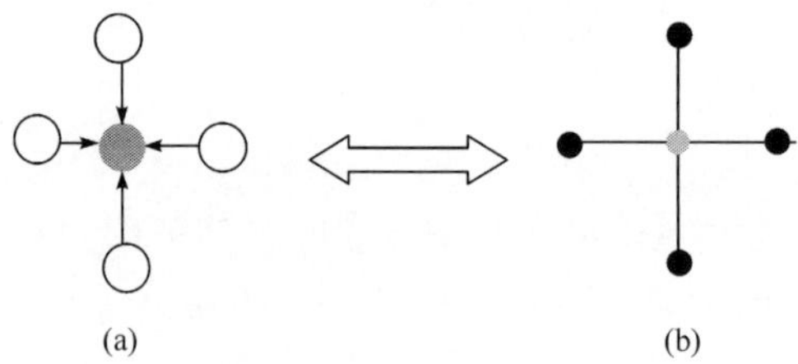

图 4.1　4 邻域连接及对应的结构元素 Four

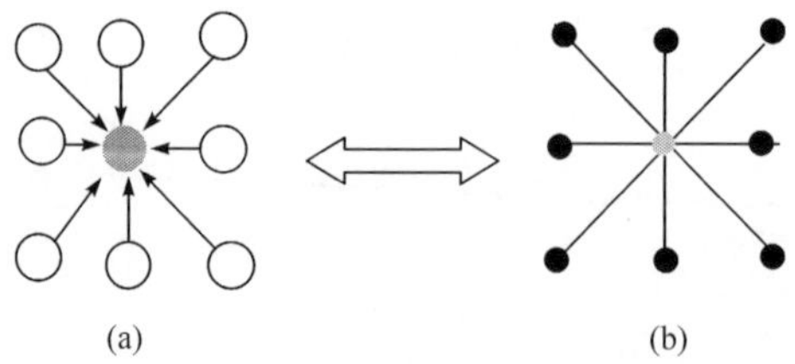

图 4.2　8 邻域连接及对应的结构元素 Eight

若将原始二值图像进行反相处理，即原始二值图像中亮度值低的目标暗区反相变为亮度值高的亮区，而亮度值高的背景亮区反相变为亮度值低的暗区。这种反相情况下，Unit-linking PCNN 的脉冲快速并行传播特性等价于一定结构元素下对目标进行数学形态学膨胀运算。

由此可知，Unit-linking PCNN 的脉冲快速并行传播特性可实现数学形态学中的两大基本运算，即腐蚀和膨胀。由于数学形态学中几乎所有运算都可在腐蚀和膨胀基础上得到，利用 Unit-linking PCNN 的脉冲快速并行传播特性可并行实现数学形态学中的各种运算[1-4]。因此，所有基于数学形态学的图像处理方法都可用 Unit-linking PCNN 实现。这样当 Unit-linking PCNN 用于图像处理时，就可用成熟的数学形态学来指导 Unit-linking PCNN 的应用设计。

4.2　Unit-linking PCNN 图像处理通用设计方法及应用

4.2.1　Unit-linking PCNN 图像处理通用设计方法

由 Unit-linking PCNN 脉冲传播与数学形态学之间的等价关系，可推导出 Unit-linking PCNN 图像处理通用设计方法[4,5]。因为 Unit-linking PCNN 的脉冲快速并行传播特性可实现数学形态学中的腐蚀和膨胀这两大基本运算，而几乎所有数学形态学图像处理方法都可在腐蚀和腐蚀基础上得到，所以只要把数学形态学图像处理方法分解成腐蚀和膨胀运算，然后用 Unit-linking PCNN 实现腐蚀和膨胀运算，就可得到 Unit-linking PCNN 图像处理通用设计方法。

结合成熟严谨的数学形态学，可得到如下 Unit-linking PCNN 二值图像处理通用设计方法：

(1) 根据图像处理的具体要求得到基于数学形态学的处理方法。

(2) 用 Unit-linking PCNN 脉冲快速并行传播特性实现基于数学形态学的处理方法。

本节根据该通用设计方法，从数学形态学的角度分别设计 Unit-linking PCNN 颗粒分析方法[1,2,4]、图像斑点去除方法[3-5]，并统一及分析了提出的边缘检测[6-8]、空洞滤波[7-9]和细化[7,8,10,11]等方法。

4.2.2　Unit-linking PCNN 颗粒分析及形态学分析

1. 形态学颗粒分析方法

形态学的创始人 Matheron 提出的形态学颗粒分析方法的基本思路是通过采用不同尺寸和形状的结构元素过滤粒子图像，就像用不同尺寸和形状的筛子过滤图像中的粒子，从而得到其形态学特性。

$E_k(k=0,1,\cdots)$为尺寸递增的结构元素序列，E_{k+1}对 E_k 为开的。对任一离散图像 A，利用 E_k 作开运算，得到递减的图像序列(4-17)为

$$A\circ E_0 > A\circ E_1 > A\circ E_2 > A\circ E_3 > \cdots \tag{4-17}$$

令 $\Omega(k)$为 $A\circ E_k$ 中颗粒的像素点数目，式(4-18)定义了正则化的粒度分布，即

$$\Phi(k)=1-\frac{\Omega(k)}{\Omega(0)} \tag{4-18}$$

令 E_0 只含一个像素，则 $\Omega(0)$为 A 中颗粒像素点数目的初始计数。可以证明，$\Phi(k)$为一概率分布函数，其导数 $\Phi'(k)$为概率密度。数学形态学中将 $\Phi(k)$和 $\Phi'(k)$称为颗粒分析粒度分布或图像颗粒分析模式谱[12]。$\Phi'(k)$的矩可作为图像特征来使用。用形态学进行颗粒分析时，对于由多种尺寸的粒子随机分布构成的粒子图像，可用递增的结构元素序列 E_k 对原始图像作开运算，当某结构元素通过某种粒子时，该粒子就从图像中筛去。这就像用一个筛孔递增的筛子，从小到大地依次筛去图像中的粒子。

2. 基于 Unit-linking PCNN 的颗粒分析方法

按照 Unit-linking PCNN 图像处理通用设计方法得到形态学的颗粒分析方法后，用 Unit-linking PCNN 实现该形态学方法[1,2,4]。下面具体分析如何用 Unit-linking PCNN 的脉冲并行传播特性实现形态学颗粒分析方法中一系列的开运算。

假设颗粒图像中暗区为各种尺寸的颗粒，亮区为背景。由于背景亮区像素点的亮度值大，背景亮区的神经元最先点火，发放出脉冲，接着通过双通道相乘调制，使其邻域中原先未点火颗粒暗区的神经元也点火发放出脉冲，于是脉冲在整幅图像中依次并行传播。脉冲每传播一次，粒子就收缩一次。

用 Unit-linking PCNN 进行颗粒分析的过程如下。

(1) 第一次迭代，原始图像背景亮区发出的脉冲传播一次，粒子暗区面积就缩小一次，背景亮区就扩展一次。对原始二值图像进行反相处理，使已缩小一次的粒子暗区变为高亮度值的亮区，而已扩展一次的背景亮区则变为低亮度值的暗区。此时的粒子亮区发出的脉冲也传播一次，使缩小一次而未被滤去的粒子的面积膨胀一次(恢复这些粒子的面积)。

(2) 第二次迭代，原始图像背景亮区发出的脉冲传播两次，粒子暗区面积就缩小两次，背景亮区就扩展两次。对原始二值图像进行反相处理，使已缩小两次的粒子暗区变为高亮度值的亮区，而原来的背景亮区变为低亮度值的暗区。此时的粒子亮区发出的脉冲也传播两次，使缩小两次而未被滤去的粒子的面积再膨胀两次。

(3) 如此循环处理。

(k) 第 k 次迭代，原始图像背景亮区发出的脉冲传播 k 次，粒子暗区面积就缩小 k 次，背景亮区就扩展 k 次。对原始二值图像进行反相处理，使已缩小 k 次的粒子暗区变为高亮度值的亮区，而原来的背景亮区变为低亮度值的暗区。此时的粒子亮区发出的脉冲也传播 k 次，使缩小 k 次而未被滤去的粒子的面积再膨胀恢复 k 次。若原始图像背景亮区发出的脉冲传播 k 次，使图像中的某类粒子的面积缩小为 0，则紧接着的粒子面积膨胀处理也不能使该类粒子得到恢复，但其他种类的粒子，只要面积未缩小为 0，就能恢复到原来的大小。这样随着迭代次数的增加，粒子由小到大被筛去。当所有种类的粒子均被滤去时，整个颗粒分析就结束了。

每次迭代运算中，当利用 Unit-linking PCNN 脉冲传播特性缩小暗区粒子面积时，若 Unit-linking PCNN 为 4 邻域连接，则等价于用形态学中的结构元素 Four（图 4.1）对原始图像 A 进行腐蚀运算，脉冲传播一次则进行一次腐蚀运算，传播 k 次则进行 k 次腐蚀运算。每次迭代运算中，由反相得到的二值图像扩展恢复粒子面积时，若 Unit-linking PCNN 为 4 邻域连接，等价于用形态学中的结构元素 Four 对腐蚀后的图像 A 进行膨胀运算，脉冲传播 k 次则进行 k 次膨胀运算。

由上述可知，用 Unit-linking PCNN 进行颗粒分析时，图像 A 的第 k 次迭代运算的输出结果可用数学形态学描述为

$$\begin{cases} A_0 = A \odot 0\text{Four}, & k=0 \\ A_k = A_{k-1} \odot \text{Four}, & k=1,2,\cdots \end{cases} \tag{4-19}$$

式中，结构元素 0Four 只含一像素点。

图像 A 的第 3 次迭代运算的输出结果可描述为

$$A_3 = (((((A\odot\text{Four})\odot\text{Four})\odot\text{Four})\oplus\text{Four})\oplus\text{Four})\oplus\text{Four} \tag{4-20}$$

对于式(4-20)，由形态学中的结构元素分解性质与膨胀结合性质（式(4-9)和式(4-10)）可知

$$\begin{aligned} A_3 &= (A\odot(\text{Four}\oplus\text{Four}\oplus\text{Four}))\oplus(\text{Four}\oplus\text{Four}\oplus\text{Four}) \\ &= (A\odot 3\text{Four})\oplus 3\text{Four} = A\circ 3\text{Four} \end{aligned}$$

对于 A_k，同样可推导得到

$$A_k = (A\odot k\text{Four})\oplus k\text{Four} = A\circ k\text{Four} \tag{4-21}$$

式中，kFour($k=1,2,\cdots$)表示 k 个 Four 依次进行膨胀运算。

0Four，Four，2Four，…，kFour，…构成尺寸递增的结构元素序列，($k+1$)Four 对 kFour 为开的。对任一离散图像 A，利用结构元素序列 kFour($k=0,1,2,\cdots$)作开运算，得到递减的图像序列为

$$A\circ 0\text{Four} > A\circ\text{Four} > A\circ 2\text{Four} > A\circ 3\text{Four} > \cdots$$

用 Unit-linking PCNN 进行颗粒分析时，令 $\Omega_P(k)$ 为第 k 次迭代处理后构成颗粒的像素点数目，则定义正则化的 Unit-linking PCNN 粒度分布为

$$\Phi_P(k)=1-\frac{\Omega_P(k)}{\Omega_P(0)} \tag{4-22}$$

式中，$\Omega_P(0)$为原始图像中颗粒像素点的数目。

$\Phi_P(k)$的导数为$\Phi'_P(k)$。将$\Phi_P(k)$和$\Phi'_P(k)$统称为 Unit-linking PCNN 颗粒分析粒度分布或图像颗粒分析的 Unit-linking PCNN 模式谱。对照形态学颗粒分析，由前面的分析可知，Unit-linking PCNN 颗粒分析粒度分布就是一定结构元素序列条件下的数学形态学颗粒分析粒度分布，即在一定结构元素序列条件下：

$$\Phi_P(k)=\Phi(k),\quad \Phi'_P(k)=\Phi'(k) \tag{4-23}$$

由此可见，Unit-linking PCNN(4 邻域连接)颗粒分析法完全等价于数学形态学颗粒分析法，此时结构元素序列为 kFour，该结构元素序列的第一个元素为一个像素点，其余的元素由基元 Four 依次膨胀得到。由以上分析可知，基于 Unit-linking PCNN 的颗粒分析方法具有严谨的数学形态学上的根据，等价于形态学颗粒分析方法。

下面给出用矩阵描述的 Unit-linking PCNN 颗粒分析算法，据此可方便地用 MATLAB 或 C 语言实现。算法中，Φ_P 为 Unit-linking PCNN 颗粒分析粒度分布，$\Phi_P(k)$为第 k 次的计算结果。该算法中用到的符号若在前面章中出现过，则其含义与前面相同。$\boldsymbol{F}$ 为原始图像矩阵，用来存放原始图像；$\boldsymbol{K}$ 为 3×3 运算核矩阵；$\boldsymbol{L}$ 为连接矩阵；$\boldsymbol{U}$ 为内部状态矩阵；$\boldsymbol{\theta}$ 为阈值矩阵；β 为连接强度；$\boldsymbol{F}(i,j)$、$\boldsymbol{Y}(i,j)$、$\boldsymbol{R}(i,j)$分别为矩阵 $\boldsymbol{F}$、$\boldsymbol{Y}$、$\boldsymbol{R}$ 的元素；Height 为图像的高度；Width 为图像的宽度；$\otimes$为二维卷积。“.*”为两矩阵中对应的元素相乘。其中，矩阵 $\boldsymbol{F}$、$\boldsymbol{L}$、$\boldsymbol{U}$、$\boldsymbol{Y}$、$\boldsymbol{\theta}$、$\boldsymbol{R}$ 的维数均相同，与图像的大小一致。

网络中神经元 4 邻域连接时，有

$$\boldsymbol{K}=\begin{bmatrix}0&1&0\\1&0&1\\0&1&0\end{bmatrix}$$

网络中神经元 8 邻域连接时，有

$$\boldsymbol{K}=\begin{bmatrix}1&1&1\\1&0&1\\1&1&1\end{bmatrix}$$

$\boldsymbol{K}$ 中“1”表示存在连接，“0”表示不存在连接。$\boldsymbol{K}$ 的中心元素为“0”表示邻域不含自身；$\boldsymbol{K}$ 的中心元素为“1”表示邻域包含自身。

Unit-linking PCNN 颗粒分析算法的步骤如下。

(1) 将 $\boldsymbol{F}$ 中的值归整为 0.1 和 1。$\boldsymbol{\theta}=\mathbf{0.15}$，$\beta=1$，$n=1$，$k=0$。

(2) $\boldsymbol{L}=\boldsymbol{U}=\boldsymbol{Y}=\mathbf{0}$。

(3) $\boldsymbol{L}=\mathrm{step}(\boldsymbol{Y}\otimes\boldsymbol{K})$，$\boldsymbol{U}=\boldsymbol{F}.*(\mathbf{1}+\beta\boldsymbol{L})$，$\boldsymbol{Y}=\mathrm{step}(\boldsymbol{U}-\boldsymbol{\theta})$。

(4) 重复第(3)步 k 次。

(5) 如果 $\boldsymbol{Y}(i,j)=1$，则 $\boldsymbol{F}(i,j)=0.1$；否则 $\boldsymbol{F}(i,j)=1(i=1,2,\cdots,\mathrm{Height};j=1,2,\cdots,\mathrm{Width})$。

(6) $\boldsymbol{L}=\boldsymbol{U}=\boldsymbol{Y}=\mathbf{0}$。

(7) $\boldsymbol{L}=\mathrm{step}(\boldsymbol{Y}\otimes\boldsymbol{K})$，$\boldsymbol{U}=\boldsymbol{F}.*(\mathbf{1}+\boldsymbol{\beta}\boldsymbol{L})$，$\boldsymbol{Y}=\mathrm{step}(\boldsymbol{U}-\boldsymbol{\theta})$。

(8) 重复第(7)步 k 次。

(9) 如果 $\boldsymbol{Y}(i,j)=1$，则 $\boldsymbol{F}(i,j)=0.1$；否则 $\boldsymbol{F}(i,j)=1(i=1,2,\cdots,\mathrm{Height};j=1,2,\cdots,\mathrm{Width})$。

(10) 根据 $\boldsymbol{F}$，得到 $\Phi_P(k)$。

(11) 如果 $\Phi_P(k)=1$，结束；否则 $k=k+1$，回到第(2)步。

由 $\Phi_P(k)$ 可以方便地得到 $\Phi'_P(k)$。计算机仿真结果表明，Unit-linking PCNN 可以快速而准确地进行颗粒分析。图 4.3 为一包含三种尺寸颗粒的图像及其 Unit-linking PCNN(4 邻域连接)颗粒筛选过程[1,2,4]及其 Unit-linking PCNN 粒度分布 $\Phi_P(k)$。

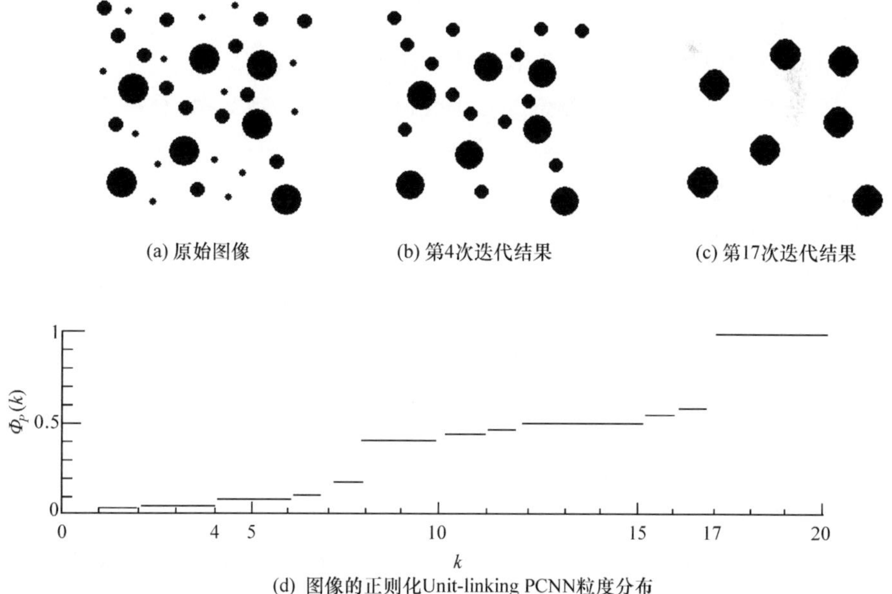

图 4.3 某 Unit-linking PCNN 颗粒筛选过程及其正则化 Unit-linking PCNN 粒度分布

基于 Unit-linking PCNN 的颗粒分析[1,2,4]方法是一种有效的图像处理方法，如被芬兰赫尔辛基大学等科研机构的研究人员有效地用于制药中颗粒大小及形状的分析[15]。

4.2.3 基于 Unit-linking PCNN 的图像斑点去除方法及形态学分析

对于存在斑点噪声的二值图像(即被脉冲噪声污染的二值图像)，由 Unit-linking PCNN 通用设计方法可得到基于 Unit-linking PCNN 的图像斑点去除方法[3-5]。

根据 Unit-linking PCNN 通用设计方法如下。

(1) 得到去除二值图像脉冲噪声的数学形态学方法。利用数学形态学中的开运算，采用合适的结构元素可以去掉二值图像中的脉冲噪声点，因为结构元素填不进噪声点，所以脉冲噪声被去除。被污染的图像中同时存在高亮度值的白噪声点和低亮度值的黑噪声点，故必须分两次处理，第一次用开运算去除黑噪声点，第二次对已去除黑噪声点的图像进行反相处理，使原始图像中的白噪声点变成黑点，再用开运算去除这些噪声点，得到最终的去噪结果。采用的结构元素为 Four。

(2) 用 Unit-linking PCNN 依次实现第(1)步的处理。由第(1)步中的数学形态学方法可知，Unit-linking PCNN 必须实现两次开运算，同时处理过程中的图像还必须进行反相处理。对应数学形态学中的结构元素 Four，Unit-linking PCNN 采用 4 邻域连接。

由此得到基于 Unit-linking PCNN 的算法流程如下。

(1) 二值图像由大亮度值的亮区与小亮度值的暗区构成，因为亮区像素点的亮度值大于暗区像素点的亮度值，所以选取合适的阈值，可使亮区神经元最先点火发放出脉冲，从而使其邻域中原先未点火的暗区神经元被捕捉而点火发放出脉冲，脉冲每传播一次，亮区就扩展一次，暗区就收缩一次。

(2) 对图像进行反相处理，使已缩小一次的暗区变为高亮度值的亮区，而原来的背景亮区变为低亮度值的暗区，反相得到的亮区发出的脉冲传播一次，使反相得到的亮区扩展一次，同时反相得到的暗区缩小一次。

(3) 共重复步骤(1)、(2)两次得到最终的去噪结果。

该算法中步骤(1)等价于数学形态学中腐蚀运算，步骤(2)等价于数学形态学中膨胀运算，合在一起等价于数学形态学中的开运算。第一次执行步骤(1)+(2)时，去除黑噪声点；第二次执行步骤(1)+(2)时，去除白噪声点。第一次执行步骤(1)+(2)时，如果腐蚀后某暗区的面积不为 0，那么接下来的膨胀处理能使该暗区得到恢复；如果腐蚀后某暗区的面积为 0，那么接下来的膨胀处理不能使该暗区得到恢复，该暗区就被作为噪声去除了。一般情况下，第一次执行步骤(1)+(2)时，大多数黑噪声点的面积在腐蚀后为 0，因此大多数黑噪声点被去除了。同样的道理，第二次对反相的图像执行步骤(1)+(2)时，大多数白噪声点被去除了。

下面给出用矩阵描述的该算法。算法中，$\boldsymbol{R}$ 为二值输出矩阵，用于存放最终的二值恢复结果。其他符号含义与前面算法中的含义相同。该算法中网络采用 4 邻域连接，因此有

$$\boldsymbol{K}=\begin{bmatrix}0&1&0\\1&0&1\\0&1&0\end{bmatrix}$$

Unit-linking PCNN 图像斑点去除算法的步骤如下。

(1) 将 $\boldsymbol{F}$ 中的值归整为 0.1 和 1，$\boldsymbol{R}=\boldsymbol{0}$，$\boldsymbol{\theta}=\boldsymbol{0.15}$，$\beta=1$，$n=1$。

(2) $\boldsymbol{L}=\boldsymbol{U}=\boldsymbol{Y}=\boldsymbol{0}$。

(3) $\boldsymbol{L}=\text{step}(\boldsymbol{Y}\otimes\boldsymbol{K})$，$\boldsymbol{U}=\boldsymbol{F}.*(\boldsymbol{1}+\beta\boldsymbol{L})$，$\boldsymbol{Y}=\text{step}(\boldsymbol{U}-\boldsymbol{\theta})$。

(4) 重复第(3)步。

(5) 如果 $\boldsymbol{Y}(i,j)=1$，则 $\boldsymbol{F}(i,j)=0.1$；否则，$\boldsymbol{F}(i,j)=1$($i=1,2,\cdots,\text{Height}$；$j=1,2,\cdots,\text{Width}$)。

(6) $\boldsymbol{L}=\boldsymbol{U}=\boldsymbol{Y}=\boldsymbol{0}$。

(7) $\boldsymbol{L}=\text{step}(\boldsymbol{Y}\otimes\boldsymbol{K})$，$\boldsymbol{U}=\boldsymbol{F}.*(\boldsymbol{1}+\beta\boldsymbol{L})$，$\boldsymbol{Y}=\text{step}(\boldsymbol{U}-\boldsymbol{\theta})$。

(8) 重复第(7)步。

(9) 如果 $\boldsymbol{Y}(i,j)=1$，则 $\boldsymbol{F}(i,j)=1$；否则，$\boldsymbol{F}(i,j)=0.1$($i=1,2,\cdots,\text{Height}$；$j=1,2,\cdots,\text{Width}$)。

(10) 如果 $n=1$，$n=n-1$，返回第(2)步；否则，到下一步。

(11) 如果 $\boldsymbol{F}(i,j)=1$，则 $\boldsymbol{R}(i,j)=1$；否则，$\boldsymbol{R}(i,j)=0$($i=1,2,\cdots,\text{Height}$；$j=1,2,\cdots,\text{Width}$)。

计算机仿真结果表明，Unit-linking PCNN 恢复图像的视觉效果明显优于中值滤波恢复图像。图 4.4(a)为一幅被 10% 的斑点噪声污染的二值图像，图 4.4(b)是其 4 邻域连接 Unit-linking PCNN 恢复图像，图 4.4(c)和图 4.4(d)分别为其 3 点及 5 点中值滤波恢复图像。比较图 4.4(b)、(c)、(d)可发现，Unit-linking PCNN 恢复图像中的斑点噪声最少。

Unit-linking PCNN 图像斑点去除方法也可用于被其他类型噪声(如高斯白噪声等)污染的二值图像去噪。这种情况下，首先将被污染图像二值化，然后利用上述方法去除噪声。图 4.5 中，图 4.5(a)为被 3dB 的高斯白噪声污染的二值图像，图 4.5(b)是其二值化结果，图 4.5(c)是其 4 邻域连接 Unit-linking PCNN 恢复图像。

Unit-linking PCNN 图像斑点去除方法完全不同于第 3 章所介绍的 PCNN 去噪方法[7,16,17]。前者用开运算去除斑点，减少噪声污染，可由 Unit-linking PCNN

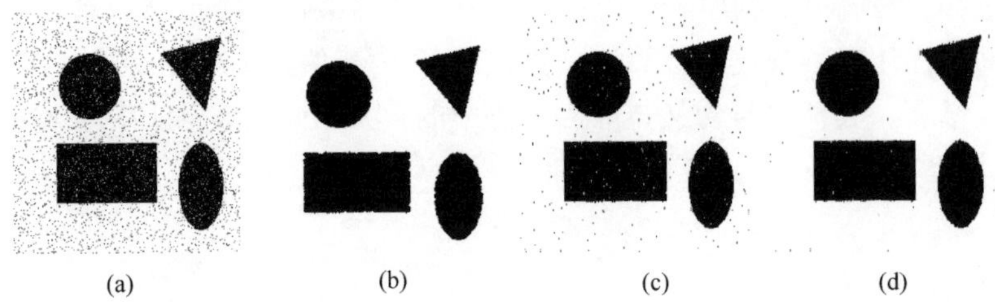

图 4.4 被斑点噪声污染的二值图像及其 Unit-linking PCNN、中值滤波恢复图像

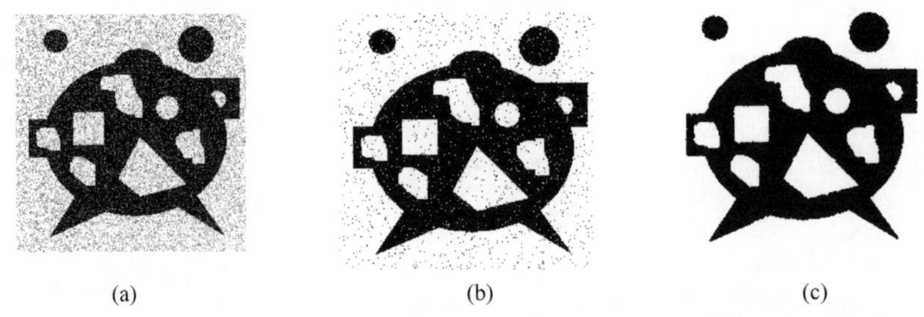

图 4.5 被高斯白噪声污染的二值图像及其二值化结果、Unit-linking PCNN 恢复图像

通用设计方法得到;后者是根据各像素点的邻域中像素点的点火状况来调整其亮度值,从而达到去除噪声的目的。

4.2.4 基于 Unit-linking PCNN 的边缘检测方法及形态学分析

边缘检测是图像处理的重要内容。图像边缘往往反映了图像的重要特征,边缘检测可使图像后续处理的数据量显著减少,有利于后续的特征提取与识别等处理。因此,对图像边缘检测算法的研究得到持久的关注。

根据 Unit-linking PCNN 通用设计方法,可得到基于 Unit-linking PCNN 的边缘检测方法[6-8]。下面从 Unit-linking PCNN 二值图像通用设计方法的角度[4,5]介绍并分析该边缘检测方法。假设图像中亮区对应背景,暗区对应目标(如文字)。

根据 Unit-linking PCNN 通用设计方法操作如下。

(1) 利用数学形态学腐蚀运算腐蚀掉目标的边缘,将腐蚀掉边缘的图像与原始二值图像相比,就可得到边缘检测结果。结构元素为 Four 或 Eight。

(2) 用 Unit-linking PCNN 依次实现第(1)步中的运算。Unit-linking PCNN 对应于结构元素采用 4 邻域连接或 8 邻域连接。

当用 Unit-linking PCNN 依次实现第(1)步中的腐蚀运算时,开始高亮度值的背景亮区对应的神经元首先点火,而低亮度值的目标暗区对应的神经元不点火,然后让亮区发放的脉冲传播一个像素的距离(即进行相应结构元素的腐蚀运算),从而使亮区与暗区交界处的暗区神经元点火,则这些刚点火的暗区神经元对应的像素点就构成了图像中目标的边缘。要增加边缘的宽度,可通过增加亮区发放的脉冲的传播距离方便地实现。若让亮区发放的脉冲传播 N 个像素的距离,则所有暗区点火的神经元对应的像素点就构成了宽度为 N 的目标边缘。

下面给出用矩阵描述的 Unit-linking PCNN 二值边缘检测算法。$\boldsymbol{E}$ 为边缘检测结果矩阵,用于存放最终的边缘检测结果;其他符号同前。

(1) 归整 $\boldsymbol{F}$ 到 0.1(对应目标暗区) 和 1(对应背景亮区);$\boldsymbol{L}=\boldsymbol{U}=\boldsymbol{Y}=\boldsymbol{E}=\boldsymbol{0}$,$\boldsymbol{\theta}=\boldsymbol{0.15}$,$\beta=1$,$n=N+1$,$N$ 为边缘的宽度。

(2) $\boldsymbol{L}=\text{step}(\boldsymbol{Y}\otimes\boldsymbol{K})$,$\boldsymbol{U}=\boldsymbol{F}.*(\boldsymbol{1}+\boldsymbol{\beta L})$,$\boldsymbol{Y}=\text{step}(\boldsymbol{U}-\boldsymbol{\theta})$。

(3) 如果 $\boldsymbol{Y}(i,j)=1$,则 $\boldsymbol{\theta}(i,j)=100$($i=1,2,\cdots,\text{Height}$;$j=1,2,\cdots,\text{Width}$)。当一神经元点火时,升高其阈值使之不再点火。

(4) 如果 $n=N+1$,则 $n=n-1$,返回第(2)步;否则,$n=n-1$,到第(5)步。

(5) 如果 $\boldsymbol{Y}(i,j)=1$,则 $\boldsymbol{E}(i,j)=1$($i=1,2,\cdots,\text{Height}$;$j=1,2,\cdots,\text{Width}$)。

(6) 如果 $n=1$,则到第(7)步;否则,返回第(2)步。

(7) 得到边缘检测结果 $\boldsymbol{E}$。

该算法中,背景亮区发出的脉冲依目标的形状并行传播,从而迅速得到自然而完整的目标边缘。网络可采用 4 邻域连接,也可采用 8 邻域连接。取 4 邻域连接时,Unit-linking PCNN 边缘检测结果中可能同时存在 4 连接和 8 连接;取 8 邻域时,Unit-linking PCNN 边缘检测结果均是 4 连接。实际应用中,可根据后续处理的要求选择 8 邻域或 4 邻域连接方式。

用 Unit-linking PCNN 进行二值图像边缘检测时,除了利用上面的算法,还可以这样处理:通过将腐蚀掉边缘的图像与原始二值图像相异或得到边缘。首先,在亮区对应的神经元点火而暗区对应的神经元还未点火时,将整幅图像中全部神经元的点火状况记录下来,得到一点火二值图 $\boldsymbol{A}_1$;然后,让亮区发放的脉冲传播 N 个像素的距离,得到点火图 $\boldsymbol{A}_2$;最后,将 $\boldsymbol{A}_1$ 与 $\boldsymbol{A}_2$ 进行异或运算,得到宽度为 N 的边缘。在整个处理过程中,阈值不变,已点火的神经元将一直处于点火状态,直到处理过程结束。

用 Unit-linking PCNN 实现二值图像边缘检测的另一种算法如下。

(1) 归整 $\boldsymbol{F}$ 到 0.1(对应目标暗区) 和 1(对应背景亮区)。注意 $\boldsymbol{F}$ 中的元素不可为 0,$\boldsymbol{L}=\boldsymbol{U}=\boldsymbol{Y}=\boldsymbol{0}$,$\boldsymbol{\theta}=\boldsymbol{0.15}$,$\beta=1$,$n=N+1$,$N$ 为边缘的宽度。

(2) $\boldsymbol{L}=\text{step}(\boldsymbol{Y}\otimes\boldsymbol{K})$,$\boldsymbol{U}=\boldsymbol{F}.*(\boldsymbol{1}+\boldsymbol{\beta L})$,$\boldsymbol{Y}=\text{step}(\boldsymbol{U}-\boldsymbol{\theta})$。

(3) 如果 $n=N+1$,则 $\boldsymbol{A}_1=\boldsymbol{Y}$;否则,$\boldsymbol{A}_2=\boldsymbol{Y}$。

(4) $n=n-1$。

(5) 如果 $n=0$,则到第(6)步;否则,返回第(2)步。

(6) 得到边缘检测结果，$\boldsymbol{E}=\boldsymbol{A}_1 \oplus \boldsymbol{A}_2$。这里，$\oplus$为异或运算符。

以上两种边缘检测算法都用到了 Unit-linking PCNN 的脉冲快速并行传播特性，均可由通用设计方法得到。在研究过程中，先根据 Unit-linking PCNN 的脉冲传播特性得到相关算法，后来发现根据通用设计方法可规范化地得到边缘检测算法。后面的空洞滤波、细化方法的研究过程亦是如此。

图 4.6(a)中有 4 个二值汉字，图 4.6(b)为其 8 邻域 Unit-linking PCNN 边缘检测结果。图 4.7 中，图 4.7(a)是一幅二值图像，图 4.7(b)为其 4 邻域 Unit-linking PCNN 边缘检测结果。由这些图像可看出，基于 Unit-linking PCNN 的二值图像边缘检测算法[6-8]准确地提取了原始图像中目标的边缘。

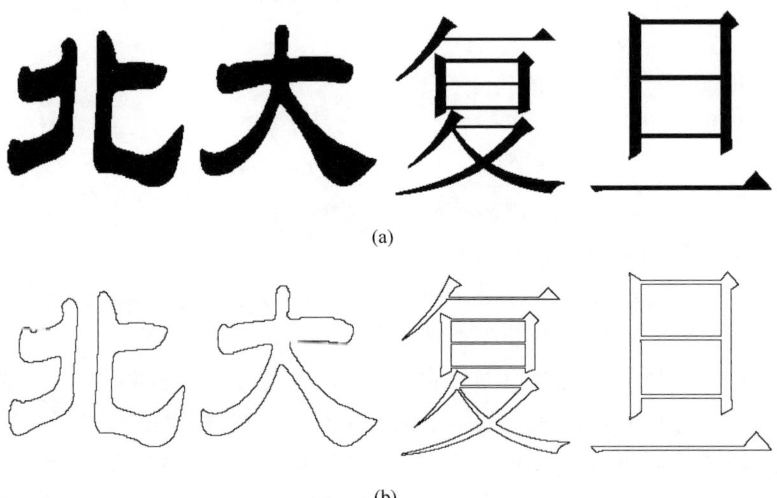

图 4.6 二值汉字及 8 领域 Unit-linking PCNN 边缘检测结果

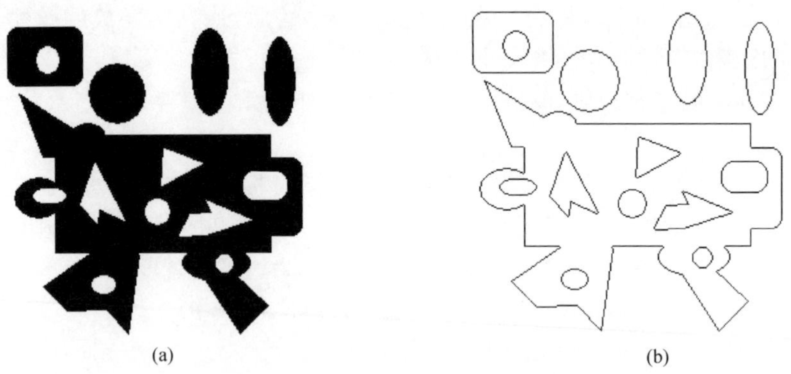

图 4.7 二值图像及 4 邻域 Unit-linking PCNN 边缘检测结果

图 4.8(a)是被 SNR 为 3dB 高斯白噪声污染的图像，图 4.8(b)为其 PCNN 去噪处理后的 4 邻域 Unit-linking PCNN 边缘检测结果。计算机仿真结果表明，用 Unit-linking PCNN 二值边缘检测算法可以快速而准确地得到二值图像的边缘；结合 PCNN 去噪算法[7,16,17]，可进一步提高该边缘检测方法对噪声的抑制能力。

(a)

(b)

图 4.8　高斯白噪声污染的图像及 PCNN 去噪处理的 4 邻域 Unit-linking PCNN 边缘检测结果

将 Unit-linking PCNN 二值边缘检测算法与基于 Unit-linking PCNN 的图像多值分割算法结合，可用于 256 级灰度图像的边缘检测[6-8]。此时，先用 Unit-linking PCNN 把原始的 256 级灰度图像按照亮度值的大小由高到低逐次分割成多值图像[7,18]，结合本节介绍的二值图像边缘检测算法，逐次提取边缘，分割完毕时，已提取的边缘为最终的结果。图 4.9(a)为一飞机灰度图像，将基于 Unit-linking PCNN 的二值图像边缘检测方法与基于 Unit-linking PCNN 的图像分割方法相结合，得到如图 4.9(b)所示的 Unit-linking PCNN 边缘检测结果。

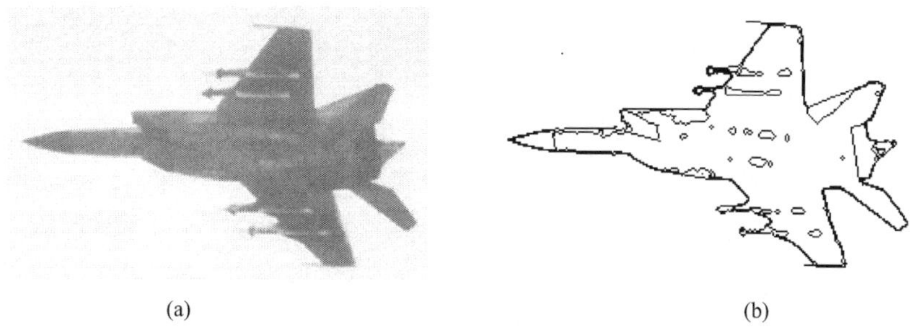

(a)　　　　(b)

图 4.9　飞机灰度图像及其 Unit-linking PCNN 边缘检测结果

4.2.5　基于 Unit-linking PCNN 的空洞滤波方法及形态学分析

字符识别时，经常需要将二值字符中的空洞填满(即进行空洞滤波)，以便于后续的处理。根据 Unit-linking PCNN 通用设计方法,可得到基于 Unit-linking PCNN的空洞滤波方法[7-9]。

现在从 Unit-linking PCNN 二值图像通用设计方法的角度[4,5]分析空洞滤波方法。根据 Unit-linking PCNN 通用设计方法,可得到如下步骤。

(1) 在二值图像中不是空洞的背景亮区选取一点作为数学形态学的结构元素 Four 的起始位置,将结构元素 Four 从起始点开始在背景亮区中不断地连续移动。这种情况下,连续移动的结构元素 Four 不能越过暗区(如文字等)构成的空洞边界进入空洞。这样在整幅图像中,结构元素 Four 未能覆盖的区域就是空洞及其边界。

(2) 用 Unit-linking PCNN 依次实现第(1)步中的运算。对应于结构元素 Four,Unit-linking PCNN 采用 4 邻域连接。

在不是空洞的背景亮区中任取一点作为脉冲发放源,称为种子神经元,让其最先点火,发出脉冲波,根据 Unit-linking PCNN 的脉冲快速并行传播特性,其 4 邻域中原先未点火且对应像素点亮度值较大(即像素点属于背景亮区)的神经元被脉冲波捕捉点火。当脉冲波遇到对应像素点亮度值较小(即像素点属于图像暗区洞的边界)的神经元时,就自动停止传播。正是由于封闭空洞的低亮度值像素点的隔离作用,源于非空洞背景亮区的脉冲波传不到空洞中,从而空洞对应的神经元不点火。这样,脉冲波自动而迅速地在非空洞背景亮区传播,使非空洞背景亮区的每个神经元都点火,而空洞及其边界对应的神经元均不点火。最终,整幅图像中未点火的神经元对应着空洞边缘及其空洞,从而填满了空洞。该方法是让脉冲波在空洞外面传播,在整幅图像传播结束后脉冲波填满了空洞外的区域,其未流经的区域即为空洞及其边缘。

种子神经元不能位于空洞背景亮区中,而必须位于非空洞背景亮区中。算法中将二值图像四边均向外扩张一个像素点,同时令这些像素点为背景亮区,取扩展后图像左上角的第一个像素点对应的神经元作为最先发放脉冲的种子神经元。这个位置肯定为非空洞背景亮区,故选其对应的神经元作为最先发放脉冲的种子神经元。

注意,空洞滤波时各神经元为 4 邻域连接,不能为 8 邻域连接;从数学形态学角度看,空洞滤波时结构元素只能用 Four,不能用 Eight。虽然邻域为 8 邻域时脉冲在网络中的传播更快,但空洞滤波时仍不能采用 8 邻域连接,这是因为某些情况下,若邻域取为 8 邻域,由背景亮区发出的脉冲会穿过暗像素点组成的存在 8 连接的空洞边界,使这些空洞内的神经元点火,导致这样的空洞被漏填。如图 4.10 所示,每个方格表示一个像素点,白格为背景亮区,黑格为洞 a 的边界;洞 a 边界的左上角为 8 连接,其

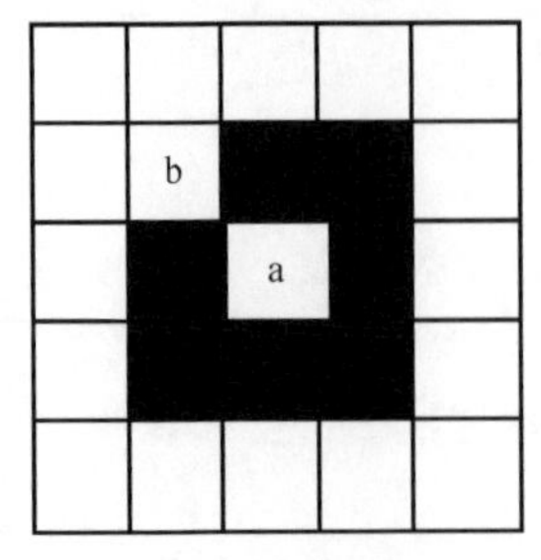

图 4.10　存在 8 连接的空洞

他三个角为 4 连接。当神经元为 8 邻域连接时，图 4.10 中像素点 a(即洞 a)对应的神经元会因接收到背景亮区像素点 b 发出的脉冲而点火，从而使空洞 a 被漏填。而神经元为 4 邻域连接时，不存在这样的问题。因此，该算法中神经元需采用 4 邻域连接。

基于 Unit-linking PCNN 的空洞滤波的结束条件是：不再有新的神经元点火。下面给出用矩阵描述的 Unit-linking PCNN 空洞滤波算法。

矩阵 $\boldsymbol{H}$ 用来存放最终的空洞滤波结果；**Inter** 为运算时用到的中间矩阵；$\boldsymbol{H}$ 及 **Inter** 的维数和 $\boldsymbol{F}$、$\boldsymbol{L}$、$\boldsymbol{U}$、$\boldsymbol{\theta}$、$\boldsymbol{Y}$ 一样；其他符号同前。该算法中网络采用 4 邻域连接，因此有

$$\boldsymbol{K}=\begin{bmatrix}0 & 1 & 0\\1 & 0 & 1\\0 & 1 & 0\end{bmatrix}$$

基于 Unit-linking PCNN 的二值空洞滤波算法如下。

(1) 归整 $\boldsymbol{F}$ 到 0.1(对应洞的边界)和 1(对应背景与洞的内部以及扩展的像素点)，$\boldsymbol{L}=\boldsymbol{U}=\boldsymbol{Y}=\boldsymbol{H}=\boldsymbol{0}$，$\boldsymbol{\theta}=\boldsymbol{0.15}$，$\beta=1$。

(2) 令 $\boldsymbol{Y}(0,0)=1$，选取扩展后图像左上角的像素点对应的神经元为种子神经元，该种子神经元一定位于非空洞背景亮区中。

(3) $\textbf{Inter}=\boldsymbol{Y}$，$\boldsymbol{L}=\mathrm{step}(\boldsymbol{Y}\otimes\boldsymbol{K})$，$\boldsymbol{U}=\boldsymbol{F}.*(\boldsymbol{1}+\boldsymbol{\beta L})$，$\boldsymbol{Y}=\mathrm{step}(\boldsymbol{U}-\boldsymbol{\theta})$。

(4) 如果 $\boldsymbol{Y}=\textbf{Inter}$，则到第(5)步；否则，回到第(3)步。

(5) $\boldsymbol{H}=\boldsymbol{Y}$，$\boldsymbol{H}$ 为最终的空洞滤波结果。

基于 Unit-linking PCNN 的空洞滤波方法[7-9]简单直观，运行迅捷。计算机仿真结果表明，使用该方法可有效而快速地将二值图像中的空洞填满。图 4.11(a)为一幅原始的二值文字符号图像；图 4.11(b)为其 4 邻域 Unit-linking PCNN 空洞滤波结果。

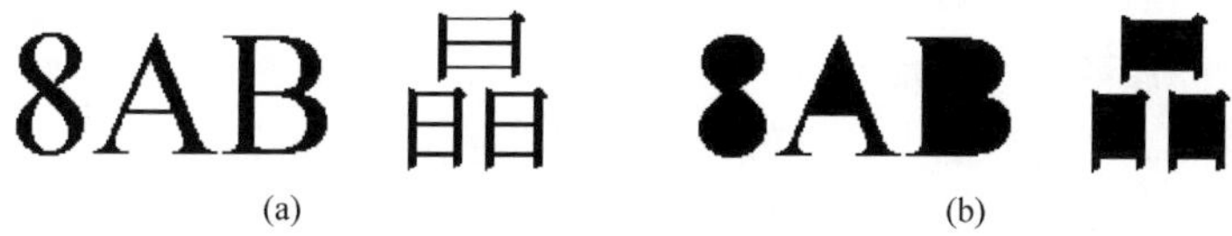

(a)　(b)

图 4.11　一幅二值图像及其 4 邻域 Unit-linking PCNN 空洞滤波结果

对于灰度图像，可先按照亮度值的大小由高到低逐次分割成多值图像[7,18]，再采用 Unit-linking PCNN 空洞滤波方法得到最终的空洞滤波结果；或者通过选取合适的网络参数，将该方法直接应用于灰度图像，此时可将像素点的亮度和其邻域平均亮度的差异作为对应神经元 F 通道的输入。本书后面将要介绍的模式识别、目标跟踪和仿生建模等都多次用到 Unit-linking PCNN 空洞滤波方法。

4.2.6　基于 Unit-linking PCNN 的细化方法及形态学分析

1. Unit-linking PCNN 细化方法

二值图像细化是图像处理领域一个很重要的环节，其细化结果用很少的数据描述了原始图像的形状结构，可广泛地应用于文本识别[19]、手写体识别[20]、指纹识别[21,22]、染色体分析[23]、印刷电路检测[24]和数据压缩等方面。用一种好的细化方法得到的骨架应该能准确地反映原始对象的形状结构，从而便于后续的处理。研究人员对二值图像细化展开深入的研究[25]，提出很多细化算法，如中轴转换法[26]及其改进算法[27]、骨架法和直观细化法等[28-30]。这些算法各有其特点，但也存在一定的局限性，还有待于发展。一些算法的细化结果不错，但运算速度较慢；一些算法虽然运算速度很快，但是细化结果不理想。

根据 Unit-linking PCNN 通用设计方法，可得到 Unit-linking PCNN 图像细化方法[7,8,10,11]。现在首先从 Unit-linking PCNN 二值图像通用设计方法的角度[4,5]，介绍并分析 Unit-linking PCNN 图像细化方法。若亮区对应背景，则暗区对应目标(如文字等)。根据 Unit-linking PCNN 通用设计方法可得到如下步骤。

(1) 开始用一系列结构元素 Four 排列在暗区目标的轮廓上，对暗区目标进行数学形态学腐蚀运算，且目标暗区的各像素点最多只能被结构元素 Four 的原点覆盖一次。这样，视觉上就直观地表现为：暗区目标的边界发放出脉冲波，这些脉冲波在目标暗区内传播。当这些脉冲波相遇时，自然得到细化的结果。

(2) 用 4 邻域连接的 Unit-linking PCNN 实现第(1)步中的运算。由于亮区(即背景)亮度值比暗区大，亮区对应的全部神经元先点火，而暗区(即目标)对应的全部神经元先不点火。这样，背景亮区就发放出脉冲，沿着各个方向并行地由近及远地传播开。同时规定每个神经元只点火一次，即已点过火的神经元不再点火，因此此时脉冲的传播就直观地表现为：目标的边界发放出脉冲，这些脉冲在目标区域(暗区)内传播。当这些脉冲相遇时得到细化的结果。

接着介绍 Unit-linking PCNN 进行细化时，脉冲波相遇得到细化结果的条件及细化完成的条件。

经过深入的研究，脉冲波相遇的条件为：若上次点火神经元的邻域内的神经元没有一个在该次点火，则上次点火的神经元对应的像素点为细化结果上的一点。

细化完成的条件为：所有的神经元都已点火。

下面给出用矩阵描述的 Unit-linking PCNN 二值图像细化算法。**Thin** 为二值输出矩阵，用于存放最终的细化结果；$\boldsymbol{Y}_{\text{pre}}$ 为记录神经元上一次点火状况的矩阵，也是一个二值矩阵，用来判断脉冲是否相遇；**Thin** 及 $\boldsymbol{Y}_{\text{pre}}$ 维数和 $\boldsymbol{F}$、$\boldsymbol{L}$、$\boldsymbol{U}$、$\boldsymbol{\theta}$、$\boldsymbol{Y}$ 一样；其

他符号同前。

Unit-linking PCNN 二值图像细化算法如下。

(1) 归整 $\boldsymbol{F}$ 到 0.1(对应目标)和 1(对应背景),$\boldsymbol{L}=\boldsymbol{U}=\boldsymbol{Y}=\boldsymbol{Y}_{\mathrm{pre}}=\boldsymbol{0}$,$\boldsymbol{\theta}=\mathbf{0.15}$,$\beta=1$。注意,该算法中二值图像 $\boldsymbol{F}$ 的亮度值不可取为 0,根据二值图像 $\boldsymbol{F}$ 的取值及 β,可得到 $\boldsymbol{\theta}$ 的取值范围。

(2) $\boldsymbol{L}=\mathrm{step}(\boldsymbol{Y}\otimes\boldsymbol{K})$,$\boldsymbol{U}=\boldsymbol{F}.*(\mathbf{1}+\boldsymbol{\beta L})$,$\boldsymbol{Y}=\mathrm{step}(\boldsymbol{U}-\boldsymbol{\theta})$。

(3) 调整阈值,$\boldsymbol{\theta}=\boldsymbol{\theta}+100\boldsymbol{Y}$。如果一神经元点火,升高其阈值,使之不再点火。

(4) 根据 $\boldsymbol{Y}$ 和 $\boldsymbol{Y}_{\mathrm{pre}}$,由脉冲波相遇条件判断像素点是否属于目标的骨架,在 **Thin** 中保存属于目标骨架的点。

(5) $\boldsymbol{Y}_{\mathrm{pre}}=\boldsymbol{Y}$。$\boldsymbol{Y}_{\mathrm{pre}}$在判断脉冲波是否相遇时用到。

(6) 根据细化完成的条件判断细化是否完成,如果细化完成,到第(7)步;否则,返回第(2)步。

(7) **Thin** 为最终的细化结果。

在算法中,可通过改变运算核矩阵 $\boldsymbol{K}$ 的元素来调整各神经元与其 8 邻域其他神经元的连接关系,$\boldsymbol{K}$ 中元素 1 表示存在连接,元素 0 表示不存在连接。不同的 $\boldsymbol{K}$ 对应的细化结果不同。$\boldsymbol{K}$ 中心的元素 $\boldsymbol{K}(2,2)$ 为 0,表明各神经元的邻域不包含自身。

细化算法中,$\boldsymbol{K}$ 采用 4 邻域连接模式:

$$\boldsymbol{K}=\begin{bmatrix}0 & 1 & 0\\ 1 & 0 & 1\\ 0 & 1 & 0\end{bmatrix} \xrightarrow{\text{对应 4 邻域连接模式}}$$

$\boldsymbol{K}$ 的 8 邻域连接模式如下:

$$\boldsymbol{K}=\begin{bmatrix}1 & 1 & 1\\ 1 & 0 & 1\\ 1 & 1 & 1\end{bmatrix} \xrightarrow{\text{对应 8 邻域连接模式}}$$

在算法中 $\boldsymbol{K}$ 采用 4 邻域连接模式,而未采用 8 邻域连接模式。图 4.12(a)中有一矩形,图 4.12(b)为 $\boldsymbol{K}$ 采用 4 邻域连接模式时矩形的 Unit-linking PCNN 细化结果,图 4.12(c)为 $\boldsymbol{K}$ 采用 8 邻域连接模式时矩形的Unit-linking PCNN 细化结果。$\boldsymbol{K}$ 采用 4 邻域连接模式时,细化结果(图 4.12 (b))很好地保留了原始矩形的形状结构信息;而 $\boldsymbol{K}$ 采用 8 邻域连接模式时,细化结果(图 4.12(c))只保留了原始图像的位置信息，但丢失了原始图像的其他信息。

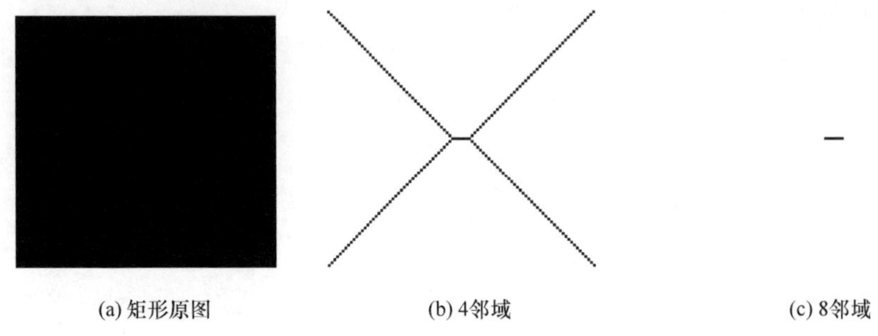

图 4.12　矩形原图及其 4 邻域、8 邻域 Unit-linking PCNN 细化结果

下面结合前面给出的脉冲相遇判为细化结果的条件，分析出现这种情况的原因。根据脉冲相遇判为细化结果的条件，看 **K** 采用 4 邻域连接模式时的情况，假设 5×5 的图 4.13(a)中有一个 3×3 的正方形(用深灰色表示)，图中每个方格表示一个像素点，同时也表示其对应的神经元。方格中的数字表示该神经元在该次迭代运算中点火，若无数字，表示该神经元还未点火。像素点被判为骨架上的像素点时，其对应的方格在图中用黑色表示。

当 **K** 采用 4 邻域连接模式时，图 4.13(a)中正方形的细化过程具体如下。

(1) 第一次迭代运算，正方形周围背景区域对应的神经元点火，网络点火状况见图 4.13(a)，此时无方格被判为骨架上的像素点。

(2) 第二次迭代运算，图像点火状况见图 4.13(b)，此时根据脉冲相遇判为细化结果的条件，仍无方格被判为骨架上的像素点。

(3) 第三次迭代运算，图像点火状况见图 4.13(c)，根据脉冲相遇判为细化结果的条件，此时正方形的 4 顶点被判为骨架上的像素点，故这 4 个格子被填为黑色。

(4) 第四次迭代运算，因为所有神经元都已点火，故本次没有神经元点火，图 4.13(d)和图 4.13(c)一样，根据脉冲相遇判为细化结果的条件，该次正方形中心点被判为骨架上的像素点，对应格子被填为黑色。此时网络中所有神经元均已点火，根据细化完成条件，细化过程结束。

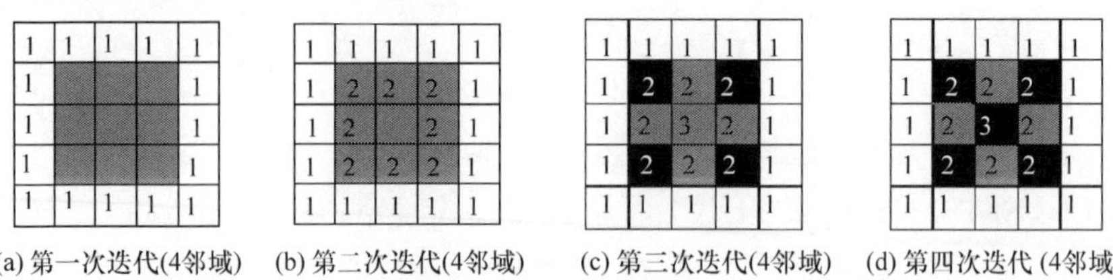

图 4.13　4 邻域连接时 3×3 正方形的细化过程

此时，图 4.13(d)中正方形的骨架(黑色表示的方格)很好地保留了原始正方形的大小、形状等信息。

当 $\boldsymbol{K}$ 采用 8 邻域连接模式时，图 4.14(a)中正方形的细化过程如下。

(1) 第一次迭代运算，正方形周围背景区域对应的神经元点火，网络点火状况见图 4.14(a)，此时无方格被判为骨架上的像素点。

(2) 第二次迭代运算，图像点火状况见图 4.14(b)，此时根据脉冲相遇判为细化结果的条件，仍无方格被判为骨架上的像素点。

(3) 第三次迭代运算，图像点火状况见图 4.14(c)，根据脉冲相遇判为细化结果的条件，仍然没有方格被判为骨架上的像素点。

(4) 第四次迭代运算，因为图中神经元都已点火，故本次没有神经元点火，图 4.14(d)和图 4.14(c)一样，根据脉冲相遇判为细化结果的条件，该次正方形中心点被判为骨架上的像素点，对应格子被填为黑色。此时网络中所有神经元均已点火，根据细化完成条件，细化过程结束。

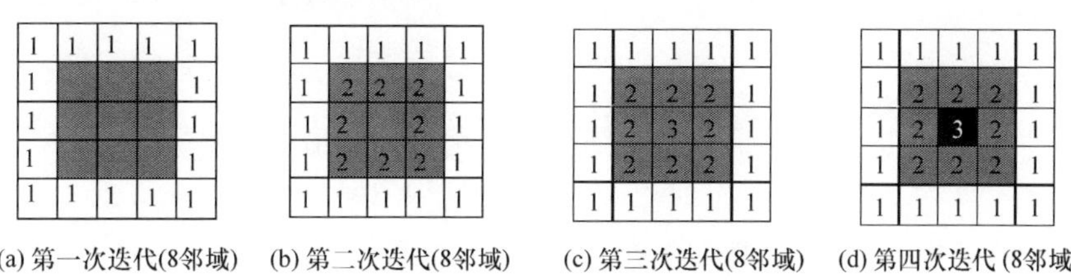

(a) 第一次迭代(8邻域)　(b) 第二次迭代(8邻域)　(c) 第三次迭代(8邻域)　(d) 第四次迭代 (8邻域)

图 4.14　8 邻域连接时 3×3 正方形的细化过程

此时，图 4.14 中正方形的骨架仅为一点(黑色表示的方格)，原始正方形的大小等其他信息丢失了。当正方形更大时(即由更多的像素点构成时)，可得到同样的结论。

由此可见，图 4.12(a)中的矩形在 $\boldsymbol{K}$ 采用 4 邻域连接模式时，细化结果很好地保留了原始矩形的大小、形状等信息；而 $\boldsymbol{K}$ 采用 8 邻域连接模式时，细化结果为一小段直线，原始矩形的大小等其他信息丢失了，矩形长宽之间的差值越大，则该直线的长度越长，矩形长宽相等(即为正方形)时，该直线就变为一点。

除了 4 邻域连接模式和 8 邻域连接模式，$\boldsymbol{K}$ 还可采用其他连接模式。下面分别分析当 $\boldsymbol{K}$ 为水平、垂直、45°对角以及 135°对角连接模式时的细化情况。

(1) $\boldsymbol{K}$ 若取以下的连接模式，则为水平连接模式：

$$\boldsymbol{K}=\begin{bmatrix}0 & 0 & 0\\ 1 & 0 & 1\\ 0 & 0 & 0\end{bmatrix}\xrightarrow{\text{对应水平连接模式}}\bigcirc\!\rightarrow\!\bullet\!\leftarrow\!\bigcirc$$

这里以图 4.15(a)中的矩形为细化对象，当 $\boldsymbol{K}$ 为水平连接模式时，其 Unit-linking PCNN 水平细化结果为原始矩形的垂直平分线，见图 4.15(b)。

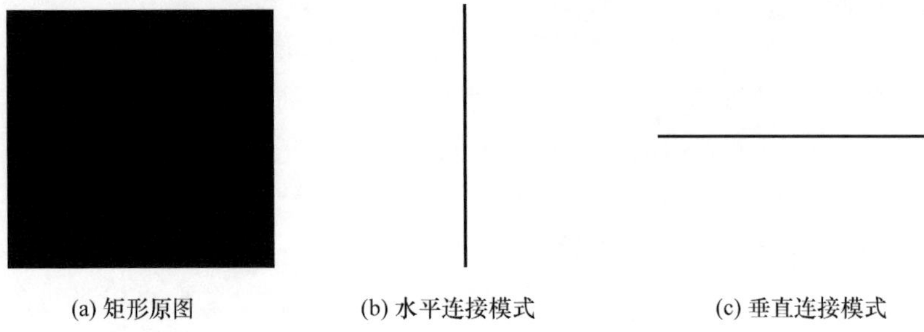

(a) 矩形原图　　(b) 水平连接模式　　(c) 垂直连接模式

图 4.15　矩形图像及 Unit-linking PCNN 细化结果

(2) $\boldsymbol{K}$ 若取以下的连接模式，则为垂直连接模式：

$$\boldsymbol{K}=\begin{bmatrix}0 & 1 & 0\\0 & 0 & 0\\0 & 1 & 0\end{bmatrix}\xrightarrow{\text{对应垂直连接模式}}$$

此时，图 4.15(a)中矩形的垂直细化结果为原始矩形的水平平分线，如图 4.15(c)所示。

(3) $\boldsymbol{K}$ 若取以下的连接模式，则为 45°对角连接模式：

$$\boldsymbol{K}=\begin{bmatrix}0 & 0 & 1\\0 & 0 & 0\\1 & 0 & 0\end{bmatrix}\xrightarrow{\text{对应 }45^\circ\text{连接模式}}$$

此时，图 4.15(a)中的矩形的 45°细化结果见图 4.16(a)。这种情况下，得到原始矩形的 135°对角折线，折线中间有一段是水平的。若细化对象为正方形，则细化结果就是其 135°对角线。

(4) $\boldsymbol{K}$ 若取以下的连接模式，则为 135°连接模式：

$$\boldsymbol{K}=\begin{bmatrix}1 & 0 & 0\\0 & 0 & 0\\0 & 0 & 1\end{bmatrix}\xrightarrow{\text{对应 }135^\circ\text{连接模式}}$$

此时，图 4.15(a)中的矩形的 135°细化结果见图 4.16(b)。这种情况下，得到原始矩形的 45°对角折线。

将 $\boldsymbol{K}$ 分别采用水平、垂直、45°对角、135°对角连接模式时得到的四种 Unit-linking PCNN 细化结果相叠加，结果如图 4.16(c)所示，很好地保留了原始图像的形状信息。

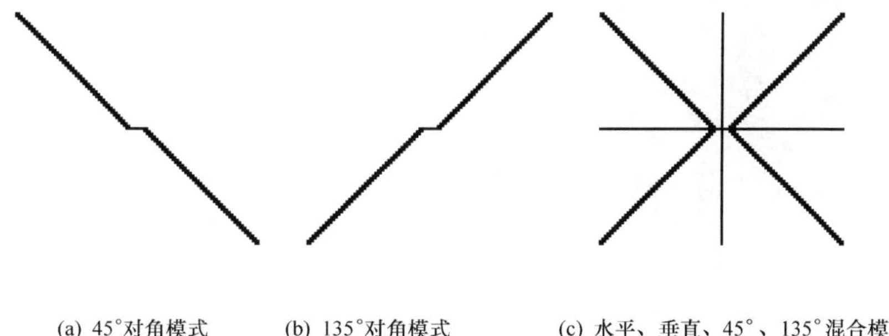

(a) 45°对角模式　(b) 135°对角模式　(c) 水平、垂直、45°、135°混合模式

图 4.16　不同连接模式的 Unit-linking PCNN 细化结果

另外，Unit-linking PCNN 二值图像细化算法还可通过改变 $\boldsymbol{K}$ 方便地得到不同局部连接方式下的细化结果。

图 4.17(a)是原始二值图像，图 4.17(b)为其 4 邻域 Unit-linking PCNN 细化结果。由图 4.17(b)可看出，圆、椭圆、三角形、环和矩形等的细化结果很好地保留了原始图像的大小及形状等信息，而若用其他算法(如骨架法等)，则圆被细化成一点，丢失了其大小及形状等信息。

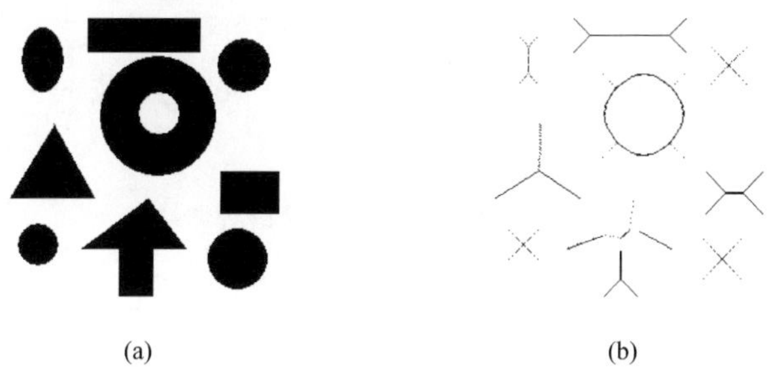

(a)　(b)

图4.17　一幅二值图像及其 4 邻域 Unit-linking PCNN 细化结果

图 4.18(a)是一幅原始二值图像，图 4.18(b)为图 4.18(a)中图像的 4 邻域 Unit-linking PCNN 细化结果，图 4.18(c)为图 4.18(a)中文献[31]的方法(Zhang&Suen 方法)的图像细化结果，图 4.18(d)为另一幅原始二值字母图像，图 4.18(e)为图 4.18(d)中图像的 4 邻域 Unit-linking PCNN 细化结果，图 4.18(f)为图 4.18(d)中图像的文献[31]方法细化结果。图 4.18(b)表明，Unit-linking PCNN 细化结果很好地保留了原始图像中所有形状的信息；而图 4.18(c)中文献[31]方法的细化结果完全丢失了原图 4.18(a)中三个圆形的信息，原图中矩形和椭圆对应为两条短线(形状信息丢失了)；对于图 4.18 (d)中的两个字母，两种方法均能得到良好的细化结果。

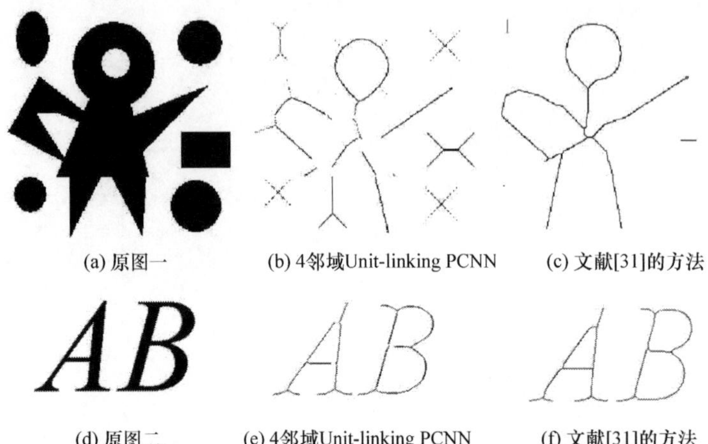

(a) 原图一　(b) 4邻域Unit-linking PCNN　(c) 文献[31]的方法

(d) 原图二　(e) 4邻域Unit-linking PCNN　(f) 文献[31]的方法

图 4.18　两幅二值图像及其 4 邻域 Unit-linking PCNN、文献[31]的方法的细化结果

在 500 幅包含各种形状和文字的二值图像上的实验表明，Unit-linking PCNN 细化方法比文献[31]提出的方法更好、更精确地保留了原始图像中各种形状的信息。

表 4.1 给出了 Unit-linking PCNN[10]、文献[31]的方法、文献[32]的方法三种不同细化方法的耗时比较。运行结果表明，文献[31]的方法运行速度最快，对于分辨率为 600～1800dpi 的图像，Unit-linking PCNN 细化方法的运行速度快于文献[32]中的细化方法。

表 4.1　三种不同细化方法的耗时比较

图像分辨率/dpi	Unit-linking PCNN/ms	文献[31]的方法/ms	文献[32]的方法/ms
300	770	130	387
600	3014	810	3534
900	7784	2905	8532
1200	12388	6018	17454
1500	23244	11247	32645
1800	34940	19018	60234

注：计算机 CPU 为 PⅢ 600MHz。

噪声会影响图像细化的结果。对于被噪声污染的图像，可在 Unit-linking PCNN二值图像细化方法中增加 PCNN 去噪步骤，使其对噪声具有抵制的能力。图 4.19 为一幅被 SNR 为 9dB 的高斯白噪声污染的图像及其 4 邻域 Unit-linking PCNN 二值图像细化(含 PCNN 去噪步骤)结果。对于灰度图像，可先用 Unit-linking PCNN 图像分割方法[7,18]将灰度图像分割为二值图像，再用 Unit-linking PCNN 二值图像细化方法进行骨架提取；或者对 Unit-linking PCNN 二值图像细化算法进行拓展，直接用Unit-linking PCNN 中脉冲波的相遇来提取灰度图像骨架。

(a)

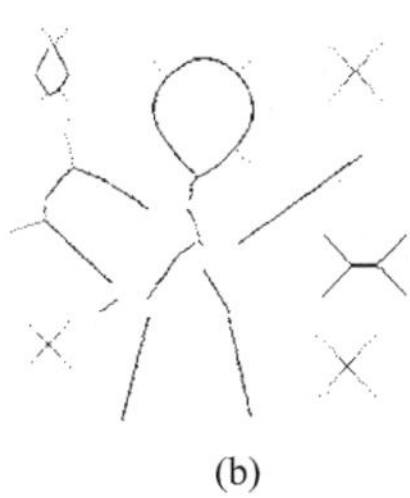

(b)

图 4.19 高斯白噪声污染的图像及其 4 邻域 Unit-linking PCNN 细化结果

4.3 本章小结

本章介绍了 PCNN 与数学形态学之间的关系、PCNN 图像处理通用设计方法，以及由该通用设计方法得到的具体算法。

4.1 节介绍的 PCNN 脉冲传播特性和数学形态学运算在图像处理中的等价关系[1-4]是 Unit-linking PCNN 图像处理通用设计方法[4,5]的基础。

4.2 节介绍了如何根据数学形态学与 PCNN 脉冲传播特性之间的关系得到 Unit-linking PCNN 图像处理通用设计方法[4,5]；由该通用设计方法可规范地得到各种 Unit-linking PCNN 图像处理方法，如 Unit-linking PCNN 的颗粒分析[1,2,4]、图像斑点去除[3-5]、边缘检测[6-8]、空洞滤波[7-9]和细化[7,8,10,11]（骨架提取）等方法，实验结果表明这些方法的有效性。在介绍这些方法时，一方面从数学形态学的角度进行分析讨论，另一方面从 Unit-linking PCNN 的脉冲快速并行传播特性方面进行直观的说明及分析。这样不仅便于读者掌握这些方法，还为读者设计其他具体算法提供了参考。

参考文献

[1] 顾晓东，余道衡，张立明. 基于 PCNN 的数学形态学颗粒分析[C]. 第十三届全国神经计算学术会议，青岛，2003.

[2] 顾晓东，张立明. PCNN 与数学形态学在图像处理中的等价关系[J]. 计算机辅助设计与图形学学报，2004，16(8)：1029-1032.

[3] Gu X D，Zhang L M. Morphology open operation in Unit-linking pulse coupled neural network for image processing[C]. Proceedings of the International Conference on Signal Pro-

cessing, Beijing, 2004.

[4] 顾晓东. 单位脉冲耦合神经网络中若干理论及应用问题的研究[R]. 上海:复旦大学,2005.

[5] Gu X D, Zhang L M, Yu D H. General design approach to Unit-linking PCNN for image processing[C]. Proceedings of the IEEE International Joint Conference on Neural Networks, Montreal, 2005.

[6] 顾晓东,郭仕德,余道衡. 一种用 PCNN 进行图像边缘检测的新方法[J]. 计算机工程与应用,2003,39(16):1-2,55.

[7] 顾晓东. 脉冲耦合神经网络及其应用的研究[D]. 北京:北京大学,2003.

[8] Gu X D. Spatial-temporal-coding pulse coupled neural network and its applications[M]// Weiss M L. Neuronal Networks Research Horizons. New York: Nova Science Publishers, 2007.

[9] 顾晓东,郭仕德,余道衡. 基于 PCNN 的二值文字空洞滤波[J]. 计算机应用研究,2003,20(12):65-66.

[10] Gu X D, Yu D H, Zhang L M. Image thinning using pulse coupled neural network[J]. Pattern Recognition Letters, 2004, 25(9): 1075-1084.

[11] 顾晓东,程承旗,余道衡. 基于 PCNN 的二值图像细化新方法[J]. 计算机工程与应用,2003,39(13):5-6,28.

[12] Serra J. Image Analysis and Mathematical Morphology[M]. New York: Academic Press, 1982.

[13] Serra J. Image Analysis and Mathematical Morphology[M]. 2nd ed. New York: Academic Press, 1988.

[14] 杨波,汪同庆,吕永平,等. 利用动态结构元素提取直线[J]. 计算机辅助设计与图形学学报,2003,15(4):421-424.

[15] Antikainen O, Kachrimanis K, Malamataris S, et al. Image analysis by pulse coupled neural networks (PCNN)—A novel approach in granule size characterization[J]. Journal of Pharmacy and Pharmacology, 2007, 59(1): 51-57.

[16] Gu X D, Wang H M, Yu D H. Binary image restoration using pulse coupled neural network[C]. International Conference on Neural Information Processing, Shanghai, 2001.

[17] 顾晓东,郭仕德,余道衡. 一种基于 PCNN 的图像去噪新方法[J]. 电子与信息学报,2002,24(10):1304-1309.

[18] Gu X D, Guo S D, Yu D H. A new approach for automated image segmentation based on Unit-linking PCNN[C]. Proceedings of the International Conference on Machine learning and Cybernetics, Beijing, 2002.

[19] Abuhaiba I S I, Holt M J J, Datta S. Processing of binary images of handwritten text documents[J]. Pattern Recognition, 1996, 29(7): 1161-1177.

[20] Tellache M, Sid-Ahmed M A, Abaza B. Thinning algorithms for Arabic OCR[C]. IEEE Pacific Rim Conference on Communications, Computers and Signal Processing, Victoria, 1993.

[21] Luk A, Leung S H, Lee C K, et al. A two-level classifier for fingerprint recognition[C]. IEEE International Sympoisum on Circuits and Systems, Singapore, 1991.

[22] Fitz A P, Green R J. Fingerprint pre-processing on a hexagonal grid[C]. European Conven-

tion on Security and Detection, Brighton, 1995.

[23] Diez-Higuera J F, Diaz-Pernas F J, Lopez-Coronado J. Neural network architecture for automatic chromosome analysis[C]. Proceedings of the SPIE—Application of Artificial Neural Networks in Image Processing, San Jose, 1996.

[24] Ye Q Z, Danielsson P E. Inspection of printed circuit boards by connectivity preserving shrinking[J]. IEEE Transactions on Pattern Analysis and Machine Intelligence, 1988, 10(5): 737-742.

[25] Lam L, Lee S W, Suen C Y. Thinning methodologies—A comprehensive survey[J]. IEEE Transactions on Pattern Analysis and Machine Intelligence, 1992, 14(9): 869-885.

[26] Blum H. A transformation for extracting new descriptors of shape[J]. Models for the Perception of Speech and Visual Form, 1967, 19: 362-380.

[27] Shih F Y, Pu C C. A skeletonization algorithm by maxima tracking on Euclidean distance transform[J]. Pattern Recognition, 1995, 28(3): 331-341.

[28] Pavlidis T. A vectorizer and feature extractor for document recognition[J]. Computer Vision Graphics and Image Processing, 1986, 35(1): 111-127.

[29] Lin J Y, Chen Z. A Chinese-character thinning algorithm based on global features and contour information[J]. Pattern Recognition, 1995, 28(4): 493-512.

[30] Melhi M, Ipson S S, Booth W. A novel triangulation procedure for thinning hand-written text[J]. Pattern Recognition Letters, 2001, 22(10): 1059-1071.

[31] Zhang T Y, Suen C Y. A fast parallel algorithm for thinning digital patterns[J]. Communications of the ACM, 1984, 27(3): 236-239.

[32] Arcelli C, Cordella L, Levialdi S. Parallel thinning of binary pictures[J]. Electronics Letters, 1975, 11(7): 148-149.

第 5 章 Unit-linking PCNN 特征提取及应用

PCNN 既用到空间编码，又引入时间编码，可方便地将空间信息（如图像等）转换为时间信息，该时间信息对输入的空间信息进行编码，据此可提取图像的特征。本章介绍 Unit-linking PCNN 特征提取及应用，提出用比 PCNN 结构简单、更便于用硬件实现的 Unit-linking PCNN 生成性能优良的具有多种不变性的全局图像时间签名[1-4]、能反映图像局部变化的局部时间签名[1-4]及其他图像特征[5]，并应用于非平稳及平稳视频流机器人自主导航[1-3,6]、目标识别[1,2,7]、粒子滤波目标跟踪[8]、图像认证[1,9]和图像检索[5,10,11]等。

5.1 Unit-linking PCNN 全局图像时间签名

时空编码的 Unit-linking PCNN 可方便地将图像转换为时间信息，该时间信息包含着原始图像的信息。具体应用中，通过对该时间信息的处理可得到所需的原始图像特征，这可认为是一个特征提取过程。至于提取何种特征，需根据具体要求。智能图像系统中，有时需要图像特征具有旋转、平移等多种不变性（如目标识别、非平稳视频流中的导航），有时又需要图像特征能反映图像局部的变化（如目标跟踪、平稳视频流中某些场景里的导航）。Johnson[12]曾指出若将一幅图像对应的 PCNN 每一次迭代运算后所有神经元的总体点火状况记录下来，经过一段时间就得到该图像的时间表征，该时间表征包含了原始图像的信息，称其为原始图像的时间签名，可用于图像识别。Johnson 认为，若使 PCNN 中神经元接收域的连接权具有一定的结构，则在图像识别时，PCNN 时间签名对同一图像的处理结果可具有旋转不变、平移不变等多种不变性，可应用于模式识别等方面，如纹理识别[13]、星系识别[14]、结合傅里叶变换（Fourier transform）识别几种简单的形状[15]等。作者用结构简单更便于用硬件实现的 Unit-linking PCNN 将图像转换为时间信息，在此基础上得到具有旋转、平移、尺度等多种不变性的 Unit-linking 全局图像时间签名[1-4]，以作为图像的特征。

Unit-linking PCNN 全局图像时间签名具有平移及旋转等不变的性质，这些不变性在目标识别及非平稳视频流导航中是一种优良的性质。但当场景中目标位置发生变化时，具有平移及旋转不变性的 Unit-linking PCNN 全局图像时间签名不能发现这一变化，而一个图像智能系统在某些场合（如某些场景里的平稳视频流导航)需要发现这种变化。针对这种情况,在 Unit-linking PCNN 全局图像时间签名的基础上提出能反映图像局部变化的 Unit-linking PCNN 局部图像时间签名[1-4],它不具有平移及旋转不变性。

Unit-linking PCNN 用于产生全局及局部图像时间签名时,其连接方式同前面图像处理时一样,网络为一个单层二维的局部连接网络,所有神经元的参数完全一样。神经元与像素点一一对应,神经元的个数等于输入图像中像素点的个数。每个像素点的亮度值(或某颜色通道的值)输入对应神经元的 F 通道,使每个神经元的 F 通道信号等于其对应像素点的亮度值(或某颜色通道的值);同时,每个神经元通过 L 通道接收其邻域内神经元的输出,只要其邻域中的神经元有一个点火,其 L 通道信号就为 1(Unit-linking)。

若将一幅图像对应的 Unit-linking PCNN 在每一次迭代运算中的点火神经元数记下来,经过一段时间就得到一时间序列,该时间序列称为原始图像的 Unit-linking PCNN 全局图像时间签名。该时间序列中的各元素为各次 Unit-linking PCNN 迭代运算中点火神经元的总数。由于该时间序列包含了整幅原始图像的亮度分布模式及几何结构信息,以及为了与 5.2 节中的局部时间签名相区别,这里称其为全局时间签名。Unit-linking PCNN 全局图像时间签名是时间(迭代次数)的函数,其长度与迭代次数有关。每一次迭代中,某神经元是否点火由其对应像素点的亮度值以及是否接收到邻域内其他神经元发出的脉冲波这两个条件共同决定。某神经元是否接收到邻域内其他神经元发出的脉冲,与图像的几何结构有关。由此可知,Unit-linking PCNN 全局图像时间签名不仅反映了整幅原始图像的亮度分布模式,更重要的是还反映了整幅原始图像的几何结构,它可以作为图像特征使用。每幅图像的 Unit-linking PCNN 全局图像时间签名具有唯一性,而 Unit-linking PCNN 全局图像时间签名对应的图像不具有唯一性。

由于所有神经元及其连接方式是完全相同的,且 Unit-linking PCNN 全局图像时间签名中各元素为 Unit-linking PCNN 各次迭代运算中点火神经元的总数,该总数与点火神经元所在的具体位置无关。因此,Unit-linking PCNN 全局图像时间签名具有旋转及平移不变性,在目标识别中这是一个优良的性质。

全局图像时间签名的长度取决于 Unit-linking PCNN 迭代运算次数。对于灰度图像,迭代运算次数取为 N。此时全局图像时间签名的长度为 N,可看成包含 N 个元素的矢量。一般情况下,对于灰度图像,全局图像时间签名的长度约为 20,有时会取得更小,在本章的具体应用中长度最小为 12。

下面给出 Unit-linking PCNN 全局图像时间签名具体算法。与第 4 章一样,该算法中 $\boldsymbol{F}$、$\boldsymbol{L}$、$\boldsymbol{U}$、$\boldsymbol{Y}$、$\boldsymbol{\theta}$、**Inter** 分别为输入图像矩阵、连接矩阵、内部状态矩阵、神经元输出矩阵、阈值矩阵、中间矩阵;Height 为图像的高度,Width 为图像的宽度;$\boldsymbol{\Delta}$

为阈值调节矩阵，用于调节阈值，该矩阵中各元素均为 δ，它与循环迭代次数 N 相对应，$\delta=1/N$；$\boldsymbol{T}$ 为矢量，用于存放 Unit-linking PCNN 的全局图像时间签名，其长度为 N；$\boldsymbol{T}(n)$ 为 $\boldsymbol{T}$ 中的第 n 个元素（$0\leqslant n<N, n\in\mathbf{Z}$）。网络采用 8 邻域连接，且神经元的邻域应包含自身（即各神经元的 L 通道也接收其自身的输出），故运算核矩阵为

$$\boldsymbol{K}=\begin{bmatrix}1 & 1 & 1\\ 1 & 1 & 1\\ 1 & 1 & 1\end{bmatrix}$$

Unit-linking PCNN 全局图像时间签名算法如下。

(1) 将 $\boldsymbol{F}$ 中的值归整到[0,1]。设定 N，令 $n=0,\beta=0.2,\delta=1/N,\boldsymbol{L}=\boldsymbol{U}=\boldsymbol{Y}=\mathbf{0},\boldsymbol{\theta}=\mathbf{1}$。

(2) **Inter**$=\boldsymbol{Y}$。

(3) $\boldsymbol{L}=\mathrm{step}(\boldsymbol{Y}\otimes\boldsymbol{K}),\boldsymbol{U}=\boldsymbol{F}.*(\mathbf{1}+\boldsymbol{\beta L}),\boldsymbol{Y}=\mathrm{step}(\boldsymbol{U}-\boldsymbol{\theta})$。

(4) 如果 $\boldsymbol{Y}=$**Inter**，则到第(5)步；否则，返回第(2)步。

(5) 记录该次点火的神经元数目到 $\boldsymbol{T}(n)$。

(6) $\boldsymbol{\theta}=\boldsymbol{\theta}-\Delta$，随着迭代次数的增加降低阈值。

(7) 如果 $\boldsymbol{Y}(i,j)=1$，则 $\boldsymbol{\theta}(i,j)=100(i=1,2,\cdots,\mathrm{Height};j=1,2,\cdots,\mathrm{Width})$，$\boldsymbol{Y}(i,j)$、$\boldsymbol{\theta}(i,j)$ 分别为矩阵 $\boldsymbol{Y}$、$\boldsymbol{\theta}$ 的元素。神经元一旦点火，升高其阈值使之不再点火。

(8) $n=n+1$。

(9) 如果 $n<N+1$，则返回第(2)步；否则，结束。

该算法中神经元的邻域应包含自身，由于若神经元的邻域不包含自身，某些特殊情况下，个别神经元的点火状况在两次迭代运算的交接处发生振荡，从而影响对"脉冲波传播是否结束"的判断。因此，运算核矩阵不能取为

$$\boldsymbol{K}=\begin{bmatrix}1 & 1 & 1\\ 1 & 0 & 1\\ 1 & 1 & 1\end{bmatrix}$$

该算法中的第(2)步～第(5)步：根据图像的亮度分布模式及脉冲波的传播计算某次迭代中点火神经元的数目。

第(4)步中判断整个网络相邻两次的输出是否相同（即判断某次迭代运算中脉冲波是否传播结束）时，大多数情况下无需一一比较所有神经元的输出，很明显只要有一个神经元前后两次的输出不同就可认为整个网络前后两次的输出不同，此时其他神经元前后两次的输出无需再比较。考虑到这点，可以显著提高效率。

算法中，通过改变迭代次数可以获得不同长度的 Unit-linking PCNN 全局图像时间签名。时间签名维数越少，所需的运算时间也就越少。

对于彩色图像，若在 RGB(red，green，blue)颜色空间处理，将 Unit-linking PCNN 全局图像时间签名算法分别用于 R、G、B 三个通道，再将其 R、G、B 三个通道的 Unit-linking PCNN 全局图像时间签名连接起来，就可得到彩色图像的 RGB 全局时间签名。如果各通道的全局时间签名长度均为 N，将这三个通道的全局时间签名依次连接在一起，就得到长度为 $3N$ 的彩色图像的 RGB Unit-linking PCNN 全局时间签名。对于彩色图像，若在其他颜色空间，如 HSI(hue，saturation，intensity)颜色空间，求取 Unit-linking PCNN 全局图像时间签名，亦是如此处理。RGB 和 HSI Unit-linking PCNN 全局图像时间签名在具体应用中均有运用，维度分别为从 12 到 60 多。

如图 5.1 所示，左边为彩色图像，右边为对应的 RGB Unit-linking PCNN 全局图像时间签名，全局图像时间签名曲线图的横坐标 n 为迭代次数(当 $1\leqslant n\leqslant 20$ 时，为 B 通道的全局图像时间签名；当 $21\leqslant n\leqslant 40$ 时，为 G 通道的全局图像时间签名；当 $41\leqslant n\leqslant 60$ 时，为 R 通道的全局图像时间签名)，纵坐标 $T(n)$ 为整幅图像中点火神经元的数目。图像大小的单位为像素。图 5.1 中，(a)为一张玩具汽车的彩色照片及其全局图像时间签名，(b)为玩具汽车平移旋转后的彩色照片及其全局图像时间签名，(c)为一张坦克的彩色照片及其全局图像时间签名，照片的尺寸均为 256 像素×256 像素。图 5.1 中，玩具汽车平移旋转前后，它们的 Unit-linking PCNN 全局时间签名几乎完全一样，由此可看出 Unit-linking PCNN 全局图像时间签名具有平移及旋转不变性，实际情况中，数字图像的离散化会造成Unit-linking PCNN 全局时间签名的旋转误差，这一般可忽略不计；(c)不是(a)和(b)的平移旋转结果，其 Unit-linking PCNN 全局时间签名不同于(a)和(b)中的全局时间签名。

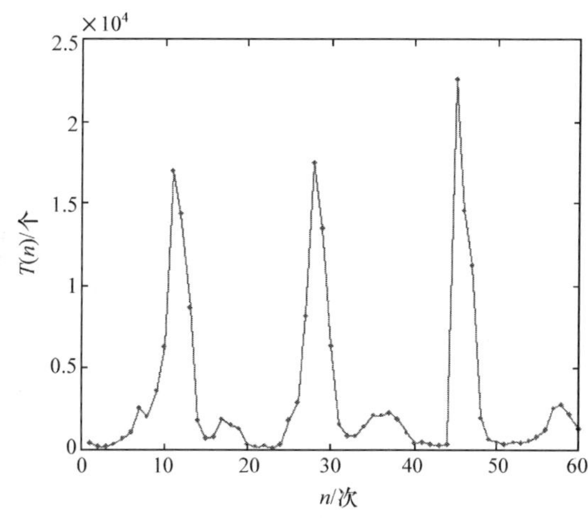

(a) 玩具汽车

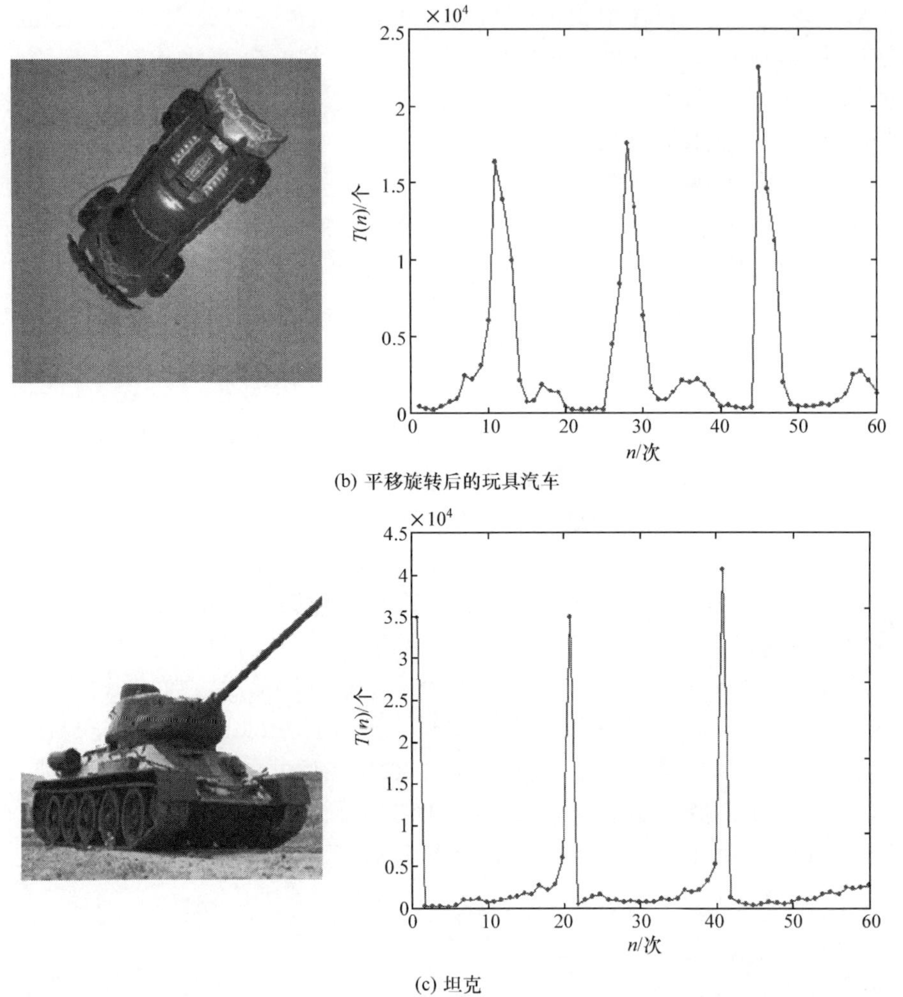

(b) 平移旋转后的玩具汽车

(c) 坦克

图 5.1　三张彩色照片及其 RGB Unit-linking PCNN 全局图像时间签名

图 5.2 中，(a)为智能机器人在实验室行走时拍摄的视频流中第 10 帧彩色图像及其 RGB Unit-linking PCNN 全局图像时间签名，(b)为同一视频流中的第 100 帧彩色图像及其全局图像时间签名，每帧图像的尺寸均为 160 像素×120 像素。这两个 RGB Unit-linking PCNN 全局图像时间签名差异明显，很好地反映了场景的变化，为后续处理打下良好的基础。

图 5.3 中，(a)为智能机器人在走廊行走时拍摄的视频流中第 100 帧彩色图像及其 RGB Unit-linking PCNN 全局图像时间签名，(b)为同一视频流中的第 1000 帧彩色图像及其全局图像时间签名，每帧图像的尺寸也是 160 像素×120 像素。这两帧图像的 Unit-linking PCNN 全局时间签名的前 20 维(对应蓝色通道)存在明显的差异，反映了场景的变化。

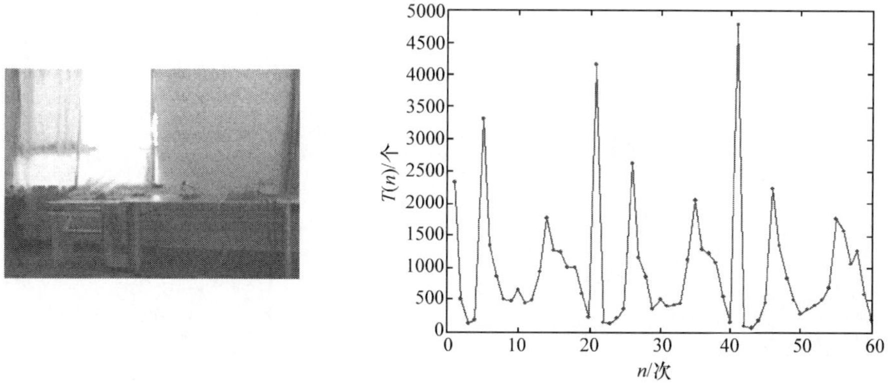

(a) 第10帧

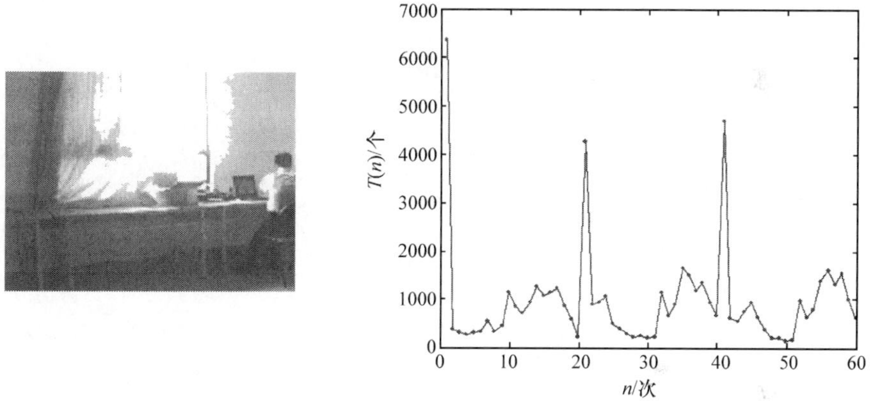

(b) 第100帧

图 5.2　智能机器人在实验室行走中拍摄的视频帧及其
RGB Unit-linking PCNN 全局图像时间签名

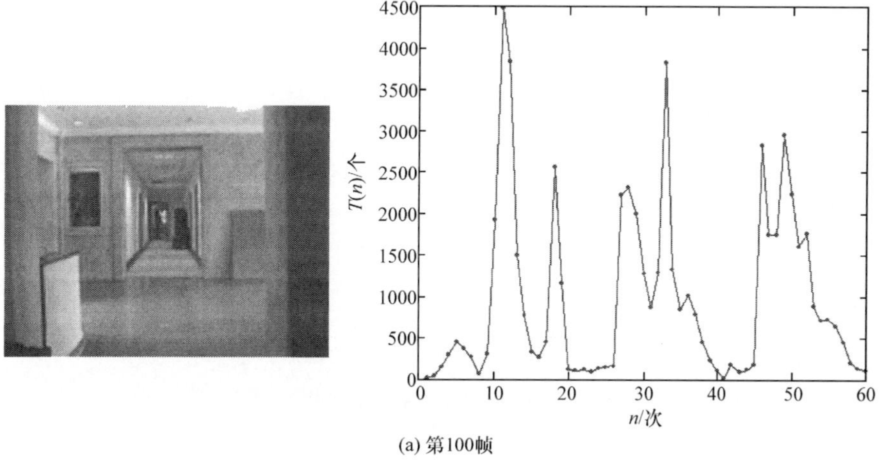

(a) 第100帧

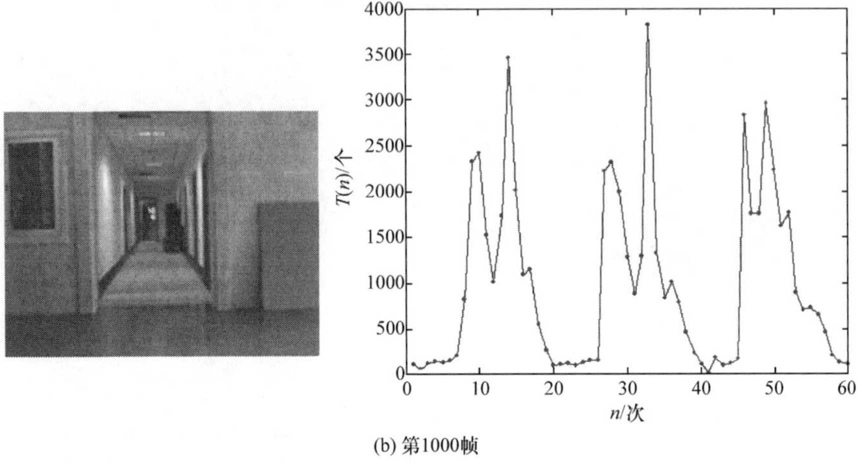

(b) 第1000帧

图 5.3 智能机器人在走廊行走中拍摄的视频帧及其 RGB Unit-linking PCNN 全局图像时间签名

如图 5.4 所示，左边为彩色图像，右边为对应的 HSI Unit-linking PCNN 全局图像时间签名，HSI 各通道的连接顺序为：I 通道的全局图像时间签名($1\leqslant n\leqslant 21$)、H 通道的全局图像时间签名($22\leqslant n\leqslant 42$)、S 通道的全局图像时间签名($43\leqslant n\leqslant 63$)。图 5.4 中，(a)为一张玩具汽车的彩色照片(128 像素×128 像素)及其 HSI Unit-linking PCNN 全局图像时间签名，(b)为玩具汽车平移旋转且缩小到原来四分之一时的彩色照片(64 像素×64 像素)及其 HSI Unit-linking PCNN 全局图像时间签名，(b)和(a)中全局时间签名的形状几乎完全一样，只是幅度不同，由此可看出，对于整幅图像，Unit-linking PCNN 全局图像时间签名具有尺度不变性。整幅图像的 Unit-linking PCNN 全局图像时间签名的尺度不变性与其平移及旋转不变性存在着以下区别。

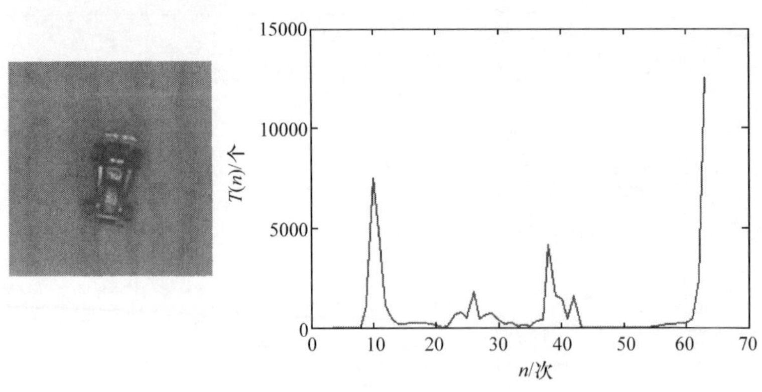

(a) 玩具汽车(128像素×128像素)

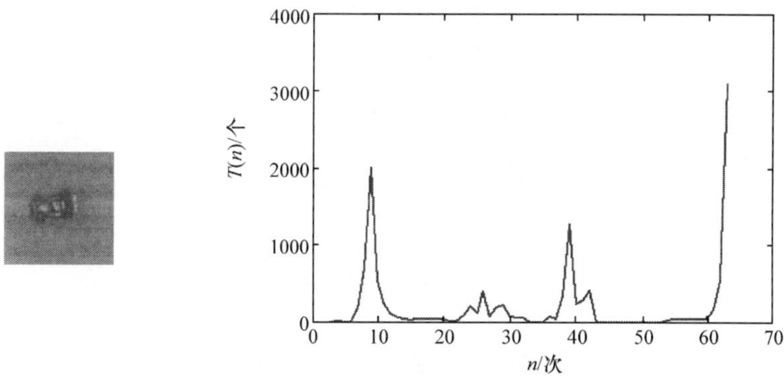

(b) 玩具汽车平移旋转且缩小到原来四分之一(64像素×64像素)

图 5.4 玩具汽车平移旋转缩小前后的照片及其 HSI Unit-linking PCNN 全局图像时间签名

整幅图像的 Unit-linking PCNN 全局图像时间签名对整幅图像以及背景相同的目标均具有平移及旋转不变性，当背景相同时，对于只需用到平移及旋转不变性的目标识别，不用对图像进行目标和背景的分割；而整幅图像的全局图像时间签名只对整幅图像具有尺度不变性。

5.2 Unit-linking PCNN 局部图像时间签名

当场景中目标位置变化时，具有平移及旋转不变性的 Unit-linking PCNN 全局图像时间签名不能反映这一变化。一个图像智能系统有时需用到能反映这种变化的特征，例如，智能机器人在走廊进行自主导航时，场景一般由墙和门构成，这种情况下，门的位置是导航的重要线索，在几乎同样的背景中，门在图像的左边还是右边很可能对应不同的动作，这时具有平移及旋转不变性的 Unit-linking PCNN 全局图像时间签名就不能区分这些场景之间的不同。针对这种情况，本节介绍能反映图像局部变化的 Unit-linking PCNN 局部图像时间签名[1-4]，它不具有全局图像时间所拥有的平移及旋转不变性，而能够反映图像局部的变化。

Unit-linking PCNN 局部图像时间签名的定义为：首先将原始图像 A 分成 N 个子块(这些子块之间可以重叠，也可以不重叠；子块的尺寸也可以不一样)，然后由全局时间签名算法求得各子块的时间签名，称这些子块的时间签名为原始图像 A 的 Unit-linking PCNN 局部图像时间签名，局部图像时间签名为 N 个子块时间签名的集合。Unit-linking PCNN 局部图像时间签名中的“局部”是针对整幅原始图像而言的。图 5.5 为 Unit-linking PCNN 局部图像时间签名的算法流程图。

Unit-linking PCNN 局部图像时间签名算法中，计算各子块的时间签名有以下两种途径。

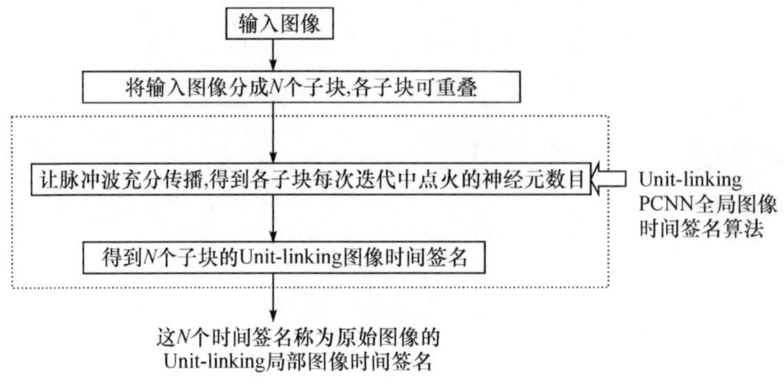

图 5.5　Unit-linking PCNN 局部图像时间签名的算法流程图

途径一:让脉冲波在包括各子块的整幅图像中充分传播,分别记录整幅图像各子块区域内点火的神经元数目,从而得到这些子块的时间签名,它们构成了原始整幅图像的局部时间签名。这种情况下,某子块的时间签名会受到该子块相邻区域亮度或色度等的影响,该途径也称为整体提取途径。

途径二:将各子块从整幅图像中抽出,让脉冲波在各分离的子块中分别传播,从而得到各子块的时间签名。这种情况下,某子块的时间签名独立于该子块外的区域,该途径也称为分离提取途径。

采用整体提取途径时,若某幅图像的各子块不重叠,则各子块的时间签名之和等于整幅图像的全局时间签名:

$$\sum_{i=1}^{N} T_i = T,\quad \mathrm{BLO}(T_m) \cap \mathrm{BLO}(T_n) = \phi,\quad m,n \in \{1,2,\cdots,N\}\ \text{且}\ m \neq n \tag{5-1}$$

式中,N 为子块数目;T 为图像的全局时间签名;T_i 为对应于子块 i 的时间签名;$\mathrm{BLO}(T_m)$和 $\mathrm{BLO}(T_n)$分别表示子块 m 和子块 n。

将图 5.1 中的玩具汽车图像(a)和(b)分别以同样的方式均匀地分成 4 个不重叠的子块(各子块的尺寸为 128 像素×128 像素),如图 5.6 所示。由于 Unit-linking PCNN 全局图像时间签名所具有的平移及旋转不变性,图 5.6(a)和图 5.6(b)的 Unit-linking PCNN 全局图像时间签名几乎完全一样,其全局图像时间签名曲线图具体可见图 5.1(a)和图 5.1(b)。图 5.7～图 5.10 为图 5.6(a)和图 5.6(b)中各对应子块及相应的 Unit-linking PCNN 图像时间签名,由此可知,虽然图 5.6(a)和图 5.6(b)的全局图像时间签名几乎完全一样,但它们对应的局部图像时间签名完全不同,反映了图像局部的变化。该例计算局部图像时间签名时,采用了分离提取途径。

(a) 图5.1(a)中图像划分情况

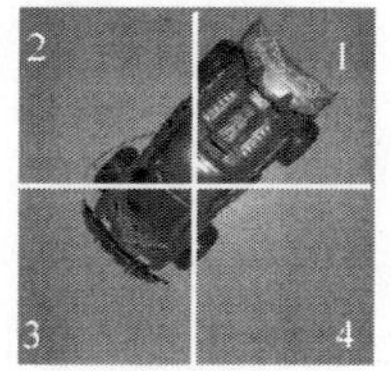

(b) 图5.2(b)中图像划分情况

图 5.6　玩具汽车图像均匀地分成 4 个不重叠的子块

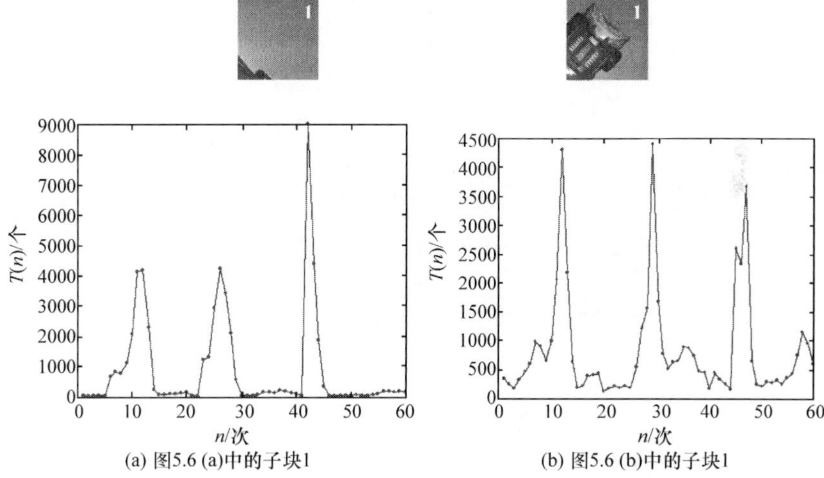

(a) 图5.6 (a)中的子块1　　(b) 图5.6 (b)中的子块1

图 5.7　子块 1 及其 RGB Unit-linking PCNN 局部图像时间签名

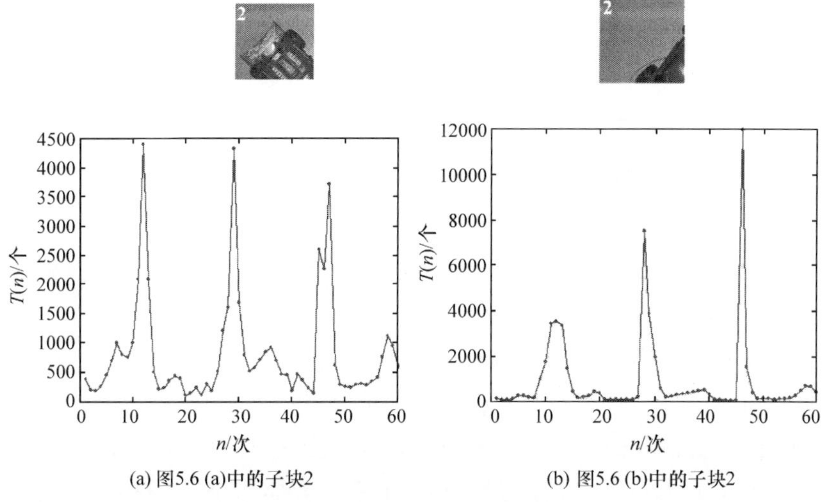

(a) 图5.6 (a)中的子块2　　(b) 图5.6 (b)中的子块2

图 5.8　子块 2 及其 RGB Unit-linking PCNN 局部图像时间签名

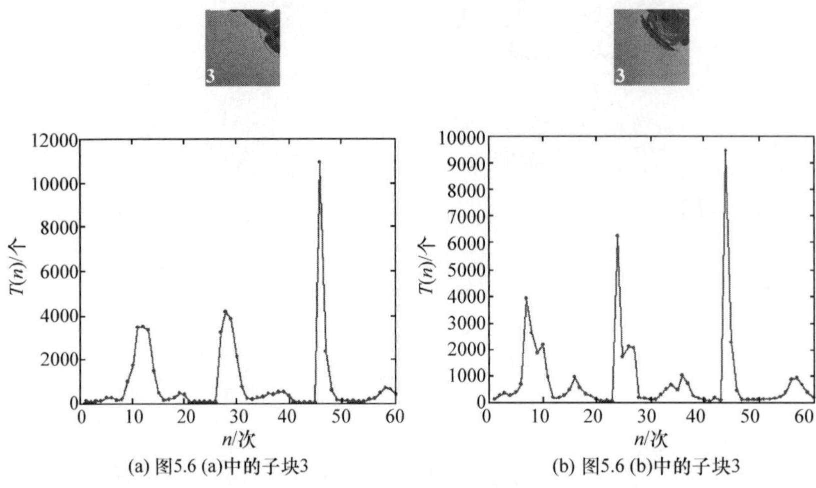

(a) 图5.6 (a)中的子块3　　(b) 图5.6 (b)中的子块3

图 5.9　子块 3 及其 RGB Unit-linking PCNN 局部图像时间签名

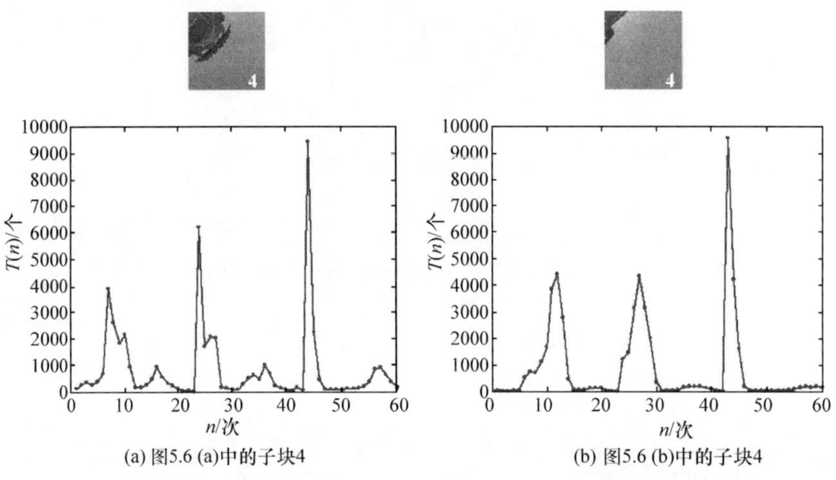

(a) 图5.6 (a)中的子块4　　(b) 图5.6 (b)中的子块4

图 5.10　子块 4 及其 RGB Unit-linking PCNN 局部图像时间签名

5.3　基于 Unit-linking PCNN 全局图像时间签名的目标识别

Unit-linking PCNN 全局图像时间签名具有旋转、平移和尺度不变性，这在目标识别中是优良的性质，可作为目标识别中的特征[1,2,7]。图 5.11(a)、(b)、(c)分别为立方体、三棱柱和圆柱的俯拍图，它们的全局图像时间签名是识别时进行匹配的模板；图 5.12(a)、(b)、(c)分别为图 5.11 中立方体、三棱柱和圆柱任意旋转及平移后的俯拍图，用于测试。

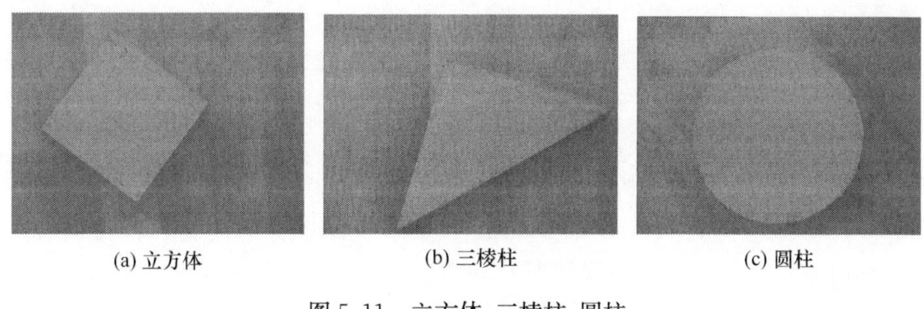

(a) 立方体　(b) 三棱柱　(c) 圆柱

图 5.11　立方体、三棱柱、圆柱

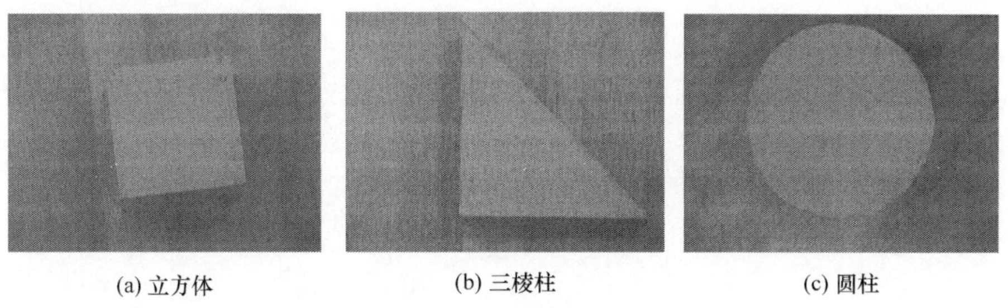

(a) 立方体　(b) 三棱柱　(c) 圆柱

图 5.12　立方体、三棱柱、圆柱任意旋转及平移后用于测试的俯拍图

将图 5.12 中三种不同目标的 Unit-linking PCNN 全局图像时间签名和图 5.11 中原始目标的时间签名模板进行匹配。先对各全局图像时间签名矢量进行归一化处理，然后求取测试目标与各原始目标全局时间签名之间的欧氏距离，距离最小的即为最终的识别结果，结果如表 5.1 所示。

表 5.1　待识别目标的 Unit-linking PCNN 全局图像时间签名和模板的归一化欧氏距离

类别	立方体	三棱柱	圆柱
立方体	**0.4913**	0.7398	0.8752
三棱柱	0.6821	**0.5119**	0.7842
圆柱	0.6963	1.0821	**0.4313**

注：表中值越小表明相似度越大；每列的最小值加黑表示。

表 5.1 显示识别结果完全正确。该例中三种目标的颜色均相同，亮度层次不丰富，面积相差不大，它们之间的差异主要体现在形状上。如果目标的颜色变化复杂，亮度层次丰富，则不同目标全局图像时间签名之间的距离将进一步拉开。目标的颜色和亮度层次越丰富，不同目标的 Unit-linking PCNN 全局图像时间签名之间的距离就越大。因为 Unit-linking PCNN 全局图像时间签名具有平移及旋转不变性，所以在上述的目标识别中，每类目标只需建立一个模板，三类不同的目标只需建立三个模板，各模板可通过 Unit-linking PCNN 全局图像时间签名算法，由各

种类目标的任意一幅图像得到。一般情况下，在基于 Unit-linking PCNN 全局图像时间签名的目标识别系统中，如有 k 类目标，则模板匹配时，测试目标只需和 k 个模板匹配，因此匹配速度非常快，系统计算时间主要消耗于全局图像时间签名的计算。

图 5.13 所示民航飞机的 HSI Unit-linking PCNN 全局图像时间签名和图 5.14 所示战斗机的 HSI Unit-linking PCNN 全局图像时间签名存在显著的不同，由其可容易地区分出民航飞机和战斗机。

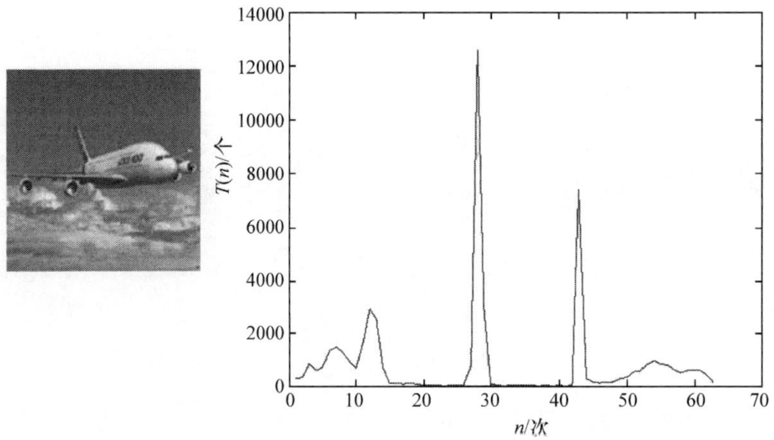

图 5.13 民航飞机图像及 HSI Unit-linking PCNN 全局图像时间签名

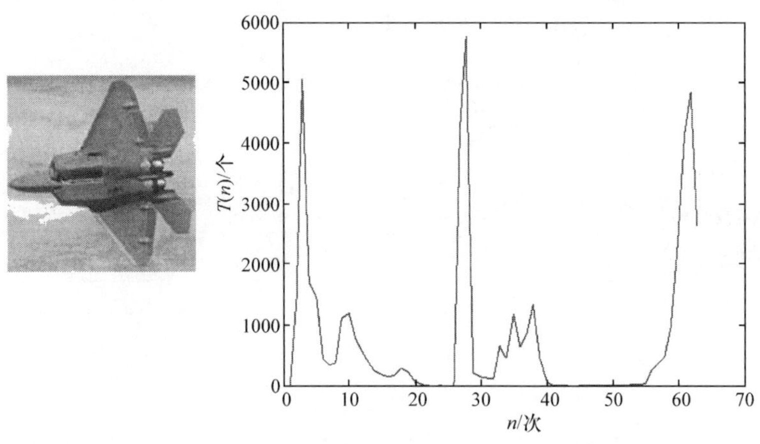

图 5.14 战斗机图像及 HSI Unit-linking PCNN 全局图像时间签名

用 Unit-linking PCNN 全局图像时间签名进行目标检测，测试时将测试图片划分成多种尺寸的子块，将各个子块的全局图像时间签名和模板进行匹配，这避免了图像分割。匹配时采用归一化欧氏距离，和模板之间距离最小的子块被认为包含着目标。为了避免检测场景中不含目标时的误检,可通过实验设置合适的相似度阈值。测试时除了可将图像子块设置为多种不同的尺寸进行匹配,也可通过原始图像的缩放进行匹配,即对原始图像进行降采样与插值得到缩小及放大的图像,将目标时间签名和原始图像及各缩小与放大的图像中各子块相应的时间签名进行匹配,得到目标检测结果。

图 5.15 给出了目标“面包机器人”在不同场景、不同大小、不同旋转角度情况下的测试结果,所有图片均按同样的比例显示,图片中框住的区域为基于 HSI Unit-linking PCNN 全局图像时间签名的自动检测结果。图 5.15(a)中目标模板的“面包机器人”图片的大小为 40 像素×40 像素,生成全局图像时间签名模板时,目标要尽可能地占据模板图片。图 5.15 中测试图片尺寸为 160 像素×120 像素,测试时图像子块分别采用 20 像素×20 像素、40 像素×40 像素、80 像素×80 像素三种尺寸,匹配时每次水平或垂直移动 5 个像素点。图 5.15 显示“面包机器人”在不同场景、不同大小、不同旋转角度情况下都被正确检测到。

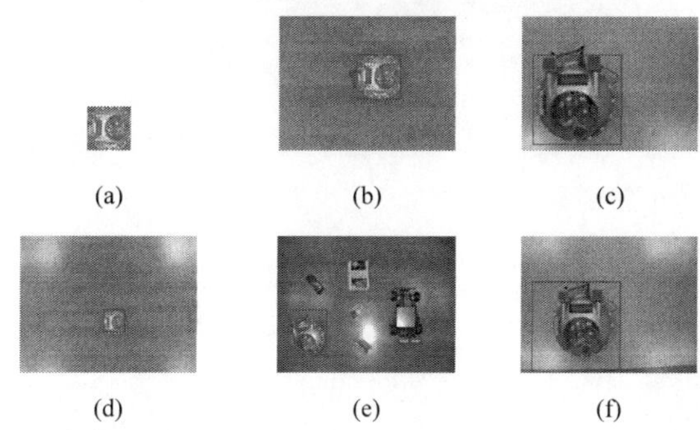

图 5.15　不同场景中基于 HSI Unit-linking PCNN 全局图像时间签名的目标检测

图 5.16 中,(a)为目标“手”的模板(40 像素×40 像素);(b)为其基于 HSI Unit-linking PCNN 全局图像时间签名的某帧自动检测结果,所有图片均按同样的比例显示,其中浅色框框住的区域为自动检测结果,其参数选取和图 5.15 一样。图 5.16 显示“手”在发生尺度变化及背景较复杂的情况下能被正确地检测到。

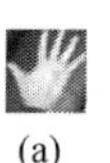

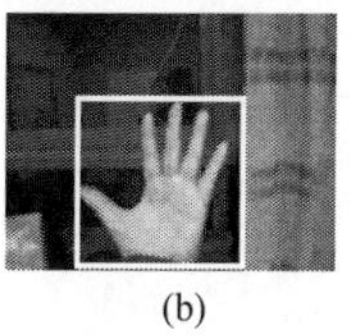

(a)　(b)

图 5.16　基于 HSI Unit-linking PCNN 全局图像时间签名的某运动目标检测

图 5.17 中,(a)为目标光盘,(b)、(c)、(d)分别为复旦大学电子工程系图像与智能实验室的智能机器人(图 5.18)摄入的包含光盘的视频流中第 142 帧、第 150 帧、第 375 帧的图像,其中框围住的区域为用 Unit-linking PCNN 全局图像时间签名跟踪搜索到的目标光盘位置。该视频中目标的尺度变化不大,匹配时只用一种尺寸的图像子块。先验目标光盘的大小为 40 像素

×40 像素，场景的大小为 160 像素×120 像素，场景中各子块的尺寸为 40 像素×40 像素，相邻子块间水平或垂直重叠为 35 像素，这种情况下，各帧场景中目标光盘的时间签名共需与 425 个(25×17)Unit-linking PCNN 全局图像时间签名进行匹配。图 5.17(d)中的光盘尺寸略大于图 5.17(a)中的目标光盘尺寸，但由于尺度变化不大，该方法仍能准确地搜索到光盘位置。如果目标尺度变化明显，则需采用多种不同尺寸的子块(或缩放原始图像)进行匹配。实验表明，目标跟踪时 HSI 图像时间签名的性能比 RGB 图像时间签名更好。另外，在 HSI 空间采用 H(色调)、S(色饱和度)这两个通道构成的图像时间签名和采用 H、S、I(亮度)三个通道构成的图像时间签名的目标跟踪结果几乎完全一样，后者时间签名的长度比前者减少了三分之一。因此，目标检测时可考虑采用 HSI 空间中 H、S 这两个通道的图像时间签名。

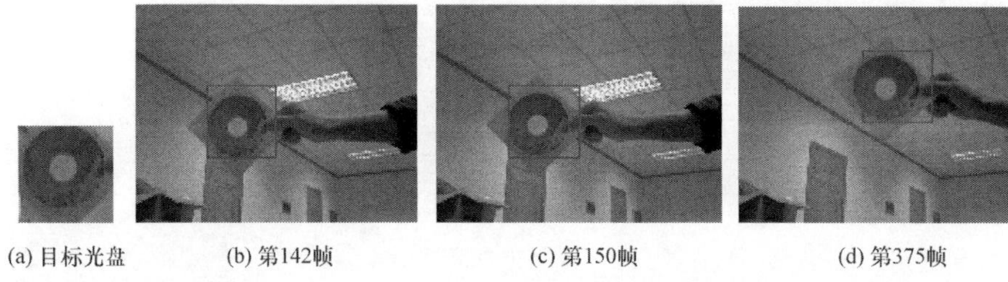

(a) 目标光盘　(b) 第142帧　(c) 第150帧　(d) 第375帧

图 5.17　视频中基于 HSI Unit-linking PCNN 全局图像时间签名的多帧跟踪结果

图 5.18　智能机器人

上述方法中，测试时图像中每个图像子块都需单独计算其全局图像时间签名，这样随着图像子块增多，耗时也随之增加；此外，还有一种快速计算图像时间签名的方法，记录整幅图像每个神经元每次迭代运算后的状态，据此在图像子块对应的位置得到该子块的时间签名(不用再分别计算每个子块的时间签名)，这时该时间签名和从整幅图像抽离该子块计算得到的时间签名存在区别，因为该子块对应神经元的状态还受到周边区域神经元状态的影响，这相当于采用整体提取途径计算 Unit-linking PCNN 局部图像时间签名，但从该子块的角度出发，它是该子块的全局图像时间签名。采用单独分离计算各子块全局图像时间签名方法，若整幅图像面积增加 K 倍，K 值较大且子块面积不变，则可忽略图像尺寸对脉冲传播时间的影响，那么其计算时间签名的时间约为整体提取方法的 K 倍，可见整体提取方法的运算速度比单独分离提取方法快很多。

5.4　基于 Unit-linking PCNN 图像时间签名的机器人自主导航

本节将 Unit-linking PCNN 全局图像时间签名及局部图像时间签名应用于发育机器人的自主导航[1,2,3,6]。在非平稳视频流导航中，充分利用 Unit-linking PCNN 全局图像时间签名的平移及旋转不变性；在平稳视频流导航中，既用到 Unit-linking PCNN 全局图像时间签名的平移及旋转不变性，又用到 Unit-linking PCNN 局部图像时间签名能反映场景局部变化的特性。

本章中的机器人是自主发育的，采用 Weng 等[16]提出的自主发育概念。Weng 等认为机器人能根据实时环境如人一样进行自主发育学习，这是当前机器人领域一个比较重要的研究方向，虽然该理论已提出多年，但目前相关的研究仍不成熟，有待深化和发展。机器人的自主发育过程分为两个部分，即感知和认知。感知部分首先对视觉信息进行处理，提取出特征，然后将处理结果送入认知部分实现自主发育。输入的视觉信息（视频流）可分为非平稳视频流和平稳视频流。视频流之间的变化较大，称为非平稳视频流；反之，则称为平稳视频流。在感知部分，非平稳视频流导航和平稳视频流导航两种情况下，均以 Unit-linking PCNN 图像时间签名作为特征，并与增量主元分析（candid covariance-free incremental principal component analysis，CCIPCA）特征[17]进行比较，结果表明机器人感知部分采用 Unit-linking PCNN 图像时间签名时具有更好的特征提取效果，在非平稳视频流导航中优势非常明显[1,2,3,6]，在平稳视频流导航中略有优势，但不如非平稳视频流导航时明显。自主发育机器人认知部分采用增量分层回归（incremental hierarchical discriminating regression，IHDR）在线算法[18]。

5.4.1　发育机器人自主导航流程

发育机器人自主导航的过程如图 5.19 所示。训练时机器人首先通过自身的摄像机摄取视频，机器人感知部分对视频中每一帧进行特征提取，提取 Unit-linking PCNN 图像时间签名特征或 CCIPCA 特征；接着将所提取特征输入机器人认知部分，采用 IHDR 建树。测试阶段机器人通过自身的摄像机摄取视频，对视频中的每一帧进行特征提取，搜索训练阶段所建立的 IHDR 树，得到对应的动作，进行导航。测试时机器人若能从起点自动抵达正确的终点，认为导航成功，否则失败。非平稳视频流导航采用行进摇摆的自主发育四腿智能机器狗为平台，平稳视频流导航采用行进平稳的自主发育四轮智能机器人为平台。当机器人感知部分采用 Unit-linking PCNN 图像时间签名作为特征时，在非平稳视频流导航情况下，只用到全局图像时间签名；在平稳视频流导航情况下，同时采用全局图像时间签名和局部图像时间签名。

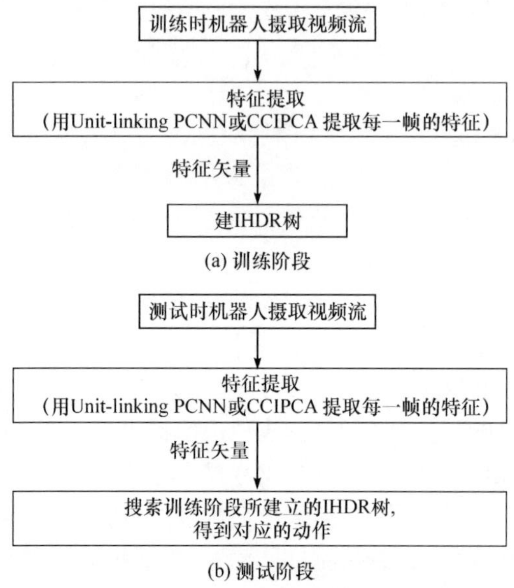

图 5.19　机器人自主导航的训练及测试过程

5.4.2　增量分层回归法

在非平稳视频流与平稳视频流机器人或机器狗导航中,自主发育认知部分均采用 IHDR 算法,这是一种在批处理 HDR 算法[19]基础上得到的在线方法。机器人自主导航中,训练阶段先用提取的特征(如 Unit-linking PCNN 图像时间签名)训练得到 HDR 树,测试阶段用训练好的 HDR 树进行导航。HDR 算法是一种针对高维向量学习的子空间识别批处理算法,同时具备分类器和识别器的功能,能自动区分输入样本的特征并对样本进行归类,最后发育形成一个认知的树状结构。当有新样本输入时,如果新样本特征已经存在于认知树中,那么其将归到相应的枝叶类别中;反之,则创建新的枝叶。随着新样本的不断输入,认知树的结构不断得到完善。

HDR 树有三种节点,即根节点、中间节点和终节点(叶子节点)。图 5.20 为一棵三层的 HDR 树。HDR 树的每一个节点同时在输入与输出空间进行聚类运算,包含 x 簇和 y 簇,称为双重聚类。输出空间的聚类为输入空间的聚类提供了虚拟标签;输入空间的判别式直接由输入空间的簇产生,这些判别式在树的每一个节点展开分类子空间。分层概率分布模型被应用到每一个节点的最终判别子空间,在分层判别子空间实现输入样本概率分布由粗到细的近似。为了放松传统判别分析技术对每类样本数目的要求,从而能自动应用于小样本数量、大样本数量及样本不平衡的情况，算法采用一种基于样本数目的经验对数似然度(sizedependent negative log likelihood，SDNLL)，由于 HDR 算法为经验对数时间复杂度，其运行非常迅速。

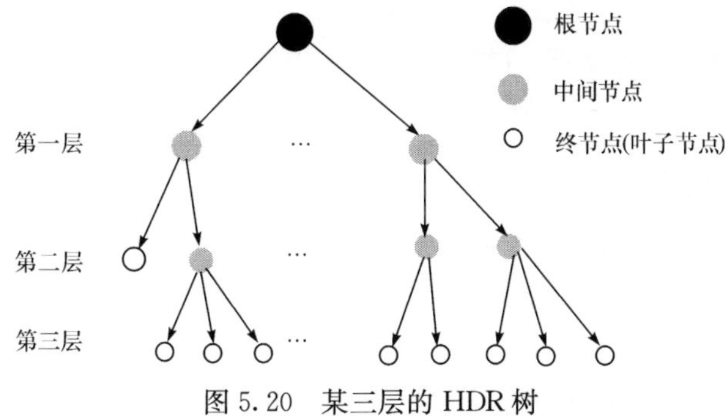

图 5.20　某三层的 HDR 树

1. HDR 建树及识别

训练样本为$\{(\boldsymbol{x}_i,\boldsymbol{y}_i),i=1,2,\cdots,m\}$，HDR 树在输出空间$\mathcal{Y}$的灵敏度为$\delta_y$。

1) HDR 建树步骤

(1) 训练样本根据 $\boldsymbol{y}_i$ 进行聚类，形成 p 个簇，并计算出每一簇的 $\boldsymbol{x}_i$ 的均值、方差以及 $\boldsymbol{y}_i$ 的均值，存入对应节点。

(2) 根据每个输入样本 $\boldsymbol{x}_i$ 的值将该样本归入与之 SDNLL 距离最近的一簇，对所有样本进行该操作后形成 q 个节点，即为 q 个子空间，其中 $q\leqslant p$。对于每一个节点，执行第(3)步。

(3) 在输出空间$\mathcal{Y}$中，计算节点内所有样本两两之间的欧氏距离，得到其中的最小值 $d_{\min}$。如果 $d_{\min}<\delta_y$，则该节点为叶子节点，分裂停止；否则，执行第(1)步。

(4) 当整棵 HDR 树不再生成新的子节点时，生长过程完成。

2) HDR 识别步骤

令测试样本为 $\boldsymbol{x}$，搜索宽度为 k。

(1) 从树的根节点开始，在输入空间$\mathcal{X}$中，计算出第 1 层中与测试样本 $\boldsymbol{x}$ 的 SDNLL 距离最小的 k 个子节点，将其标记为活动的。

(2) 对于每一个活动的子节点，判断它是否是叶子节点。若不是，则继续将其标记为不活动的，计算其下一层子节点与测试样本 $\boldsymbol{x}$ 的 SDNLL 距离，找出距离最短的 k 个子节点，将其标记为活动的。

(3) 根据最短 SDNLL 距离的原则，最多标记 k 个活动的子节点。

(4) 重复第(2)步和第(3)步，直到所有活动的子节点都是叶子节点。

(5) 计算所有活动的叶子节点与测试样本 $\boldsymbol{x}$ 的 SDNLL 距离，找出距离最小的叶子节点，将该叶子节点所有样本在输出空间$\mathcal{Y}$中的均值作为测试样本 $\boldsymbol{x}$ 的输出 $\boldsymbol{y}$。识别结束。

2. IHDR 建树及识别

IHDR 算法是 HDR 算法的一种增量计算方式，可以在线建树，用在自主发育机器人上，两者差异在于建树过程，而识别过程相同。

IHDR 算法是从一系列训练样本中增量地建树。树的节点越深，输入空间 $\mathcal{X}$ 的簇的方差就越小。当一个节点的样本数目小到无法对 q 个 $\mathcal{X}$ 空间簇给出一个好的统计估计时，这个节点就是叶子节点。

若输入空间 $\mathcal{X}$ 的敏感度为 δ_x(用于派生下一层节点的阈值)，当前时刻的输入为($\boldsymbol{x}$，$\boldsymbol{y}$)，则 IHDR 建树及识别步骤如下。

1) IHDR 建树步骤

(1) 搜索树中可以加入子节点的叶子节点，在输入空间 $\mathcal{X}$ 中分别计算 $\boldsymbol{x}$ 与各个叶子节点之间的 SDNLL 距离，找出其中与 $\boldsymbol{x}$ 最接近的叶子节点 i。

(2) 将($\boldsymbol{x}$，$\boldsymbol{y}$)归入该叶子节点 i，同时更新叶子节点 i 的均值和协方差矩阵。

(3) 再次计算该节点与各个叶子节点之间的 SDNLL 距离，若与 $\boldsymbol{x}$ 最接近的叶子节点仍为 i，则更新结束，执行第(4)步；如果与 $\boldsymbol{x}$ 最接近的叶子节点为 j，则将($\boldsymbol{x}$，$\boldsymbol{y}$)放入叶子节点 j，同时更新叶子节点 j 的均值和协方差矩阵，并恢复叶子节点 i 的均值和协方差矩阵。

(4) 如果有一个叶子节点的样本数目大于 δ_x，则以该节点为根节点建树；否则，更新结束。

2) IHDR 识别步骤

IHDR 识别步骤与 HDR 相同，这里不再详述。

3. 基于样本数量的经验对数似然度距离

建立认知树时，并不能够保证每一个节点或簇都有足够数量的样本用于计算其统计特性。因此，必须根据样本的数目，设计一个能够改变自由度或自动计算参变量数目的统计模型。

基于 q－1 维高斯密度的高斯 NLL 距离的定义为

$$\mathrm{G}(\boldsymbol{x},\boldsymbol{c}_i)=\frac{1}{2}(\boldsymbol{x}-\boldsymbol{c}_i)^{\mathrm{T}}\boldsymbol{\Gamma}_i^{-1}(\boldsymbol{x}-\boldsymbol{c}_i)+\frac{q-1}{2}\ln(2\pi)+\frac{1}{2}\ln(|\boldsymbol{\Gamma}_i|) \tag{5-2}$$

式中，$\boldsymbol{c}_i$ 和 $\boldsymbol{\Gamma}_i$ 分别为样本簇的均值向量和协方差矩阵。

与式(5-2)类似，式(5-3) 定义了欧氏 NLL(Euclidean NLL)距离，即

$$E(\boldsymbol{x},\boldsymbol{c}_i)=\frac{1}{2}(\boldsymbol{x}-\boldsymbol{c}_i)^{\mathrm{T}}\rho^2\boldsymbol{I}^{-1}(\boldsymbol{x}-\boldsymbol{c}_i)+\frac{q-1}{2}\ln(2\pi)+\frac{1}{2}\ln(|\rho^2\boldsymbol{I}^{-1}|) \tag{5-3}$$

式(5-4) 定义了马氏 NLL(Mahalanobis NLL)，即

$$M(\boldsymbol{x},\boldsymbol{c}_i)=\frac{1}{2}(\boldsymbol{x}-\boldsymbol{c}_i)^{\mathrm{T}}\boldsymbol{S}_{\mathrm{w}}^{-1}(\boldsymbol{x}-\boldsymbol{c}_i)+\frac{q-1}{2}\ln(2\pi)+\frac{1}{2}\ln(|\boldsymbol{S}_{\mathrm{w}}|) \tag{5-4}$$

式(5-3)中,ρ^2 为整个样本集的方差;式(5-4)中,$\boldsymbol{S}_{\mathrm{w}}$ 为每一个节点的类间散布矩阵,即

$$\boldsymbol{S}_{\mathrm{w}}=\frac{1}{n}\sum_{i=1}^{q}n_i\boldsymbol{\Gamma}_i \tag{5-5}$$

当样本数目很小时,采用欧氏 NLL 距离;当样本数目增加时,采用马氏 NLL 距离;当有很充足的样本时,采用高斯 NLL 距离。因此,有必要随着样本数目的增加作一个自动的过渡。

参数尺度数目(number of scales per parameter,NSPP)用来估计每个参数尺度的数目。$\rho^2\boldsymbol{I}$ 中的 NSPP 为

$$b_{\mathrm{e}}=\min\{n-1,n_{\mathrm{s}}\} \tag{5-6}$$

式中,n 为样本数;n_{s} 为切换点,通常取 $n_{\mathrm{s}}=11$。

下面分析马氏 NLL 距离中 $\boldsymbol{S}_{\mathrm{w}}$ 的 NSPP。在 q 个簇中,由于每一个簇都需要用一个向量作为它的平均值向量,得到的独立向量的数目为 $n-q$。因此,有$(n-q)(q-1)$个独立标量。同时由于 $\boldsymbol{S}_{\mathrm{w}}$ 矩阵是对称的,有$(q-1)q/2$ 个需要估计的标量。$\boldsymbol{S}_{\mathrm{w}}$ 的 NSPP 为

$$\frac{(n-q)(q-1)}{(q-1)q/2}=\frac{2(n-q)}{q} \tag{5-7}$$

式中,n 为样本数;q 为簇的个数。

为了避免由于 $n<q$ 而产生负值,以及加上边界约束,马氏 NLL 距离 $\boldsymbol{S}_{\mathrm{w}}$ 的 NSPP 为

$$b_{\mathrm{m}}=\min\left\{\max\left\{\frac{2(n-q)}{q},0\right\},n_{\mathrm{s}}\right\} \tag{5-8}$$

式中,n 为样本数;q 为簇的个数;n_{s} 为切换点。

高斯 NLL 只有每一个 $\boldsymbol{\Gamma}_i$ 矩阵上有足够的样本时才会被使用,其 NSPP 的表达式为

$$b_{\mathrm{g}}=\frac{2(n-q)}{q^2} \tag{5-9}$$

式中,n 为样本数;q 为簇的个数。

由此可以定义一个基于样本个数的散布矩阵(size-dependent scatter matrix, SDSM)$\boldsymbol{W}_i$,其为三个矩阵的加权和,即

$$\boldsymbol{W}_i=w_{\mathrm{e}}\rho^2\boldsymbol{I}+w_{\mathrm{m}}\boldsymbol{S}_{\mathrm{w}}+w_{\mathrm{g}}\boldsymbol{\Gamma}_i \tag{5-10}$$

式中,ρ^2 为整个样本集的方差;$\boldsymbol{S}_{\mathrm{w}}$ 为每一个节点的类间散布矩阵;$\boldsymbol{\Gamma}_i$ 为样本簇的协方差矩阵;$w_{\mathrm{e}}=b_{\mathrm{e}}/b$,$w_{\mathrm{m}}=b_{\mathrm{m}}/b$,$w_{\mathrm{g}}=b_{\mathrm{g}}/b$,$b$ 是一个归一化因子,使三个权值之和为 1,$b=b_{\mathrm{e}}+b_{\mathrm{m}}+b_{\mathrm{g}}$。

利用 $\boldsymbol{W}_i$ 可以定义属于第 i 个输入空间簇的 SDNLL 距离,即

$$L(\boldsymbol{x},\boldsymbol{c}_i)=\frac{1}{2}(\boldsymbol{x}-\boldsymbol{c}_i)^{\mathrm{T}}\boldsymbol{W}_i^{-1}(\boldsymbol{x}-\boldsymbol{c}_i)+\frac{q-1}{2}\ln(2\pi)+\frac{1}{2}\ln(|\boldsymbol{W}_i|) \tag{5-11}$$

5.4.3 增量主元分析方法

在机器人自主导航感知部分，采用 Unit-linking PCNN 图像时间签名作为特征，并与另一种有效的增量主元分析（CCIPCA）[17]特征进行比较[1-3,6]。CCIPCA 从视频中增量提取每帧的主元系数作为特征。CCIPCA 是一种增量计算、无需求样本协方差矩阵的主成分分析（principal component analysis，PCA）方法。传统 PCA 被有效地用于数据降维、导航[20]、人脸识别[21]、信号识别[22]和 3D 目标识别[23]等方面。针对传统 PCA 需计算样本协方差矩阵的问题，文献[24]～[26]提出无需求解协方差矩阵的 IPCA（增量 PCA）方法，但这些 IPCA 方法处理高维样本（如图像矢量）时存在收敛问题。在 Oja 等[24,25]提出的随机梯度上升（stochastic gradient ascent，SGA）算法的基础上，Weng 等[17]提出了 CCIPCA，该方法在性能上远优于其他 IPCA 方法。CCIPCA 依次由输入样本增量计算主元，通过迭代运算逐步收敛得到待求的特征向量。CCIPCA 收敛速度快，可从视频中增量地提取特征，下面对其进行介绍。

假如按顺序获得的样本向量为 $\boldsymbol{u}(1),\boldsymbol{u}(2),\cdots$。$\boldsymbol{u}(n),n=1,2,\cdots$是一个 d 维的矢量。不失普遍性，可以假定 $\boldsymbol{u}(n)$具有零均值。$\boldsymbol{A}=E\{\boldsymbol{u}(n)\boldsymbol{u}^{\mathrm{T}}(n)\}$是 $d\times d$ 维的协方差矩阵，该矩阵在 CCIPCA 中是不用求取的。

根据定义，$\boldsymbol{A}$ 矩阵的特征向量 $\boldsymbol{x}$ 必须满足

$$\lambda\boldsymbol{x}=\boldsymbol{A}\boldsymbol{x} \tag{5-12}$$

式中，λ 为相应的特征值。

第 i 步用 $\boldsymbol{x}(i)$的估计值来代替式(5-12)中的 $\boldsymbol{x}$，令 $\boldsymbol{v}=\lambda\boldsymbol{x}$，可得

$$\boldsymbol{v}(n)=\frac{1}{n}\sum_{i=1}^{n}\boldsymbol{u}(i)\boldsymbol{u}^{\mathrm{T}}(i)\boldsymbol{x}(i) \tag{5-13}$$

式中，$\boldsymbol{v}(n)$为第 n 步对 $\boldsymbol{v}$ 的估计。

一旦得到 $\boldsymbol{v}$ 的估计，就可以很容易利用 $\lambda=\|\boldsymbol{v}\|$、$\boldsymbol{x}=\boldsymbol{v}/\|\boldsymbol{v}\|$ 这两式获得特征矢量和特征值。

如何由式(5-13)估计 $\boldsymbol{x}(i)$呢？考虑到 $\boldsymbol{x}=\boldsymbol{v}/\|\boldsymbol{v}\|$，可以选择 $\boldsymbol{v}(i-1)/\|\boldsymbol{v}(i-1)\|$来代替 $\boldsymbol{x}(i)$，进而得到增量表达式，具体为

$$\boldsymbol{v}(n)=\frac{1}{n}\sum_{i=1}^{n}\boldsymbol{u}(i)\boldsymbol{u}^{\mathrm{T}}(i)\frac{\boldsymbol{v}(i-1)}{\|\boldsymbol{v}(i-1)\|} \tag{5-14}$$

这里，令 $\boldsymbol{v}(0)=\boldsymbol{u}(1)$。

为了增量估计，式(5-14)可以写为迭代形式，为

$$\boldsymbol{v}(n)=\frac{n-1}{n}\boldsymbol{v}(n-1)+\frac{1}{n}\boldsymbol{u}(n)\boldsymbol{u}^{\mathrm{T}}(n)\frac{\boldsymbol{v}(i-1)}{\|\boldsymbol{v}(i-1)\|} \tag{5-15}$$

式中，$\frac{n-1}{n}$为上一次估计的权重；$\frac{1}{n}$为新数据的权重。

可以证明：当 $n\to\infty$时，$\boldsymbol{v}_1(n)\to\pm\lambda_1\boldsymbol{e}_1$，其中 λ_1 为协方差矩阵 $\boldsymbol{A}$ 的最大特征值，$\boldsymbol{e}_1$ 为 λ_1 相应的特征向量。

为了加快估计的收敛速度及减少噪声影响，可采用遗忘方法，此时式(5-15)变为

$$\boldsymbol{v}(n)=\frac{n-1-l}{n}\boldsymbol{v}(n-1)+\frac{1+l}{n}\boldsymbol{u}(n)\boldsymbol{u}^{\mathrm{T}}(n)\frac{\boldsymbol{v}(i-1)}{\|\boldsymbol{v}(i-1)\|} \tag{5-16}$$

式中，l 为一个正系数，称为遗忘因子。

由于引入 l，最近输入的样本对主元的影响要比以前输入的更大，从而加快收敛速度，并减少早期由于样本不足而产生的“噪声”。一般情况下，l 的取值范围为 2～4。

以上只是估计出第一个特征向量。群搜索优化(group search optimizer，GSO)算法可用于计算其他高阶特征向量。然而为了能进行实时在线计算，需避免采用耗时的 GSO 算法。因为特征向量都是两两相互正交的，所以只需在一个补空间中产生“观察值”，并由此计算高阶特征向量。例如，要计算二阶特征向量，首先从数据上减去它在第一个估计出的特征向量上的投影，即

$$\boldsymbol{u}_2(n)=\boldsymbol{u}_1(n)-\boldsymbol{u}_1^{\mathrm{T}}(n)\frac{\boldsymbol{v}_1(n)}{\|\boldsymbol{v}_1(n)\|}\frac{\boldsymbol{v}_1(n)}{\|\boldsymbol{v}_1(n)\|} \tag{5-17}$$

式中，$\boldsymbol{u}_1(n)=\boldsymbol{u}(n)$；$\boldsymbol{u}_2(n)$为 $\boldsymbol{v}_1(n)$补空间中的残差，作为输入数据进行迭代。

这种方法尽管在迭代的早期并不准确，但当收敛之后正交性总能得到加强。以上方式有效地使用了输入样本，加快了收敛速度。

CCIPCA 算法从 $\boldsymbol{u}(n)$，$n=1,2,\cdots$直接计算前 k 个主元 $\boldsymbol{v}_1(n),\boldsymbol{v}_2(n),\cdots,\boldsymbol{v}_k(n)$的步骤如下。

(1) $\boldsymbol{u}_1(n)=\boldsymbol{u}(n)$。

(2) 对于 $i=1,2,\cdots,\min\{k,n\}$，完成以下几步：

① 如果 $i=n$，初始化第 i 个特征向量 $\boldsymbol{v}_i(n)=\boldsymbol{u}_i(n)$；

② 如果 $i\neq n$，则

$$\boldsymbol{v}_i(n)=\frac{n-1-l}{n}\boldsymbol{v}_i(n-1)+\frac{1+l}{n}\boldsymbol{u}_i(n)\boldsymbol{u}_i^{\mathrm{T}}(n)\frac{\boldsymbol{v}_i(i-1)}{\|\boldsymbol{v}_i(i-1)\|} \tag{5-18}$$

$$\boldsymbol{u}_{i+1}(n)=\boldsymbol{u}_i(n)-\boldsymbol{u}_i^{\mathrm{T}}(n)\frac{\boldsymbol{v}_i(n)}{\|\boldsymbol{v}_i(n)\|}\frac{\boldsymbol{v}_i(n)}{\|\boldsymbol{v}_i(n)\|} \tag{5-19}$$

CCIPCA 算法计算得到 k 个主元后，可由式(5-20)计算出样本对应于 k 个最大特征值的投影系数(这些系数用来作为特征)：

$$\boldsymbol{c}_j(n)=\boldsymbol{u}^{\mathrm{T}}(n)\frac{\boldsymbol{v}_j(n)}{\|\boldsymbol{v}_j(n)\|},\quad j=1,2,\cdots,k \tag{5-20}$$

5.4.4　非平稳视频流导航中 Unit-linking PCNN 全局图像时间签名的性能

在以 SONY AIBO ERS-220A 机器狗(简称为机器狗 AIBO,如图 5.21 所示)为平台的自主导航中,采用了前述的自主发育算法,机器狗 AIBO 的自主发育模块由感知部分的特征提取和认知部分的分类识别构成。在感知的特征提取部分,以机器狗 AIBO 为平台比较了 Unit-linking PCNN 全局图像时间签名和 CCIPCA 系数的特征提取性能,此时 AIBO 的认知部分均采用了 IHDR 在线算法。

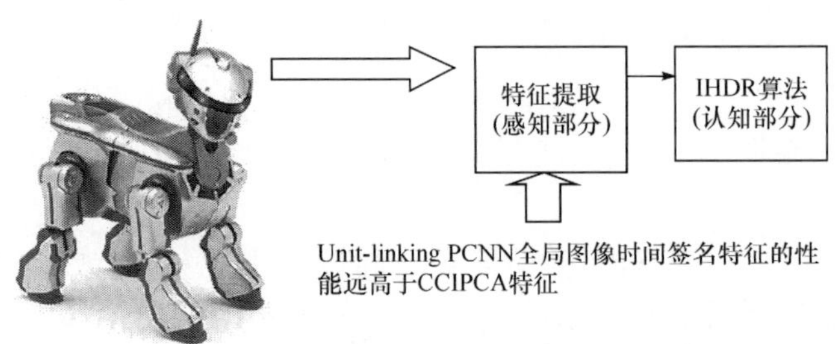

图 5.21　SONY AIBO ERS-220A 机器狗

由于机器狗 AIBO 用四肢行走,行走中出现摇摆起伏,导致摄像头存在严重晃动,从而其摄入的视频流是非平稳的。

自主导航结果表明,对于非平稳视频流,Unit-linking PCNN 全局图像时间签名比 CCIPCA 系数具有更好的特征提取效果[1-3,6]。表 5.2 显示机器狗 AIBO 进行自主导航时(实验各进行 40 次),基于 Unit-linking PCNN 全局图像时间签名特征的导航成功率比基于 CCIPCA 特征高出 35%,达到 90%,实现了机器狗 AIBO 非特定任务、非平稳视频流的实时自主导航,这得益于 Unit-linking PCNN 全局图像时间签名所具有的平移及旋转不变性。

表 5.2　两种导航方法的性能比较

导航方法	测试总次数	导航成功次数	导航成功率/%
Unit-linking PCNN 全局图像时间签名+IHDR	40	36	90.00
CCIPCA+IHDR	40	22	55.00

注:①非平稳视频流情况下的导航;

②实验中各进行了 40 次自主导航;

③比较时,自主发育机器狗 AIBO 的认知部分均采用了 IHDR 算法。

5.4.5　Unit-linking PCNN 时间签名应用于平稳视频流的机器人导航

对于平稳视频流中的导航,某些情况下,Unit-linking PCNN 全局图像时间签名的平移及旋转不变性不再是其优势。例如，智能机器人“复旦Ⅰ号”（如图 5.22 所示，用轮子行进）在平整区域进行自主导航，当其行进在由墙和门构成的背景相似的走廊时，只用具有平移及旋转不变性的 Unit-linking PCNN 全局图像时间签名不能很好地区分这些不同的场景，因此在这种情况下，可采用结合了能反映场景局部变化的 Unit-linking PCNN 局部图像时间签名进行导航。“复旦Ⅰ号”重达一百多千克，用轮子行进，其导航均在平整的地面进行，所摄入的视频流是平稳的。在感知的特征提取部分，以“复旦Ⅰ号”为平台比较了平稳视频流情况下 Unit-linking PCNN 图像时间签名和 CCIPCA 系数的特征提取性能[1-3,6]。“复旦Ⅰ号”的认知部分仍采用 IHDR 在线算法。

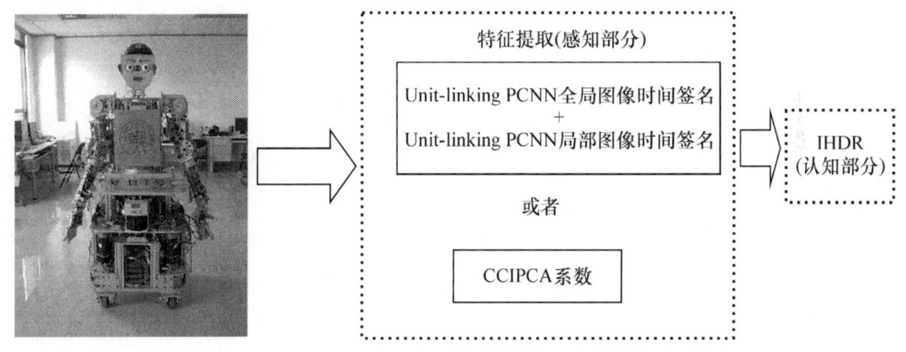

图 5.22　用于平稳视频流导航的自主发育机器人“复旦Ⅰ号”

对于平稳视频流，“复旦Ⅰ号”自主导航时，同时采用 Unit-linking PCNN 全局和局部图像时间签名。图 5.23 为基于 Unit-linking PCNN 全局与局部图像时间签名的“复旦Ⅰ号”导航流程图。“复旦Ⅰ号”首先通过摄像机摄入外界的场景，然后从视频流中捕捉出输入图像，接着计算输入图像的全局与局部图像时间签名，根据全局时间签名从走廊、实验室、操场三种场景中选出某种场景，在选出的某种场景中用局部图像时间签名进行具体的导航。在有些场景中（特别在走廊），利用 Unit-linking PCNN 局部图像时间签名能发现全局图像时间签名不能或不能很好发现的变化，如房间门位置的变化等。因此，导航中在使用 Unit-linking PCNN 全局图像时间签名的同时，使用局部图像时间签名能进一步提高导航性能。输入图像的尺寸为 160 像素×120 像素，每幅图像均匀地分成 12 块，各子块的大小为 40 像素×40 像素，子块之间不存在重叠。在 RGB 空间计算时间签名时，为了节约时间只采用了 R、G 两个通道，在 CPU 为 PⅢ 1.7GHz、内存为 512MB 的计算机上，每秒可处理 2 帧，达到实时导航的要求。

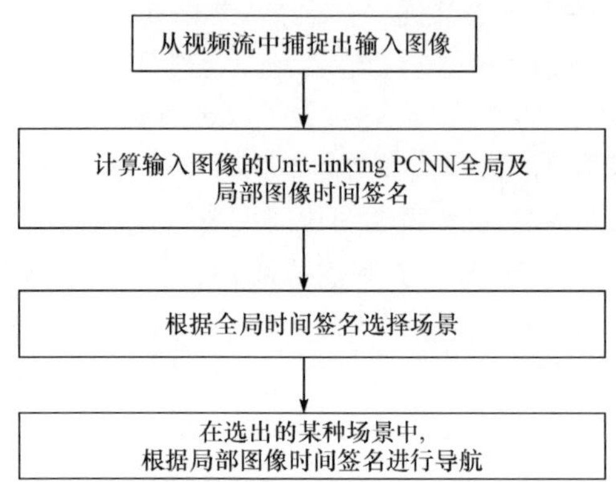

图 5.23　基于 Unit-linking PCNN 全局与局部图像时间签名的“复旦Ⅰ号”自主导航流程图

这里比较自主发育机器人“复旦Ⅰ号”平稳视频流情况下自主导航时 Unit-linking PCNN 图像时间签名特征和 CCIPCA 系数特征对最终导航结果的影响[1-3,6]。CCIPCA 的特征矢量为 30 维。表 5.3 中的实验结果表明,在平稳视频流“复旦Ⅰ号”导航中,两者性能相差不大,Unit-linking PCNN 图像时间签名方法略有优势(其导航成功率为 97.00%,CCIPCA 为 96.00%),但不如非平稳视频流导航时明显。这是因为平稳视频流导航中没有摇晃、起伏等因素影响,此时 Unit-linking PCNN 全局图像时间签名未能充分发挥其所具有的平移及旋转不变性优势。

表 5.3　两种导航方法的成功率比较

导航方法	导航成功率/%
Unit-linking PCNN 全局图像时间签名+IHDR	97.00
CCIPCA+IHDR	96.00

注:比较时,自主发育机器人“复旦Ⅰ号”的认知部分均采用了 IHDR 算法。

5.5　基于粒子滤波及 Unit-linking PCNN 图像时间签名的目标跟踪

目标跟踪在机器视觉领域是一个很重要的研究内容,在科学技术、国防建设、航空宇航、医药卫生以及国民经济等各个领域都有较为广泛的应用,尤其是在一些人无法直接参与或者工作量太大的场合,使用智能化的无需人参与或者仅需要少量交互的目标跟踪系统是必然的趋势。

目标跟踪主要包括感兴趣目标或区域检测、目标特征提取、目标跟踪三个阶段。在感兴趣目标或区域检测和目标特征提取阶段，需要一定的先验知识，对此可根据不同场合进行相应设计，接着的目标跟踪阶段，可以认为是在前两个阶段完成后进行的时空结合的目标状态估计。目标跟踪能否有效实现的关键是能否完整地分割出目标、合理地提取目标特征以及准确地识别目标。Unit-linking PCNN 图像时间签名是性质优良的图像特征，粒子滤波(particle filter)则可以有效地用于目标状态估计，本节将两者相结合用于目标跟踪[8]。为了提高运算速度，在“记录整幅图像每个神经元每次迭代后状态”的基础上提取相应区域的 Unit-linking PCNN 图像时间签名。

5.5.1　粒子滤波简介

粒子滤波中的粒子，其实就是尺度很小的滤波器，也可以认为是用来代表目标状态的点。滤波是“滤出”目标的当前状态。粒子滤波是用若干粒子近似代表目标状态传播的后验概率。

粒子滤波是一种非常实用的进行贝叶斯估计的方法[27]。粒子滤波通过非参数化的蒙特卡罗模拟方法实现递推贝叶斯滤波，用粒子集表示概率，可很好地弥补传统卡尔曼滤波无法表示非线性系统的不足，适用于任何能用状态空间模型表示的非线性系统，其精度可逼近最优贝叶斯估计[28]。粒子滤波方法的使用非常灵活、具有并行结构、容易实现、实用性强。一般粒子滤波以蒙特卡罗模拟方法实现递推贝叶斯滤波的计算量大于卡尔曼滤波等求解形式。但是，粒子滤波可以采用并行方式实现，随着计算机性能的提高及并行计算的发展，其比传统贝叶斯滤波器(如卡尔曼滤波器、网格滤波器等)更具有实用价值。在目标跟踪中，通过分析可构造更有效、速度更快的粒子滤波算法。

5.5.2　粒子滤波目标跟踪

粒子滤波可有效地用于目标跟踪。粒子滤波可以区分被跟踪目标与其他干扰物，这是因为被跟踪目标与其他干扰物的特征存在差异，如边缘、灰度、颜色、形状和运动等。对目标特征的描述决定了贝叶斯滤波的先验概率形式，也决定了粒子滤波开始时各粒子的初始状态。这里采用 Unit-linking PCNN 图像时间签名作为粒子滤波中的特征[8]。

粒子在跟踪过程中的传播即为系统状态的转移，是目标状态的更新。以求解 t 时刻目标状态的后验概率为例，因为运动目标的自主运动趋势一般比较明显，所以粒子的传播可以看成一种随机运动过程，即服从一阶自回归(auto-regressive process，ARP)：

$$x_t = Ax_{t-1} + Bw_{t-1} \tag{5-21}$$

式中，x_t 为目标在 t 时刻的状态；w_{t-1} 为归一化噪声量；A 和 B 为常数。当 $A=1$ 时，t 时刻粒子的状态将是 $t-1$ 时刻的状态叠加一个噪声量。

若目标的状态传播具有速度或加速度，则应采用高阶 ARP 模型。通过式(5-21)可以看出，t 时刻的系统状态转移过程只是对目标状态用何种方式传播的一种“假设”，而与本时刻的最终实际观测量无关，只是按先验概率进行传播的过程，并不能确保所有粒子的传播“假设”合理，故还需要进行验证，即系统观测。

对目标状态的传播进行“假设”的过程完成后，需要对该假设进行验证，即利用 t 时刻的实际观测量与“假设”进行比较，从而完成系统观测，因此由系统状态转移至系统观测，等同于由假设至验证。用来验证假设的观测量便是 t 时刻视频帧所跟踪目标的特征，常用的有边缘、颜色、形状和纹理等，这里采用 Unit-linking PCNN 全局图像时间签名作为观测量。

整个验证过程就是把观测量与假设进行相似性比较的过程。系统观测后，与实际状况接近的粒子得到较大的权值；反之，与实际状况偏离的粒子得到较小的权值。

若 x_i 为粒子在 i 时刻的状态，$y_{1:i}$ 为 i 时刻的观察值集合，式(5-22)描述了粒子权重和后验概率之间的关系，即

$$W_i(x_i)=\frac{p(y_{1:i}|x_i)p(x_i)}{q(x_i|y_{1:i})}\propto\frac{p(x_i|y_{1:i})}{q(x_i|y_{1:i})} \tag{5-22}$$

式中，$p(x_i|y_{1:i})$ 为状态(后验)概率密度函数；$p(y_{1:i}|x_i)$ 为观察概率密度函数；$q(x_i|y_{1:i})$ 为参考概率密度函数。

粒子滤波后验概率在实际计算中常采用加权准则和最大准则，前者是将各个粒子的权值大小转化成其在后验概率中所占的比例来计算最终的后验概率；后者直接用最大权值粒子的状态表示后验概率。前者让后验概率更为平滑，更能体现粒子滤波跟踪算法的优越性，因此在算法中采用加权准则。

在粒子传播过程中，赋予那些接近目标实际状态的粒子以较大的权值，而偏离目标的粒子则被赋予较小的权值，许多小权值的粒子会占用很大的计算量，产生浪费。为了解决这个问题，可采用重采样技术，对于偏离目标的粒子，当它权值过小时予以抛弃，将计算重点放在权值较大的粒子上。具体的做法就是让大权值粒子重新衍生出新粒子，以代替小权值粒子。

5.5.3 Unit-linking PCNN 图像时间签名应用于粒子滤波目标跟踪

1. 算法

基于粒子滤波及 Unit-linking PCNN 图像时间签名的目标跟踪过程如图 5.24 所示。首先在视频的首帧框住需跟踪的目标，在整幅图像中计算其 Unit-linking

PCNN 图像时间签名作为目标模板，这样目标周围区域对该目标区域的影响也被记录在目标模板内。同时初始化粒子，计算每个粒子为中心的区域(其大小和首帧所框目标区域一样)的 Unit-linking PCNN 图像时间签名，作为其特征。然后根据式(5-23)计算各粒子的权重。粒子的 Unit-linking PCNN 图像时间签名和目标模板越接近，其权重越大。通过粒子重采样，权重大的粒子将派生出更多的粒子去代替权重小的粒子。重采样后粒子分布的中心即认为是目标区域的中心。

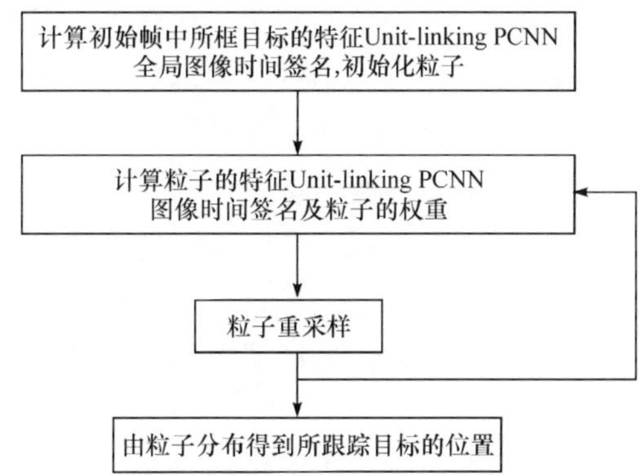

图 5.24　基于粒子滤波及 Unit-linking PCNN 图像时间签名的目标跟踪过程

$$W^k = \frac{1}{\sqrt{2\pi}R}\exp\left(-\frac{D^2}{2R^2}\right) \tag{5-23}$$

式中，D 为粒子 k 的 Unit-linking PCNN 图像时间签名与目标模板之间的欧氏距离；R 为其对应的观测噪声协方差。

假设图 5.25 中某淡色的点为一个粒子 x(为了醒目放大显示，实际粒子大小应为像素点大小)，以其为中心的框所框区域为跟踪对象区域，该区域的 Unit-linking PCNN 图像时间签名就是粒子 x 的特征。计算该时间签名时采用整体提取途径，计算中记录并保存整幅图像每个神经元每次迭代运算后的状态，据此在所

图 5.25　粒子的 Unit-linking PCNN 图像时间签名的计算

框区域对应的位置得到该区域的时间签名，这相当于采用计算局部图像时间签名的整体提取途径来计算该区域的 Unit-linking PCNN 图像时间签名。在这种情况下，只需进行整幅图像的 Unit-linking PCNN 的迭代运算，该幅图像中每个粒子的时间签名都可很快地从所记录的“每个神经元每次迭代运算后状态”数据中得到，而无需重复进行每个粒子对应区域的 Unit-linking PCNN 迭代运算。本节的跟踪算法中，Unit-linking PCNN 图像时间签名为 12 维。

这里没有采用先从整幅图像抽取单个粒子对应的区域然后单独计算其 Unit-linking PCNN 全局时间签名的方法。如果这样处理，每个粒子计算特征时，都得进行计算时间签名的迭代运算，这将显著增加计算时间。若 Unit-linking PCNN 图像时间签名为 N 维，某时刻整幅图像中有 d 个粒子，则采用本节跟踪算法中的整体计算方法，计算特征时 Unit-linking PCNN(整幅图像大小)只需迭代运算 N 次；而采用先从整幅图像抽取该区域然后单独计算的方法，计算特征时 Unit-linking PCNN(大小为所跟踪目标区域)的迭代运算共需迭代 $d \times N$ 次，运算时间远远超过前者。

图 5.26 显示了视频中某帧粒子(为了醒目，对粒子进行了放大显示)的初始随机分布及粒子滤波后的分布情况，粒子滤波后大多数初始随机分布的粒子集中到“两个行人”这一目标区域，见图 5.26(b)左上角。

(a) 初始分布

(b) 滤波后

图 5.26 大多数随机分布的初始粒子滤波后集中于目标

2. 实验比较及分析

将基于粒子滤波及 Unit-linking PCNN 图像时间签名的目标跟踪方法[8]、常用的基于粒子滤波和颜色梯度的方法以及块相关滤波(kernelized correlation filters，KCF)方法[29]分别在 Girl 和 Couple 两段视频上进行比较[8]。这两段视频存在严重的遮挡、光照、目标姿势及尺度的变化，以及运动所造成的模糊。

图 5.27 显示了粒子滤波及 Unit-linking PCNN 图像时间签名方法(图中简称 PCNN)、粒子滤波及颜色梯度方法(图中简称 CD)以及 KCF 方法在视频 Girl 中第 413 帧、第 435 帧、第 443 帧、第 450 帧、第 458 帧、第 479 帧的跟踪结果。这三种方法的跟踪结果分别用不同深浅的框表示。该段视频的目标为女孩,目标不时地被部分遮挡住(如图 5.27 中间的两帧),这给跟踪带来困难,图 5.27 显示粒子滤波及 Unit-linking PCNN 图像时间签名方法成功地跟踪了目标,跟踪效果远优于粒子滤波及颜色梯度方法以及 KCF 方法。这表明粒子滤波及 Unit-linking PCNN 图像时间签名方法能很好地解决跟踪中的遮挡问题。

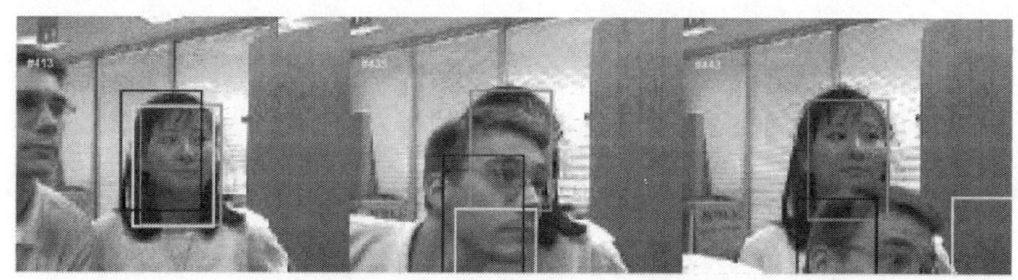

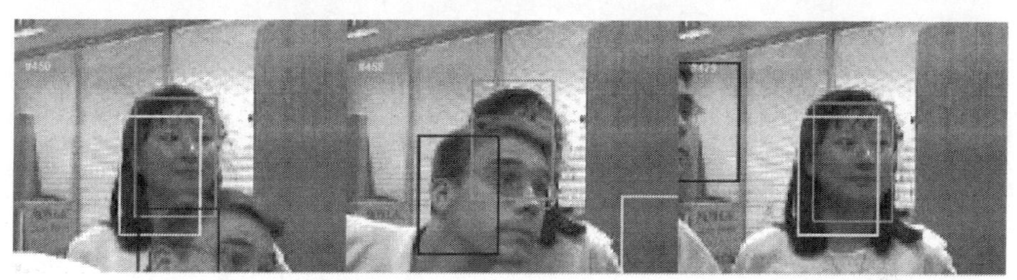

图 5.27　三种不同方法在视频 Girl 上的多帧跟踪结果

图 5.28 显示了粒子滤波及 Unit-linking PCNN 图像时间签名方法(图中简称 PCNN)、粒子滤波及颜色梯度方法(图中简称 CD)以及 KCF 方法在视频 Couple 中不同时刻 6 帧的跟踪结果。图 5.28 中的跟踪结果显示,粒子滤波及 Unit-linking PCNN 图像时间签名方法的跟踪结果明显好于粒子滤波及颜色梯度方法(CD)以及 KCF 方法。

图 5.29 为三种方法的精度图(precision plot)。一般认为,跟踪框围住目标区域的面积达到 50%及以上表示跟踪到目标,同时所框区域包含目标的面积越大则跟踪效果越好。精度图综合了这两个因素,为衡量跟踪方法的常用标准,精度图中精度曲线下的面积越大,则跟踪效果越好。

PCNN　　CD　　KCF

图 5.28　三种不同方法在视频 Couple 上的多帧跟踪结果

图 5.29 的横坐标为跟踪框中心和目标区域中心的距离(d_{iff});纵坐标为目标跟踪的准确率。图 5.29 显示在视频 Couple 上粒子滤波及 Unit-linking PCNN 图像时间签名方法(图中简称 PCNN)的跟踪效果明显优于粒子滤波及颜色梯度方法(图中简称 CD)以及 KCF 方法,平均精度比粒子滤波及颜色梯度方法高 16%以上,比 KCF 方法高 30%以上。图 5.29 中,粒子滤波及 Unit-linking PCNN 图像时间签名方法跟踪精度曲线下的归一化面积为 0.8286,粒子滤波及颜色梯度方法为 0.6643,KCF 方法为 0.5286(该图归一化后精度曲线下的面积最大值为 1)。

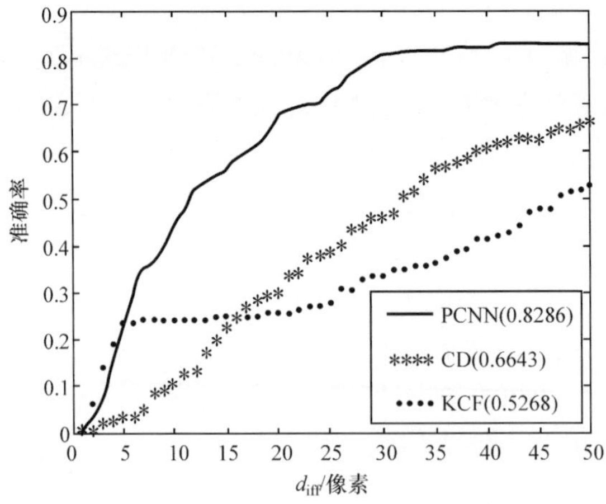

图 5.29　三种方法的目标跟踪精度图[8]

5.6 基于Unit-linking PCNN局部图像时间签名的图像认证

图像认证用于检查图像数据的可靠性、有效性和完整性，防止恶意的伪造及篡改[30]，可满足人们对图像数据可靠性的需求，已广泛应用于通信、网络信息安全、金融、商业、国防和科研等众多领域。每天产生的海量数据及有限的人力资源，都对能自动进行图像认证的智能化系统提出了迫切的需求，因此基于内容及数字签名的图像认证一直是图像认证的重要研究内容[31,32]。特征提取在基于内容及数字签名的图像认证中起着至关重要的作用，所用的特征有图像直方图[33]、亮度平均值[34]、图像边缘[35]、颜色自相关值、小波变换提取的特征点[36]等。将Unit-linking PCNN局部图像时间签名用于基于内容及数字签名的图像认证[1,9]，由于其能反映图像局部的变化，该图像认证方法能发现图像篡改的位置。

5.6.1 基于内容及数字签名的图像认证

Unit-linking PCNN局部图像时间签名用于基于内容及数字签名的图像认证时，采用典型的基于内容及数字签名的图像认证方法，如图5.30所示。在发送端用私钥对原始图像特征和附加信息(如版权信息等)进行加密，生成图像的数字签名(即图像的认证信息)以防止图像被伪造等，数字签名作为图像附件和图像一起发送给接收端。接收端接收到图像及其数字签名后，对接收到的图像采用和发送端同样的算法计算出图像特征，同时用公钥对数字签名进行解密，得到发送端传送过来的图像特征，接着两者进行匹配，如果相同，就认为该图像没有被篡改。数字签名加密技术主要有DES(data encryption standard)算法、RSA算法、HASH算法等，这里采用了DES算法。图5.30所示的图像认证系统的特征提取部分，采用Unit-linking PCNN局部图像时间签名作为图像的特征。此外，图像认证在发现篡改的同时，不应该将正常的图像处理及操作认为是篡改，对此可将特征匹配的阈值信息作为附加信息，添加到数字签名。

5.6.2 基于Unit-linking PCNN局部图像时间签名的图像认证

Unit-linking PCNN图像时间签名应用于图像认证时，采用局部图像时间签名，而没有采用全局图像时间签名。Unit-linking PCNN全局图像时间签名的平移及旋转不变性使图像某些改变不能被发现(如背景相同的情况下，图像中文字位置发生了变化)；而Unit-linking PCNN局部图像时间签名能反映图像局部的变化，因此采用其作为图像特征。基于Unit-linking PCNN局部图像时间签名的图像认证方法不仅能发现篡改，还能得到图像篡改的位置。

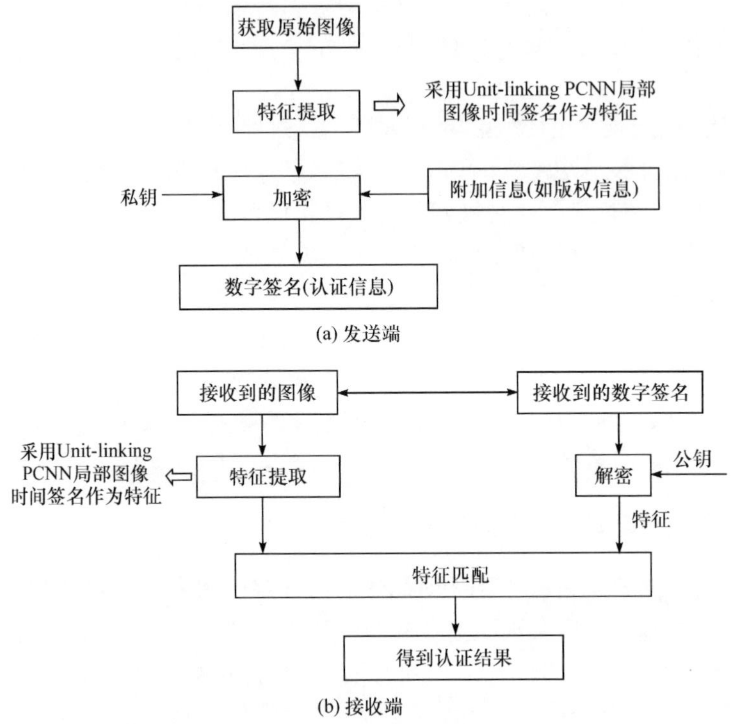

图 5.30　基于 Unit-linking PCNN 局部图像时间签名的图像认证系统

基于 Unit-linking PCNN 局部图像时间签名的图像认证方法中，在发送端首先将图像分块，提取整幅图像的 Unit-linking PCNN 局部图像时间签名，然后用私钥对图像的尺寸、图像的分块信息和 Unit-linking PCNN 局部图像时间签名等加密得到图像的数字签名，和原始图像一起发送到接收端。接收端接收到图像及其数字签名后，用公钥解密数字签名，得到发送端发送的整幅图像的 Unit-linking PCNN 局部图像时间签名和其他信息，同时据此提取所接收图像的 Unit-linking PCNN 局部图像时间签名；比较由所接收图像计算得到的 Unit-linking PCNN 局部图像时间签名和发送端发送的 Unit-linking PCNN 局部图像时间签名，得到认证结果。

由 Unit-linking PCNN 局部图像时间签名的定义可知，一幅图像被分成 N 块，这幅图像就有 N 个局部图像时间签名。该方法进行图像分块时，每个子块的大小均为 32 像素×32 像素，子块之间没有重叠。图 5.31 给出了一幅被分成 $w\times h$ 块的图像及对应子块的编号。若划分时有图像边缘子块不足 32 像素×32 像素，则内移到图像边界且紧贴边界后再计算。

1	2	…	w
w+1	w+2	…	2w
…	…	…	…
$w(h-1)+1$	…	…	wh

图 5.31　计算 Unit-linking PCNN 局部图像时间签名时图像中各子块的编号

图 5.32～图 5.34 为基于 Unit-linking PCNN 局部图像时间签名的图像认证的两个示例。图 5.32 为两幅原始彩色图像 Couple 和 Baboon，大小均为 256 像素×256 像素，(256/32)×(256/32)＝64，故每幅图像被分成 64 块无重叠子块(32×32)，从而每幅图像有 64 个 Unit-linking PCNN 局部图像时间签名。

(a) Couple

(b) Baboon

图 5.32　原始彩色图像(256 像素×256 像素)

图 5.33(a)为 Couple 原图被篡改后的图像，被篡改图像的镜子下面多了单词 Good，图 5.33(b)显示出图像被篡改，同时给出篡改位置为图像中编号 12 和 13 的子块。图 5.34(a)为 Baboon 原图被裁剪后的图像，图 5.34(b)显示出图像被篡改，同时给出篡改位置为图像中编号 8 和 16 的子块。

图 5.33(b)和图 5.34(b)中，横坐标为子块编号(由图 5.31 中的表格可知编号对应的子块在整幅图像中的位置)，纵坐标为被篡改图像和原图对应子块的 Unit-linking PCNN 时间签名之间的归一化欧氏距离。若对应的归一化欧氏距离为 0，则表明相关子块未被篡改；否则，表明相关子块被篡改。图 5.33(b)和图 5.34(b)只显示了前 25 对子块的匹配结果，未显示的 39 对子块匹配时对应的归一化欧氏距离均为 0。

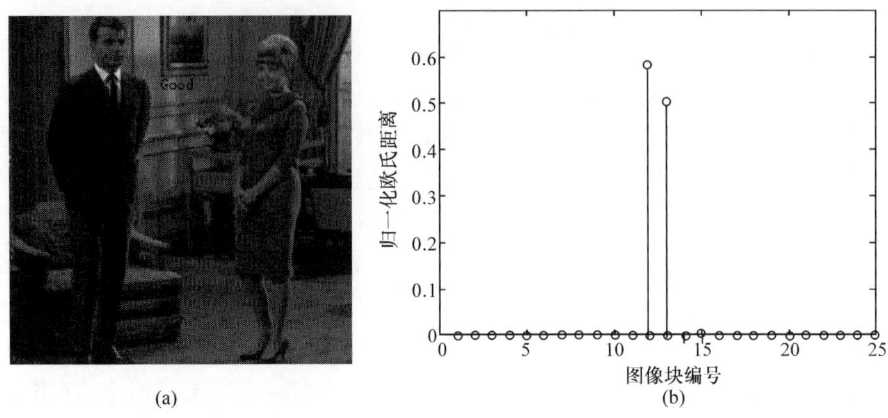

(a)　　(b)

图 5.33　Couple 原图被篡改后 Unit-linking PCNN 方法检测出的篡改位置

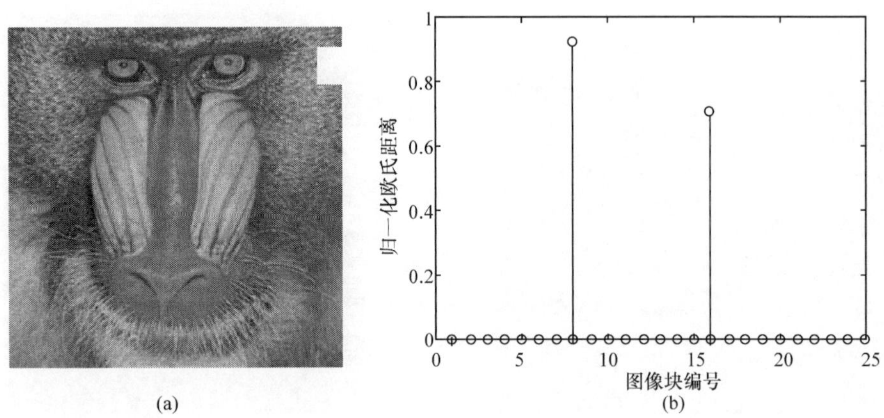

(a)　　(b)

图 5.34　Baboon 原图被裁剪后 Unit-linking PCNN 方法检测出的篡改位置

5.7　基于 Unit-linking PCNN 特征提取的图像检索

随着信息社会的发展,图像、视频等各种多媒体文件的数量呈指数式上升,其中图像文件在各行业中扮演着十分重要的角色,例如,旅游业需要各种风景的图片为游客推荐目的地,零售业需要相关产品的图片指导自己产品的设计,医疗行业需要历史资料图片帮助诊断病灶,制造业需要通过分析有缺陷产品的图像以改进生产工艺等。因此,从数量庞大的信息中有效而快速地检索出所需图像的任务变得非常迫切[37]。

早期的图像检索方法是基于文本的检索(text-based image retrieval)[38],人工对每幅图像进行解译,对图像标注含有语义的信息,用户通过输入相关文字来与标注的语义进行匹配以达到检索图像的目的。该方法至今还在互联网的各种服务中得到广泛的应用，但其不可避免地存在弱点。首先，数量十分巨大且还在不断增多的互联网图像资源难以对每幅图像都进行人工语义标注，人工操作会花费巨大的人力和物力；其次，标注人员主观感受的差异也会使图像语义标注产生偏差，而一幅图像的语义内容往往十分丰富，这更容易造成标注信息的不准确；最后，用户可能事先无法知道图像的意义，例如，用户看到一个不认识的植物，但想了解它，或想通过照片知道某人的姓名等信息，这时基于文本的搜索就爱莫能助，需要直接使用图像进行检索，即基于内容的图像检索(content-based image retrieval，CBIR)。越来越多的需求促进了基于内容的图像检索技术的发展。

基于内容的图像检索系统包括三个基本模块：视觉特征提取、高维索引和检索系统架构。其中，视觉特征提取是基于内容的图像检索的基础，在检索中表征了图像包含的信息，这些特征通常包括颜色、纹理和形状等，其好坏直接影响后续操作，从而影响整个检索系统最终的性能。Unit-linking PCNN 在图像特征提取中表现优异(如非平稳视频流中的机器狗导航)。这里将其用于基于内容的图像检索中的特征提取[5,10,11]，用 Unit-linking PCNN 时间签名及求取过程中派生出的其他特征作为图像特征，检索过程中还将这些特征与其他特征相结合，进一步改善检索效果。

5.7.1　用于图像检索的 Unit-linking PCNN 特征

基于内容的彩色图像检索中，在特征提取部分同时采用颜色和纹理特征，可取得好的检索效果，这与相关的心理学研究是一致的[39]。如图 5.35 所示，将 Unit-linking PCNN 用于基于内容的图像检索中的特征提取，分别提取图像的颜色及纹理特征[5,10,11]。颜色特征由 Unit-linking PCNN 图像时间签名及求取过程中派生出的图像分布熵构成；纹理特征由 Unit-linking PCNN 图像熵构成，其求取过程和 Unit-linking PCNN 图像时间签名求取过程几乎一样。将 Unit-linking PCNN 提取的特征与四元数矩颜色特征[40]组合，配合加权主色优先(weighted main colors first，WMCF)相似度[10,11]，可进一步提升检索性能[10,11]。

1. Unit-linking PCNN 颜色特征

1) 颜色特征

颜色特征是基于内容的图像检索中应用最为广泛的特征，对复杂背景具有较强的鲁棒性，并具有一定的尺度和旋转不变性。由 Swain 等[41]提出的颜色直方图是早期最为广泛应用的颜色特征，从统计角度，颜色直方图相当于以三个颜色通道的联合概率分布描述图像的颜色内容。颜色矩的方法[42]则是将概率分布信息转化成各阶统计矩的形式保存，具有比颜色直方图更低的维数，但分辨能力也受到一

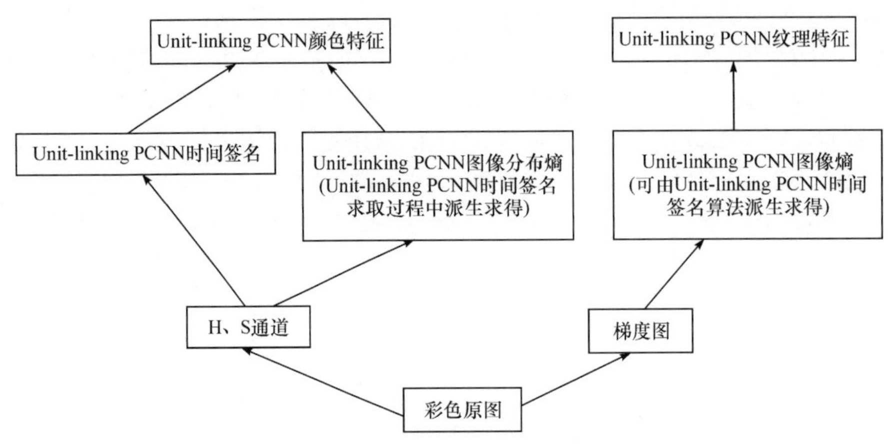

图 5.35　用于图像检索的 Unit-linking PCNN 颜色、纹理特征

定限制。为了提高颜色直方图的分辨能力，很多学者对其进行了改进。影响较大的有 Pass 等[43]提出的颜色一致向量和 Huang 等[44]提出的颜色相关图。颜色一致向量将同一颜色的像素根据其连接形成的区域分为一致和非一致，由此区分了形成块的颜色和零碎的颜色，从而提高颜色特征分辨能力。颜色相关图则通过计算不同距离的不同颜色内容得到融合距离的联合概率分布，并得到图像特征，该方法的检索精度高于颜色直方图方法。

近年来，不断有研究者对已有的颜色特征提取方法进行改进，如将颜色限制为同一量化等级来简化计算的颜色自相关图方法[45]、在一个更符合人类视觉的颜色空间中提取颜色矩的方法[46]、采用熵形式记录颜色一致性的方法[47]。Qiu 等[48]提出图像中不同频率成分的内容应区分对待，并据此提取颜色特征，该方法符合人眼视觉特性，不同于以往的方法。数学形态学图像处理方法也被扩展应用于彩色图像，文献[49]提出了彩色图像的形态学描述，推导出三个彩色形态学算子，用于提取特征，该类彩色形态学算子具有很高的检索精度和对噪声的鲁棒性。在四元数表示彩色图像的基础上[50]，Chen 等[40]提出用四元数进行颜色特征提取的方法，使用四元数分类算法提取颜色特征，对于变化不大的颜色进行粗量化，对变化剧烈的颜色进行细量化，具有一定的自适应性，实验表明，该方法性能良好，是一种颜色特征提取较为成功的方法。

颜色特征含有原始彩色图像的丰富语义信息，因此基于颜色的检索通常能获得较为满意的结果。然而，基于颜色的方法有两个缺点：①算法往往非常复杂，导致提取颜色特征的时间较长，其中尤以颜色相关图计算的代价最大，因此很难应用于实时图像检索；②为了获得高分辨力，往往需要提取较多的颜色，这无疑增加了存储的负担，也不利于后续的相似度衡量。

2) Unit-linking PCNN 图像分布熵

Unit-linking PCNN 颜色特征由 Unit-linking PCNN 图像时间签名及求取过程中派生出的图像分布熵构成。求 Unit-linking PCNN 图像时间签名的同时，可很方便地得到图像分布熵。计算 Unit-linking PCNN 颜色特征时，这里采用颜色空间的 H 和 S 通道，故图像分布熵描述了颜色的空间分布。

基于环形颜色直方图，Sun 等[51]提出了分布熵的概念。如图 5.36 所示，假设 A_i 是落入颜色直方图某个颜色级 i 的像素点所组成的集合，而 $|A_i|$ 是该集合中像素点的数目。根据该集合中像素点在图像中的分布，令 C_i 为这些像素点在空间分布上的质心，而 r_i 代表以质心为圆心的最大半径。以 C_i 为圆心画 N 个同心圆，半径分别为 $j\times r_i/N, 1\leqslant j\leqslant N$。令 $|A_{ij}|$ 为在颜色级 i 内落入第 j 个同心圆像素点的数目，则环形颜色直方图可表示为 $(|A_{i1}|, |A_{i2}|, \cdots, |A_{iN}|)$。

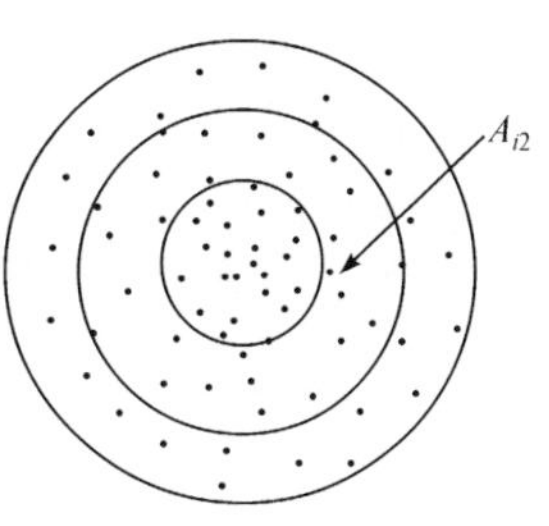

图 5.36　分布熵

归一化的空间分布直方图定义为 $P_i=(P_{i1}, P_{i2}, \cdots, P_{iN})$，其中 $P_{ij}=|A_{ij}|/|A_i|$，则归入颜色级 i 的分布熵可定义为

$$E_i(P_i)=-\sum_{j=1}^{N}P_{ij}\log_2 P_{ij} \tag{5-24}$$

该分布熵给出了图像中某一颜色级对应像素点在空间上的分布信息。通常较大的分布熵代表这些像素点分布得较分散，较小的分布熵则表明像素点分布得更为紧凑。将每个颜色级的分布熵 E_i 存放在一起组成一个分布熵向量 $(E_1, E_2, \cdots, E_n)$，其中 n 是量化级数。

求 Unit-linking PCNN 图像时间签名时，每次迭代都要记录点火神经元的数目，这时 Unit-linking PCNN 中每个神经元的点火状态都是已知的，只要统计计算分布熵所划分的圆中的点火神经元数目(这就如分离提取途径求取 Unit-linking PCNN 局部图像时间签名)，即可计算得到对式(5-24)中归一化空间分布直方图的近似。因为 Unit-linking PCNN 中神经元的点火状态含有直方图所包含的信息，所以可用上述方法求取分布熵，称其为 Unit-linking PCNN 图像分布熵，它是对图像分布熵的近似和估计。

3) 基于时间签名及分布熵的 Unit-linking PCNN 颜色特征

Unit-linking PCNN 颜色特征由 Unit-linking PCNN 图像时间签名和 Unit-linking PCNN 图像分布熵构成。实验结果表明，相对单纯用 Unit-linking PCNN 图像时间签名来描述颜色特征，采用 Unit-linking PCNN 图像时间签名与分布熵组合的颜色特征能获得更好的检索效果。

求 Unit-linking PCNN 图像时间签名时，网络每迭代一次，通过整幅图像点火神经元的统计得到图像时间签名特征矢量中的一维数据；同时通过对所划圆区域的点火神经元的统计可得到图像分布熵特征矢量中的一维数据。Unit-linking PCNN 图像时间签名计算过程中，若迭代 N 次，可得到 N 维时间签名，同时也可得到 N 维图像分布熵。由前述可知，Unit-linking PCNN 图像时间签名和 Unit-linking PCNN 图像分布熵的求取是同步进行的，在计算图像时间签名的同时计算图像分布熵，几乎不用增加时间花费。

图像检索中，Unit-linking PCNN 颜色特征由颜色空间的 H 和 S 通道产生，每个通道各采用 20 维的 Unit-linking PCNN 图像时间签名和 20 维的 Unit-linking PCNN 图像分布熵。

2. Unit-linking PCNN 纹理特征

纹理特征由 Unit-linking PCNN 图像熵构成，其求取过程几乎和 Unit-linking PCNN 图像时间求取签名过程一样，二者可同时求取。原始彩色图像的梯度图用来求取 Unit-linking PCNN 纹理特征。

1）纹理特征

纹理是一种视觉模式，它具有同质的区域且该同质特性并非源于单一颜色或灰度，它是一种所有表面都具有的内在属性，包含表面结构排布与周围环境关系的重要信息。常见的纹理图案有砖块、毛发、沙粒和草丛等。纹理在模式识别和计算机视觉中起着重要的作用，广泛地应用于基于内容的图像检索。早期的纹理识别方法是由 Haralick 等[52]提出的灰度共生矩阵法，依据不同方向和距离上像素的空间依赖关系，构建灰度共生矩阵，并基于此矩阵提取合适的统计量来反映图像的纹理内容，实验表明该方法可获得较好的效果。另一种较早的与灰度共生矩阵特征齐名的是由 Tamura 等[53]提出的纹理特征，该特征包括粗糙度、对比度、方向性等；不同于灰度共生矩阵，Tamura 特征是由人类对纹理感知的心理实验而进行的计算逼近，因此具有视觉上的意义，这方便了检索系统的设计，能提供对用户更为友好的检索方案，一些系统（如 IBM 公司的 QBIC 系统和 UIUC 大学的 MARS 系统）都采用 Tamura 特征作为纹理描述。

随着时间的推移，小波方法也被引入纹理特征提取中。Smith 等[54]提出用小波矩的方式来提取纹理信息，在相关纹理数据库上获得令人满意的效果。与此同时，很多研究者也开始涉足这一领域，提出如树形小波变换[55]、小波结合灰度共生矩阵[56]等方法，也取得了不错的效果，这体现了小波框架在纹理特征提取方面的优势。现今很多的研究成果也是在小波框架下取得的，如采用对数极坐标变换的小波纹理特征[57]、采用 Radon 变换的小波特征[58]、对小波变换进行线性回归建模的方法[59]等，这些工作提高了小波纹理特征的不变性和计算效率。在小波框架中,基于Gabor变换的纹理特征是一种非常有效的纹理特征,得到了广泛的应用。Manjunath等[60]早已指出,相比于其他小波变换,Gabor特征对纹理的识别效果是最好的,并且其机理满足人类视觉机制。

除了小波方法,还有其他许多纹理信息提取方法,如采用马尔可夫随机场[61]或分形[62]来对纹理信息编码,然而它们的效果不如小波方法,适用的纹理模式也局限于一定范围;再如挖掘图像像素空间关系的方法[63]、着重视觉心理学作用的方法[64];还有基于结构的局部四模式(local tetra patterns,LtrP)纹理特征[65]等方法,但其需要纹理图案的排列有很强的规律性,因此应用受到限制。

2) 包含纹理特征的梯度图

向量梯度在二维空间中已得到广泛研究,Lee等[66]将其进一步推广到多维空间。采用向量梯度法可得到彩色图像的梯度图,该梯度图富含纹理信息,据此可求取Unit-linking PCNN纹理特征。

假设一幅图像是一个向量函数$\boldsymbol{f}(x,y)$,则其梯度可定义为该函数的一阶导数$\nabla f=[(\mathrm{d}\boldsymbol{f}/\mathrm{d}x);(\mathrm{d}\boldsymbol{f}/\mathrm{d}y)]$。在彩色图像情况下,令$u$、$v$、$w$表示三个颜色通道的值,$x$、$y$为每个像素的空间坐标。定义变量$h$(式(5-25))、$t$(式(5-26))、$q$(式(5-27))来简化表达式(5-28):

$$h=\left(\frac{\mathrm{d}u}{\mathrm{d}x}\right)^2+\left(\frac{\mathrm{d}v}{\mathrm{d}x}\right)^2+\left(\frac{\mathrm{d}w}{\mathrm{d}x}\right)^2 \tag{5-25}$$

$$t=\frac{\mathrm{d}u}{\mathrm{d}x}\frac{\mathrm{d}u}{\mathrm{d}y}+\frac{\mathrm{d}v}{\mathrm{d}x}\frac{\mathrm{d}v}{\mathrm{d}y}+\frac{\mathrm{d}w}{\mathrm{d}x}\frac{\mathrm{d}w}{\mathrm{d}y} \tag{5-26}$$

$$q=\left(\frac{\mathrm{d}u}{\mathrm{d}y}\right)^2+\left(\frac{\mathrm{d}v}{\mathrm{d}y}\right)^2+\left(\frac{\mathrm{d}w}{\mathrm{d}y}\right)^2 \tag{5-27}$$

每个位置上的梯度定义为

$$G=\sqrt{\frac{1}{2}\left[q+h+\sqrt{(q+h)^2-4(qh-t^2)}\right]} \tag{5-28}$$

将式(5-25)~式(5-28)离散化以处理数字彩色图像,进而得到用于求取Unit-linking PCNN纹理特征的梯度图像。

图5.37展示了一幅彩色图像及其由向量梯度法得到的梯度图像,图5.37(b)所示的梯度图像清晰显示了图5.37(a)中的边缘分布,这些强弱不一的边缘反映了图像的纹理内容。用Unit-linking PCNN提取纹理特征时,以梯度图像为输入图像。

3) 基于Unit-linking PCNN图像熵的纹理特征

Unit-linking PCNN纹理特征由Unit-linking PCNN图像熵构成,其求取算法几乎和Unit-linking PCNN图像时间签名算法一样。

二值图像的图像熵公式如下:

(a) 原始图像

(b) 梯度图像

图 5.37　一幅彩色图像及其梯度图像

$$\mathrm{Er}[n] = -P_1 \log_2 P_1 - P_0 \log_2 P_0 \tag{5-29}$$

式中，P_1 为二值图中 1 出现的概率；P_0 是 0 出现的概率，可通过 Unit-linking PCNN 中点火神经元的数目估计得到。

Unit-linking PCNN 每次迭代后得到每个神经元在该次的点火状态（点火神经元对应像素点的值为 1，否则为 0），由点火神经元的数目就可估计得到 P_1 及 P_0，进而由式(5-29)得到 Unit-linking PCNN 图像熵，这是对图像熵的近似估计；其求取算法几乎和 Unit-linking PCNN 图像时间签名算法一样，当通过迭代得到一幅图像的 Unit-linking PCNN 图像熵特征时，也就得到了其时间签名。

这里用于纹理特征的 Unit-linking PCNN 图像熵和用于颜色特征的 Unit-linking PCNN 图像分布熵有很大的区别，图像分布熵包含空间位置信息，而图像熵不能反映空间位置信息。由包含原图丰富纹理信息的梯度图求得的 Unit-linking PCNN 图像熵能很好地反映整幅图像的纹理信息，因此将其用于纹理特征。

5.7.2　相似度

1. 图像检索中的相似度衡量

基于内容的图像检索中，当各种特征提取完毕后，就要依据特征来计算图像间的相似程度。好的相似度衡量方法能充分利用特征所包含的信息，准确地给出图像间的相关性，并具有一定的物理意义。对于全局特征与区域特征，应采用不同的相似度衡量方法。

较早的基于内容的图像检索系统中，全局特征扮演着主要角色，对于向量化的特征，欧氏距离被用来衡量特征间的相似性。Swain 等[41]提出的直方图相交法在颜色特征上取得了比欧氏距离更好的效果。由于颜色特征在不同维度上的相关性较大，Niblack 等[67]将颜色相关性因素考虑在内，提出一种类 L2 距离的相似度衡量方法，虽然取得了一定效果，但是该方法需计算各维度上的颜色相似性，计算量较大。很多学者将注意力集中于设计更具物理意义的相似度衡量方法，其中 Rubner 等[68]提出的 EMD(earth mover's distance)方法是比较经典的方法，将不同图像的颜色特征看成不同的分布，利用线性规划寻找出使不同分布变得相同所花费的最小代价，以此作为图像间的相似度。该方法虽然具有清晰的物理含义，但是计算量巨大。相对而言，最佳颜色组合距离(optimal color composition distance, OCCD)[69]则更符合图像检索的需要，同样是寻找出两个颜色特征间的最优匹配，该算法采用图匹配的方法而非线性规划，能够在最坏情况下比 EMD 花费更少的时间，而效果与 EMD 相当，且更易扩展至衡量其他类型特征。2010 年，Ma 等[70]提出一种高维特征距离多尺度相似度计算方法，平衡了固定尺度特征距离度量在精度和灵活性上的不足，在获得优秀匹配性能的同时避免了计算量过大的问题。2010 年，Chen 等[40]提出一种基于直方图聚类的 CHIC(comparing histograms by clustering)距离，对量化后的颜色特征进行聚类，再计算类内和类间距离以决定图像间的相似度，与 EMD 相比，其运算复杂度低很多，且实验结果表明其对颜色特征的衡量更为有效。

计算区域特征相似度时，不仅需要用到每个区域的特征，区域间的关系也应该被考虑在内。有些学者将图像区域看成一种分布，将 EMD 引入区域特征的相似度衡量中[71]，这些方法往往计算量巨大。而有些学者则采用图方法记录图像间区域的关系，并采用图匹配的方法决定区域特征的相似度[72]，该方法利用图构建区域间的关系，对分割效果较为敏感，且采用的图匹配算法比较粗糙，效果较为一般。Chen 等[73]从人类认识图像的角度出发，提出一种联合特征匹配(unified feature matching, UFM)方法，从局部最相似匹配到最终全局匹配的过程符合人类对图像的认识，且采用模糊数学算法，对检索中用到的图像分割效果具有较强的鲁棒性，同时计算量较少，因此该方法具有较高的实用价值。

2. Unit-linking PCNN 图像检索中的相似度

基于 Unit-linking PCNN 的图像检索中，对于颜色和纹理使用不同的相似度衡量方法。颜色特征部分，分别采用基于颜色直方图及像素空间分布的相似度[47](式(5-31)和式(5-32))、WMCF 相似度[10,11](式(5-36))；纹理特征则采用马氏距离：

$$\mathrm{Dis}T(q_1,q_2)=\left(\sum_{i=1}^{n}\left|\frac{\mathrm{Er}_i^{q_1}-\mathrm{Er}_i^{q_2}}{\sigma_i}\right|^m\right)^{1/m} \tag{5-30}$$

式中，$\mathrm{Er}_i^{q_1}$ 和$\mathrm{Er}_i^{q_2}$ 代表两幅图像的纹理特征向量中的第 i 个分量；σ_i 为图像特征库中第 i 个分量的标准差；m 为测量阶数，在实验中将其设置为 1。

1）基于颜色直方图及像素空间分布的相似度

两幅图像 q_1和 q_2的基于颜色直方图及像素空间分布的相似度[47]为

$$\mathrm{Sim}C(q_1,q_2)=\sum_{i=1}^{N}\min(G_i^{q_1},G_i^{q_2})\times\frac{\min(E_i^{q_1},E_i^{q_2})}{\max(E_i^{q_1},E_i^{q_2})} \tag{5-31}$$

该相似度衡量主要由两部分组成，第一部分 $\min(G_i^{q_1},G_i^{q_2})$用直方图相交来衡量颜色直方图的相似性；第二部分 $\min(E_i^{q_1},E_i^{q_2})/\max(E_i^{q_1},E_i^{q_2})$则衡量了像素空间分布相似度。当两种特征相近时，该相似度趋近于 1；反之，则趋近于 0。不妨将其转化为式(5-32)进行距离衡量，此时数值越大，图像越不相同：

$$\mathrm{Dis}C(q_1,q_2)=\frac{1}{\delta+\mathrm{Sim}C(q_1,q_2)} \tag{5-32}$$

式中，δ 为一个非常小的正数，计算时用于防止分母为 0。

2）WMCF 相似度

WMCF 相似度[10,11]由三个视觉感知特性条件导出，以改善图像检索效果。人类对图像颜色的感知一般具备三个特性：①一幅彩色图像能被少许颜色所描述，这源于人们视觉通常只关注图像中的少量颜色；②占有比重大的颜色对图像语义的贡献也大，称其为主色；③两幅相似的图像，其颜色不仅相似，它们各自所占的比重也相当。虽然特性②和③不能很好地描述某些场景，但很多情况下，这两个条件具有一定的合理性。

现有一幅检索图像 A 和一幅目标图像 B，假设已得到如图 5.38(a)所示的颜色-比重对。图 5.38 中不同颜色的圆代表两幅图中不同的颜色，而圆下方的数字代表各自颜色所占的百分比。根据特性②，首先按照比重对各颜色进行排序，以此来区分各颜色对语义的贡献度，结果如图 5.38(b)所示，根据不同颜色的比重从右到左降序排列。因为比重大的颜色对图像语义的贡献也大，这类颜色拥有寻找另一幅图中与之最为接近的颜色的优先权。图 5.38(b)中斜向虚线代表搜索过程，斜向实线指向最终寻找到的最为匹配的颜色。这个过程依次沿着图 5.38(a)中排好序的颜色进行，即沿着图 5.38(b)中最上方的实线箭头方向进行。最后得到一组匹配颜色对，如图 5.38(c)所示。

对于匹配好的颜色对 k，根据特性③，计算两个量，一是颜色差异 C_{diff_k}，如式(5-33)所示；另一个是比重差异 V_{diff_k}，如式(5-34)所示：

$$C_{\mathrm{diff}_k}=\|\boldsymbol{C}_{kA}-\boldsymbol{C}_{kB}\|_2 \tag{5-33}$$

$$V_{\mathrm{diff}_k}=|p_{kA}-p_{kB}| \tag{5-34}$$

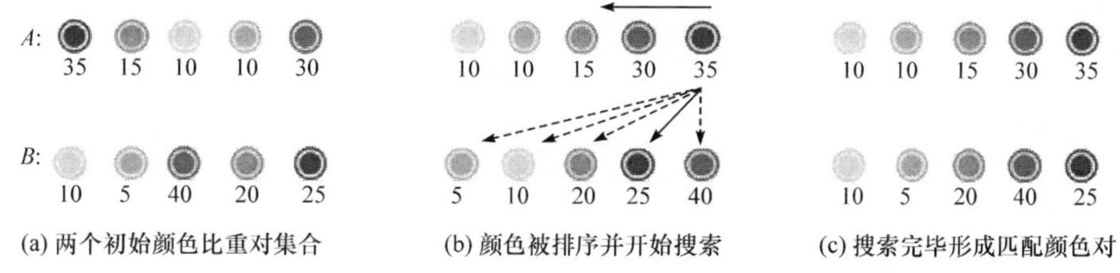

(a) 两个初始颜色比重对集合 (b) 颜色被排序并开始搜索 (c) 搜索完毕形成匹配颜色对

图 5.38 检索图像和目标图像形成匹配颜色对的过程

式中，$\boldsymbol{C}_{kA}$ 和 $\boldsymbol{C}_{kB}$ 为描述图像 A 和图像 B 的颜色对 k 的颜色的三元向量；p_{kA} 和 p_{kB} 为其对应的比重；C_{diff_k} 衡量了两个颜色之间的相似程度，V_{diff_k} 则给出了它们各自所占比重的差异程度。

根据特性③，进一步提出式(5-35)衡量两幅图像 A、B 之间的相似度，即

$$\text{dist}(A,B) = \sum_i p_i \cdot C_{\text{diff}_i} \cdot (V_{\text{diff}_i} + 1)^2 \tag{5-35}$$

式(5-35)的值越小，两幅图像的相似度越大，对比重差异 V_{diff_i} 加1是为了防止颜色相差很多却具有近似比重时拥有较大的相似度(较小的距离)这一错误。引入非线性是为了更多地惩罚比重差异过大的颜色匹配对。同时，考虑到特性②，最后对各颜色匹配对进行加权，p_i 为检索图像 A 中相应颜色的比重。

式(5-35)中的距离一般是不对称的，即 $\text{dist}(A,B) \neq \text{dist}(B,A)$。为了避免这种不对称性，加权主色优先距离选择两者之中较大的作为两幅图像间最终的距离，这是一个较为保守的估计。最终，加权主色优先距离定义为

$$\text{WMCF}(A,B) = \max\{\text{dist}(A,B), \text{dist}(B,A)\} \tag{5-36}$$

计算 WMCF 相似度(或距离)所用的(颜色，比重)对可由四元数彩色图像处理方法获得。将 WMCF 相似度(或距离)、四元数矩颜色特征与 Unit-linking PCNN 纹理特征相结合，可得到优良的检索效果。

5.7.3 仿真及分析

1. 检索效果评价指标及图像库

1) 检索效果评价指标

检索效果的评价指标采用了查准率(又称精度，precision)、查全率(又称召回率，recall)[74]、平均归一化检索秩(average normalized modified retrieval rate, ANMRR)。

假设有一幅查询图像 q、一组与 q 相关的图像集合 $S(q)$，以及一组检索图像 $A(q)$。查全率 $R(q)$ 的定义如式(5-37)所示，查准率 $P(q)$ 定义如式(5-38)

所示：

$$R(q)=\frac{|A(q)\cap S(q)|}{S(q)} \tag{5-37}$$

$$P(q)=\frac{|A(q)\cap S(q)|}{A(q)} \tag{5-38}$$

式(5-37)和式(5-38)中，运算符|·|代表返回集合成员的个数。

查全率代表检索结果中相关图像的数目与图像库中所有相关图像的比率，而查准率表示检索结果中正确图像所占检索结果的百分比。实验中，图像库中的每一幅图像都被用来作为查询图像，其余都作为待检索图像。最后的检索结果是所有图像检索结果的平均。根据查准率和查全率得到的 P-R 曲线常用来评价图像检索的性能。ANMRR 是 MPEG-7 的评价指标，也是常用的图像检索评价指标，其定义为

$$\text{ANMRR}=\frac{1}{\text{NQ}}\sum_{q=1}^{\text{NQ}}\frac{\frac{1}{\text{NG}(q)}\sum_{k=1}^{\text{NG}(q)}\text{Rank}^{*}(k)-0.5\times[1+\text{NG}(q)]}{1.25\times K(q)-0.5\times[1+\text{NG}(q)]} \tag{5-39}$$

式中，$\text{Rank}^{*}(k)$为

$$\text{Rank}^{*}(k)=\begin{cases}\text{Rank}(k), & \text{Rank}(k)\leqslant K(q)\\ 1.25K, & \text{Rank}(k)>K(q)\end{cases} \tag{5-40}$$

式(5-39)和式(5-40)中，$\text{NG}(q)$为图像库中与查询图像 q 相关的图像的数目；NQ 为查询图像的数目；$\text{Rank}(k)$为由检索算法返回的检索图像的位置；$K(q)$指定了对于某幅查询图像应该具有的相关排位。

通常图像库中与不同查询图像相关的图像数目并不相同，因此一个合适的 $K(q)$被定义为

$$K(q)=\min(4\text{NG}(q),2\text{GTM}) \tag{5-41}$$

式中，GTM 为所有查询图像的 $\text{NG}(q)$最大值。

ANMRR 不仅评价了一个检索算法的查准率，同时返回结果的排位也被考虑在内。这意味着具有高排位的相关图像的检索结果将比具有低排位的相关图像的结果拥有一个更佳的 ANMRR 指标，这符合图像检索的要求，ANMRR 值越小越好。

2）仿真用图像库

仿真采用包含 1000 幅彩色图像的 Corel 图像库，库中图像分为 10 类(包括非洲、海滩、食物等类)，每类包含 100 幅图像，每幅图像的尺寸为 384 像素×256 像素；该图像库涵盖范围较广，图像复杂度较高。图 5.39 为从 Corel 图像库中抽取的 10 幅图像。

图 5.39 从 Corel 图像库中抽取的 10 幅图像

2. 仿真比较一(Unit-linking PCNN 颜色及纹理特征)

将 Unit-linking PCNN 颜色及纹理特征方法[5](图 5.40 中标注为 UPCNN)分别和改进颜色分布熵(improved color distribution entropy,ICDE)方法[47]、块逆概率差(block difference of inverse probabilities,BDIP)方法[63]、基于 PCNN 的惯性矩(normalized moment of inertia,Nmi)[75]方法进行比较,相关的 *P-R* 曲线如图 5.40 所示。在 ICDE 算法中,量化级数为 81,BDIP 中块大小为 2×2,在 Nmi 算法中,网络迭代次数为 34 次。由图 5.40 中四种方法的 *P-R* 曲线可知,UPCNN 方法与 ICDE 方法相比,当查全率不太高时,查准率相似,当查全率升高时,则比 ICDE 方法显示出更优越的性能,这也意味着 UPCNN 方法更稳定;与 BDIP 方法相比,查准率至少提高 7%;与 Nmi 方法相比查准率提高了 20%以上[5]。表 5.4 为前述四种方法的 ANMRR 指标(值越小越好),据此可知 UPCNN 方法在 ANMRR 指标上同样优于其他所比方法[5]。

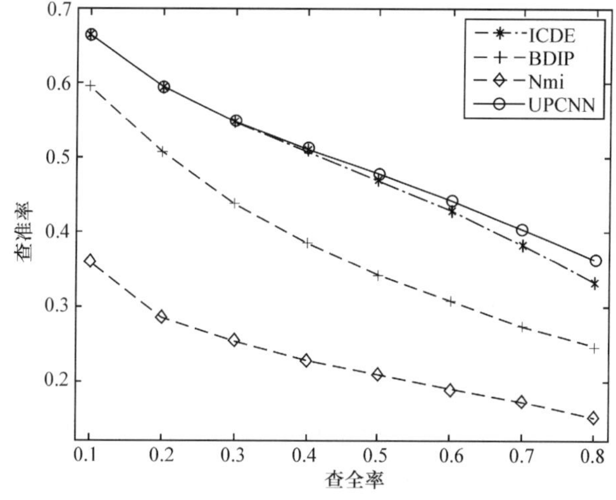

图 5.40 UPCNN、ICDE、BDIP、Nmi 在 Corel 图像库上的 *P-R* 曲线

表 5.4　UPCNN、ICDE、BDIP、Nmi 的 ANMRR 指标

方法	ICDE	BDIP	Nmi	UPCNN
ANMRR	0.4224	0.5379	0.6501	**0.4135**

图 5.41 为 Unit-linking PCNN 颜色及纹理特征方法和 ICDE 方法的检索排序示例。图 5.41(a)、(b)中左上角的图片为查询图片，在该例中，要求数据库返回 12 幅相关图片。返回结果按照匹配距离从小到大，从左至右，再从上至下依次排列；为了使格式整齐，某些图片作了旋转调整。图 5.41 中，(a)是 Unit-linking PCNN 颜色及纹理特征方法的检索结果，(b)是 ICDE 方法的检索结果，由此可见前者错误的图片(大象)排在第 11 个位置，而 ICDE 方法却把错误的图像(大象)排在第 4 个位置，该例中 Unit-linking PCNN 颜色及纹理特征方法可以将相关图片返回至更靠前的位置，这符合图像检索的要求。

(a) Unit-linking PCNN颜色及纹理特征方法

(b) ICDE方法

图 5.41　Unit-linking PCNN 颜色及纹理特征方法和 ICDE 方法的检索排序示例

图 5.42 显示了 Unit-linking PCNN 提取特征时迭代次数对检索结果的影响(查全率设置为 0.1)。图 5.42 表明，查准率最初随着迭代次数的增多而上升，然而，当迭代次数超过 20 次后，查准率趋于饱和。随着迭代次数的增多，更多细节的颜色被引入，妨碍了整体效果的进一步提升。应用中将迭代次数设置为 20。当迭代次数确定后，Unit-linking PCNN 特征向量维数也随之确定。

表 5.5 给出了 Unit-linking PCNN 颜色及纹理特征(UPCNN)、ICDE、BDIP、Nmi 方法的特征向量的维数。应用中，各幅图像的特征存储在特征库中，特征所需存储空间越少，越有利于大规模特征库的构建。结合表 5.5 和图 5.40 中的 *P-R*

曲线可知，Unit-linking PCNN 颜色及纹理特征不仅具有优良的检索性能，其特征储存空间也保持在一个合理的水平[5]。

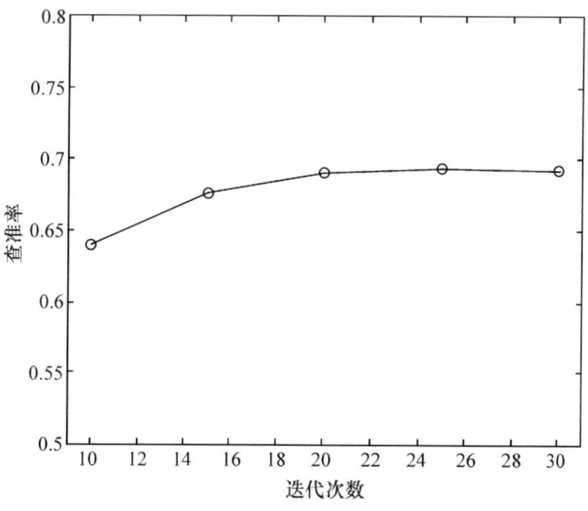

图 5.42　Unit-linking PCNN 迭代次数对检索结果的影响(查全率设置为 0.1)

表 5.5　UPCNN、ICDE、BDIP、Nmi 方法的特征向量维数

方法	ICDE	BDIP	Nmi	UPCNN
维数	162	48	102	100

3. 仿真比较二(Unit-linking PCNN 纹理特征及四元数矩颜色特征)

将 Unit-linking PCNN 纹理特征(Ptext)和四元数矩颜色特征(quaternion moment color feature，Qmcf)以及加权主色优先距离(WMCF)相结合可进一步提高图像检索的性能[10,11]。

这里分别比较了 Unit-linking PCNN 纹理特征(Ptext)＋四元数矩颜色特征(Qmcf)[10,11]、Qmcf、FC(feature color)[40]、BDIP[63]、Nmi[75] 方法的检索性能。图 5.43 给出了以上五种方法的 *P*-*R* 曲线。

图 5.43 表明，Unit-linking PCNN 纹理特征结合四元数矩颜色特征(Ptext＋Qmcf)的查准率在五种方法中是最高的，比 Qmcf、FC、BDIP、Nmi 方法高出很多。Qmcf 特征单独使用时查准率远低于 Ptext＋Qmcf 特征[10,11]。

表 5.6 为这五种方法的 ANMRR 指标(值越小越好)，据此可知 Ptext＋Qmcf 方法在 ANMRR 指标上同样优于其他所比方法，一方面其查准率最高，另一方面其相关图像返回到更为靠前的位置，这符合图像检索的要求[10,11]。

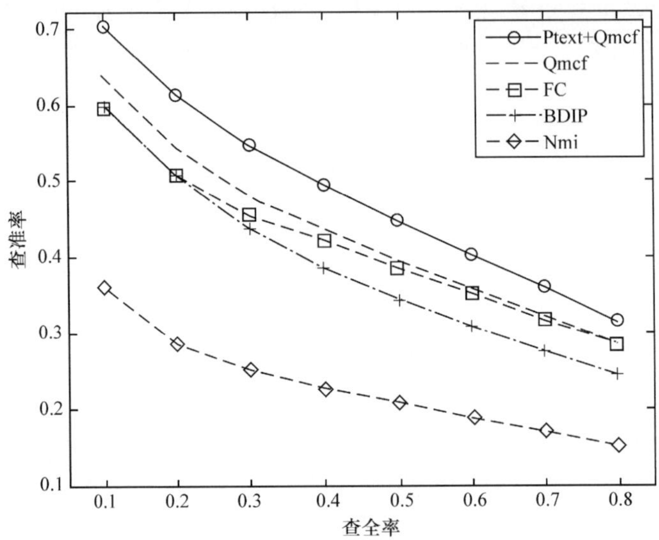

图 5.43　Ptext+Qmcf、Qmcf、FC、BDIP、Nmi 方法在 Corel 图像库上的 *P-R* 曲线

表 5.6　Ptext+Qmcf、Qmcf、FC、BDIP、Nmi 方法的 ANMRR 指标

方法	BDIP	Nmi	FC	Qmcf	Qmcf+Ptext
ANMRR	0.5379	0.6501	0.4986	0.4801	**0.4417**

表 5.7 给出了 Ptext+Qmcf、Qmcf、FC、BDIP、Nmi 方法的特征向量维数，BDIP 方法维数虽少，但是效果远不如 Ptext+Qmcf 方法；虽然 Ptext+Qmcf 方法的特征维数少于 Nmi 方法与 FC 方法，但其检索结果是最优的；Ptext+Qmcf 方法可获得优良的性能，同时其特征储存空间保持在一个合理的水平[10,11]。

表 5.7　Ptext+Qmcf、Qmcf、FC、BDIP、Nmi 方法的特征向量维数

方法	BDIP	Nmi	FC	Qmcf	Ptext+Qmcf
维数/维	48	102	128	60	80

4. 仿真比较三(Unit-linking PCNN 纹理特征等全局特征及区域特征)

前述的图像检索方法都是基于全局特征的，即从整幅图像中提取全局特征进行检索。有些情况下(如图像中目标只占很小的区域)，基于全局特征的图像检索有时会由于忽略了目标信息而产生错误的结果。因此，基于内容的图像检索有必要联合使用全局及区域特征。很多研究者对考虑区域的图像检索展开了研究[76-78]。作者等将 Unit-linking PCNN 纹理等全局特征和图像分割得到的区域特征联合应用于图像检索，并采用传递学习技术[79]，在 k 近邻图[80]基础上提出自适应近邻图，用于传递学习、挖掘图像之间的关系，进一步提高检索效果；将综合 Unit-linking PCNN 纹理等全局特征、区域特征及自适应近邻图的图像检索方法称为基于全局与区域特征图的图像检索(global and regional features based graph for transductive learning)方法，简称 GRGTL 方法。将 GRGTL 方法与 MR (manifold-ranking)算法(不含相关反馈)[80]、UFM 算法[73]以及 L2 距离算法进行比较；为了测试 Unit-linking PCNN 纹理等全局特征在整个检索系统中的贡献，还与 RGTL(regional features based graph for transductive learning)方法进行比较，RGTL 方法不含有 Unit-linking PCNN 纹理等全局特征。图 5.44 给出了以上各方法在 Corel 图像库上的查准率曲线。

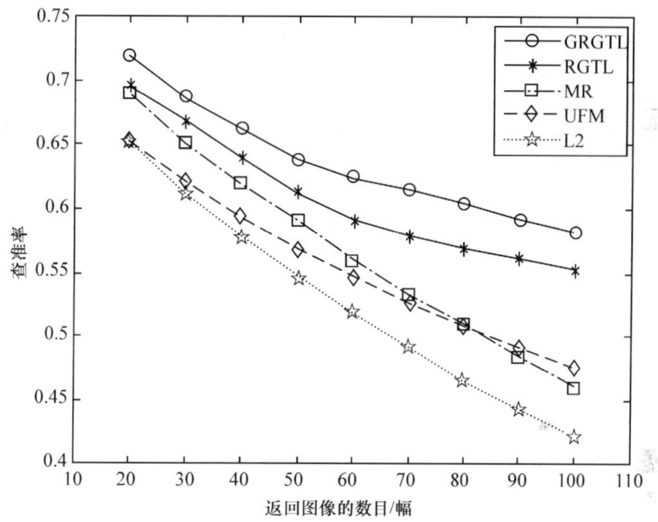

图 5.44　GRGTL、RGTL、MR、UFM、L2 方法在 Corel 图像库上的查准率曲线

图 5.44 显示包含 Unit-linking PCNN 纹理等全局特征的 GRGTL 方法具有最高的查准率。比较 GRGTL 方法与 RGTL 方法可知，当从 GRGTL 方法中移去 Unit-linking PCNN 纹理等全局特征时，其查准率下降了 3％，可见 Unit-linking PCNN 纹理等全局特征对查准率的贡献约为 3％；与 MR、UFM、L2 等方法相比，GRGTL 方法的查准率更是高出了 12％以上。

5. 仿真比较四(具有相关反馈及 Unit-linking PCNN 纹理特征的 GRGTL)

相关反馈是改善检索性能非常有效的技术，该技术往往引入额外的信息。所谓相关反馈，就是每次检索完毕后用户对结果给出评价，如哪些图片相关、哪些不相关等，计算机再根据这些评价优化检索结果。获得额外信息是提高反馈效果的唯一途径。本书进一步在拥有 Unit-linking PCNN 纹理等特征的 GRGTL 方法中采用相关反馈技术，并与其他方法在 Corel 图像库上进行比较。相关反馈时，给予相关图像和非相关图像不同的权值。根据用户的反馈信息,加强相关图像权值,减弱非相关图像权值。相关反馈分为短期相关反馈和长期相关反馈。

1) 短期相关反馈情况

短期相关反馈即用户根据检索结果即刻选择相关和非相关反馈给计算机,计算机通过学习这些例子来刷新结果,返回更贴近用户需求的图像。这样的人工干预方式是改善检索质量的强大工具。对于短期相关反馈,一般同时需要正反馈图像和负反馈图像。

采用如下流程:总共进行 4 次相关反馈,在每次相关反馈中,分别选择 5 幅正反馈图像和 5 幅负反馈图像,输入不同的相关反馈算法。之前反馈轮次中选择过的图像,不会在本轮反馈中继续使用。将带有短期相关反馈的 GRGTL 方法和常用的相关反馈图像检索方法 SVM[81]、增强特征选择(boosting feature selection, BFS)[78]、全局偏置判别分析(generalized biased discriminant analysis, GDBA)[82]、隐藏概念挖掘[77](hidden concept discovery, HCD)、带有短期相关反馈的 MR 算法(仿真比较三的 MR 算法不含相关反馈)进行比较,图 5.45(a)~(c)分别给出反馈范围固定在前 20 幅、50 幅、80 幅(分别对应小、中、大反馈范围)三种情况下各方法的查准率曲线。

图 5.45 表明,在各种范围的短期相关反馈情况下,包含 Unit-linking PCNN 纹理等全局特征的 GRGTL 方法具有最高的查准率;且只经过四轮反馈,GRGTL 方法通过小范围短期相关反馈,其查准率平均升高 13.16%,这是所有比较算法中增加最多的。

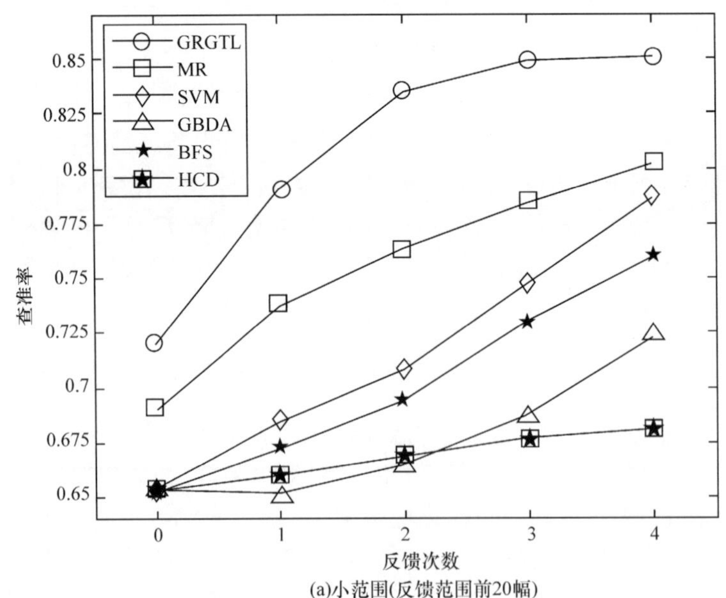

(a)小范围(反馈范围前20幅)

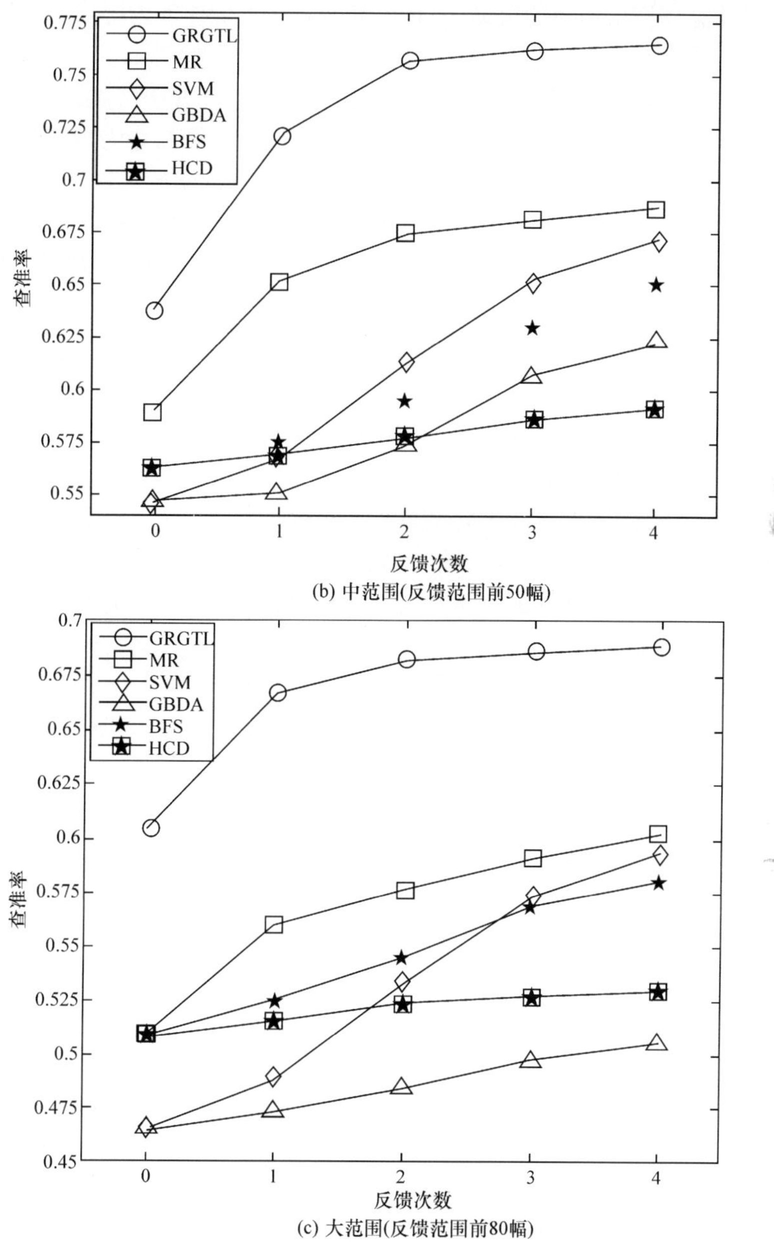

(b) 中范围(反馈范围前50幅)

(c) 大范围(反馈范围前80幅)

图 5.45 短期相关反馈取不同范围时各种方法的查准率曲线

2）长期相关反馈情况

短期相关反馈即时地更新检索结果，但它无法在初次检索中优化检索结果，通常在两到三轮反馈后效果得到提升，它是一种在线操作。与短期相关反馈不同，长期相关反馈意在积累用户的反馈信息，不断地在线下优化库内图像的组织，从而每一次检索的效果都能不断地提高。根据积累的用户反馈信息，相关图像权值得到加强，非相关图像权值被减弱。仿真采用的流程为：首先在每一类图像中挑选一半图像来构成一个共含 500 幅图像的训练集，剩余的库内图像作为测试集；随后将训练集中的每一幅图像作为检索示例图像，执行一次检索就加一次相关反馈。仿真结果表明，引入长期反馈后，包含 Unit-linking PCNN 纹理等全局特征的 GRGTL 方法的查准率在大范围情况下升高 3%，小范围反馈情况下升高 8%。

5.8 本章小结

研究结果表明，Unit-linking PCNN 可有效地提取反映图像局部变化的局部时间签名、具有多种不变性的全局图像时间签名、图像分布熵等图像特征；Unit-linking PCNN 局部时间签名和全局图像时间签名配合运用，可更有效地提取图像或视频帧特征；Unit-linking PCNN 图像特征被成功地应用于非平稳及平稳视频流机器人自主导航、目标检测及识别、粒子滤波目标跟踪、图像认证、基于内容的图像检索等方面。

5.1 节介绍了 Unit-linking PCNN 全局图像时间签名[1-4]。

5.2 节介绍了 Unit-linking PCNN 局部图像时间签名[1-4]，并分析两条不同的求取途径及特点，其中一种求取途径的计算时间远少于另一条。

5.3 节介绍了具有多种不变性的 Unit-linking PCNN 全局图像时间签名在目标分类、识别和跟踪等方面的应用[1,2,7]。

5.4 节介绍了 Unit-linking PCNN 图像特征在机器人(狗)导航中的应用[1-3,6]，研究表明其在机器人(狗)导航中具有优良的性能，特别在非平稳视频流的导航中有明显的优势。在非平稳视频流 SONY 机器狗 AIBO 的自主导航中，Unit-linking PCNN 全局图像时间签名与 CCIPCA 特征[17]相比具有更好的特征提取效果，大幅提升导航成功率，前者的导航成功率比后者高出 35%，达到 90%，实现机器狗的实时自主导航，这得益于 Unit-linking PCNN 全局图像时间签名所具有的平移及旋转不变性。平稳视频流智能机器人“复旦Ⅰ号”自主导航中，综合运用具有多种不变性的 Unit-linking PCNN 全局图像时间签名、能反映场景局部变化的局部图像时间签名，取得优良的导航效果，导航成功率达到 97%。

5.5 节介绍了 Unit-linking PCNN 图像特征与粒子滤波相结合在目标跟踪中的应用[8]。Unit-linking PCNN 全局图像时间签名所具有的旋转、平移及尺度不变的优良性质与粒子滤波相结合，可有效地解决跟踪中的遮挡问题，在存在遮挡视频上的实验结果[8]表明其跟踪效果明显优于基于粒子滤波及颜色梯度(CD)的方法以及 KCF 方法[29]，平均距离精度比 CD 方法高 16%以上，比 KCF 方法高 30%

以上。

5.6 节介绍了基于 Unit-linking PCNN 局部图像时间签名的图像认证方法[1,9]，该方法不仅能发现图像是否被篡改，还能发现图像被篡改的位置。

5.7 节介绍了 Unit-linking PCNN 图像特征在基于内容的图像检索中的应用[5,10,11]。研究表明，Unit-linking PCNN 颜色及纹理特征可有效地用于基于内容的图像检索[5]；将 Unit-linking PCNN 提取的特征与四元数矩颜色特征组合，配合 WMCF 相似度，可进一步提升检索性能[10,11]；基于 Unit-linking PCNN 颜色及纹理特征的方法的检索性能优于 ICDE、BDIP、Nmi 这三种方法[5]；基于 Unit-linking PCNN 纹理特征和四元数矩颜色特征（Ptext＋Qmcf）的方法的检索性能远高于 Qmcf、FC、BDIP、Nmi 方法[10,11]；综合了 Unit-linking PCNN 纹理等全局特征、区域特征及自适应近邻图的图像检索（GRGTL）方法的检索性能优于 MR、UFM、L2、区域特征及自适应近邻图（RGTL）方法；引入短期相关反馈后，包含 Unit-linking PCNN 纹理等全局特征的 GRGTL 方法的检索性能优于带有短期相关反馈的 SVM、BFS、GBDA、HCD、MR 等方法；引入长期反馈后，包含 Unit-linking PCNN 纹理等全局特征的 GRGTL 方法的检索性能得到进一步的提升；Unit-linking PCNN 所提取的特征还可与社交网络理论相结合，用于基于内容及标签的图像检索。

参考文献

[1] Gu X D. Feature extraction using Unit-linking pulse coupled neural network and its applications[J]. Neural Processing Letters，2008，27(1)：25-41.

[2] 顾晓东. 单位脉冲耦合神经网络中若干理论及应用问题的研究[R]. 上海：复旦大学，2005.

[3] Gu X D，Zhang L M. Global icons and local icons of images based Unit-linking PCNN and their application to robot navigation[C]. Proceedings of the 2nd International Symposium on Neural Networks，Chongqing，2005.

[4] Gu X D. Spatial-temporal-coding pulse coupled neural network and its applications[M]//Weiss M L. Neuronal Networks Research Horizons. New York：Nova Science Publishers，2007.

[5] Yang C，Gu X D. Combining PCNN with color distribution entropy and vector gradient in feature extraction[C]. International Conference on Natural Computation，Chongqing，2012.

[6] Gu X D. Autonomous robot navigation using different features and hierarchical discriminant regression[M]//Ito D. Robot Vision：Strategies，Algorithms and Motion Planning. New York：Nova Science Publishers，2009.

[7] Gu X D，Wang Y Y，Zhang L M. Object detection using Unit-linking PCNN image icons[J]. Lecture Notes in Computer Science，2006，3972：616-622.

[8] Liu H，Gu X D. Tracking based on Unit-linking pulse coupled neural network image icon and particle filter[J]. Lecture Notes in Computer Science，2016，9719：631-639.

[9] Gu X D. A new approach to image authentication using local image icon of Unit-linking PCNN[C]. IEEE International Joint Conference on Neural Network, Vancouver, 2006.

[10] Yang C, Gu X D. Image retrieval using a novel color similarity measurement and neural networks[J]. Lecture Notes in Computer Science, 2014, 8836: 25-32.

[11] 顾晓东,杨诚.新的颜色相似度衡量方法在图像检索中的应用[J].仪器仪表学报,2014,35(10):2286-2292.

[12] Johnson J L. Pulse-coupled neural nets: Translation, rotation, scale, distortion and intensity signal invariance for images[J]. Applied Optics, 1994, 33(26): 6239-6253.

[13] Rughooputh H C S, Rughooputh S D D V, Kinser J. Neural network based automated texture classification system[C]. Proceedings of the Society of Photo-Optical Instrumentation Engineers, San Jose, 2000.

[14] Rughooputh S D D V, Somanah R, Rughooputh H C S. Classification of optical galaxies using a PCNN[C]. Proceedings of the Society of Photo-Optical Instrumentation Engineers, San Jose, 2000.

[15] Muresan R C. Pattern recognition using pulse-coupled neural networks and discrete Fourier transforms[J]. Neurocomputing, 2003, 51: 487-493.

[16] Weng J Y, Mcclelland J, Pentland A, et al. Artificial intelligence: Autonomous mental development by robots and animals[J]. Science, 2001, 291(5504): 599-600.

[17] Weng J, Zhang Y, Hwang W S. Candid covariance-free incremental principal component analysis[J]. IEEE Transactions on Pattern Analysis and Machine Intelligence, 2003, 25(8): 1034-1040.

[18] Weng J, Hwang W S. Incremental hierarchical discriminant regression for online image classification[C]. International Conference on Document Analysis and Recognition, Seattle, 2001.

[19] Hwang W S, Weng J. Hierarchical discriminant regression[J]. IEEE Transactions on Pattern Analysis and Machine Intelligence, 2000, 22(11): 1277-1293.

[20] Chen S, Weng J. State-based SHOSLIF for indoor visual navigation[J]. IEEE Transactions on Neural Networks, 2000, 11(6): 1300-1314.

[21] Turk M, Pentland A. Eigenfaces for recognition[J]. Journal of Cognitive Neuroscience, 1991, 3(1): 71-86.

[22] Cui Y, Weng J. Appearance-based hand sign recognition from intensity image sequences[J]. Computer Vision and Image Understanding, 2000, 78(2): 157-176.

[23] Murase H, Nayar S K. Visual learning and recognition of 3-D objects from appearance[J]. International Journal of Computer Vision, 1995, 14(1): 5-24.

[24] Oja E. Subspace methods of pattern recognition[J]. Signal Processing, 1983, 7(1): 79.

[25] Oja E, Karhunen J. On stochastic approximation of the eigenvectors and eigenvalues of the expectation of a random matrix[J]. Journal of Mathematical Analysis and Applications, 1985, 106(1): 69-84.

[26] Sanger T D. Optimal unsupervised learning in a single-layer linear feedforward neural network[J]. IEEE Transactions on Neural networks, 1989, 2(6): 459-473.

[27] Arulampalam M S, Maskell S, Gordon N, et al. A tutorial on particle filters for online nonlinear/non-Gaussian Bayesian tracking[J]. IEEE Transactions on Signal Processing, 2002, 50(2): 174-188.

[28] Crisan D, Doucet A. A survey of convergence results on particle filtering methods for practitioners[J]. IEEE Transactions on Signal Processing, 2002, 50(3): 736-746.

[29] Henriques J, Caseiro R, Martins P. High-speed tracking with kernelized correlation filters[J]. IEEE Transactions on Pattern Analysis and Machine Intelligence, 2015, 37(3): 583-596.

[30] Bearman D, Trant J. Authenticity of digital resources: Towards a statement of requirements in the research process[J]. D-Lib Magazine, 1998, 4(6): 1761-1765.

[31] Lin T, Delp E J. A review of fragile image watermarking[C]. Proceedings of the Multimedia and Security Workshop, Orlando, 1999.

[32] Lin C Y, Chang S F. Generating robust digital signature for image/video authentication[C]. Multimedia and Security Workshop at ACM Multimedia, Bristol, 1998.

[33] Schneider M, Chang S F. A robust content based digital signature for image authentication[C]. Proceedings of the International Conference on Image Processing, Lausanne, 1996.

[34] Lou D C, Liu J L. Fault resilient and compression tolerant digital signature for image authentication[J]. IEEE Transactions on Consumer Electronics, 2000, 46(1): 31-39.

[35] Dittmann J, Steinmetz A, Steinmetz R. Content-based digital signature for motion pictures authentication and content-fragile watermarking [C]. IEEE International Conference on Multimedia Computing and Systems, Florence, 1999.

[36] Bhattacharjee S, Kutter M. Compression tolerant image authentication[C]. Proceedings of the International Conference on Image Processing, Chicago, 1998.

[37] Yong R, Huang T S, Chang S F. Image retrieval: Current techniques, promising directions, and open issues [J]. Journal of Visual Communication & Image Representation, 1999, 10(1): 39-62.

[38] Chang S K, Hsu A. Image information systems: Where do we go from here? [J]. IEEE Transactions on Knowledge and Data Engineering, 1992, 4(5): 431-442.

[39] Mojsilovic A, Kovačević J, Hu J, et al. Matching and retrieval based on the vocabulary and grammar of color patterns[J]. IEEE Transactions on Image Processing, 2000, 9(1): 38-54.

[40] Chen W T, Liu W C, Chen M S. Adaptive color feature extraction based on image color distributions[J]. IEEE Transactions on Image Processing, 2010, 19(8): 2005-2016.

[41] Swain M J, Ballard D H. Color indexing[J]. InternationalJournal of Computer Vision, 1991, 7(1): 11-32.

[42] Stricker M A, Orengo M. Similarity of color images[C]. Proceedings of the SPIE Storage and Retrieval for Image and Video Databases, San Jose, 1995.

[43] Pass G, Zabih R, Miller J. Comparing images using color coherence vectors[C]. Proceedings

of the ACM International Conference on Multimedia, Boston, 1996.

[44] Huang J, Kumar S R, Mitra M, et al. Image indexing using color correlograms[C]. Proceedings of the Conference on Computer Vision and Pattern Recognition, Halmstad, 1997.

[45] Feng D, Siu W C, Zhang H J. Multimedia Information Retrieval and Management: Technological Fundamentals and Applications[M]. Berlin: Springer, 2003.

[46] Paschos G, Radev I, Prabakar N. Image content-based retrieval using chromaticity moments[J]. IEEE Transactions on Knowledge & Data Engineering, 2003, 15(5): 1069-1072.

[47] Sun J, Zhang X, Cui J, et al. Image retrieval based on color distribution entropy[J]. Pattern Recognition Letters, 2006, 27: 1122-1126.

[48] Qiu G, Lam K M. Frequency layered color indexing for content-based image retrieval[J]. IEEE Transactions on Image Processing, 2003, 12(1): 102-113.

[49] Aptoula E, Lefèvre S. Morphologicaldescription of color images for content-based image retrieval[J]. IEEE Transactions on Image Processing, 2009, 18(11): 2505-2517.

[50] Pei S C, Cheng C M. Color image processing by using binary quaternion moment-preserving thresholding technique[J]. IEEE Transactions on Image Processing, 1999: 8(5): 614-628.

[51] Sun J, Zhang X, Cui J, et al. Image retrieval based on color distribution entropy[J]. Pattern Recognition Letters, 2006, 27(10): 1122-1126.

[52] Haralick R M, Shanmugam K, Dinstein I H. Textural features for image classification[J]. IEEE Transactions on Systems, Man and Cybernetics, 1973, (6): 610-621.

[53] Tamura H, Mori S, Yamawaki T. Textural features corresponding to visual perception[J]. IEEE Transactions on Systems, Man and Cybernetics, 1978, 8(6): 460-473.

[54] Smith J R, Chang S F. Transform features for texture classification and discrimination in large image databases[C]. Proceedings of the IEEE International Conference on Image Processing, Austin, 1994.

[55] Chang T, Kuo C C J. Texture analysis and classification with tree-structured wavelet transform[J]. IEEE Transactions on Image Processing, 1993, 2(4): 429-441.

[56] Thyagarajan K S, Nguyen T, Persons C E. A maximum likelihood approach to texture classification using wavelet transform[C]. Proceedings of the IEEE International Conference on Image Processing, Austin, 1994.

[57] Pun C M, Lee M C. Log-polar wavelet energy signatures for rotation and scale invariant texture classification[J]. IEEE Transactions on Pattern Analysis and Machine Intelligence, 2003, 25(5): 590-603.

[58] Jafari-Khouzani K, Soltanian-Zadeh H. Rotation-invariant multiresolution texture analysis using radon and wavelet transforms[J]. IEEE Transactions on Image Processing, 2005, 14(6): 783-795.

[59] Wang Z Z, Yong J H. Texture analysis and classification with linear regression model based on wavelet transform[J]. IEEE Transactions on Image Processing, 2008, 17(8): 1421-1430.

[60] Manjunath B S, Ma W Y. Texture features for browsing and retrieval of image data[J]. IEEE Transactions on Pattern Analysis and Machine Intelligence, 1996, 18(8): 837-842.

[61] Cross G R, Jain A K. Markov random field texture models[J]. IEEE Transactions on Pattern Analysis and Machine Intelligence, 1983, 5(1): 25-39.

[62] Pi M, Mandal M K, Basu A. Image retrieval based on histogram of fractal parameters[J]. IEEE Transactions on Multimedia, 2005, 7(4): 597-605.

[63] Chun Y D, Kim N C, Jang I H. Content-based image retrieval using multiresolution color and texture features[J]. IEEE Transactions on Multimedia, 2008, 10(6): 1073-1084.

[64] Abbadeni N. Computational perceptual features for texture representation and retrieval[J]. IEEE Transactions on Image Processing, 2011, 20(1): 236-246.

[65] Murala S, Maheshwari R P, Balasubramanian R. Local tetra patterns: A new feature descriptor for content-based image retrieval[J]. IEEE Transactions on Image Processing, 2012, 21(5): 2874-2886.

[66] Lee H C, Cok D R. Detecting boundaries in a vector field[J]. IEEE Transactions on Signal Processing, 1991, 39(5): 1181-1194.

[67] Niblack W, Barber R, Equitz W, et al. The QBIC project: Querying images by content using color, texture and shape[C]. Proceedings of the International Society for Optical Engineering, 1993.

[68] Rubner Y, Tomasi C, Guibas L J. The earth mover's distance as a metric for image retrieval[J]. International Journal of Computer Vision, 2000, 40(2): 99-121.

[69] Mojsilovic A, Hu J, Soljanin E. Extraction of perceptually important colors and similarity measurement for image matching, retrieval and analysis[J]. IEEE Transactions on Image Processing, 2002, 11(11): 1238-1248.

[70] Ma Y, Gu X D, Wang Y Y. Histogram similarity measure using variable bin size distance[J]. Computer Vision and Image Understanding, 2010, 114(8): 981-989.

[71] Liu Y, Zhang D, Lu G, et al. A survey of content-based image retrieval with high-level semantics[J]. Pattern Recognition, 2007, 40(1): 262-282.

[72] Li C Y, Hsu C T. Image retrieval with relevance feedback based on graph-theoretic region correspondence estimation[J]. IEEE Transactions on Multimedia, 2008, 10(3): 447-456.

[73] Chen Y, Wang J Z. A region-based fuzzy feature matching approach to content-based image retrieval[J]. IEEE Transactions on Pattern Analysis and Machine Intelligence, 2002, 24(9): 1252-1267.

[74] Smeulders A W M, Worring M, Santini S, et al. Content-based image retrieval at the end of the early years[J]. IEEE Transactions on Pattern Analysis and Machine Intelligence, 2000, 22(12): 1349-1380.

[75] Liu Q, Xu L P, Ma Y, et al. Image NMI feature extraction and retrieval method based on pulse coupled neural networks[J]. Acta Automatica Sinica, 2010, 36(7): 931-938.

[76] Jing F, Li M, Zhang H J, et al. An efficient and effective region-based image retrieval frame-

work[J]. IEEE Transactions on Image Processing, 2004, 13(5): 699-709.

[77] Zhang R, Zhang Z. Effective image retrieval based on hidden concept discovery in image database[J]. IEEE Transactions on Image Processing, 2007, 16(2): 562-572.

[78] Jiang W, Er G, Dai Q, et al. Similarity-based online feature selection in content-based image retrieval[J]. IEEE Transactions on Image Processing, 2006, 15(3): 702-712.

[79] Zhou D Y, Bousquet O, Lal T N, et al. Learning with local and global consistency[C]. Proceedings of the 16th International Conference on Neural Information Processing Systems, Vancouver, 2003 .

[80] He J, Li M, Zhang H J, et al. Manifold-ranking based image retrieval[C]. Proceedings of the 12th Annual ACM International Conference on Multimedia, New York, 2004.

[81] Zhang L, Lin F, Zhang B. Support vector machine learning for image retrieval[C]. Proceedings of the International Conference on Image Processing, Thessaloniki, 2001.

[82] Zhang L, Wang L, Lin W. Generalized biased discriminant analysis for content-based image retrieval[J]. IEEE Transactions on Systems, Man, and Cybernetics, Part B: Cybernetics, 2012, 42(1): 282-290.

第 6 章　PCNN 车牌和静脉识别及多值模型数据分类

本章将介绍 PCNN 在车牌识别、手静脉识别预处理中的应用，以及 PCNN 多值模型及其在数据分类中的应用。首先介绍 Unit-linking PCNN 应用于车牌识别的方法[1]；然后介绍 Unit-linking PCNN 在手静脉识别中提取静脉骨架的应用；最后介绍多值 PCNN 模型[2]，以及利用其产生的多值脉冲波进行数据分类的方法及在两类鱼分类中的应用[2]。

6.1　基于 Unit-linking PCNN 的车牌识别

随着车辆的增多，智能交通越来越体现出其价值。车牌识别是智能交通系统的重要组成部分，在无人管理车库、校区、社区安全、道路状况调控和交通监控管理等方面得到了广泛的应用，起到缓解值勤人员工作压力的作用。因此，对车牌识别展开研究具有重要的应用价值。

本节介绍建立在Unit-linking PCNN 平台上的车牌识别系统，针对车牌识别中的车牌定位、字符分割和字符识别三个主要环节，分别提出基于或结合 Unit-linking PCNN 的车牌定位、字符分割、字符识别三个子算法，如图 6.1 所示。

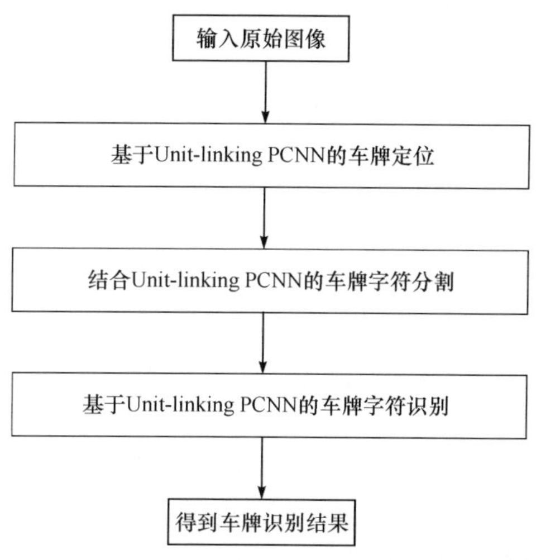

图 6.1　基于 Unit-linking PCNN 的车牌识别系统

这些算法综合应用了 Unit-linking PCNN 图像分割[3]、Unit-linking PCNN 边缘检测[4,5]、Unit-linking PCNN 空洞滤波[5,6]、Unit-linking PCNN 特征提取[7,8]（提取图像时间签名及其派生出的特征）和 Unit-linking PCNN 图像细化[9,10]等方法。

6.1.1 车牌识别概述

智能交通系统(intelligent transportation system,ITS)主要分为两类,即智能公共系统和智能车辆系统。近年来,先进技术的使用使智能交通系统增强了交通安全性和机动性,提高了人们的生活质量。智能车牌识别系统(intelligent vehicle license plate recognition system,IVLPRS)是智能交通系统的重要组成部分。随着经济发展和交通条例的改变,智能交通对 LPR 的要求越来越高。越来越多的场合用到了智能车牌识别系统[11-13],从而缓解了交通系统的工作压力。

随着车辆的增多及车牌识别应用的拓展,对车牌识别系统的实时性、准确性和鲁棒性提出了越来越高的要求。车牌识别系统的运行平台可能是嵌入式设备,其硬件资源远远不如 PC 或者智能手机,若要在有限的运行内存和性能一般的 CPU 上获得较好的处理效果,选择一个高效的算法非常重要。

通常情况下,车牌识别系统分为以下三个主要部分。

(1) 车牌定位(plate localization,PL),需快速地将车牌区域提取出来。

(2) 字符分割(character segmentation,CS),将车牌区域的字符分为单个字符,为字符识别作准备。

(3) 字符识别(character recognition,CR),识别分割得到的单个字符。

研究人员在包含这三部分的车牌识别研究中用到多种技术[14-44],如信息、图像处理、运筹学、数据通信、模式识别、神经网络和电子传感器技术等。该领域,有的研究人员研究整个车牌识别系统的实现[11-14],也有很多的研究者集中于某部分的研究,如车牌定位[15-31]、车牌字符分割[32-35]、车牌字符识别[36-43]等。

各国的车牌存在着差异。中国的车牌一般由汉字、英文字母和数字组成[20,21,40,41,44]。车牌的格式从左至右为:汉字,后面紧跟一个字母,字母后为一个圆点,圆点后由 5 个数字和英文字母混合排列而成,其中第一个汉字是各省的简称;但也有一些车牌,在最右侧还有汉字,如“学”、“警”和“空”等。要正确识别中国车牌,必须正确识别英文字母(不含 O 和 I)、0～9 的数字、少量汉字。但在有些情况下,如有些小范围的用于车辆门禁的单位内部车牌识别,仅凭借英文字母及数字 0～9的识别就能满足需求。美国的车牌由英文字母和数字组成,日本的车牌由日文字符及数字组成。因此,不同国家及地区的车牌识别算法存在一定的差异,如字符识别中汉字和日文的差异;但在很多情况下,车牌识别中起到重要作用的字母和数字的识别方法具有一定的通用性。

车牌定位、字符分割和字符识别是三个串行的步骤。后续处理会受到前一步结果的影响，后续步骤性能的提升也能对前一步骤有所弥补。因此，专攻某个步骤的研究是有必要的。但是，这也存在明显的问题，前后步骤间缺少连贯性，会导致如不同研究者不同的实现方式或编程习惯所导致的问题[26,45,46]。针对这种情况，一些研究人员对整个车牌识别系统展开全面的研究[11-14,35]。现有的全系统实现方法一般是对单个环节最优算法的整合，其中每个环节仍采用单独研究的方法，各环节之间的连接工作非常烦琐。这样的全系统合成方式缺少一定的连贯性，且需要很多的资源用于系统整合，从而导致处理速度变慢。

车牌识别系统使用环境复杂，如无人值守的停车场、限制区域的安全控制、交通执法、拥挤收费和自动收费智能系统等。不同的工作环境及具体应用对车牌识别系统有不同的要求，从而导致算法的差异。很多车牌识别方法或系统，对工作环境有所限制，如只适用于室内环境、背景不变、照明固定、路径固定、车速限制或者相机和车辆的距离固定等[18,24,45-47]。

近年来，为了提高车牌识别的准确性，很多研究者采用视频的几帧共同决定最后的车牌识别结果[27-30]，很多情况下较基于一张静态图像的识别结果有所提高，但也会带来一些负面的影响，如实时性变差、需要保存的数据量变大、需要交通系统安装摄像机而不是照相机等。

在车牌定位环节，无论对于静态图像，还是视频，定位算法都用到了车牌自身的特征，如车牌一定的长宽比、车牌的底色和字符颜色的区别、车牌区域有丰富的纵向边缘、车牌字符间的距离一致、字符大小一致等。因此，基于边缘特征、数学形态学特征、颜色特征、神经网络和纹理特征等方法都是通过提取车牌区域的某个特征或几个特征实现定位。

字符分割环节介于车牌定位和字符识别之间，目的是将车牌字符分割为单个字符，常用的算法有插值法、投影法等[32-34]。好的分割算法能为字符识别提供良好的输入，甚至能弥补车牌定位结果的一些不足，从而提高系统的识别率。

在字符识别环节，主要有基于模板匹配[35,36]、神经网络[37-39]、轮廓结构和统计特性[40]、支持向量机[41]、小波变换[42]、特征模板匹配[43]和快速独立元分析[44]等算法。这些算法可分为学习型和非学习型两大类。需要训练的学习型方法有BP(back propagation)神经网络、模糊神经网络和支持向量机算法等。不需要训练的非学习型方法有变换域分析、特征匹配等算法。学习型算法需要较大的样本库和相对复杂的训练；非学习型算法只需要建立模板库，无需训练，也能取得良好的识别效果。车牌识别实时性要求较高，在满足需要的情况下，尽可能选择简单的字符识别算法。

虽然车牌识别已得到广泛应用且算法众多，但由于极具商业价值，商业项目的保密协议限制了很多商用优秀算法核心环节的公开，这给研究人员互相学习交流带来阻碍。有时只能评估一些算法的效果，而无法在了解核心细节的基础上作进一步的完善。此外，车牌有不同的颜色，不同的国家和地区的车牌格式存在差异，这些给车牌识别算法的研究和推广带来困难。

6.1.2 Unit-linking PCNN 应用于车牌定位

1. 车牌定位的原理

现有的车牌定位方法都利用了车牌本身的特征，包括纹理、边缘、颜色、形状和位置等，具体如下。

(1) 纹理特征。车牌具有纹理密集、字符和底色间隔出现的特征。若将彩色图像变换为灰度图像，则呈现明显的二值特征，且文字笔画的宽度一致。

(2) 边缘特征。对图像进行边缘提取或求图像梯度，则在车牌区域存在密集的纵向边缘，这些边缘由车牌字符产生。研究发现，字符密集区域总是充满纵向边缘，但是纵向边缘密集的区域不一定是字符密集的区域。可用纵向边缘密集特征进行定位，但非常容易包含非车牌区域，且可能丢掉车牌区域。

(3) 颜色特征。各国车牌有所不同，国内车牌一般为蓝底白字、白底黑字、黄底黑字和白底红字等，如图 6.2 所示。直接检查车牌的这些颜色进行车牌定位有较好的效果，但存在车身颜色和车牌底色相近时无法定位这一问题。

(a) 白底黑字　　(b) 蓝底白字　　(c) 黄底黑字

图 6.2　中国不同类型的车牌

(4) 形状特征。车牌为长方形且长宽比为定值，该形状特征一般作为辅助特征。同时，车牌上方有大量类似车牌区域的矩形，以及类似于车牌文字区域的汽车厂商标志、广告牌和汽车散热进气栅格等。

(5) 位置特征。车牌的位置一般位于静态图像或者视频帧的下方，且处于居中位置。在照相机(或摄像机)和车的位置关系固定时可使用该位置特征。位置特征的鲁棒性不强，有时会因为照相机(或摄像机)和车的位置关系改变而失效。

虽然车牌的形式非常多样，但上述的基本特征具有一定的稳定性，很多车牌定位方法都用到这些特征，如基于纹理特征和边缘特征[15]、数学形态学特征[16,17]、颜色特征[21]的定位方法，以及通过车牌区域的多特征融合进行定位的方法[22]。此外，还有学习型的定位方法，如用神经网络通过特征学习进行定位[25]。

2. 基于Unit-linking PCNN的车牌定位算法

将Unit-linking PCNN应用于车牌定位[1]时，可采用基于Unit-linking PCNN的边缘检测方法[4,5]。进行Unit-linking PCNN边缘检测时，先用基于Unit-linking PCNN的图像分割方法[3]分割原始图像，然后通过脉冲传播得到图像边缘，这里的边缘检测结果用白色高亮度表示，其他区域用黑色表示。

研究表明，基于Unit-linking PCNN的边缘检测可以突出车牌区域，只需将凸显的车牌区域分割出来就可完成车牌定位。基于Unit-linking PCNN的边缘检测可以通过改变迭代次数来控制边缘宽度，且算法速度快，能满足车牌实时识别的要求。

1) 用Unit-linking PCNN提取15像素边缘突出车牌特征

用Unit-linking PCNN进行图像分割后，提取15像素宽度的边缘突出车牌特征。通过实验对比，定位时在彩色原图的G(绿色)通道进行Unit-linking PCNN图像分割及边缘提取。

图6.3(a)为一幅光照较差的含有车牌的原始图像；图6.3(b)为原图的Unit-linking PCNN分割结果；图6.3(c)～(e)分别为边缘宽度为15像素、254像素、1像素时的Unit-linking PCNN检测结果；图6.3(f)为垂直Sobel算子边缘检测结果。图6.3中的Unit-linking PCNN简称为UPCNN。对图6.3(b)中的Unit-linking PCNN分割结果进行边缘检测时，亮区(含车牌字符)发放出脉冲进行边缘检测，边缘用白色表示，随着Unit-linking PCNN边缘宽度的增加，各个边缘融合到一起，组成车牌区域的背景；最终，车牌区域因密集的字符而突显出来。仔细比较图6.3(c)和(d)可知，Unit-linking PCNN进行边缘检测时，虽然边缘宽度发生很大的变化，但车牌区域十分清晰且变化很小，而其他区域则混成一片或者消失不见。这是因为Unit-linking PCNN分割结果中字符为高亮度区，不会被检测为边缘。从脉冲波传播的角度，Unit-linking PCNN车牌定位算法就是让Unit-linking PCNN分割出的字符等亮区发出脉冲波，这些脉冲波进而将字符外的背景融合到一起，从而突显出车牌字符(亮区)。

图6.4显示了Unit-linking PCNN边缘随着宽度增加，渐渐融合到一起而车牌字符没有发生任何变化的过程。图6.5为放大的图6.4中对应的车牌区域。

Unit-linking PCNN边缘检测结果中，车牌区域字符独立且背景连成一片，这使提取车牌区域非常容易。该算法中，当边缘宽度大于13像素时，车牌的背景区域开始连成一片，边缘宽度越宽，则迭代次数越多，耗时也越多。虽然Unit-linking PCNN边缘检测速度很快，但在满足后续处理前提下，还是应采用尽可能窄的边缘宽度以节约时间，算法中的边缘宽度取为15个像素点。

Unit-linking PCNN边缘检测方法应用于车牌定位时，图像中纹理少的区域

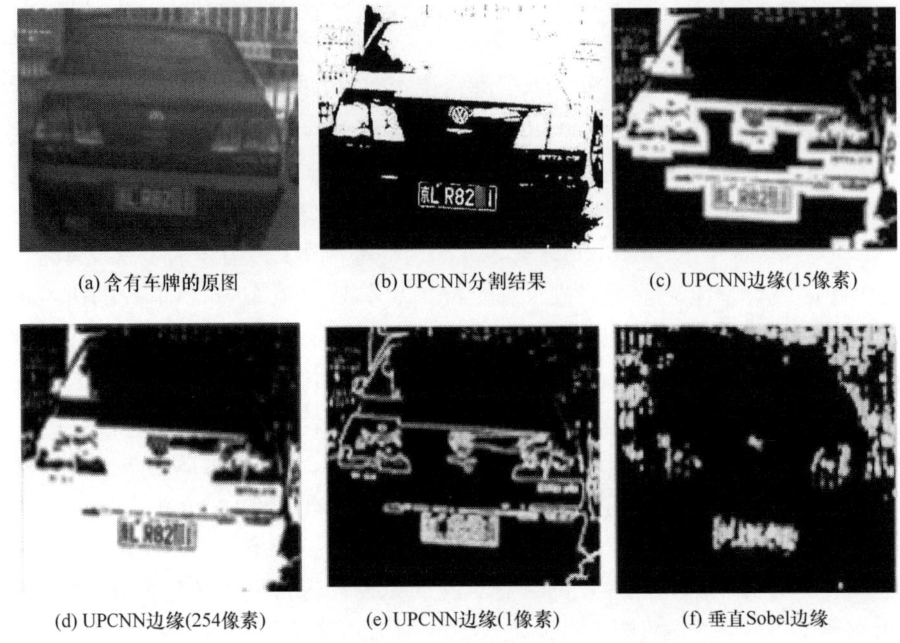

(a) 含有车牌的原图　(b) UPCNN分割结果　(c) UPCNN边缘(15像素)

(d) UPCNN边缘(254像素)　(e) UPCNN边缘(1像素)　(f) 垂直Sobel边缘

图 6.3　原图、Unit-linking PCNN 分割图像、Unit-linking PCNN 边缘和垂直 Sobel 边缘

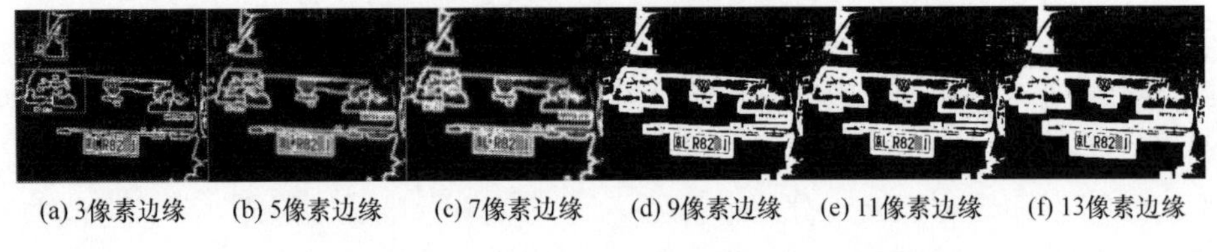

(a) 3像素边缘　(b) 5像素边缘　(c) 7像素边缘　(d) 9像素边缘　(e) 11像素边缘　(f) 13像素边缘

图 6.4　Unit-linking PCNN 边缘随着宽度增加逐渐融合

(a)　(b)　(c)　(d)　(e)　(f)

图 6.5　放大的图 6.4 中对应的车牌区域

的纹理变得更少，字符边缘比背景密集得多；字符笔画宽度基本一样，这使车牌区域的特征得到突显。车牌区域的特征越得到突显，定位准确性就越高。

2）通过计算局部亮度跳变数提取车牌区域

Unit-linking PCNN 边缘检测突显了车牌区域，简化了接下来的定位步骤。突显出的车牌区域中的字符与背景存在丰富的跳变现象。有时车牌区域会有不超过 15°的倾斜。

根据局部亮度跳变数得到车牌区域，具体过程如下。

(1) 15 像素边缘宽度的 Unit-linking PCNN 边缘检测结果为一个二值图像(其中边缘为亮区，字符为暗区)，对该二值图像进行取反操作，使字符变为亮区，边缘变为暗区。

(2) 去掉过大或者过小的区域，得到感兴趣的区域。

(3) 将图像纵向分割成 4 块，分别记录这 4 块区域中各行像素点亮度的跳变数。

(4) 在 4 块区域中找出亮度跳变数最高的行，令该行为第 y 行。

(5) 比较 y 行上下几行中整行的跳变数与 y 行的差别，差别不大于 y 行跳变总数 1/3 的认为是车牌区域，将这些行分割出来。

(6) 在第(5)步分割出的行构成的区域中计算车牌倾斜度。

(7) 根据车牌倾斜度调正整幅图像，再提取出相应的行，进一步得到车牌区域。

从 Unit-linking PCNN 边缘检测结果提取车牌区域时，只用到车牌区域字符与背景之间的跳变比其他区域密集这一特征，该特征可认为是边缘特征。该算法定位时未利用车牌的位置特征，以避免车牌不位于图像下方居中时的定位失败。

3) 基于 Unit-linking PCNN 的车牌定位算法的流程

基于 Unit-linking PCNN 的车牌定位算法的流程如图 6.6 所示。该算法采用 G 通道进行车牌定位时，定位准确度已经较高。在通过 G 通道无法定位车牌的情况下，可使用其他颜色通道或灰度通道，其中 B(蓝色)通道优先，这样可进一步提高车牌定位的准确度。实验发现车牌只要有足够的对比度，该算法就可实现车牌定位。我国的民用车牌大部分为蓝底白字，G 通道的定位效果较好，而其他通道对定位准确率的提升主要体现在黄底黑字和白底黑字的车牌图片。车牌有时会有一定程度的倾斜，因此算法中有倾斜校正这一步骤，倾斜校正是基于灰度图像进行的，用到霍夫变换以提取车牌的垂直方向，进而得到车牌倾斜度，据此来调正图像。

3. 实验结果及讨论

Unit-linking PCNN 车牌定位实验中所用数据库由 464 幅含有车牌的照片构成，后续的 Unit-linking PCNN 符分割、字符识别实验也使用该数据库，其组成为绿睿车牌识别软件测试照片 199 幅、网站中下载的照片 34 幅、作者等拍摄的照片 231 幅(白天场景 161 幅，晚上场景 70 幅)。该数据库涵盖面较为广泛，包括不同场景、不同光线、不同倾斜度和不同车型的图像。

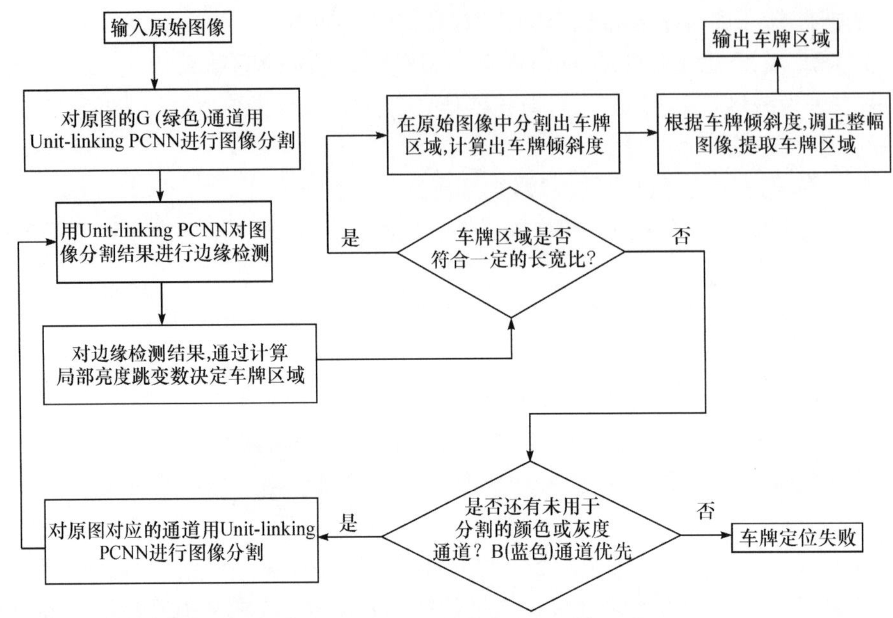

图 6.6　Unit-linking PCNN 车牌定位算法的流程

这里分别将 Unit-linking PCNN 车牌定位算法[1]与文献[15]～文献[17]中的三种车牌定位算法进行比较。虽然文献[15]的车牌定位算法也用到 PCNN,但是 PCNN 在整个算法中只起到二值化的作用,该算法首先通过 Sobel 算子对车牌图像进行边缘滤波,然后 PCNN 对三个通道的滤波结果的均值进行二值化处理。文献[16]中的算法结合了边缘检测和数学形态学,首先进行边缘检测,然后用形态学方法将垂直边缘丰富的区域凸显出来,实现车牌定位。文献[17]和文献[16]中的算法类似,只是所采用的边缘检测算子不同。

表 6.1 和表 6.2 显示对于绿睿车牌图片库及 464 幅车牌图像库,Unit-linking PCNN 车牌定位的准确度高于文献[15]～文献[17]中的方法,同时运行速度也是三种方法中最快的。

表 6.1　多种方法基于 199 张绿睿车牌的定位准确率比较

方法	Unit-linking PCNN[1]	文献[15]	文献[16]	文献[17]
准确率/%	96.14	87.94	92.97	94.47

表 6.2　多种方法基于 464 张车牌的定位准确率及耗时比较

方法	Unit-linking PCNN[1]	文献[15]	文献[16]	文献[17]
准确率/%	96.77	85.56	90.94	92.45
平均耗时/ms	103	167	129	127

6.1.3　Unit-linking PCNN 应用于车牌字符分割

1. 将 Unit-linking PCNN 空洞滤波引入字符分割

Unit-linking PCNN 车牌定位算法[1]的输出结果为二值图像，下一步需对字符进行分割。图 6.7 为标准的国内车牌，无论是中文字符还是英文字符和数字，字符的尺寸都是一致的，图中还可见车牌的其他结构特点。一些字符分割算法充分利用车牌的特点，如通过定位车牌圆点位置进行车牌字符分割[32]（但有些情况下由于车牌拍照时离相机较远等因素，圆点会丢失）；再如利用第二个字符和第三个字符之间的间距最大这个特点实现字符分割[34]。

Unit-linking PCNN 车牌定位算法[1]输出的二值图像的英文和数字字符均连续、无断裂，保持了连通，第二个字符和第三个字符之间的间距均是最大的，这些特点有利于字符的分割。将 Unit-linking PCNN 空洞滤波算法[5,6]与投影字符分割法相结合进行字符分割[1]，以提高投影法的精确度。

图 6.7　标准车牌示例

由于第二个字符和第三个字符之间的间距最大且车牌后五个字符间隔一致，先确定后五个字符的位置，然后推算出圆点前两个字符的位置。采用 Unit-linking PCNN 空洞滤波算法对已提取出的车牌进行空洞填充，空洞滤波后字符和洞均为白色亮区，而空洞滤波前只有字符为白色亮区，因此空洞滤波增强了字符区域白色高亮度连通域，扩大字符区域连通域的面积，这样可提高字符分割的效果，后面的实验证明了这一点。

空洞滤波后，就开始寻找后五个字符的位置。在定位出的车牌区域中间寻找白色高亮度连通域（字符及字符中的洞为白色亮区），并通过连通域最上、最下、最左、最右四个点得到包含该连通域的矩形块的高和宽，称包含该连通域的矩形块为“字符连通块”。每个字符连通块包含一个字符，Unit-linking PCNN 空洞滤波对字符区域白色高亮度连通域的增强和扩大作用极大地方便了字符连通块的正确提取。本章的字符连通块也可简称为字符。

得到字符连通块后,可计算出两个相邻连通块之间的距离。因为第二个字符和第三个字符之间的间距最大,所以水平间距最大的两个相邻连通块分别对应第二个字符和第三个字符,进而通过投影法可得到第三个字符连通块的起始位置。各字符对应的连通块是分离的,获得第三个字符连通块的起始位置后,就可很容易地得到各字符连通块的位置。

有时因为噪声的影响,字符连通块会产生黏连;各字符连通块高度、宽度及相互之间的间隙会出现差异。对此,算法中进一步采用后五个字符连通块之间等间隔、等大小、位于同一水平线的特性改善字符分割效果。图 6.8 为引入 Unit-linking PCNN 空洞滤波的字符分割算法流程图。

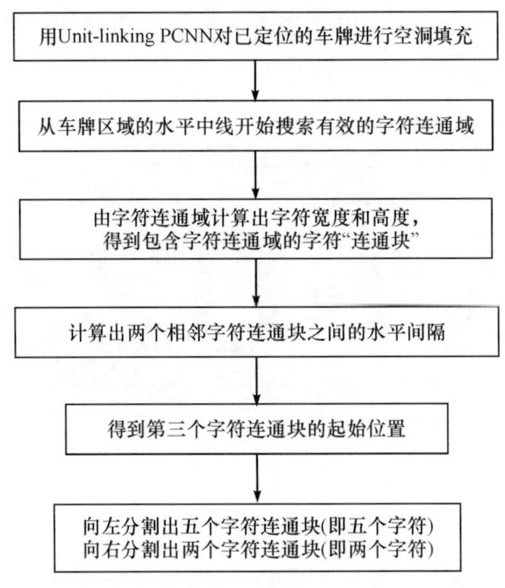

图 6.8 引入 Unit-linking PCNN 空洞滤波的字符分割算法流程

2. 实验结果及讨论

基于 Unit-linking PCNN 的车牌定位方法[1]自动定位得到的 449 幅二值车牌图像用于本节的字符分割实验,以检测引入 Unit-linking PCNN 空洞滤波的字符分割算法的性能。这 449 幅二值车牌图像包括 3143 个字符(449×7=3143),其中每块车牌都含有七个字符(一个中文字符和六个非中文字符,非中文字符为数字字符和英文字符)。

通过图 6.9 中一些车牌字符分割的示例，可直观地看出投影法[33]引入 Unit-linking PCNN 空洞滤波前后的区别。从图 6.9(b)可看出，投影法在没引入 Unit-linking PCNN 空洞滤波时，分割结果中存在多个字符在噪声很大或者字符本身有缺陷时的误分割；虽然从上至下第三块车牌没有被误分割，但是字符“1”的分割结果显然小于其他字符，这会给后续的识别带来困难。图 6.9(c)显示引入 Unit-linking PCNN 空洞滤波后，字符得到正确的分割。

(a) 待字符分割的车牌　(b) 投影法

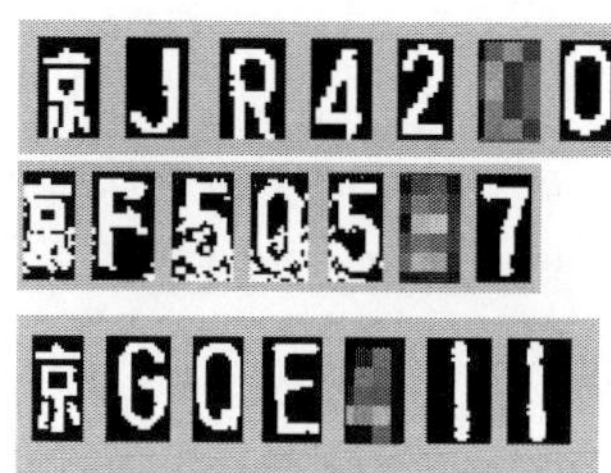

(c) Unit-linking PCNN

图 6.9　投影法与引入 Unit-linking PCNN 空洞滤波的字符分割算法的字符分割结果

表 6.3 显示了引入 Unit-linking PCNN 空洞滤波的字符分割算法(表中称为 Unit-linking PCNN)[1]和投影法[33]车牌字符分割正确率的比较。由表可知，投影法正确分割出 2876 个字符，字符分割正确率为 91.50%。车牌中若有一个或一个以上字符未能正确分割，则认为该车牌分割错误。投影法错误分割车牌 47 个，车牌分割正确率为 89.53%。引入 Unit-linking PCNN 空洞滤波的字符分割算法正确分割出 3095 个字符，字符分割正确率达到 98.47%；错误分割车牌 13 个，车牌分割正确率达到 97.10%，对于个别字符黏连非常严重的车牌，未能正确分割。

表 6.3　两种方法在车牌字符分割正确率上的比较

方法	字符分割正确率/%	车牌分割正确率/%
投影法	91.50 (2876/3143)	89.53 (402/449)
Unit-linking PCNN	98.47 (3095/3143)	97.10 (436/449)

此外，还比较了两者对最终字符识别性能的影响。比较时，字符识别部分均采用相同的方法，即基于 Unit-linking PCNN 的车牌字符识别方法(6.1.4 节将进行介绍)。投影法正确分割出非中文字符(除去中文字符)2434 个，对其进行后续识别，正确识别 2218 个非中文字符，识别率为 91.13%(2218/2434)；引入 Unit-linking PCNN 空洞滤波的字符分割算法[1]正确分割出非中文字符(除去中文字符)2654 个，对其进行后续识别，正确识别 2608 个非中文字符，识别率为 98.27%(2608/2654)。

由此可见，引入 Unit-linking PCNN 空洞滤波的字符分割算法[1]后，不仅字符分割正确率比投影法高出 7%左右，最终的字符识别率也高出 7%。即使在两者都正确分割字符的情况下，基于前者的字符识别可取得更高的识别率，拥有更高的识别性能。这是因为引入 Unit-linking PCNN 空洞滤波的字符分割算法的字符分割效果优于投影法(体现为其分割结果大小一致，字符居中)，更有利于后续的字符识别。

6.1.4 基于 Unit-linking PCNN 的车牌字符识别

车牌经过前述的 Unit-linking PCNN 车牌定位、字符分割处理后，可得到单个字符的二值图像。用 Unit-linking PCNN 进行车牌字符识别，首先对定位分割得到的单个字符二值图像采用 Unit-linking PCNN 图像细化方法[9,10]进行细化；然后，用 Unit-linking PCNN 对字符的细化结果(为一幅二值图像)提取特征[1]，此时再次用到 Unit-linking PCNN 空洞滤波算法[5,6]，所提取的字符特征与前述的 Unit-linking PCNN 全局及局部时间签名存在密切的联系。

识别只对车牌字符中的数字和英文字母(非中文字符)进行，所有字符图像都是从实际车牌中通过 Unit-linking PCNN 车牌定位算法及字符分割算法得到的。首先将单个字符图像归整为 20 像素×40 像素，细化提取特征及进行空洞滤波；然后在空洞滤波基础上得到的空洞数目控制下进行特征模板匹配，得到最终识别结果。

1. 基于 Unit-linking PCNN 的字符特征提取

首先将定位分割得到的单个字符归一化为 20 像素×40 像素的二值图像，用 Unit-linking PCNN 图像细化方法进行细化处理，得到字符骨架，字符骨架宽度为一个或两个像素点。

然后令二值细化图像中的目标(字符骨架)为高亮度“1”而背景为底亮度“0”，进而用 Unit-linking PCNN 提取时间序列特征。分别记录 Unit-linking PCNN 前三次迭代对应的三个二值神经元输出矩阵(每个矩阵的大小和图像一致)，据此由每幅二值细化图像得到一个三维 Unit-linking PCNN 全局时间签名。同时将原细化图像分别均匀分成 8 行 4 列(图 6.10)，分别计算各行各列中 Unit-linking PCNN 每次迭代点火的神经元数目，这样经过三次迭代得到一个 36 维数据(每次迭代可到一个 12 维数据)，称为字符网格特征。字符网格特征可从前三次迭代对应的三个二值神经元输出矩阵得到。

字符网格特征与 Unit-linking PCNN 局部时间签名之间存在着密切的关系。若将字符网格特征的 36 维数据按迭代次序排列成 3 行×12 列的矩阵(每行为每次迭代得到的 12 维数据)，则该矩阵的 12 列依次对应于图像 8 行

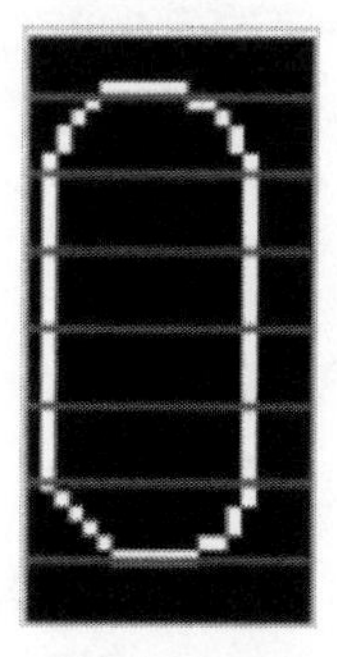

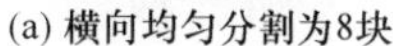

(a) 横向均匀分割为8块

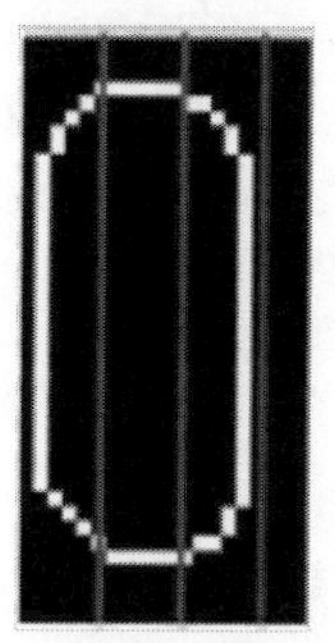

(b) 纵向均匀分割为4块

图 6.10 提取 Unit-linking PCNN 字符网格特征时图像的区域划分

4 列(图 6.10)的三维 Unit-linking PCNN 局部图像时间签名。字符网格特征和 Unit-linking PCNN 局部图像时间签名均可从前三次迭代对应的三个二值神经元输出矩阵得到。

每幅细化图像的三维全局时间签名和 36 维字符网格特征共同构成了每个字符的特征。细化图像的三维全局时间签名包含字符的周长信息,以及字符的转角特征,因为有无转角,迭代运算中点火神经元增加的数量是不一样的。有些不同字符的转角情况是不同的,三维全局时间签名能在一定程度上反映出这种区别,但其无法提取一些字符的结构信息,而 36 维字符网格特征能提取字符更多的结构信息。Unit-linking PCNN 细化方法[9,10]具有很强的抗噪性能,故在此基础上得到的特征对噪声具有一定的抵制能力。

基于 Unit-linking PCNN 的车牌字符识别流程如图 6.11 所示。

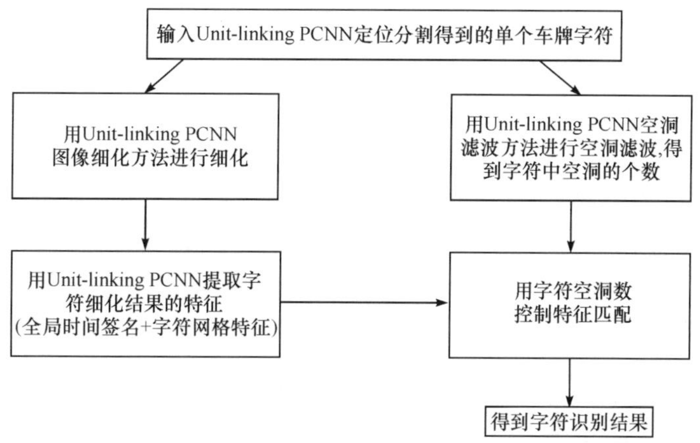

图 6.11 基于 Unit-linking PCNN 的车牌字符识别流程

提取待识别字符特征后，将其与特征模板库中存储的模板进行加权匹配。特征匹配时，字符网格特征的权重大于全局时间签名的权重，同时字符网格特征的权重随着迭代次数的增加而减少；全局时间签名中各分量的权重均一样，同时与迭代次数无关；字符中洞的个数控制特征匹配过程。

2. Unit-linking PCNN 提取的字符空洞数目对特征匹配的控制

车牌字符识别对象是一个固定的集合，我国车牌中的非中文字符为 0～9 这 10 个数字以及除了 O 和 I 的 24 个英文大写字母；集合中的成员为固定的 34 个。待识别字符(不含汉字)输入识别器，其识别输出必为这 34 个成员之一。进一步利用部分字符独有的结构信息来提高识别器的识别性能。观察发现，字符的空洞数目是一个有用的信息，这 34 个字符成员构成的集合根据空洞数可分为以下三个子集。

空洞数为 2 的子集：{B,8}。

空洞数为 1 的子集：{0,4,6,9,A,D,P,Q,R} 。

空洞数为 0 的子集：{1,2,3,5,7,C,E,F,G,H,J,K,L,M,N,S,T,U,V,W,X,Y,Z}。

字符空洞数对特征匹配的控制如下：

特征匹配时，根据待识别字符空洞数，增加其与对应集合中字符的匹配权重，该权重远大于字符网格特征权重及全局时间签名权重；其中空洞数为 1 或 2 时，字符网格特征中对应于六个边际网格(横向上下靠边的四个及纵向左右靠边的两个)分量的匹配权重增加得更多一些。

{B,8}、{0,Q,D}和{4,A}这几个组合中的字符最容易发生混淆，因此可通过空洞滤波将这些容易混淆的字符先提取出来作进一步的识别。

3. 实验结果及讨论

表 6.4 给出了 2654 个字符(数字及英文大写字母)及 436 块车牌的 Unit-linking PCNN 字符识别结果。这 2654 个字符均是通过 Unit-linking PCNN 定位及分割方法从原始的实际图像得到的，其中 2616 个字符来自 436 块正确分割的车牌，38 个字符来自未能正确分割的车牌。表 6.4 还给出算法在没有采用字符空洞数控制特征匹配时的识别结果。实验结果表明，算法采用字符空洞数控制特征匹配后，车牌字符及车牌的识别率得到进一步的提高。

表 6.4 基于 Unit-linking PCNN 的车牌字符及车牌的识别率[1]

方法	车牌字符识别率/%	车牌识别率/%
Unit-linking PCNN(无空洞数控制)	97.02 (2575/2654)	94.04 (410/436)
Unit-linking PCNN(有空洞数控制)	98.27 (2608/2654)	97.02 (423/436)

车牌识别率受上一环节字符分割结果的影响，Unit-linking PCNN 字符分割方法[1]的字符分割效果优于投影法，使车牌识别率有了明显的提升，这在前面的 Unit-linking PCNN 字符分割章节已进行介绍，在此不再赘述。构成车牌识别系统的定位、字符分割和识别这三个环节的性能影响着整个系统最终的识别效果，基于 Unit-linking PCNN 的定位、字符分割和识别方法均具有良好的性能，这使以 Unit-linking PCNN 为平台的车牌识别系统具有优良的识别效果[1]。

6.2　Unit-linking PCNN 应用于手静脉识别

随着网络化和全球化，人们对自身信息的隐秘性和安全性提出了越来越高的要求。因此，精确的身份识别成为一个研究热点。目前，身份识别主要采用两种标示信息[48]：身份标志物和身份标示知识。前者主要包括钥匙、卡和证件等实物，后者主要包括密码、用户名和卡号等。但两者都存在缺陷：一是标志物容易丢失、被盗取、被伪造，身份标志容易被遗忘或者记错，更有甚者，如果标志物或者标示知识被他人以不正当手段获取，那么传统的身份识别手段将无法识破冒充者。据不完全统计，近年来每年全球由于身份识别系统缺陷导致的信用卡诈骗金额超过了 5 亿美元，移动电话诈骗金额超过了 10 亿美元，取款机诈骗金额超过了 30 亿美元。因此，人们对具有高安全性的生物特征识别有着巨大的需求。

相对于传统身份识别，生物特征识别的优势在于它不采用人所拥有的事物，而是采用人的生理特性。人的生理特性具有稳定性、特异性、不易被盗取和便于携带等特点，故生物特征识别研究成为众多学者关注的领域。常见的生物特征识别技术可分为生理特征识别和行为特征识别，其中指纹、静脉、人脸、虹膜、视网膜和 DNA 识别属于前者；语音、签名、步态和击键等属于后者。静脉识别一般可分为手指静脉识别、手掌静脉识别和手背静脉识别。相比于其他生物特征识别技术，如人脸识别、指纹识别等，静脉识别使用活体特征，不易仿制和伪造，更加安全可靠，且不受表皮粗糙等外部环境的影响，非侵入式和非接触式的采集过程也更加安全卫生，因此引起越来越广泛的关注。

本节首先将 Unit-linking PCNN 图像细化方法用于手静脉识别中的骨架提取，然后用双树复小波变换提取特征，最后用 BP 神经网络进行识别。

6.2.1　手静脉识别概述

静脉识别利用人独特的静脉纹路信息对其身份进行智能识别。血红蛋白可吸收近红外光(波长为 700～1000nm)，因此利用近红外光对手进行照射，可获得人的静脉纹理(相对于手的其他部分较暗)。

静脉识别具有以下优势。

(1) 静脉位于皮下,不可能被盗窃或者复制。

(2) 采用红外线拍摄进行图像采集,这种非侵入性和非接触性的技术比较便捷和安全,同时手部皮肤的改变也不会影响静脉特征的提取。

(3) 采集过程较为简单,只需低分辨率的红外照相机即可满足要求。

研究人员提出各种关于静脉识别的优秀算法,例如,Kumar 等[49]通过将静脉的骨架特征点连接构造成三角形,将三角形的三个边长按照类型依次进行匹配,这种三角形距离匹配准则不同于常用的汉明距离、欧氏距离等,对于噪声具有更强的鲁棒性;Yang 等[50]利用一组 Gabor 滤波器提取静脉的 Gabor 域特征,并进行编码计算;在此基础上,Han 等[51]发展出自适应的 Gabor 函数组,能自动调节并得到最优的性能参数,结合比特链编码方式提取静脉特征,取得较好的识别效果;很多其他的频率域变换方法,如正交高斯滤波器[52]、截止高斯滤波器[53]、曲率波变换[54]、Radon 变化[55,56]和匹配滤波器[57,58]等也相继被用于手静脉识别;一些空间映射方法,如局部保持投影[59](local preserving projection,LPP)、尺度不变特征转换[60](scale invariant feature transform,SIFT)等,以及独立元分析(independent component analysis,ICA)[61]等也被纷纷应用于静脉识别。顾晓东等对手静脉识别展开了系统的研究[62-72],提出多种手静脉识别方法,建立近红外的手背静脉采集及识别系统。

6.2.2 Unit-linking PCNN 细化方法应用于手静脉识别

图 6.12 给出 Unit-linking PCNN、双树复小波变换和 BP 人工神经网络相结合用于手静脉识别的流程。

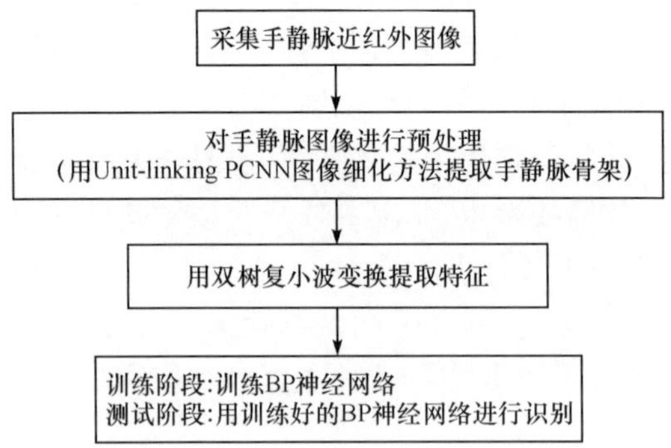

图 6.12 Unit-linking PCNN、双树复小波变换和 BP 神经网络相结合的手静脉识别流程

首先用自制的手静脉采集系统采集手静脉近红外图像,用于手静脉识别系统的训练和测试。基于 DM642 和基于夜视监视器的两套手静脉采集系统如图 6.13 所示。

(a) 基于DM642　(b) 基于夜视监视器

图 6.13　两套手静脉采集系统

接着对手静脉图像进行预处理，用 Unit-linking PCNN 图像细化方法[9,10]进行手静脉骨架提取，该方法对噪声具有一定的抵制能力。Unit-linking PCNN 细化得到的静脉骨架有一些毛刺，这些毛刺在一定程度上包含静脉的方位信息，因此对它们采取保留的策略。图 6.14 给出一幅手近红外图像及其用 Unit-linking PCNN 图像细化方法提取的静脉骨架。

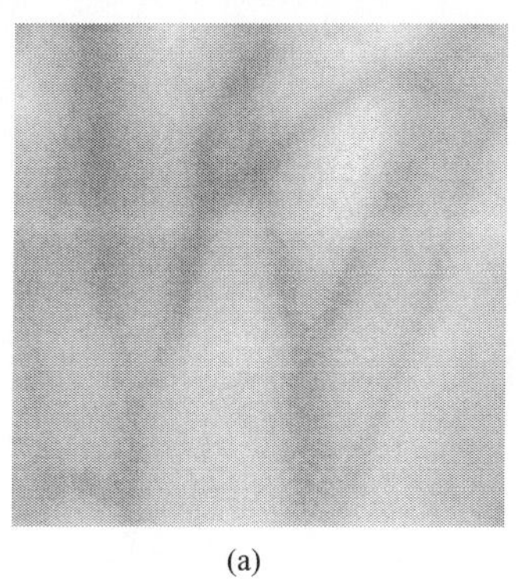

(a)

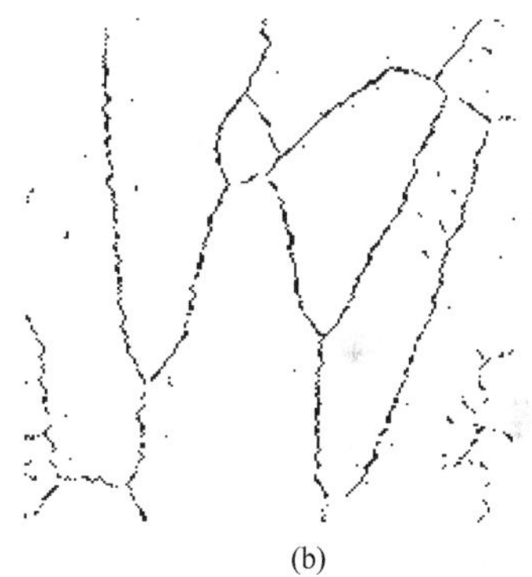

(b)

图 6.14　手近红外图像及其 Unit-linking PCNN 图像细化结果

对于静脉骨架图像，用双树复小波变换(dual-tree complex wavelet transform，DTCWT)提取特征。Kingsbury 在 1998 年提出双树复小波变换，保留复小波变换的近似平移不变性，同时通过采用两个平行滤波器的形式，不仅保持传统二维小波变换的视频局域分析能力，还具有良好的平移不变性、方向选择性、有限的数据冗余以及满足完全重构的特点，在信号处理领域得到广泛的应用[73-75]。用双树复小波变换提取特征时，采用子带图像能量和能量偏差描述静脉的纹路特征，特征的维数为 36 维。

提取特征后，采用 BP 人工神经网络进行训练或测试。该手静脉识别系统通过采用 BP 人工神经网络而具有学习功能。这里，BP 人工神经网络采用三层结构(输入层、隐藏层和输出层)，输入层神经元为 36 个，等于输入特征向量的维数；通过实验确定隐藏层神经元取 73 个;输出层神经元为 1 个。

6.2.3 实验结果及讨论

实验中采用以下手近红外静脉图像库,库中的图像由图 6.13 所示的自制装置摄取。

(1)复旦大学近红外手静脉图像数据库 Z(简称为 Z 数据库)[70,71]:包含 204 幅近红外手静脉图像,采集于 68 只不同的手,每只手有三幅图像,为 256 级灰度图像,大小为 200 像素×200 像素。Z 数据库中的一些静脉样本如图 6.15(a)所示,静脉图像质量较高。

(2) 复旦大学近红外手静脉图像数据库 W (简称为 W 数据库)[68]:包含 400 幅近红外手静脉图像,采集于 100 只不同的手,每只手有四幅图像。样本涵盖 20 岁以下、70 岁以上不同年龄段的人员,其中 72%是男性,28%是女性。数据库中图像均为 200 像素×200 像素的 256 级灰度图像,W 数据库中的一些静脉样本如图 6.15(b)所示。W 数据库中静脉图像存在位移、旋转和光照等变化,其质量远低于 Z 数据库中图像的质量。

(3) 将 Z 数据库和 W 数据库中数据整合在一起,形成共包含 168 只不同手的 504 幅近红外手静脉图像的数据库(简称为 Z&W 数据库),其中每只手拥有三幅静脉图像。

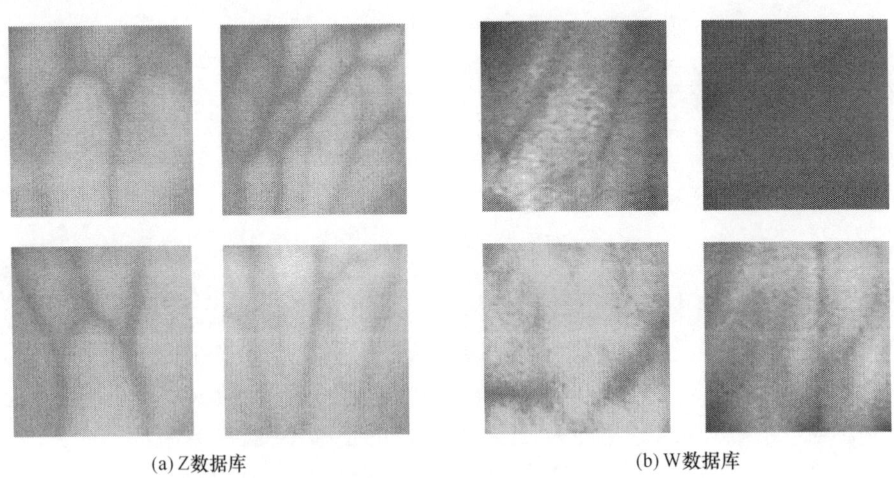

(a) Z数据库　　(b) W数据库

图 6.15　Z 数据库和 W 数据库中的静脉样本示例

在 Z 数据库、W 数据库和 Z&W 数据库进行实验时训练集及测试集的构成如表 6.5 所示。

表 6.5　三个数据库中训练集及测试集的构成

数据库	训练数据/全体数据
Z	2/3
W	1/2
Z&W	2/3

静脉识别系统一般以识别精度和时间作为评价系统性能的指标。评价系统的识别精度时，常使用误拒率(false rejection rate，FRR)、误识率(false accept rate，FAR)和等错误概率(error equation rate，EER)。误拒率又称拒识率、拒真率，指错误拒绝的概率。顾名思义，当一幅手静脉图像被系统错误地拒绝时便产生一次误拒。误识率又称认假率，指错误接收的概率。当一幅手静脉图像被系统错误地接收时，便产生一次误识。由于 FAR 和 FRR 呈现出负相关的特点，通常采用由这两个指标综合而得到的指标——等错误概率，来评价系统的性能，即当 FAR 和 FRR 相等或最为接近时，用它们的均值等错误概率来评价静脉识别算法的精度，如图 6.16 所示。由 FAR 和 FRR 绘制的曲线即为 ROC 曲线(receiver operating characteristic curve)，EER 为 ROC 曲线和等分线的交点。这里采用 EER 来评价静脉识别算法的精度。

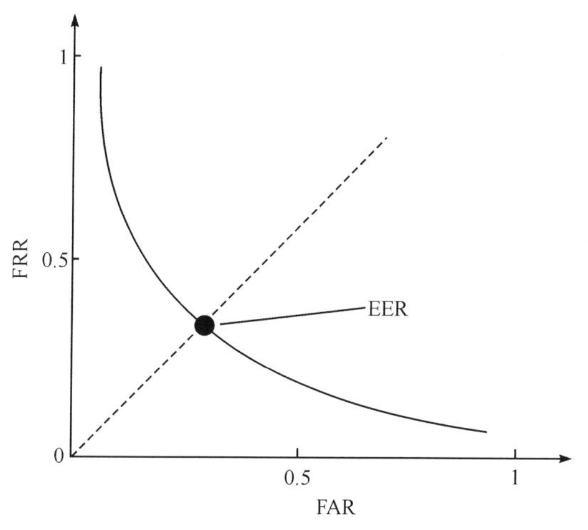

图 6.16　等错误概率说明

表 6.6 给出了 DTCWT +BP+Unit-linking PCNN 方法在 Z、W 和 Z&W 这三个数据库上的 EER。在 Z 数据库上 EER 值最小，识别精度最好；在 W 数据库上 EER 值最大，这是因为 Z 数据库的图像质量远高于 W 数据库，W 数据库模拟了日常生活条件，加入位移、旋转和光照等因素的影响。

表 6.6　DTCWT +BP+Unit-linking PCNN 方法的手静脉识别精度

数据库	EER/%
Z	2.24
W	11.50
Z&W	10.12

本节还在 Z&W 综合数据库上比较了 DTCWT +BP+Unit-linking PCNN 方法和相位特征编码[76]及 Gabor 特征选择[77]算法的静脉识别性能，如表 6.7 所示。表中的 EER 值表明，DTCWT +BP+Unit-linking PCNN 方法可得到更为精确的识别结果。

表 6.7　不同方法在 Z&W 数据库上的静脉识别性能比较

方法	EER/%
相位特征编码[76]	15.00
Gabor 特征选择[77]	11.80
PCNN	10.12

注：表中将 DTCWT+BP+Unit-linking PCNN 方法简称为 PCNN。

DTCWT+BP+Unit-linking PCNN 方法中，Unit-linking PCNN 用于手静脉骨架提取，也可用于手静脉方向结构等特征的提取。此外，除了采用 BP 神经网络作为分类器，还可将 Unit-linking PCNN 与支持向量机、径向基人工神经网络和卷积神经网络等其他性能优良的分类器相结合，进一步提高识别效果。

6.3　多值脉冲耦合神经网络及应用

6.3.1　多值脉冲耦合神经网络

图 6.17 中，j 为一个多值输出的脉冲耦合神经元，称其为多值脉冲耦合神经元，其构成的网络为多值脉冲耦合神经网络(multi-valued PCNN)[2]。I_j、Y_1、…、Y_k 等为神经元 j 的输入，Y_j 为神经元 j 的多值输出。神经元 j 的输入中，I_j 为来自外界的输入，Y_1、…、Y_k 等为与神经元 j 相连的其他神经元的多值脉冲输出，V_j^{T} 为阈值幅度系数，α_{kj}^{T} 为阈值时间常数，β_j 为连接强度，$N(j)$ 为 j 的邻域。像前面的二值输出的脉冲耦合神经元一样，神经元 j 共分成三部分：接收域、调制部分和脉冲产生部分。神经元 j 通过接收域接收来自神经元和外部的输入，接收域接收到输入信号后，将其分别通过 F 和 L 这两条通道传输，I_j 输入 F 通道，得到 F_j；Y_1，…，Y_k 等输入 L 通道，得到 L_j。调制部分将 L_j 加上一个正的偏移量后和 F_j 进行

相乘调制(偏移量被归整为 1),得到内部状态信号 U_j。式(6-1)~式(6-5)描述了多值脉冲耦合神经元。多值脉冲耦合神经元和二值脉冲耦合神经元的主要区别在于神经元的输出不再是二值“0”、“1”,可以是多值,见式(6-5)。这里给出了一个三值(0、C_1、C_2)的输出,C_1、C_2、b_1 为常数,该模型可输出任意的 N 个值($N\geqslant 2$,$N\in \mathbf{Z}^+$),当 $N=2$ 时,就得到二值输出的脉冲耦合神经元。由式(6-2)和图 6.17 可知,这里的多值脉冲耦合神经元不是单位连接(Unit-linking)的,其 L 通道信号 L_j 等于其邻域内神经元多值输出的和。

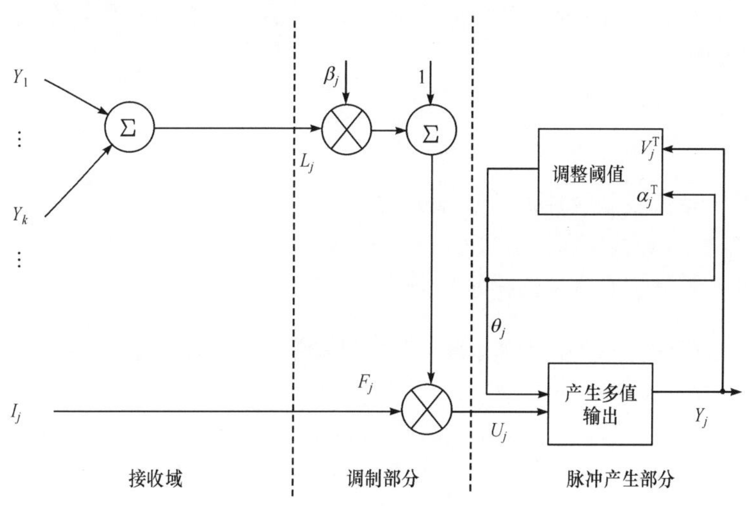

图 6.17　多值脉冲耦合神经元 j

$$F_j(t)=I_j \tag{6-1}$$

$$L_j(t)=\sum_{k\in N(j)} Y_k(t) \tag{6-2}$$

$$U_j(t)=F_j(t)[1+\beta_j L_j(t)] \tag{6-3}$$

$$\frac{\mathrm{d}\theta_j(t)}{\mathrm{d}t}=-\alpha_j^{\mathrm{T}}+V_j^{\mathrm{T}}Y_j(t) \tag{6-4}$$

$$Y_j(t)=\begin{cases} C_2, & b_1\leqslant U_j(t)-\theta_j(t), \quad \text{点火} \\ C_1, & 0<U_j(t)-\theta_j(t)<b_1, \quad \text{点火} \\ 0, & U_j(t)-\theta_j(t)\leqslant 0, \quad \text{不点火} \end{cases} \tag{6-5}$$

多值脉冲耦合神经元的脉冲产生部分,当 U_j 大于阈值 θ_j 时,神经元点火,输出 Y_j 等于一个正值,该值的大小由 $U_j(t)-\theta_j(t)$决定,如式(6-5)所示。接着阈值 θ_j 通过反馈迅速提高到一个足够大的值(阈值幅度系数 V_j^{T}),使 θ_j 大于 U_j,Y_j 变为 0,故 U_j 大于阈值 θ_j 时,神经元就输出一个“多值脉冲”。根据式(6-5),这里的输出脉冲是三值的,即脉冲幅度是三值的。另外,阈值 θ_j 随着时间增加而下降。

神经元输出对阈值的反馈调整使神经元一旦受刺激有脉冲输出，其阈值就迅速升高，从而该神经元即使在相邻的一段时间内再受到刺激，也不会被激活。阈值调整方式如式(6-4)所示时，阈值是线性下降的，若要阈值呈指数下降，则阈值应按照式(6-6)进行调整。式(6-4)和式(6-6)中，约束条件为“求解时，积分下限为最近一次点火前一瞬”，对阈值调整的影响与二值输出时一样，这在前面介绍二值输出的脉冲耦合神经元的工作原理部分已从数学上进行详细的分析，在此不再重复。

多值脉冲耦合神经元相互连接就构成了多值脉冲耦合神经网络。神经元的连接方式和输出与二值的脉冲耦合神经网络类似，6.3.2 节将结合其在数据分类中的应用介绍其连接方式。

$$\frac{\mathrm{d}\theta_j(t)}{\mathrm{d}t}=-\alpha_j^{\mathrm{T}}\theta_j(t)+V_j^{\mathrm{T}}Y_j(t) \tag{6-6}$$

6.3.2 基于多值模型脉冲波的数据分类

1. 用于数据分类的多值脉冲耦合神经网络

二维数据分类中，多值脉冲耦合神经元构成的网络同前面图像处理时一样，是一个二维局部连接单层网络(图 6.18)，所有神经元的参数均一样。各神经元通过 L 通道接收其 4 邻域内其他神经元的输出，二维数据点和二维平面中的神经元一一对应。此时多值脉冲耦合神经网络就是一个二维坐标平面，不同位置的神经元对应不同的数据点。多值脉冲耦合神经网络进行二维数据分类时，数据样本被归整到[0.001,1.000]，有效值为 0.001，对应的神经网络大小为 1000×1000。例如，一个归一化后的样本为(0.342,0.101)，则其对应的神经元位置为(342,101)，即网络中第 342 行、第 101 列的神经元对应该数据样本 (0.342,0.101)，如图 6.19 所示。

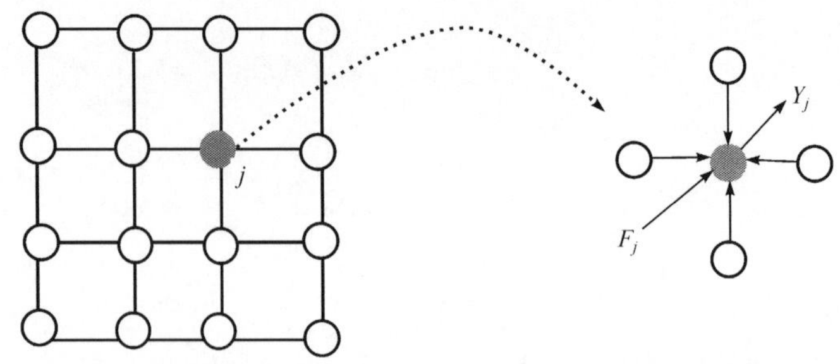

图 6.18 用于二维数据分类的多值脉冲耦合神经网络中神经元的连接方式

对于一个二类问题，训练时如果一个神经元被一个数据样本对应上，则该神经元的 F 通道信号 $F_j(t)=I_j=l$，值 l 对应于该样本的标签；如果该神经元没有被任

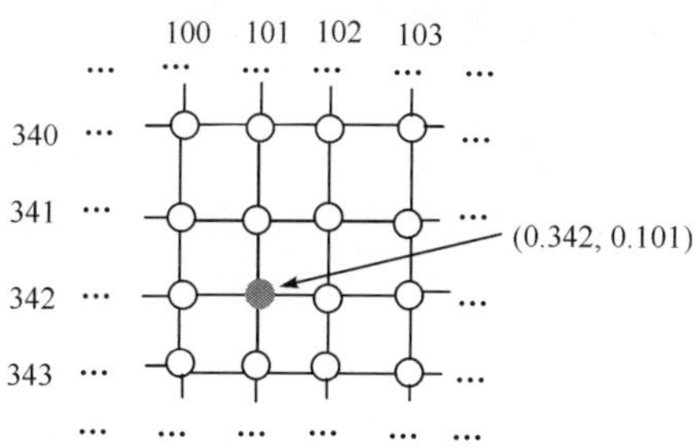

图 6.19　数据样本与神经元的关系

何数据样本投射到，则 $F_j(t)$ 等于一个小的正值，该值小于“任意标签对应的值”，但该小的正值不能为 0，否则无法产生脉冲波。

对于二类问题，有

$$F_j(t)=I_j,\quad I_j\in\{l_1,l_2,l_3\} \tag{6-7}$$

式中，l_1、l_2、l_3 为常数，分别表示神经元 j 无训练数据对应、对应第一类训练数据、对应第二类训练数据，根据基于多值模型脉冲波的数据分类算法，可以很容易地赋予 l_1、l_2、l_3 合适的值。

2. 基于多值脉冲耦合神经网络脉冲波的数据分类

二值脉冲耦合神经网络输出的脉冲波可有效地用于图像处理等方面，这里用其拓展得到的多值脉冲耦合神经网络产生的多值脉冲波进行二维数据分类[2]。用多值脉冲耦合神经网络进行二维数据分类时，需进行训练，首先将训练样本投射到网络，6.3.1 节已经介绍了如何将训练样本投射到网络；接着由多值脉冲耦合神经网络产生的多值脉冲波给网络中的所有区域(所有神经元)赋予标签，当脉冲波相遇时就得到了分界面。前面介绍的图像处理中(如细化、边缘检测等)，所有脉冲波是一样的，没有“脉冲波一”、“脉冲波二”的区分，而这里进行数据分类时多值脉冲耦合神经网络产生的多值脉冲波是不一样的，不同的脉冲波赋予神经元不同的标签。直观地看，不同幅度的脉冲波流过整个网络，给每个神经元均赋予对应的标签，从而将整个网络分成具有不同标签的区域，具有不同标签的区域对应着不同的类。测试时投射样本到已被赋予标签的网络，就可迅速得到分类结果。N 值脉冲耦合神经网络可用于($N-1$)类数据的分类。例如，3 值脉冲耦合神经网络可用于 2 类数据的分类，4 值脉冲耦合神经网络可用于 3 类数据的分类。

训练时所有训练样本对应的神经元同时点火，发放出多值脉冲波，这些多值脉冲波在网络中迅速地并行传播。通过设置足够大的阈值幅度系数 V_j^{T}，每个神经元在整个训练过程中只点火一次，即只被赋予标签一次。每个神经元被不同幅值的脉冲波捕获激发点火时，其输出值是不同的，对应不同的标签，其输出值给该神经元自身赋予标签。若所有神经元都点火了，则所有神经元都被赋予了标签，至此训练过程结束。测试时样本被投射到网络中的某神经元，由该神经元标签就可得到分类结果。

下面给出用矩阵描述的基于多值脉冲耦合神经网络脉冲波的二维数据分类算法[2]。$\boldsymbol{F}$ 为 F 通道矩阵；**Lab** 为标签矩阵，保存训练结果；$\boldsymbol{K}$ 为 3×3 运算核矩阵；$\boldsymbol{L}$ 为连接矩阵；$\boldsymbol{U}$ 为内部状态矩阵；$\boldsymbol{\theta}$ 为阈值矩阵，β 为连接强度。$\boldsymbol{\theta}(i,j)$、$\boldsymbol{Y}(i,j)$、$\mathbf{Lab}(i,j)$分别为阈值矩阵 $\boldsymbol{\theta}$、$\boldsymbol{Y}$、**Lab** 的元素。$\otimes$表示二维卷积。.∗ 表示两矩阵中对应的元素相乘。其中，矩阵 $\boldsymbol{F}$、$\boldsymbol{L}$、$\boldsymbol{U}$、$\boldsymbol{Y}$、$\boldsymbol{\theta}$、**Lab** 的维数均相同，为 1000×1000。该算法中，4 邻域连接的神经元邻域不包括自身，则

$$\boldsymbol{K}=\begin{bmatrix}0 & 1 & 0\\ 1 & 0 & 1\\ 0 & 1 & 0\end{bmatrix}$$

基于多值脉冲耦合神经网络脉冲波的二维数据分类算法训练步骤如下。

(1) 训练样本投射到网络，根据“无训练数据对应”、“对应第一类训练数据”和“对应第二类训练数据”这三种情况，初始化 $\boldsymbol{F}$、$\boldsymbol{\theta}$。

(2) $\boldsymbol{L}=\boldsymbol{U}=\boldsymbol{Y}=\boldsymbol{0}$，$\beta=1$。

(3) $\boldsymbol{L}=\text{step}(\boldsymbol{Y}\otimes\boldsymbol{K})$，$\boldsymbol{U}=\boldsymbol{F}.*(\boldsymbol{1}+\beta\boldsymbol{L})$，$\boldsymbol{Y}=\text{step}(\boldsymbol{U}-\boldsymbol{\theta})$。

(4) 如果 $\boldsymbol{Y}(i,j)>0$，则记录对应标签到 $\mathbf{Lab}(i,j)$，同时升高阈值 $\boldsymbol{\theta}(i,j)$ 到一足够大的值，使该神经元不再点火（$i=1,2,\cdots,1000$；$j=1,2,\cdots,1000$）。

(5) 如果所有神经元都已点火，则训练结束；否则，返回第(3)步。

算法中的参数选取值见后面仿真部分的介绍。

多值脉冲波的传播只在训练阶段用于样本空间的划分，测试时直接将样本投射到标签矩阵 **Lab**，就可迅速得到分类结果。由 **Lab** 可很容易地获取样本的分界线。任何测试样本都会被安排一标签，即使不属于任何一类的测试样本也会被安排一标签，判为某一类。图 6.20 中，一个样本集合被分为 K_1 和 K_2 两类，样本分布在标注 K_1、K_2 的灰色部分，当用一个样本集合以外的既不属于 K_1 类也不属于 K_2 类的数据 x 进行测试，x 将被赋予 K_1 的标签，被误判为属于 K_1 类。为了避免这种情况，可以在所有神经元点火前结束训练，可通过控制脉冲波的传输距离实现，但这样可能会造成需被脉冲波赋予标签的区域未能赋予标签，从而使误拒率升高。当用该算法进行分类时，直到所有神经元都点火，才结束训练。

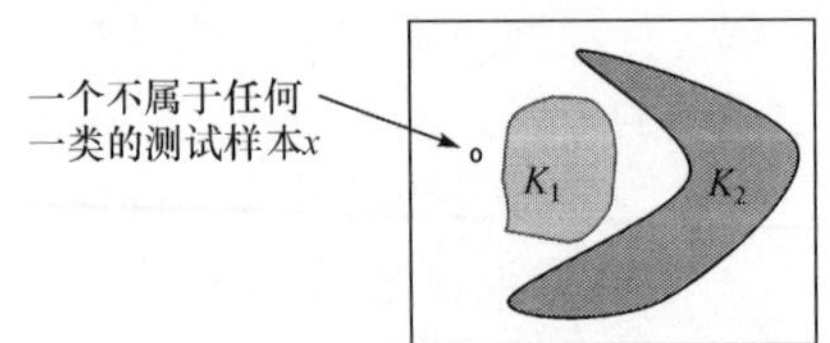

图 6.20 多值脉冲耦合神经网络脉冲波数据分类算法对类外数据的误判

3. 仿真应用及讨论

1) 基于三值脉冲耦合神经网络的二类二维数据计算机仿真

随机生成 50 个二类二维数据集合，对于每个数据集，样本的每维数值被归一化为[0.001，1.000]，有效值为 0.001，三值脉冲耦合神经网络的大小为 1000×1000，对于每个数据集，随机选取 10%的样本作为训练样本，剩余的 90%样本作为测试样本，平均正确识别率为 97.77%[2]。

图 6.21(a)显示了某个二类二维数据集合的数据分布，图 6.21(b)显示了随机选取 10%的样本作为训练样本的训练结果，其中黑色区域为Ⅰ类，灰色区域为Ⅱ类；剩下 90%的样本作为测试样本，测试时每个测试样本根据投射区域被安排标签，测试样本的正确识别率为 97.80%。

基于三值脉冲耦合神经网络脉冲波的二维数据分类算法中参数的选取方法如下。

(1) $\boldsymbol{F}$ 的初始化赋值："无训练数据对应，赋值为 1""对应Ⅰ类的训练数据，赋值为 2"和"对应Ⅱ类的训练数据，赋值为 10"：

$$F_j(t)=I_j,\quad I_j\in\{1,2,10\}$$

(2) 阈值矩阵 $\boldsymbol{\theta}$ 中的每个元素被初始化为 1.5，当一个神经元点火后，其阈值升高到一足够大的值(如 1000)，从而使该神经元不再点火。β 取值为 1。

神经元输出方程中参数的选取如下：

$$Y_j(t)=\begin{cases}10, & 8.5\leqslant U_j(t)-\theta_j(t), \quad \text{点火}\\ 2, & 0<U_j(t)-\theta_j(t)<8.5, \quad \text{点火}\\ 0, & U_j(t)-\theta_j(t)\leqslant 0, \quad \text{不点火}\end{cases} \tag{6-8}$$

(a) 某个二类二维数据集合

(b) 10%随机样本的训练结果

图 6.21　二类二维数据集合的数据分布及随机样本的训练结果

2) 三值脉冲耦合神经网络用于鲑鱼和鲈鱼分类

将前述的三值脉冲耦合神经网络用于鲑鱼(salmons)和鲈鱼(weavers)分类[2]，大多数情况下鲈鱼比鲑鱼的颜色要淡，两者的宽度也存在差异，因此鱼的平均亮度和宽度被用来作为二维特征。采用三值脉冲耦合神经网络分类算法时，鱼的宽度(12～25cm)被归一化到[0.001,1.000]，鱼的平均亮度(0～255)被归一化到[0.001,1.000]。归一化特征后，任一样本均对应于三值脉冲耦合神经网络(1000×1000)中的一个神经元。现在共有2235条鲑鱼和1703条鲈鱼的数据，如图6.22(a)所示，图中每个点对应一条鱼，故该图显示的特征空间中共有3938个样本点。图6.22(a)中，二维特征矢量为(鱼宽度，鱼平均亮度)，鱼平均亮度从左到右不断增加；鱼宽度从上到下不断增加。随机选取10%的样本(394个)作为训练样本，剩下90%的样本作为测试样本，图6.22(b)所示为训练结果，其中黑色区域对应鲑鱼，灰色区域对应鲈鱼，测试时3477条鱼被正确分类，77条被错误分类，识别率为98.11%(3477/3544)。

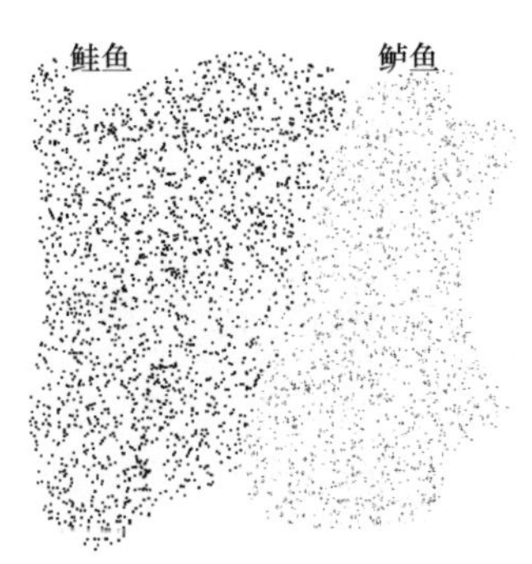

(a) 鲑鱼及鲈鱼的分布

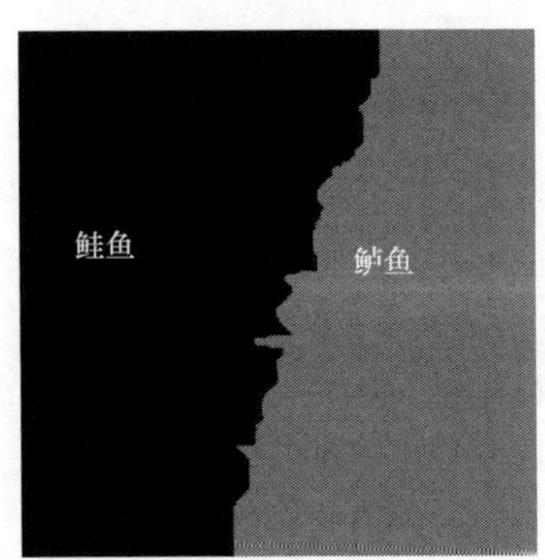

(b) 10%随机样本的训练结果

图6.22 三值脉冲耦合神经网络用于鲑鱼和鲈鱼分类

3) 基于四值脉冲耦合神经网络的三类二维数据仿真

N值脉冲耦合神经网络可用于$(N-1)$类二维数据的分类[2]。三类二维数据分类时需用四值脉冲耦合神经网络。

此时算法中参数的选取方法如下。

(1) 矩阵$\boldsymbol{F}$的初始化赋值："无训练数据对应，赋值为1"、"对应Ⅰ类的训练数据，赋值为2"、"对应Ⅱ类的训练数据，赋值为10"、"对应Ⅲ类的训练数据，赋值为50"：

$$F_j(t)=I_j,\quad I_j\in\{1,2,10,50\}$$

(2) 阈值矩阵$\boldsymbol{\theta}$中每个元素初始化为1.5，当一个神经元点火后，其阈值升高到一足够大的值(如20000)，从而使该神经元不再点火。β取值为1。神经元输出方程中参数的选取如下：

$$Y_j(t)=\begin{cases}50, & 48.5\leqslant U_j(t)-\theta_j(t), & \text{点火}\\ 10, & 8.5\leqslant U_j(t)-\theta_j(t)<48.5, & \text{点火}\\ 2, & 0<U_j(t)-\theta_j(t)<8.5, & \text{点火}\\ 0, & U_j(t)-\theta_j(t)\leqslant 0, & \text{不点火}\end{cases}\tag{6-9}$$

图 6.23 给出了一个基于四值脉冲耦合神经网络的三类二维数据分类的例子，样本的每维数值归一化到[0.001,1.000]，有效值为 0.001，四值脉冲耦合神经网络的大小为 1000×1000。图 6.23(a)显示的特征空间包含 28684 个样本点，它们分为三类；图 6.23(b)为随机选取 10%的样本为训练样本时的训练结果(剩下的 90%样本作为测试样本)，其中黑色区域对应Ⅰ类，深灰色区域对应Ⅱ类，浅灰色区域对应Ⅲ类，识别率为 99.23%。

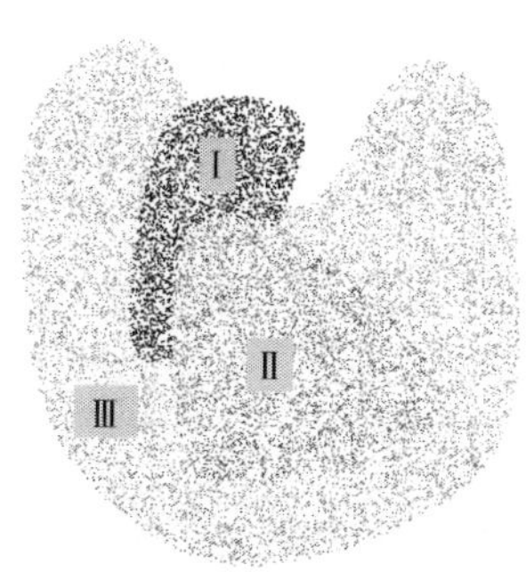

(a) 28684个样本点分为三类

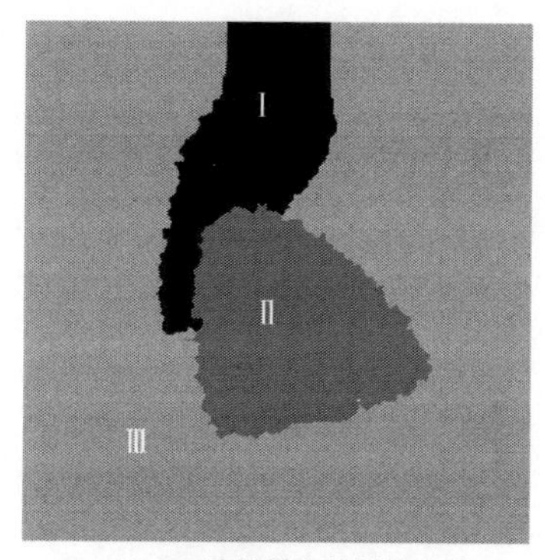

(b) 10%随机样本的训练结果

图 6.23　基于四值脉冲耦合神经网络的三类二维数据分类示例

基于多值脉冲耦合神经网络脉冲波的数据分类方法也可推广到三维数据的分类，此时样本特征空间的分界面是一个三维曲面。继续将该方法推广到 k ($k>3, k\in \mathbf{Z}^+$)维数据分类，则可以根据神经元的阵列编号连接神经元，这种情况下，脉冲波根据神经元阵列编号进行传播，如果这样操作，脉冲波的传播就不像二维或三维数据分类时那样明显直观。

6.4　本章小结

本章主要介绍了以 Unit-linking PCNN 为平台的车牌识别系统、Unit-linking PCNN在手静脉识别中的应用、PCNN 多值模型及其在数据分布中的应用。

6.1 节介绍的以 Unit-linking PCNN 为平台的车牌识别系统[1]包含了 Unit-linking PCNN 车牌定位、字符分割和字符识别三个子算法，综合运用 Unit-linking PCNN 边缘检测、Unit-linking PCNN 空洞滤波、Unit-linking PCNN 图像细化算法、Unit-linking PCNN 图像时间签名及其派生出的特征等，最终车牌的识别率达到 97%以上。

6.2 节介绍的 Unit-linking PCNN 与双树复小波变换及 BP 人工神经网络相结合的算法，取得比相位特征编码方法和 Gabor 特征方法更高的手静脉识别精度。

6.3 节介绍的结合具体应用由 PCNN 推广得到的多值模型[2]可有效地利用多值脉冲波进行数据分类，如用于鲑鱼和鲈鱼的分类，该方法用于低维数据分类时分类过程更加明显直观。PCNN 多值模型的应用价值还有待进一步挖掘。

参 考 文 献

[1] Zhao Y, Gu X D. Vehicle license plate localization and license number recognition using Unit-linking pulse coupled neural network[J]. Lecture Notes in Computer Science, 2012, 7667: 100-108.

[2] Gu X D. Classification using multi-valued pulse coupled neural network[J]. Lecture Notes in Computer Science, 2008, 4985: 549-558.

[3] Gu X D, Guo S D, Yu D H. A new approach for automated image segmentation based on Unit-linking PCNN[C]. Proceedings of the IEEE International Conference on Machine learning and Cybernetics, Beijing, 2002.

[4] 顾晓东，郭仕德，余道衡. 一种用 PCNN 进行图像边缘检测的新方法[J]. 计算机工程与应用，2003，39(16)：1-2，55.

[5] Gu X D, Zhang L M, Yu D H. General design approach to Unit-linking PCNN for image processing[C]. Proceedings of the IEEE International Joint Conference on Neural Networks, Montreal, 2005.

[6] 顾晓东，郭仕德，余道衡. 基于 PCNN 的二值文字空洞滤波[J]. 计算机应用研究，2003，20(12)：65-66.

[7] Gu X D. Feature extraction using Unit-linking pulse coupled neural network and its applications[J]. Neural Processing Letters, 2008, 27(1): 25-41.

[8] Gu X D, Zhang L M. Global icons and local icons of images based Unit-linking PCNN and their application to robot navigation[J]. Lecture Notes in Computer Science, 2005, 3497: 836-841.

[9] Gu X D, Zhang L M, Yu D H. Image thinning using pulse coupled neural network[J]. Pattern Recognition Letters, 2004, 25(9): 1075-1084.

[10] 顾晓东，程承旗，余道衡. 基于 PCNN 的二值图像细化新方法[J]. 计算机工程与应用，2003，39(13)：5-6，28.

[11] Wen Y, Lu Y, Yan J Q, et al. An algorithm for license plate recognition applied to intelligent transportation system[J]. IEEE Transactions on Intelligent Transportation Systems, 2011, 12(3): 830-845.

[12] Chang S, Chen L, Chung Y C, et al. Automatic license plate recognition[J]. IEEE Transactions on Intelligent Transportation Systems, 2004, 5(1): 42-53.

[13] Naito T, Tsukada T, Yamada K, et al. Robust license-plate recognition method for passing vehicles under outside environment[J]. IEEE Transactions on Vehicular Technology, 2000,

49(6):2309-2319.

[14] Chen Z X, Liu C Y, Chang F L, et al. Automatic license-plate location and recognition based on feature salience[J]. IEEE Transactions on Vehicular Technology, 2009, 58(7): 3781-3785.

[15] Zhuo W. A PCNN-based method for vehicle license localization[C]. IEEE International Conference on Computer Science and Automation Engineering, Shanghai, 2011.

[16] Qiu Y J, Sun M, Zhou W L. License plate extraction based on vertical edge detection and mathematical morphology[C]. International Conference on Computational Intelligence and Software Engineering, Wuhan, 2010.

[17] Suryanarayana P, Mitra S, Banerjee A, et al. A morphology based approach for car license plate extraction[C]. Proceedings of IEEE INDICON Conference, Chennai, 2005.

[18] Mai V, Miao D Q, Wang R Z, et al. An improved method for Vietnam license plate location[C]. Proceedings of the International Conference on Multimedia Technology, Zurich, 2011.

[19] Lu X B, Zhang G H, Liu B. Localization of vehicle license late based on gray level variation[C]. Proceedings of the International Conference on ITS Telecomunuications, Chengdu, 2006.

[20] Mao S Q, Huang X H, Wang M. An adaptive method for Chinese license plate location[C]. World Congress on Intelligent Control and Automation, Jinan, 2010.

[21] Cheng R, Bai Y P. An efficient algorithm for chinese license plate location[C]. International Conference on Electronic & Mechanical Engineering and Information Technology, Harbin, 2011.

[22] Zheng Y Q, Li D P, Zhang S W. License plate location based on combinatorial feature[C]. Microwaves Radar and Sensing Symposium, Kiev, 2011.

[23] Tang Z W, Li W C, Shen D Q. One adaptive method of the license plate location based on differential projection[C]. International Conference on Electric Information and Control Engineering, Wuhan, 2011.

[24] Chen H, Ren J S, Tan H C, et al. A novel method for license plate localization[C]. International Conference on Image and Graphics, Chengdu, 2007.

[25] Park S, Kim K, Jung K, et al. Locating car license plates using neural networks[J]. Electronics Letters, 1999, 35(17): 1475-1477.

[26] Zunino R, Rovetta S. Vector quantization for license-plate location and image coding[J]. IEEE Transactions on Industrial Electronics, 2000, 47(1): 159-167.

[27] Huang H Q, Gu M, Chao H Y. An efficient method of license plate location in natural-scene image[C]. International Conference on Fuzzy Systems and Knowledge Discovery, Jinan, 2008.

[28] Comelli P, Ferragina P, Granieri M, et al. Optical recognition of motor vehicle license plates[J]. IEEE Transactions on Vehicular Technology, 1995, 44(4): 790-799.

[29] Roomi S, Anitha M, Bhargavi R. Accurate license plate localization[C]. International Conference on Computer, Communication & Electrical Technology, Tirunel veli, 2011.

[30] Miao L G, Yue Y J. Automatic license plate detection based on connected component analysis and template matching[C]. International Conference on Intelligent Control and Information Processing, Harbin, 2011.

[31] Wang W, Jiang Q J, Zhou X, et al. Car license plate detection based on mser, consumer electronics[C]. International Conference on Communications and Networks, Macau, 2011.

[32] Li H, Zhang H H. Improved projection algorithm for license plate characters segmentation[C]. International Conference on Intelligent Computation Technology and Automation, Zhangjiajie, 2009.

[33] Lei C Y, Liu J H. Vehicle license plate character segmentation method based on watershed algorithm[C]. International Conference on Machine Vision and Human-Machine Interface, Kaifeng, 2010.

[34] Xia H D, Liao D C. The study of license plate character segmentation algorithm based on vetical projection[C]. International Conference on Consumer Electronics, Communications and Networks, Xianning, 2011.

[35] Quan J, Quan S H, Shi Y, et al. A fast license plate segmentation and recognition method based on the modified template matching[C]. International Congress on Image and Signal Processing, Tianjin, 2009.

[36] Zhu Y Q, Li C H. A recognition method of car license plate characters based on template matching using modified hausdorff distance[C]. International Conference on Computer, Mechatronics, Control and Electronic Engineering, Changchun, 2010.

[37] Zhang Y, Xu Y T, Ding G J. License plate character recognition algorithm based on filled function method training BP neural network[C]. Chinese Control and Decision Conference, Yantai, 2008.

[38] Yang F. Character recognition using parallel BP neural network[C]. International Conference on Audio, Language and Image Processing, Shanghai, 2008.

[39] Li F L, Gao S X. Character recognition system based on back-propagation neural network[C]. Proceedings of the International Conference on Machine Vision and Human-machine Interface, Kaifeng, 2010.

[40] Wei S, Bai Y P. A Chinese license plate recognition system[C]. International Congress on Image and Signal Processing, Tianjin, 2009.

[41] Chi X J, Dong J Y, Liu A H. A simple method for Chinese license plate recognition based on support vector machine[C]. Proceedings of the International Conference on Communications, Circuits and Systems Proceedings, Guilin, 2006.

[42] Lin B, Fang B, Li D H. Character recognition of license plate image based on multiple classifiers[C]. International Conference on Wavelet Analysis and Pattern Recognition, Baoding, 2009.

[43] Liu L X, Zhang H G, Feng A P, et al. Simplified local binary pattern descriptor for character recognition of vehicle license plate[C]. Proceedings of the International Conference on Computer Graphics, Imaging and Visualization, Sydney, 2010.

[44] Fang J W, Yang W S, Xu H K. The research for license plate recognition using sub-image fast independent component analysis[C]. Chinese Control and Decision Conference, Mianyang, 2011.

[45] Anagnostopoulos C, Anagnostopoulos I, Psoroulas I, et al. License plate recognition from still images and video sequences: A survey[J]. IEEE Transactions on Intelligent Transportation Systems, 2008, 9(3): 377-391.

[46] Chen B, Cheng H H. A review of the applications of agent technology in traffic and transportation systems[J]. IEEE Transactions on Intelligent Transportation Systems, 2010, 11(2): 485-497.

[47] Anagnostopoulos C, Anagnostopoulos I, Loumos V, et al. A license plate-recognition algorithm for intelligent transportation system applications[J]. IEEE Transactions on Intelligent Transportation Systems, 2006, 7(3): 377-392.

[48] 余成波,秦华锋. 生物特征识别技术手指静脉识别技术[M]. 北京:清华大学出版社,2009.

[49] Kumar A, Prathyusha K. Personal authentication using hand vein triangulation and knuckle shape[J]. IEEE Transaction on Image Processing, 2009, 18(9): 2127-2136.

[50] Yang J F, Shi Y H, Yang J L. Finger-vein recognition based on a bank of gabor filters[C]. Proceedings of Asian Conference on Computer Vision, Queenstown, 2010.

[51] Han W Y, Lee J C. Palm vein recognition using adaptive Gabor filter[J]. Expert Systems with Applications, 2012, 39(18): 13225-13234.

[52] Hao Y, Sun Z N, Tan T N, et al. Multispectral palm image fusion for accurate contact-free palmprint recognition[C]. IEEE International Conference on Image Processing, San Diego, 2008.

[53] Toh K, Eng H, Choo Y, et al. Identity verification through palm vein and crease texture[C]. Proceedings of the International Conference on Biometrics, Hong Kong, 2006.

[54] Li Q, Zeng Y A, Peng X J, et al. Curvelet-based palm vein biometric recognition[J]. Chinese Optics Letters, 2010, 8(6): 577-579.

[55] Radon J. Über die bestimmung von funktionen durch ihre integralwerte längs gewisser mannigfaltigkeiten[J]. Computed Tomography, 1917, 69: 262-277.

[56] Zhou Y B, Kumar A. Human identification using palm-vein images[J]. IEEE Transactions on Information Forensics and Security, 2011, 6(4): 1259-1274.

[57] Zhang Y B, Li Q, You J, et al. Palm vein extraction and matching for personal authentication[C]. International Conference on Advances in Visual Information Systems, Shanghai, 2007.

[58] Chen H F, Lu G G, Wang R. A new palm vein matching method based on ICP algorithm[C]. Proceedings of 2nd the International Conference on Interaction Sciences, Seoul, 2009.

[59] Wang J G, Yau W Y, Suwandy A, et al. Person recognition by fusing palmprint and palm vein images based on "Laplacian palm" representation[J]. Pattern Recognition, 2008, 41(5): 1514-1527.

[60] Ladoux P, Rosenberger C, Dorizzi B. Palm vein verification system based on sift matching[C]. Proceedings of the IEEE International Conference on Biometrics, Alghero, 2009.

[61] Wu W. Palm vein recognition based on independent component analysis[C]. Proceedings of the International Conference on Measurement, Instrumentation and Automation, Guilin, 2013.

[62] Meng Z H, Gu X D. Hand vein identification using local Gabor ordinal measure[J]. Journal of Electronic Imaging, 2014, 23(5), 053004-1-053004-6.

[63] Meng Z H, Gu X D. Palm-dorsal vein recognition method based on histogram of local Gabor phase XOR pattern with second identification[J]. Journal of Signal Processing Systems, 2013, 73: 101-107.

[64] Meng Z H, Gu X D. Hand vein recognition using local block pattern[J]. Electronics Letters, 2013, 49(25): 1614-1615.

[65] 孟昭慧,顾晓东. 基于区域分割和二次判别的手静脉识别[J]. 数据采集与处理, 2013, 28(5): 516-520.

[66] 魏上清,顾晓东. 基于 UDCT 和三角形测量特征融合的手背静脉识别[J]. 微型电脑应用, 2013, 29(1): 4-7.

[67] 魏上清,顾晓东. 基于均衡离散曲率波变换的手背静脉识别[J]. 计算机应用, 2012, 32(4): 1122-1125.

[68] Wei S Q, Gu X D. A method for hand vein recognition based on curvelet transform phase feature[C]. International Conference on Transportation, Mechanical, and Electrical Engineering, Changchun, 2011.

[69] 郑英杰,顾晓东. 基于局部 Gabor 相位特征的手背静脉识别方法[J]. 微型电脑应用, 2010, 26(6): 23-26.

[70] 郑英杰,顾晓东. 基于 Gabor 相位编码的手背静脉识别方法[J]. 数据采集与处理, 2010, 25(4): 516-520.

[71] Zheng Y J, Gu X D. Local Gabor phase feature for palm-dorsal vein recognition[C]. Proceedings of the International Conference on Image Analysis and Signal Processing, Xiamen, 2010.

[72] 郑英杰,顾晓东. 便携式手背静脉采集仪: 中国, 20155344. X[P]. 2008-11-13.

[73] Kokare M, Biswas P K, Chatterji B N. Texture image retrieval using new rotated complex wavelet filters[J]. IEEE Transactions on Systems, Man, and Cybernetics, Part B: Cybernetics, 2005, 35(6): 1168-1178.

[74] 王芳. 基于双树复小波变换的微弱生物医学信号处理及其应用研究[D]. 重庆: 重庆大学, 2014.

[75] 张静,李一兵,李骜,等. 基于双树复小波变换的图像增强方法[J]. 计算机工程与科学,2011,33(11):98-102.

[76] Wang K J,Liu J Y,Oluwatoyin P,et al. Finger vein identification based on 2-D Gabor filter[C]. International Conference on Industrial Mechatronics and Automation,Wuhan,2010.

[77] Yang J F,Zhang X. Feature-level fusion of global and local features for finger-vein recognition[C]. IEEE International Conference on Signal Processing,Beijing,2010.

第 7 章　基于 Unit-linking PCNN 的静态及动态路径寻优

利用 Unit-linking PCNN 的脉冲快速并行传播特性可迅速地进行路径寻优。本章将分别介绍基于时延 Unit-linking PCNN 的静态最短路径求解方法[1-4]、基于带宽剩余率及 Unit-linking PCNN 的最优路径求解方法[5]、基于 Unit-linking PCNN 的动态网络最优路径求解方法。

7.1　基于时延 Unit-linking PCNN 的静态最短路径求解

最短路径求解具有广阔的应用背景，可用于通信中的路由选择[6-8]、网页检索[9]、数据压缩[10]和交通管理等方面[11,12]。求解最短路径的经典算法是 Dijkstra 算法[13,14]，其运算量随着路径图复杂程度的增加而增加。Dijkstra 算法的基本思想是从起点出发，向外层层扩展，直到终点，而在求解过程中，每经过一个节点都需记录下路径和路程，经过多次循环运算，才可求出从起点到终点的最短路径和路程。针对 Dijkstra 算法的改进算法层出不穷[15-18]。Dijkstra 及其改进算法为串行处理，需要处理完一个节点之后再处理下一个节点，因此在计算时间上无法满足更快的要求，有必要采用并行算法来提高运算速度和效率。此外，遗传算法等[19,20]也被用于最短或最优路径的求解，遗传算法作为一种启发式的随机搜索算法，应用于最优路径的求解是一种不错的选择，但它涉及复杂的遗传算子和适应度函数设计，且不能保证全局最优收敛，当网络节点较多时，计算的迭代次数会很大。

1999 年，Caulfield 等[21]提出用 PCNN 求解迷宫问题的方法（C&K 法），利用 PCNN 所产生的脉冲波并行传播特性求解迷宫问题。用 C&K 法求解迷宫问题时，迷宫中每一点均对应一个神经元。开始时，让迷宫入口点对应的神经元最先点火，发放出初始脉冲，其他神经元均处于熄火状态，同时通过阈值调整使已点火的神经元不再点火，这样入口点对应的神经元发出的脉冲就形成脉冲波，在迷宫中沿着所有可能的通道均匀地并行传播开，最先到达迷宫出口点的脉冲波所走过的路径就是通过迷宫的最短路径。一旦出口点有脉冲波到达，迷宫求解过程就结束。C&K 法是花最少努力解决迷宫问题的非确定性方法。

用 C&K 法求解迷宫问题时，迷宫中每一点均需对应一个神经元，因此当迷宫规模很大时，所需 PCNN 神经元的数目也随之变得很大。将迷宫放大 N 倍，这并不会影响从入口到出口的最短通道，但 C&K 法要求 PCNN 神经元的数目也增加为原来的 N 倍。很明显，C&K 法的确可用于求解最短路径，但在求解最短路径时，路径图中所有路径的每单位长度均需对应一个神经元，因此所需神经元数量巨大，这使 PCNN 不便于用硬件实现，而只有通过硬件实现，神经网络才能更充分地发挥其快速并行运算的优势。针对 C&K 法求解最短路径时所需神经元数量巨大的问题，顾晓东等在 Unit-linking PCNN 中引入时延，提出时延单位连接脉冲耦合神经网络(delay Unit-linking PCNN，DPCNN)[1-3]，将其用于最短路径求解，该基于 DPCNN 的最短路径求解方法所需的神经元数量远小于 C&K 法，路径图中每个路径节点只需对应一个神经元。例如，节点 A、B 间的路径长为 10000，路径的单位长度为 1，同时路径 AB 与其他路径没有交叉点，采用 C&K 法需 10000 个神经元，而采用时延 Unit-linking PCNN 方法只需对应于节点 A、B 的两个神经元。当路径 AB 的长度增加为 50000 时，采用 C&K 法需 50000 个神经元，而采用时延 Unit-linking PCNN 方法仍只需对应于节点 A、B 的两个神经元。若路径 AB 与其他路径有 N 个交叉点，采用时延 Unit-linking PCNN 方法则需 $N+2$ 个神经元。处理迷宫问题时，如果将迷宫放大 N 倍，前面已指出，用 C&K 法，PCNN 神经元数目将增加为原来的 N 倍，而用时延单位连接脉冲耦合神经网络方法，神经元数目不用增加，仍和迷宫放大前一样。由此可见，与 C&K 法相比，求解最短路径及迷宫问题时，采用时延单位连接脉冲耦合神经网络方法可极大地节省神经元。时延 Unit-linking PCNN 不仅可用于通信或计算机网络中最短路径的搜索[4]，还可应用于现代化管理中的 AOV(activity on vertex network)排序[22]、求取无向赋权图的最小生成树[23]和火灾救援调度[24]等方面。用脉冲波求取最短路径时，除了时延单位连接脉冲耦合神经网络模型，还有 M-PCNN[25]、输出-阈值耦合神经网络[26]等模型或方法[27-29]。

7.1.1　时延 Unit-linking PCNN

在构成 Unit-linking PCNN 的神经元中引入时延，就得到时延 Unit-linking PCNN[1-3]。Unit-linking PCNN 中神经元的 F 通道、L 通道、输出部分均可引入时延。求解最短路径时，在神经元的 L 通道引入时延。

用于最短路径求解的时延单位连接脉冲耦合神经元像单位连接脉冲耦合神经元一样，共分成接收域、调制部分和脉冲产生部分。不同之处主要体现在接收域部分，前者的时延神经元在接收域的 L 通道加入时延，不同神经元之间的时延是不同的。除此之外，两者的结构一样。图 7.1 所示为时延单位连接脉冲耦合神经元。

图 7.1 中，Y_1、…、Y_k 等为与神经元 j 相连的神经元 1、…、k 等的脉冲输出，I_j 表示外界输入 F 通道的常量；d_{1j}、…、d_{kj} 等分别为神经元 1、…、k 等与神经元 j 之间的时延，图中调制部分和脉冲产生部分与 PCNN 神经元的对应部分一样。

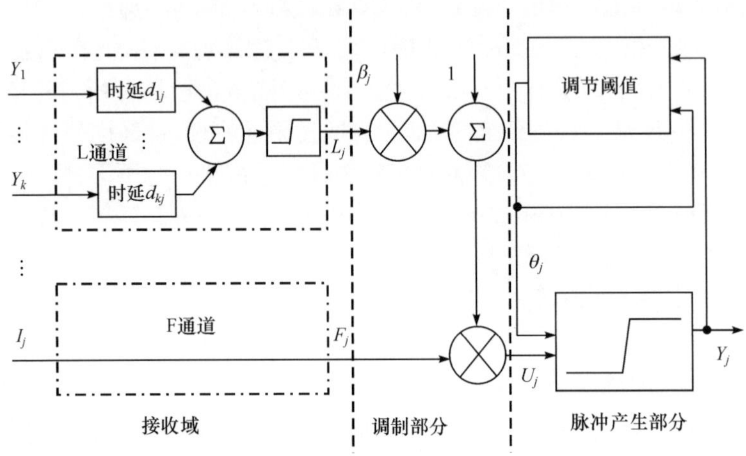

图 7.1 时延单位连接脉冲耦合神经元

L_j 是来自 L 通道的信号，F_j 是来自 F 通道的信号，β_j 为连接强度，U_j 为内部状态信号。式(7-1)～式(7-5)描述了用于最短路径求解的单个时延单位连接脉冲耦合神经元，具体如下：

$$F_j(t)=I_j \tag{7-1}$$

$$L_j(t)=\text{step}\left[\sum_k Y_k(t-d_{kj})\right] \tag{7-2}$$

$$U_j(t)=F_j(t)[1+\beta_j L_j(t)] \tag{7-3}$$

$$\frac{\mathrm{d}\theta_j(t)}{\mathrm{d}t}=-\alpha_j^{\mathrm{T}}+V_j^{\mathrm{T}}(t) \tag{7-4}$$

$$Y_j(t)=\text{step}[U_j(t)-\theta_j(t)] \tag{7-5}$$

将图 7.1 所示的神经元通过 L 通道按照一定的拓扑结构相互连接，就构成时延单位连接脉冲耦合神经网络。

7.1.2 基于时延 Unit-linking PCNN 的最短路径求解

用时延 Unit-linking PCNN 求解最短路径时，路径图中的各节点分别对应一个神经元，若两神经元之间存在路径，则这两神经元通过 L 通道相互连接，它们之间的时延为这两者之间的路径长度。两神经元之间的时延是对称的。若两神经元之间不存在路径，则这两神经元不相连。图 7.2 给出了一个例子，该路径图共有四个节点，图中 A、B、C、D 既表示路径节点，也表示节点对应的神经元，其中 $d_{AB}=d_{BA}=|AB|$，$d_{AC}=d_{CA}=|AC|$，$d_{AD}=$

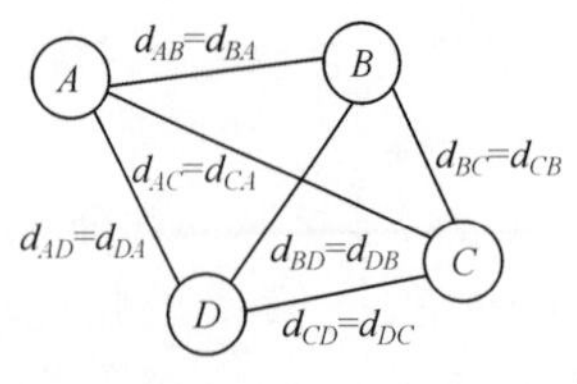

图 7.2 时延 Unit-linking PCNN

$d_{DA}=|AD|$，$d_{BC}=d_{CB}=|BC|$，$d_{BD}=d_{DB}=|BD|$，$d_{CD}=d_{DC}=|CD|$。

网络中所有神经元阈值的初始值均相同。路径起始点神经元的 F 通道信号要大于其他神经元的 F 通道信号，从而使起始点神经元的 F 通道信号在开始时大于阈值，最先点火。起始点神经元以外其他神经元的 F 通道信号均相等，为一非 0 常量，在整个求解过程中均不改变，开始时这些非起始点神经元的 F 通道信号必须不大于阈值，从而使这些神经元在开始时处于熄火状态。阈值初始值除了要满足上述要求，还必须保证未点火的神经元接收到其他神经元发出的脉冲后，能被激发而点火。任一神经元一旦点火，其阈值迅速升高到一固定值，不再点火。

用时延 Unit-linking PCNN 求解最短路径时，由于在神经元 L 通道中引入时延功能，不再像 C&K 法那样需要巨量神经元。

求解最短路径时，首先使对应路径起始点的神经元点火，而其他神经元均不点火。然后对应于起始点的神经元发放出的脉冲沿着所有可能的路径并行地传播开，分别经过等于各路径长度的时延后，使与其相连的神经元陆续点火，发放出脉冲，脉冲继续传递下去。这样，由起始点对应的神经元发放出的脉冲像洪水一样在各条路径上传播开。当终点对应的神经元点火时，就得到最短路径。因此，该算法的计算量仅正比于最短路径长度，而与路径图复杂程度及路径图中的通路总数无关。

求解过程中，各神经元只点火一次，即已发放过脉冲的神经元不再发放出脉冲，这样就避免了神经元之间的脉冲耦合振荡，也保证每条路径只会被脉冲通过一次，从而使求解过程简单。神经元只点火一次也与以下事实相符合：

若允许神经元可多次点火，则任意一神经元第二次点火时，由起始点发放出的初始脉冲所经过的到该神经元的路径长度肯定大于该神经元第一次点火时起始点发放出的初始脉冲所经过的到该神经元的路径长度，该神经元第二次点火时，起始点发放出的初始脉冲所经过的路径肯定不是最短路径的子集。因此，算法中各神经元只点火一次，这与图论中的相关定理是一致的。

当某未点火的神经元 A 接收到另一神经元 B 发出的脉冲后，经过等于两神经元之间路径长度的时延 d_{BA} 后，若神经元 A 在此期间未被其他神经元激发，则此时神经元 A 就被神经元 B 激发而点火，发放出脉冲，同时神经元 A 通过阈值的升高使自身不再点火。若在此期间神经元 A 被神经元 B 以外的其他神经元(如神经元 C)激发而点火，则即使神经元 B 发出的脉冲在神经元 C 发出的脉冲之前到达神经元 A，如图 7.3 所示，神经元 A 依然不会被神经元 B 激发，因为算法中神经元只能点火一次，而神经元 A 已被神经元 C 激发点火，故神经元 A 不会再被神经元 B 激发，这种情况下，$d_{CA}<d_{BA}$，图 7.3 对这种情况进行了说明。图 7.3 中，神经元 B 发出的脉冲在 $t=T_B$ 时到达神经元 A，在神经元 B 的时延等待过程中，神经元 C 发出的脉冲在 $t=T_C$ 时到达神经元 A，虽然 $T_B<T_C$，但由于 $d_{BA}+T_B>d_{CA}+T_C$，

在 $t=d_{CA}+T_C$ 时，神经元 A 被脉冲后到的神经元 C 激发点火。由此可知，某神经元是否被激发点火，不仅与其他神经元发出的脉冲到达的先后次序有关，还与它们之间的 L 通道时延有关。

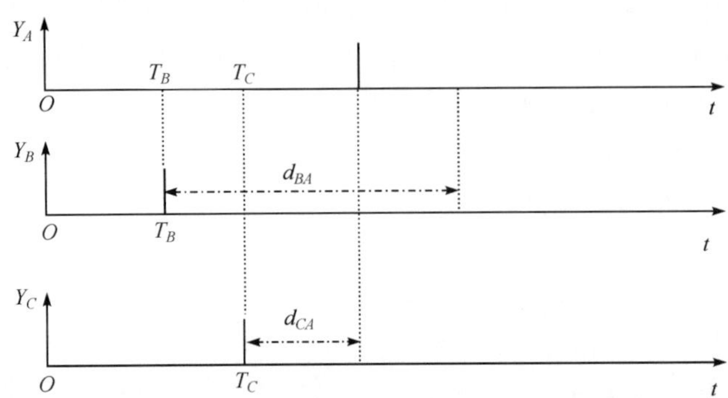

图 7.3　时延 Unit-linking PCNN 中神经元的点火原理

任一神经元可能同时被多个神经元激发，由于神经元是单位连接的，如式(7-2)所示，任一神经元 j 无论在同一时刻被多少个其他神经元所激发，其 L_j 信号在此刻的取值都为 1。算法中所有神经元的阈值初始值均取为 1.5，某神经元点火后，其阈值迅速升高到 100，不再点火。起始点对应神经元的 F 通道信号取为 2，其他神经元的 F 通道信号均取为 1。所有神经元的连接强度均相同，为 1。

基于时延 Unit-linking PCNN 最短路径求解算法如下。

(1) 初始化。使对应路径起始点的神经元点火，发放出脉冲，其他神经元均不点火。任意两相连神经元之间的时延为这两个神经元之间路径的长度。若两相连神经元之间没有路径存在，则不相连。各神经元阈值均取相同的值。

Flag 为路径记录表，令表中元素均为 0。

(2) 脉冲传播。先计算路径图中各神经元的内部状态值，再与各自的阈值相比较，得到各神经元的点火状况。当某神经元点火发放出脉冲后，其发放出的脉冲迅速反馈，使该神经元的阈值迅速升高，从而使之在整个求解过程中不再点火。

(3) 记录路径。若神经元 j 被来自相邻神经元 i 的脉冲激发点火，则记录 **Flag**[i][j]=1。若神经元 j 同时被多个其他神经元所激发，则都需记录到路径记录表。

(4) 如果终点对应的神经元点火，到第(5)步；否则，返回第(2)步。

(5) 由路径记录表 **Flag** 得到最短路径，结束。

如果上述算法第(4)步中的“如果终点对应的神经元点火”改成“如果路径图中所有神经元都已点火”，则最终可从路径记录表 **Flag** 得到起始点到路径图中所有其他节点的最短路径。

对一有 N 个节点的路径图，若让路径图中所有节点依次作为起始点，轮流采用上面的算法，且每次算法的结束条件均为“路径图中所有神经元都已点火”，则可以得到 N 张路径记录表，由这 N 张路径记录表可进一步得到该路径图中任意两节点间的最短路径。由这 N 张路径记录表中的任意 $N-1$ 张路径记录表，就可得到该路径图中任意两节点间的最短路径。

7.1.3　仿真及分析

计算机仿真结果表明，采用基于时延 Unit-linking PCNN 的最短路径求解算法，可迅速而准确地找到起点与终点间的所有最短路径[1,2]。图 7.4 为仿真中的一个小例子，用于说明求解的具体过程[1,2]。该路径图中共有 7 个节点、13 条边，边上的数字为对应边的路径长度。现以求解图 7.4 中 A 到 G 的最短路径（A 为起始点，G 为终点）为例说明求取最短路径的过程。表 7.1 为这种情况下的路径记录表 **Flag**（此时终点 G 已点火）。

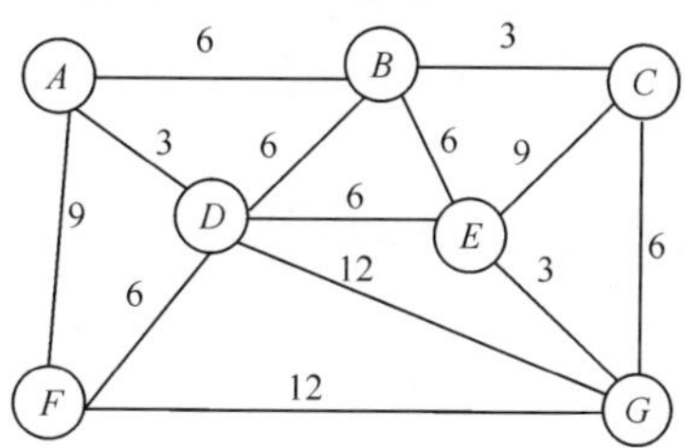

图 7.4　基于时延单位连接脉冲耦合神经网络求解最短路径的示例

表 7.1　图 7.4 中起始点为 A、终点为 G 时的路径记录表 Flag

节点	A	B	C	D	E	F	G
A	0	1	0	1	0	1	0
B	0	0	1	0	0	0	0
C	0	0	0	0	0	0	0
D	0	0	0	0	1	1	0
E	0	0	0	0	0	0	1
F	0	0	0	0	0	0	0
G	0	0	0	0	0	0	0

$t=0$ 时，通过给起始神经元 A 较大的输入，使神经元 A 点火，发放出起始脉冲，而其他神经元均处于熄火状态。接着，与 A 相连的 B、D、F 均接收到 A 发出的脉冲。同时令路径记录表 **Flag** 中的元素均为 0。

$t=3$ 时,即经过时延 3 后,D 因 A 发出的脉冲而点火,记录 **Flag**$[A][D]=1$,接着,D 发放出的脉冲传播到 A、B、E、F、G。

$t=6$ 时,B 因 A 发出的脉冲而点火,记录 **Flag**$[A][B]=1$,接着 B 发放出的脉冲传播到 A、C、D、E。

$t=9$ 时,F 因 A 和 D 发出的脉冲而点火,记录 **Flag**$[A][F]=1$,**Flag**$[D][F]=1$,接着 F 发放出的脉冲传播到 A、D、G;C 因 B 发出的脉冲而点火,记录 **Flag**$[B][C]=1$,接着 C 发放出的脉冲传播到 B、E、G;E 因 D 发出的脉冲而点火,记录 **Flag**$[D][E]=1$,接着 E 发放出的脉冲传播到 B、C、D、G。

$t=12$ 时,G 因 E 发出的脉冲而点火,记录 **Flag**$[E][G]=1$,因为终点 G 已点火,故 AG 间最短路径的求解结束。

查表 7.1,由终点 G 回溯到起点 A,可得到 A 与 G 间的最短路径为 $A\rightarrow D\rightarrow E\rightarrow G$,其长度为 12。当 G 点火时,网络中其他神经元也均已点火,因此由该表从任意节点回溯到起点 A,可得到起点 A 到路径中其他所有节点的最短路径:A 与 B 间的最短路径为 $A\rightarrow B$;A 与 C 间的最短路径为 $A\rightarrow B\rightarrow C$;$A$ 与 D 间的最短路径为 $A\rightarrow D$;A 与 E 间的最短路径为 $A\rightarrow D\rightarrow E$;$A$ 与 F 间的最短路径为 $A\rightarrow F$,$A\rightarrow D\rightarrow F$。

该算法充分利用了时延 Unit-linking PCNN 从 PCNN 继承的脉冲并行传播特性,可迅速地求出最短路径,其所需的计算量仅正比于最短路径长度,与路径图复杂程度及图中的通路总数无关。该方法具有 C&K 法的优点,同时由于在神经元中引入时延,不存在 C&K 法所需神经元数量巨大的问题,用少量神经元就可迅速地求出最短路径。

7.2　基于带宽剩余率及 Unit-linking PCNN 的静态路径寻优

随着网络技术的高速发展和计算机网络业务的逐步拓展与丰富,多媒体应用层出不穷,网络正在逐步成为承载多种业务、服务于多类用户群体的公共信息平台,从单一的数据传输网演变为数据、语音和图像等多媒体信息的综合传输网。不同应用服务和需求对网络的时延、抖动和丢包率等技术性能指标都有不同的要求,网络应当能够满足相应的需求,才能保证各种应用的顺利开展。为了满足各种网络应用的需求及实现网络资源的有效监控管理,需要网络向用户提供有效的服务质量(quality of service,QoS)的保障支持。QoS 是一些技术的总和,通过这些技术可优化网络资源的利用。QoS 技术的研究目标就是增强网络对于各类应用系统的适应性,并最终达到提高网络服务能力的目的[30]。网络 QoS 技术主要包括流分类、队列调度和管理以及拥塞控制。流分类是实现 QoS 的前提;队列调度和管理是保证 QoS 的关键环节之一;拥塞控制功能包括拥塞管理和拥塞避免,主要功能就是高效、合理地利用现有的共享资源,防止或处理网络可能出现的拥塞,使运营网络在网络建设成本和运行效率中找到最佳结合点[31,32]。此外,QoS 路由技术也是研究人员关注的重点。QoS 相关评价指标主要包括带宽、时延、抖动、吞吐量和丢包率等。这里用带宽剩余率控制 Unit-linking PCNN 中脉冲波的传播[5],求解最优路径。

7.2.1 基于带宽剩余率及 Unit-linking PCNN 的最优路径求解

基于带宽剩余率及 Unit-linking PCNN 的最优路径求解方法[5],利用带宽剩余率与距离的比值控制单位连接脉冲耦合神经元的阈值,进而控制神经元的点火时间顺序,最终利用脉冲波的并行传播找到最优路径。该方法在考虑路径长度的同时,利用了实际应用中带宽剩余量对网络的影响,用带宽剩余率参数控制神经元的阈值,寻找最优路径。

1. 模型

路径图中各节点分别对应一个神经元组,各节点有多少条输入路径,则对应的神经元组就包含相同数目的神经元数,即神经元组中的神经元与对应节点的输入路径一一对应。神经元组中的神经元通过 L 通道接收来自其他节点神经元组的输出。图 7.5 给出一个具有四个节点(四个神经元组)的例子。神经元组中只要有一个神经元点火,则称该神经元组点火,模型中每个神经元组只点火一次。

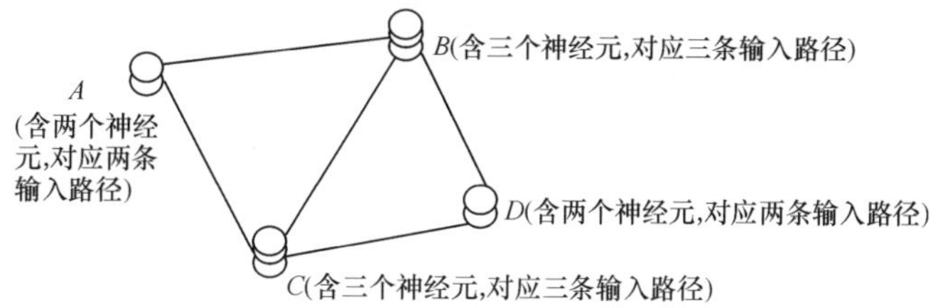

图 7.5　基于带宽剩余率及 Unit-linking PCNN 的最优路径求解模型

若某神经元组 j 中有 M 条输入路径,神经元组 j 中某神经元 i 的结构如图 7.6 所示,该神经元接收来自路径 i 的脉冲(对应神经元组 i 的输出),Y_{j1}、…、Y_{jM} 为同一神经元组 j 中对应于 M 条输入路径的 M 个神经元的输出。同一神经元组中所有神经元参数均相同。对照单位连接脉冲耦合神经元模型可知,该模型和单位连接脉冲耦合神经元在阈值调整部分有两点不同:①增加了输入带宽剩余率与路径长度的比值对阈值的控制;②神经元组中每个神经元的阈值受同一神经元组中所有神经元输出的控制,实现同一神经元组中只要有一个神经元点火,同组所有神经元的阈值都升高到一足够大的正数,保证该组所有神经元即使接收到脉冲都不会再点火,在整个求解过程中只点火一次。神经元阈值的调整可分为线性下降和指数下降两种形式。起始点神经元组只有一个神经元,为了发放出起始脉冲,其 F 通道信号大于模型中其他神经元的 F 通道信号,模型中其他神经元(包括不同神经元组中的神经元)的参数均相同。

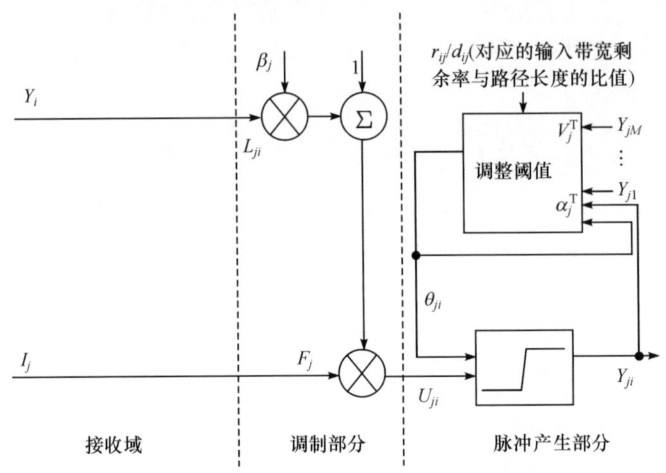

图 7.6　神经元组 j 中某神经元 i 的结构

2. 输入带宽剩余率与路径长度的比值对神经元阈值的控制

在计算机网络中,带宽表示网络通信线路所能传送数据的能力,即单位时间内从网络中一点到另一点所能通过的最高数据率[32]。模型中每一条路径有两个控制参数,即带宽剩余率 r 和路径长度 d,为

$$r=\frac{b_{\mathrm{s}}}{b} \tag{7-6}$$

式中,b_{s} 为某条传输路径的剩余带宽;b 为相同传输路径上的原始带宽。

求解最优路径时,神经元接收到来自某条路径的脉冲后,对应的输入路径带宽剩余率越大,应该越早发放出脉冲;对应的输入路径长度越短,应该越早发放出脉冲。因此,可以用输入路径的带宽剩余率与距离(即输入路径长度)的比值控制神经元的阈值,进而控制神经元的点火时间,即脉冲发放的时间。当神经元点火发放脉冲后,脉冲沿所有的路径并行传播开。求解最优路径时,节点神经元组最多点火一次。某神经元点火后,其所在神经元组所有神经元的阈值均迅速升高到一足够大的数值以保证该神经元组不再点火,即神经元组中的所有神经元不再点火。

基于带宽剩余率及 Unit-linking PCNN 的最优路径求解方法中,神经元阈值调整分为线性下降和指数下降两种形式。

神经元组 j 中神经元 i 阈值线性下降的迭代调整公式为

$$\theta_{ji}(n)=\begin{cases}\theta_{ji}(n-1)-\dfrac{r_{ij}}{d_{ij}}, & \text{神经元组 } j \text{ 点火前}\\ C, & \text{神经元组 } j \text{ 点火后}\end{cases} \tag{7-7}$$

神经元 j 中神经元 i 阈值指数下降的调整公式为

$$\theta_{ji}(n)=\begin{cases}\theta_j(n-1)\exp\left[-\left(\dfrac{r_{ij}}{d_{ij}}\right)\right], & \text{神经元组 } j \text{ 点火前}\\ C, & \text{神经元组 } j \text{ 点火后}\end{cases} \tag{7-8}$$

式中，d_{ij} 为神经元组 i 与神经元组 j 之间的路径长度；r_{ij} 为神经元组 i 到神经元组 j 的带宽剩余率；C 为一足够大的正数，确保神经元组一旦点火后就不再点火。

3. 算法

基于带宽剩余率及 Unit-linking PCNN 的最优路径求解流程如图 7.7 所示。该模型中路径节点对应的神经元组就像一个大神经元，求解最优路径时，起始点神经元(起始点神经元组就一个神经元)发放出脉冲，沿着网络传播开，路径参数通过对神经元阈值的调整(式(7-7)或式(7-8))控制着节点大神经元吞吐脉冲的快慢，当终点大神经元(神经元组)点火时，就得到最优路径。若来自 K 条输入路径的脉冲同时使某神经元组点火，则记录这 K 条路径到路径记录表。

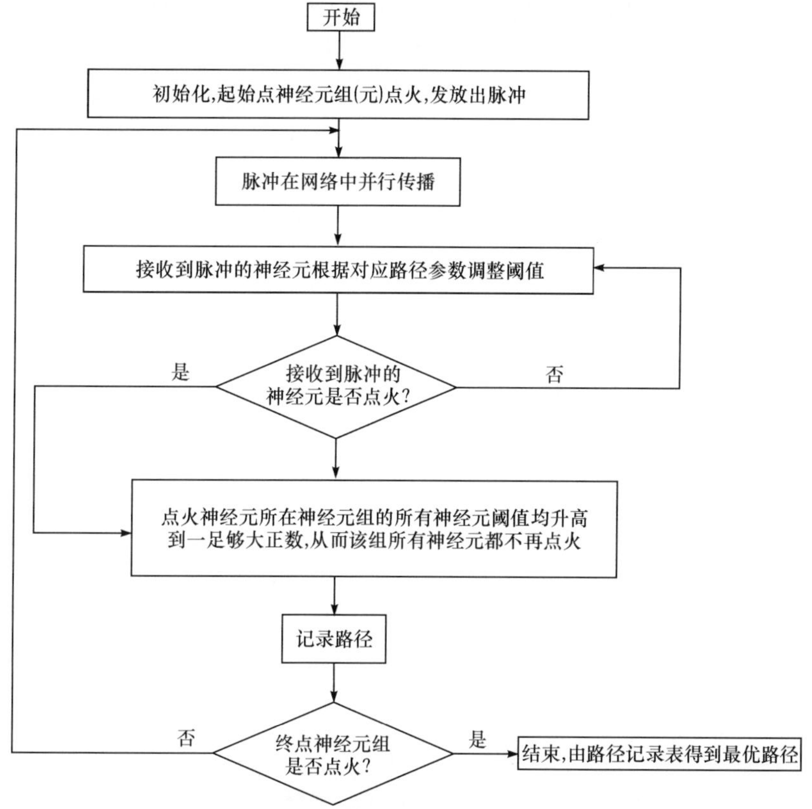

图 7.7　基于带宽剩余率及单位连接脉冲耦合神经网络的最优路径求解流程

7.2.2　仿真及分析

1. 一个简单的仿真示例

先看一个简单的仿真示例，如图 7.8 所示，图中各节点之间随机连接，不是所有的神经元组都与其周围神经元组连接，起始点为 1，终点为 8，每一条路径上的数据为路径长度和带宽剩余率，路径长度取值范围为[0,10]，带宽剩余率的取值范围为[0,1]。

采用基于带宽剩余率及 Unit-linking PCNN 的方法求解时，起始点(神经元)1 发出脉冲，一旦发出脉冲，阈值即升高使自身不再点火；路径节点(神经元组)2、4、5、8 同时收到神经元 1 发出的脉冲，神经元组 2、4、5、8 中相应神经元的阈值受各自路径参数的影响开始下降，神经元组 5 中对应来自节点 1 的路径的神经元最先点火，即神经元组 5 点火，向所有可能的路径发放出脉冲，同时神经元组 5 中所有神经元的阈值都升高，使神经元组 5 在整个求解过程中都不再点火，并记录节点 1 到路径记录表；神经元组 5 发出脉冲后，神经元 1、神经元组 6 和 7 同时收到脉冲，神经元 1 因已经点过火阈值非常高而不会再点火，神经元组 6 和 7 中相应神经元的阈值受各自路径参数的影响开始下降；接下来的过程与前述一样，当终点神经元组 8 因来自神经元组 7 的脉冲而点火，整个求解过程结束，得到最优路径为 1→5→7→8。

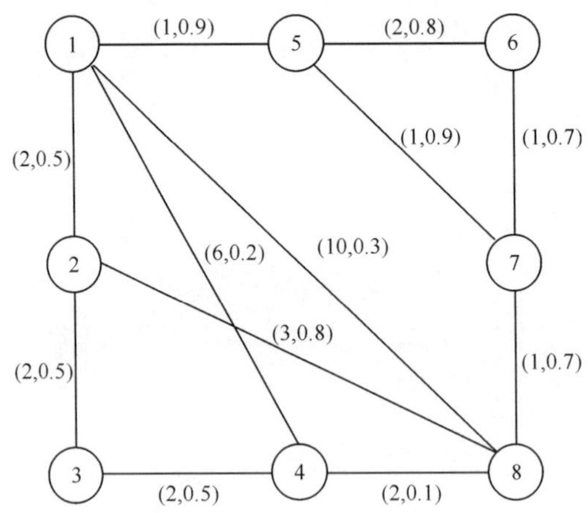

图 7.8　求解 8 点随机网络最优路径的仿真示例

2. 8 点、20 点、50 点随机生成网络的仿真分析

仿真在 100×100 的区域内进行，路径起点坐标为(0.00,0.00)，终点坐标为(100.00,100.00)，其他路径节点在该区域内随机生成，坐标值精确到小数点后两

位。仿真时，带宽剩余率为 0～1 的实数(精确到小数点后两位)，100×100 的区域内随机产生的路径节点间的欧氏距离就是路径节点间的路径长度(精确到小数点后两位)，在该区域内两点间最长的路径长度为从起点(0,0)到终点(100,100)的直线距离 141.42。仿真中，两点间的路径长度除以参考长度 15，得到该长度的相对长度，其和带宽剩余率共同控制神经元的阈值。这样，带宽剩余率取值为[0.00，1.00]，路径长度取值为[0.00，9.43]，两者的取值范围由原来相差 140 多倍调整到小于 10 倍，使阈值的调整更加快速有效。实际应用中，路径长度取值范围可调整为带宽剩余率的 10 倍左右。

图 7.9 为随机生成的 50 个节点全连接构成的网络拓扑图。将各条路径的带宽剩余率固定为 0.5，起点为(0.00，0.00)，终点为(100.00，100.00)，模型[5]求得的结果是起点(0.00，0.00)到终点(100.00，100.00)的一条直线，因为这时阈值的变化只与距离有关，最优路径也就是最短路径，神经元阈值指数下降和线性下降求得的结果是一样的，耗时稍有区别。

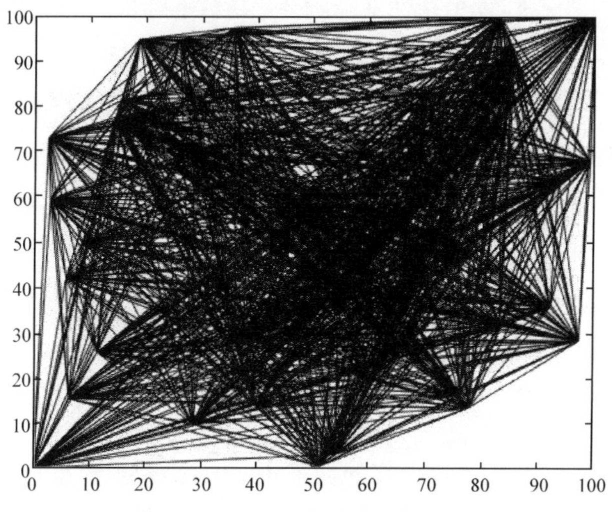

图 7.9　随机生成的 50 个节点全连接构成的网络拓扑图

基于带宽剩余率及 Unit-linking PCNN 的最优路径求解方法的计算量仅与路径参数(路径长度与路径带宽剩余率)有关，与路径图复杂程度及图中的通路总数无关。

表 7.2 给出了对 8 点、20 点、50 点随机生成的网络求解时，MATLAB 编程环境下该方法(表中简称为 UPCNN 方法)[5]分别采用阈值指数下降、线性下降时的耗时，同时给出遗传算法[20]的求解时间以用于比较。表 7.2 表明，UPCNN 模型的耗时与网络参数有关，神经元阈值指数下降时求解速度最快，耗时约为线性下降时的 1/2；遗传算法的耗时最多，其随着网络节点及网络复杂度增加，迭代次数不

断增加才能收敛得到结果，从而耗时也随之而增加。

表 7.2　阈值指数及线性下降的 UPCNN 方法与遗传算法的耗时比较

算法	8 点耗时/s	20 点耗时/s	50 点耗时/s
遗传算法	0.0637	0.1920	0.8370
UPCNN(线性下降)	0.0220	0.0449	0.1416
UPCNN(指数下降)	0.0129	0.0221	0.0623

注：网络及带宽剩余率均为随机生成。

表 7.3 给出了网络拥挤情况下(即小带宽剩余率时)基于带宽剩余率及 Unit-linking PCNN 的最优路径求解方法分别采用阈值指数下降、线性下降时的耗时。随着网络拥挤程度的增加，阈值线性下降的耗时随之而接近指数下降，当带宽剩余率下降到 0.05 时，线性下降的耗时要少于指数下降，约为其 3/4。这是因为随着带宽剩余率的减小，指数下降函数下降趋缓，而线性下降函数不存在这个现象，在网络非常拥挤的情况下，阈值线性下降就会比指数下降快一些。此时，模型可考虑采用线性下降的方式，而在大多数情况下仍选择指数下降的方式。

表 7.3　网络拥挤时 UPCNN 方法采用不同阈值下降方式的耗时比较

带宽剩余率(拥挤时)	线性下降耗时/s	指数下降耗时/s
0.2	0.3856	0.1861
0.1	0.4594	0.3838
0.05	0.5033	0.6883

7.3　基于 Unit-linking PCNN 的动态网络最优路径求解

实际中网络一直处于不断变化的动态状况中，路径参数也在时刻变化。网络参数的检测是每隔一段时间检测一次，而不是连续检测，一条路径某一时刻是最优路径的一部分，在下一个时刻却未必是，因此动态网络需不时重新寻找最优结果。对于动态网络，希望以最小代价快速生成最短(优)路径树，据此一些动态算法[33,34]被提出来，可以寻找到并且更新最短(优)路径树，具有不错的效果，但这些算法中还存在一些冗余的计算，需进一步优化。针对动态网络，本节提出基于 Unit-linking PCNN 的动态网络最优路径求解方法，其中神经元阈值采用指数下降方式。

7.3.1　概述

通过 Unit-linking PCNN 脉冲波传播寻找到最短(优)路径后，当网络参数或者网络拓扑结构发生变化时，如果再次从起点开始寻找最短(优)路径，则会进行很多冗余计算,计算效率不高。除非是网络整体发生变化,否则,如果仅是一些局部变化,新的最短(优)路径并不会和旧的最短(优)路径有显著的不同,而实际中大多数网络的动态变化都是局部变化。当网络结构和网络参数发生变化时,必然会存在一个节点最先引起这些变化,而在这个节点之前已经寻找到的路径不会受这些变化的影响,因此可设法找出这个节点,把它作为 Unit-linking PCNN 向该节点后寻找最优路径的起始点。

图 7.10 中,1 为起始节点,15 为终点,1→2→3→9→11→15 是最初寻找到的最短(优)路径,图中用粗线显示,其中每条路径上的数字是该条路径的长度 d 和带宽剩余率 r 之比。

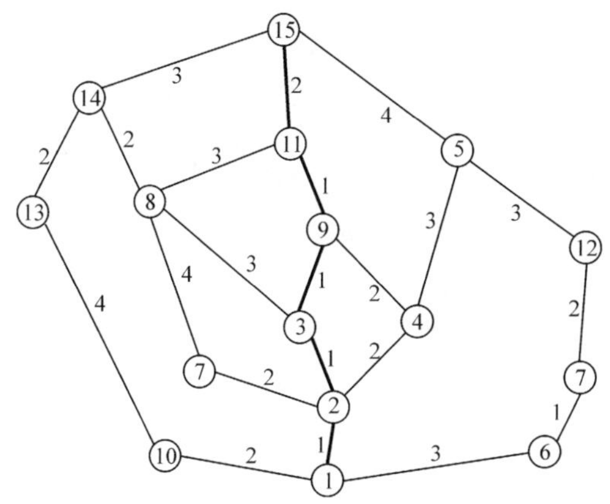

图 7.10　找到最优(短)路径后的原始加权图

假设在图 7.10 中的最优路径上,2→3 之间的参数发生变化,从 1 变为 3,而 3→9之间的路径没有了,同时又多出一个与 9、5、11 同时连接的节点 16,变化后的路径如图 7.11 所示。由于网络权值等发生变化,网络拓扑需进行重构,且需要重新寻找最优路径。如果按照静态网络求解方法,需要从节点 1 重新开始寻找最优路径,但是由图 7.11 可直观地发现引起整个拓扑变化的离起点(即第一次寻找最优路径时点火最早的点)最近的节点是节点 3,而节点 3 之前的节点和路径不受这些变化的影响,即节点 3 之后的路径参数发生了变化,但是节点 1、2、10 已经点火的神经元组状态不会受参数变化的影响,因此重新寻找最优路径时完全没有必要从节点 1 开始寻找,只需在已经寻找到的节点 1、2、10 的基础上继续寻找即可。这样就将寻找节点 3 之前节点的时间省去,不再重复计算这部分。因此,Unit-linking PCNN 动态最优路径寻找的关键是寻找到网络改变后计算的起始点。

寻找网络改变后计算的起始点,可通过考察神经元(组)点火次序进行。为了便于分析,神经元组 i 点火时刻用起始点到该神经元组最优(短)路径中各边的长度 d 与该边的带宽剩余率 r 之比的和表示,记为 $\sum D_i$ 。

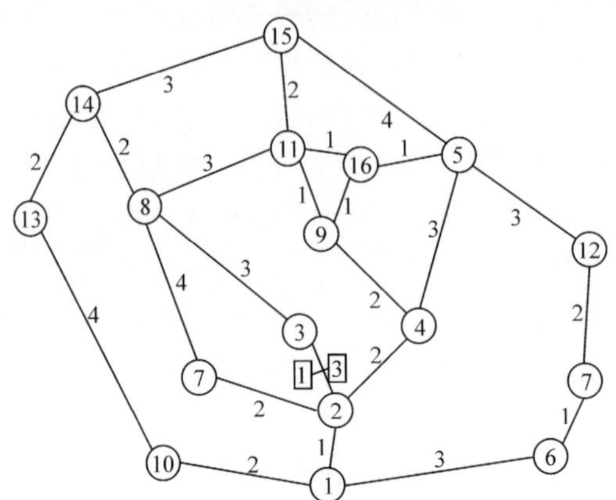

图 7.11　原始加权图路径参数变化后的情况

图 7.10 中,节点 5 的 $\sum D_5$ 及节点 9 的 $\sum D_9$ 为

$$\sum D_5 = \frac{d_2}{r_2} + \frac{d_4}{r_4} + \frac{d_5}{r_5}, \quad \sum D_9 = \frac{d_2}{r_2} + \frac{d_3}{r_3} + \frac{d_9}{r_9} \tag{7-9}$$

式中,d_2、r_2 分别为起始点 1 到节点 2 的路径长度和带宽剩余率;d_4、r_4 分别为节点 2 到节点 4 的路径长度和带宽剩余率;d_5、r_5 分别为节点 4 到节点 5 的路径长度和带宽剩余率;d_3、r_3 分别为节点 2 到节点 3 的路径长度和带宽剩余率;d_9、r_9 分别为节点 3 到节点 9 的路径长度和带宽剩余率。

很明显,两节点 i 和 j 之间的点火次序可通过比较 $\sum D_i$ 和 $\sum D_j$ 得到,值小的节点先点火。寻找离起始点最近的参数变化节点就可以通过比较节点的 $\sum D$ 得到,值最小的节点就是引起网络变化的起始点。由于 $\sum D_9 < \sum D_5$,如果节点 9 和节点 5 同时变化,那么就从节点 9 开始运算寻找最优路径。

7.3.2　基于 Unit-linking PCNN 的最优路径动态求解方法

寻找到离初始点最近的变化节点后,就可继续寻找网络改变后的最优路径。在最优(短)路径的动态求解方法中,确定变化节点后需进一步确定起始路径树。

1. 确定起始路径树

下面结合图 7.10 介绍六种常见变化情况下如何根据网络参数变化确定起始路径树。确定起始路径树的方法如下。

1) 删除一条路径

(1) 如果这条删除的路径不在最优(短)路径上,则维持原来的最优(短)路径不变。

(2) 如果这条删除的路径在最优(短)路径上,则以该路径的上级节点(神经元组)点火时已寻找到的最优(短)路径树为基础,从该最优(短)路径树开始计算。例如,图7.10中,若路径3→9被删除,则节点3就是该路径的上级节点。该路径是最优(短)路径上的一条,节点3点火时,节点1、2、10也点火,这时已寻找到的最优(短)路径树为1→2→3和1→10,因此以该最优(短)路径树为基础进行计算。

2) 增加一条路径

(1) 如果增加的路径与原始最优(短)路径树上的节点无连接,则维持原最优(短)路径不变。

(2) 如果增加的路径与原始最优(短)路径树上的节点连接,假设节点i和j必有一个在最优(短)路径树上。如果$\sum D_i < \sum D_j$,则节点i就是该路径的上级神经元组,以节点i点火时已寻找到的最优(短)路径树为基础进行运算;如果$\sum D_i > \sum D_j$,则节点j是该路径的上级神经元组,此时以节点j点火时已寻找到的最优(短)路径树为基础进行运算。例如,图7.10中,如果增加一条从9→8的路径,由于$\sum D_8 > \sum D_9$,则节点9为该路径的上级神经元组,节点8为该路径的下级神经元组,此时以节点9点火时寻找到的路径树1→2→3→9、1→10、1→2→4、1→2→7和1→6为基础继续运算。如果增加一条从7→11的路径,由于$\sum D_7 < \sum D_{11}$,节点7就是该路径的上级神经元组,节点11就是该路径的下级神经元组,此时以节点7点火时寻找到的路径树1→2→3→9、1→10、1→2→4、1→2→7和1→6为基础继续运算。

3) 带宽剩余率减小

(1) 如果带宽剩余率减小的路径不在最优(短)路径上,则维持原来的最优(短)路径不变。

(2) 如果带宽剩余率减小的路径正好是最优(短)路径上的一条,则以该路径的上级神经元组点火时已找到的路径树为基础进行运算。

4) 带宽剩余率增加

(1) 如果带宽剩余率增加的路径不在最优(短)路径上,则维持原路径结果不变。

(2) 如果带宽剩余率增加的路径与最优(短)路径连接,则分两种情况讨论:

①带宽剩余率增加的路径正好是最优(短)路径的一条,则维持原路径结果不变;

②带宽剩余率增加的路径只与最优(短)路径相连接,则以与该路径连接的最优(短)路径上的节点点火时已找到的路径树为基础进行运算。

5) 删除路径节点

(1) 如果删除的路径节点不是最优(短)路径上的某一节点,则维持原最优(短)路径不变。

(2) 如果删除的路径节点是最优(短)路径上的某一节点,则以最优(短)路径上与删除节点相连接的上一级神经元组点火时已经寻找到的路径树为基础进行运算。例如,图 7.10 中,由于节点 9 是节点 11 的上级神经元组,如果删除节点 11,那么就以节点 9 点火时已找到的路径树 1→2→3→9、1→10、1→2→4、1→2→7 和 1→6 为基础进行运算。

6) 增加路径节点

(1) 如果增加的路径节点不与最优(短)路径相连接,则维持原最优(短)路径不变。

(2) 如果增加的路径节点与最优(短)路径相连接,则以最优(短)路径上与该节点相连接的节点点火时已经寻找到的路径树为基础进行运算。

2. Unit-linking PCNN 动态算法步骤

在寻找到离初始点最近的变化节点及确定起始路径树的基础上,就可得到完整的 Unit-linking PCNN 动态最优路径求解算法。

Unit-linking PCNN 动态算法的步骤如下。

(1)寻找起始点:针对最先引起路径变化的节点,按照前述删除一条路径、增加一条路径、带宽剩余率减小、带宽剩余率增加、删除路径节点以及增加路径节点这六种常见情况,确定起始路径树。

(2) 初始化:确定起始路径树后,更新路径记录表;同时,将路径树上节点神经元组中神经元的阈值设为一个足够大的正数,以确保这些神经元组在本次更新过程中不再点火;其他神经元参数的初始化值和基于带宽剩余率及 Unit-linking PCNN 的最优路径求解方法中的初始值一样。

(3) 由起始路径树开始,采用基于带宽剩余率及 Unit-linking PCNN 的最优路径求解方法寻找最优路径。

(4) 终点神经元组点火后,由路径记录表得到最优路径,算法结束。

7.3.3 仿真及分析

1. 仿真用数据

仿真仍在 100×100 的区域内进行,路径起始点坐标为(0.00,0.00),终点坐标为(100.00,100.00),其他路径节点在该区域内随机生成,生成的坐标值精确到小数点后两位。在由随机选取的 50 节点随机生成的网络拓扑图上进行仿真,网络中各个节点之间的连接是随机的,不是所有神经元之间都存在连接,如图 7.12 所示。图 7.12 中随机生成的 50 个节点也被图 7.9 所采用,但网络拓扑结构不一样。各路径的带宽剩余率也是随机产生的,取某组带宽剩余率时,从起始点(0.00,0.00)到终点(100.00,100.00)的最优路径如图 7.13 所示,后面动态算法的仿真都是在这种情况下进行的。图 7.12 中各节点的坐标及编号如表 7.4 所示。对照表 7.4 可知,图 7.13 所示的最优路径为 1→23→30→34→35→43→45→50。

图 7.12 显示的网络拓扑图及图 7.13 显示的最优路径,用于本节的动态算法仿真。

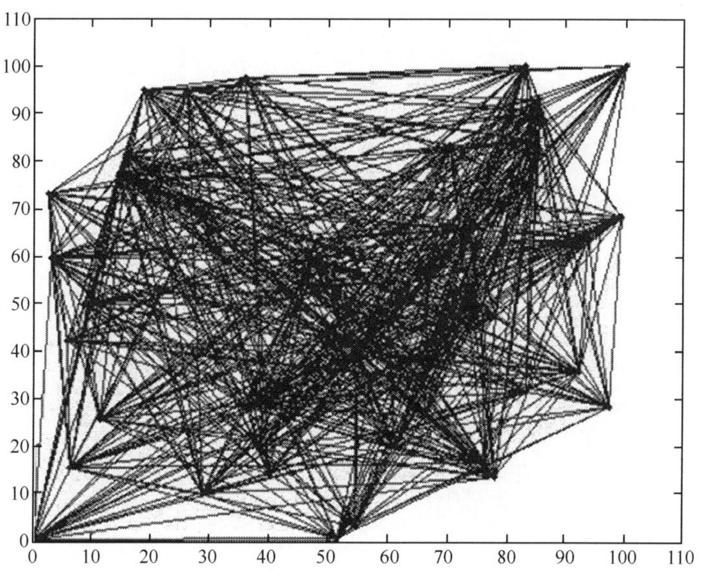

图 7.12　动态路径寻优仿真中用到的网络拓扑图

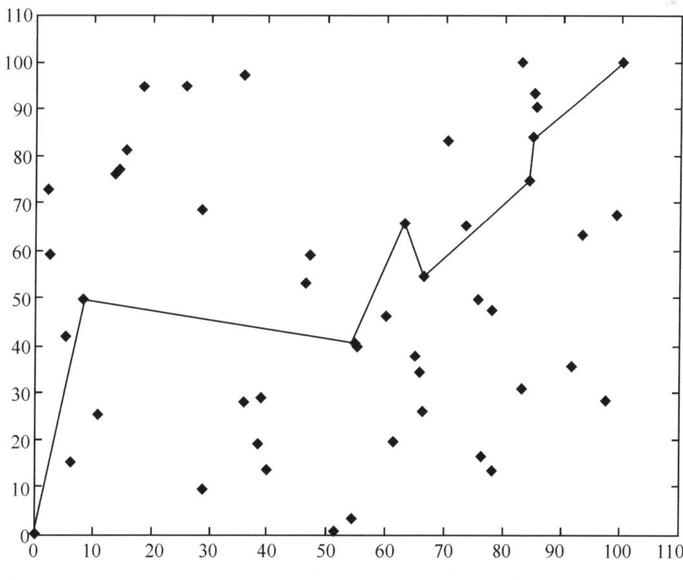

图 7.13　图 7.12 中用于动态算法仿真的最优路径

表 7.4　网络拓扑图各节点的坐标及编号

节点编号	坐标	节点编号	坐标	节点编号	坐标
1	(0.00,0.00)	18	(39.81,13.92)	35	(66.41,54.73)
2	(60.72,19.71)	19	(54.13,3.05)	36	(28.59,9.73)
3	(14.35,76.74)	20	(54.85,39.66)	37	(83.12,31.5)
4	(65.27,34.23)	21	(76.09,16.28)	38	(59.88,46.88)
5	(5.66,42.04)	22	(46.81,59.36)	39	(65.82,26.10)
6	(46.09,53.55)	23	(8.53,49.71)	40	(28.45,69.10)
7	(82.84,99.84)	24	(77.69,13.38)	41	(97.35,28.26)
8	(38.24,19.00)	25	(70.02,83.07)	42	(85.4,90.13)
9	(99.24,67.99)	26	(51.31,0.48)	43	(83.78,75.23)
10	(93.49,63.64)	27	(35.67,97.30)	44	(25.91,94.71)
11	(64.87,38.26)	28	(14.47,77.48)	45	(84.71,84.24)
12	(2.79,59.31)	29	(36.1,28.16)	46	(77.72,47.38)
13	(73.13,65.31)	30	(54.34,40.72)	47	(85.12,92.92)
14	(6.20,15.30)	31	(92.03,35.69)	48	(2.42,72.91)
15	(75.57,49.59)	32	(11.25,25.51)	49	(46.63,59.12)
16	(38.44,28.83)	33	(15.57,81.31)	50	(100.00,100.00)
17	(18.64,94.73)	34	(62.96,65.94)		

2. 仿真一(网络六种变化情况下静态与动态算法比较)

1) 路径删除

图 7.12 中,如果将节点 30 与节点 34 之间的路径删除,采用本书提出的动态算法得到最优(短)路径为 1→23→29→6→10→45→50,运算时间为 0.0410s;而采用静态算法[5]从第一个节点开始重新运算的时间为 0.0662s,如表 7.5 所示。

表 7.5　网络存在路径删除时 UPCNN 动态算法与静态算法的耗时

测试条件	动态算法耗时/s	静态算法耗时/s	节省时间百分比/%
删除一条	0.0410	0.0662	38.1
删除六条	0.0404	0.0629	35.8

注:删除六条路径时,其中五条为随机删除,共运行 30 次。

图 7.12 中,每次除了删除节点 30 与节点 34 之间的路径连接,还随机删除五条路径连接,运行 30 次,动态算法平均运算时间为 0.0404s;而静态算法从第一个节点开始重新寻找的平均运算时间为 0.0629s,如表 7.5 所示。

表 7.5 显示网络存在路径删除时，基于 Unit-linking PCNN 的最优路径动态求解算法（表中简称为 UPCNN 动态算法）比静态算法节省时间 35％以上。

2）路径增加

图 7.12 中，如果在节点 34 与节点 43 之间增加连接，并使其带宽剩余率为 0.9，得到最优（短）路径结果为 1→23→30→34→43→45→50，动态算法运算时间为 0.0361s；而静态算法从第一个节点开始重新运算的时间为 0.0639s，如表 7.6 所示。

表 7.6　网络存在路径增加时 UPCNN 动态算法与静态算法的耗时

测试条件	动态算法耗时/s	静态算法耗时/s	节省时间百分比/％
增加一条	0.0361	0.0639	43.5
增加六条	0.0358	0.0640	44.1

注：增加六条时，其中五条为随机增加，共运行 30 次。

图 7.12 中，每次除了增加节点 34 与节点 43 的连接，还随机增加五条路径连接，运行 30 次，动态算法平均运算时间为 0.0358s；而静态算法从第一个节点开始重新寻找的平均运算时间为 0.0640s，如表 7.6 所示。

表 7.6 显示网络存在路径增加时，基于 Unit-linking PCNN 的最优路径动态求解算法（表中简称为 UPCNN 动态算法）比静态算法节省时间 43％以上。

3）带宽剩余率减小

图 7.12 中，如果将路径 35→43 的带宽剩余率由 0.8713 减小到 0.3，得到最优（短）路径结果为 1→23→30→34→35→47→50，动态算法运算时间为 0.0508s；而静态算法从第一个节点开始重新运算的时间为 0.0638s，如表 7.7 所示。

表 7.7　网络存在路径带宽剩余率减小时 UPCNN 动态算法与静态算法的耗时

测试条件	动态算法耗时/s	静态算法耗时/s	节省时间百分比/％
减小一条	0.0508	0.0638	20.4
减小六条	0.0499	0.0645	22.6

注：减小六条时，其中五条为随机增加，共运行 30 次。

图 7.12 中，每次除了将路径 35→43 的带宽剩余率由 0.8713 减小到 0.3，同时随机将原始网络中五条带宽剩余率大于 0.7 路径上的带宽剩余率减小至 0.3，运行 30 次，动态算法平均运算时间为 0.0499s；而静态算法从第一个节点开始重新寻找的平均运算时间为 0.0645s，如表 7.7 所示。

表 7.7 显示网络存在路径带宽剩余率减小时，基于 Unit-linking PCNN 的最优路径动态求解算法（表中简称为 UPCNN 动态算法）比静态算法节省时间 20％以上。

4）带宽剩余率增加

图 7.12 中，如果将路径 35→46 的带宽剩余率由 0.0304 增加到 0.9，得到最优(短)路径结果为 1→23→30→34→35→43→45→50，动态算法运算时间为 0.0474s；而静态算法从第一个节点开始重新运算的时间为 0.0639s，如表 7.8 所示。

表 7.8　网络存在路径带宽剩余率增加时 UPCNN 动态算法与静态算法的耗时

测试条件	动态算法耗时/s	静态算法耗时/s	节省时间百分比/%
增加一条	0.0474	0.0639	25.8
增加六条	0.0461	0.0632	27.0

注：增加六条时，其中五条为随机增加，共运行 30 次。

图 7.12 中，每次除了将路径 35→46 的带宽剩余率由 0.0304 增加到 0.9，还随机将原始网络中五条带宽剩余率小于 0.3 的路径上的带宽剩余率增大至 0.9，运行 30 次，动态算法平均运算时间为 0.0461s；而静态算法从第一个节点开始重新寻找的平均运算时间为 0.0632s，如表 7.8 所示。

表 7.8 显示网络存在路径带宽剩余率增加时，基于 Unit-linking PCNN 的最优路径动态求解算法(表中简称为 UPCNN 动态算法)比静态算法节省时间 25%以上。

5）删除路径节点

图 7.12 中，如果将节点 35 删除，得到最优(短)路径结果为 1→23→29→6→10→45→50，动态算法运算时间为 0.0420s；而静态算法从第一个节点开始重新运算的时间为 0.0598s，如表 7.9 所示。

表 7.9　网络存在路径节点删除时 UPCNN 动态算法与静态算法的耗时

测试条件	动态算法耗时/s	静态算法耗时/s	节省时间百分比/%
删除一个	0.0420	0.0598	29.8
删除六个	0.0371	0.0469	20.9

注：删除六个路径节点，其中五个为随机删除，共运行 30 次。

图 7.12 中，每次除了将节点 35 删除，还随机将原始网络中五个节点删除，运行 30 次，动态算法平均运算时间为 0.0371s；而静态算法从第一个节点开始重新运算的平均运算时间为 0.0469s，如表 7.9 所示。

表 7.9 显示网络存在路径节点删除时，基于 Unit-linking PCNN 的最优路径动态求解算法(表中简称为 UPCNN 动态算法)比静态算法节省时间 20%以上。

6）增加路径节点

图 7.12 中，新增加一个节点 51，坐标为(50.00，50.00)，使节点 51 不与节点 1 相连接，其余的连接和参数随机生成，运行 30 次，动态算法运算时间为 0.0577s；而静态算法从第一个节点开始重新运算的平均运算时间为 0.0805s，如表 7.10 所示。

表 7.10　网络存在路径节点增加时 UPCNN 动态算法与静态算法的耗时

测试条件	动态算法耗时/s	静态算法耗时/s	节省时间百分比/%
增加一个	0.0577	0.0805	28.3

注：随机生成连接(除去与节点 1 的连接)和参数，共运行 30 次。

表 7.10 显示网络存在路径节点增加时，基于 Unit-linking PCNN 的最优路径动态求解算法(表中简称为 UPCNN 动态算法)比静态算法节省时间 28%以上。

3. 仿真二(综合测试)

实际中可能同时发生多种情况，现在随机更改图 7.12 中的网络参数和连接设置进行综合仿真。图 7.12 的最优(短)路径树如图 7.14 所示。

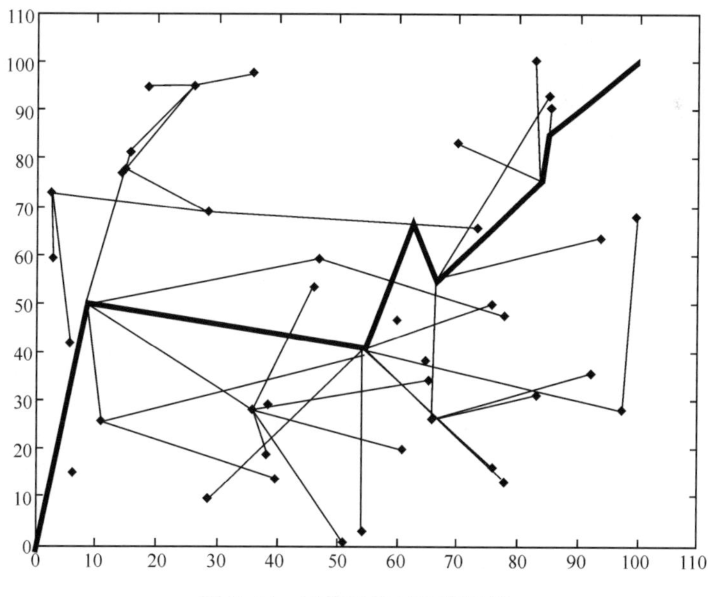

图 7.14　网络最优(短)路径树

(1) 随机修改最优(短)路径上第三个节点(即节点 30)后的所有路径参数,此时起始路径树如图 7.15 所示。

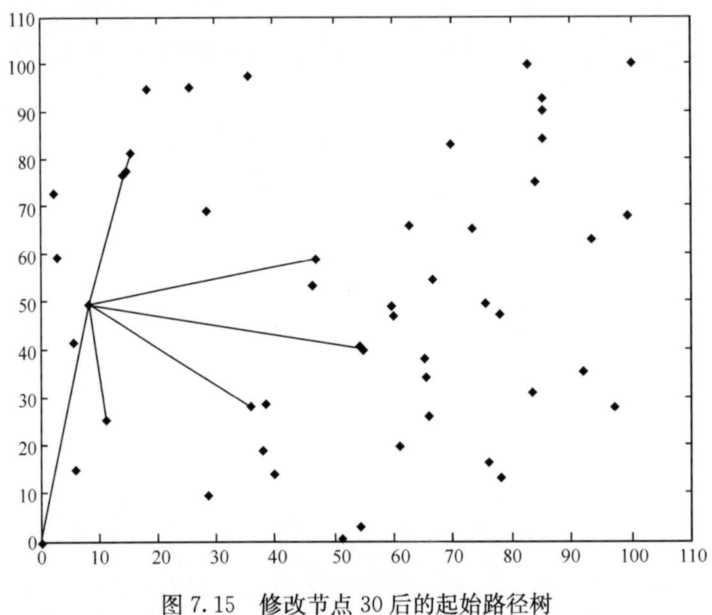

图 7.15　修改节点 30 后的起始路径树

随机修改 10 次参数(例如,最优(短)路径为 1→23→30→34→45→50),动态算法 10 次平均运算时间为 0.0423s;而静态算法从第一个节点开始重新运算的平均运算时间为 0.0649s。表 7.11 显示这种情况下,基于 Unit-linking PCNN 的最优路径动态求解算法(表中简称为 UPCNN 动态算法)比静态算法节省时间近 35%。

表 7.11　第三个节点后的参数随机改变时 UPCNN 动态与静态算法的平均耗时

测试条件	动态算法耗时/s	静态算法耗时/s	节省时间百分比/%
随机改变节点 30 后的路径参数	0.0423	0.0649	34.8

注:最优(短)路径上第三个节点(即节点 30)后的路径参数随机改变,共运行 10 次。

(2) 随机修改最优(短)路径上第五个节点(即节点 35)后的所有路径参数,此时起始路径树如图 7.16 所示。

随机修改 10 次参数(如其中一次的最优(短)路径为 1→23→30→34→35→43→50),动态算法 10 次平均运算时间为 0.0493s;而静态算法从第一个节点开始重新运算的平均运算时间为 0.0627s。表 7.12 显示这种情况下,基于 Unit-linking PCNN 的最优路径动态求解算法(表中简称为 UPCNN 动态算法)比静态算法节省时间 21%以上。

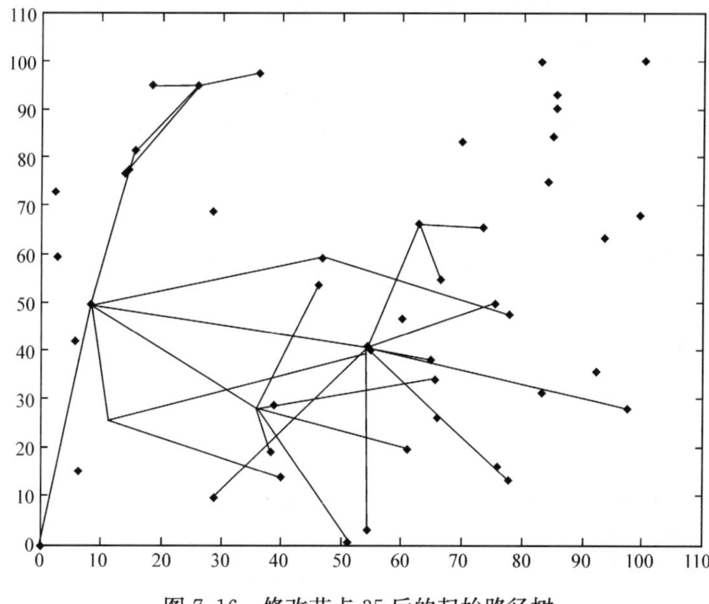

图7.16　修改节点35后的起始路径树

表7.12　第五个节点后的参数随机改变时UPCNN动态与静态算法的平均耗时

测试条件	动态算法耗时/s	静态算法耗时/s	节省时间百分比/%
随机改变节点35后的路径参数	0.0493	0.0627	21.4

注：最优(短)路径上第五个节点(即节点35)后的路径参数随机改变，共运行10次。

仿真结果表明，当网络参数发生变化而采用基于Unit-linking PCNN的最优路径动态算法求解最优(短)路径时，无需从起始节点重新计算，比静态算法节省了时间，提高了效率。

7.4　本章小结

本章介绍的基于时延Unit-linking PCNN的最短路径求解方法、基于带宽剩余率及Unit-linking PCNN的最优路径求解方法、基于Unit-linking PCNN的动态网络最优路径求解方法，均利用Unit-linking PCNN脉冲波的传播迅速地求解最短或最优路径，是非确定性的方法，计算量只与路径参数(路径长度及路径带宽剩余率)有关，与路径图复杂程度及图中的通路总数无关。

7.1节介绍了时延Unit-linking PCNN模型及基于该模型的最短路径求解方法[1-4]，求解最短路径时，路径图中每个路径节点只需对应一个神经元，用神经元时延表示路径的长度，通过时延控制路径节点脉冲的发放，从而求得最短路径。与C&K法相比，显著减少了神经元的数量，且神经元结构简单，更便于用硬件实现。

7.2 节介绍的基于带宽剩余率及 Unit-linking PCNN 的最优(短)路径求解方法[5]用网络参数带宽剩余率及路径长度控制神经元的阈值变化实现对路径节点脉冲发放的控制,网络不是非常拥挤的情况下,求解时神经元阈值指数调整方式要快于线性方式,此时建议神经元阈值采用指数调整方式;当网络非常拥挤时(带宽剩余率不足 5%时),神经元阈值可采用线性调整方式。该方法也可采用其他网络参数控制神经元的阈值变化,从而求得最优(短)路径。

7.3 节介绍的基于 Unit-linking PCNN 的动态网络最优(短)路径求解方法是以前两种静态网络求解方法为基础提出的,避免网络参数动态改变时重新求解最优(短)路径过程中的冗余计算,比静态算法节省时间 20%以上,进一步提高求解最优(短)路径的效率。

参考文献

[1] 顾晓东. 脉冲耦合神经网络及其应用的研究[D]. 北京:北京大学,2003.

[2] 顾晓东,余道衡,张立明. 时延 PCNN 及其用于求解最短路径[J]. 电子学报,2004,32(9):1441-1443.

[3] Gu X D,Zhang L M,Yu D H. Delay PCNN and its application for optimization[J]. Lecture Notes in Computer Science,2004,3173:413-418.

[4] Gu X D. A Non-deterministic delay-neural-network-based approach to shortest path computation in Networks[M]//Komarov F,Bestuzhev M. Large Scale Computations,Embedded Systems and Security. New York:Nova Science Publishers,2009.

[5] 郑皓天,顾晓东. 基于带宽剩余率的脉冲耦合神经网络最短路径算法[J]. 系统工程与电子技术,2013,35(4):859-863.

[6] Ephremides A,Verdu S. Control and optimization methods in communication network problems[J]. IEEE Transactions on Automatic Control,1989,34(9):930-942.

[7] 刘莹,刘三阳. 基于遗传策略的实时多点传送路由算法[J]. 西安:西安电子科技大学学报,2000,27(2):215-218.

[8] 冯径. 一种分类预计算 QoS 路由算法[J]. 软件学报,2002,13(4):591-600.

[9] Ricca F,Tonella P. Understanding and restructuring web sites with reweb[J]. IEEE Multimedia,2001,8(2):40-51.

[10] Tenenbaum J B,de S V,Langford J C. A global geometric framework for nonlinear dimensionality reduction[J]. Science,2000,290(5500):2319-2323.

[11] 严寒冰,刘迎春. 基于 GIS 的城市道路网最短路径算法探讨[J]. 计算机学报,2000,23(2):210-215.

[12] 吴必军,李利新,雷小平. 基于城市道路数据库的最短路径搜索[J]. 西南交通大学学报,2003,38(1):80-83.

[13] Dijkstra E W. A note on two problems in connection with graphs[J]. Numerische Mathematics,1959,1(1):269-271.

[14] Bondy J A,Murty U S R. Graph Theory with Applications[M]. Lodon:Macmillan Publish-

ers,1976.

[15] 乐阳,龚健雅. Dijkstra 最短路径算法的一种高效率实现[J]. 武汉大学学报(信息科学版),1999,3:209-212.

[16] 唐文武. GIS 中使用改进的 Dijkstra 算法实现最短路径的计算[J]. 中国图像图形学报,2000,5(12):1019-1023.

[17] 鲍培明. 距离寻优中 Dijkstra 算法的优化[J]. 计算机研究与发展,2001,38(3):307-311.

[18] 刘玉海,肖江阳. 一种新型最短路径搜索算法的研究[J]. 计算机工程与应用,2001,37(17):109-110.

[19] 孙德宝,李荼玲. 遗传算法在时间最优路径规划中的应用[J]. 系统工程与电子技术,2000,22(7):78-81.

[20] Feng X,Li J Z,Wang J Y,et al. QoS routing based on genetic algorithm[J]. Computer Communications,1999,22(15/16):1392-1399.

[21] Caulfield H J,Kinser J M. Finding the shortest path in the shortest time using PCNNs[J]. IEEE Transactions on Neural Networks,1998,10(3):604-606.

[22] 聂仁灿,周冬明,赵东风. 双通道时延脉冲耦合神经网络的 AOV-网拓扑排序[J]. 计算机工程与应用,2007,11:57-60.

[23] 杨丽云,周冬明,赵东风,等. 基于 DPCNN 的无向赋权图的最小生成树的求解[J]. 云南大学学报(自然科学版),2008,2:142-147.

[24] 张煜东,吴乐南,王水花,等. 一种基于时延 PCNN 的最短路径算法用于火灾救援调度[J]. 物流技术,2009,12:120-122.

[25] Qu H,Yi Z,Yang S X. Efficient shortest-path-tree computation in network routing based on pulse-coupled neural networks[J]. IEEE Transactions on Cybernetics,2013,43(3):995-1010.

[26] 张军英,王德峰,石美红. 输出-阈值耦合神经网络及基于此的最短路问题求解[J]. 中国科学(E 辑),2003,33(6):522-530.

[27] 董继扬,张军英,陈忠. 自动波竞争神经网络及其在单源最短路问题中的应用[J]. 物理学报,2007,09:5013-5020.

[28] Qu H,Yi Z. A new algorithm for finding the shortest paths using PCNNs[J]. Chaos Solitons and Fractals,2007,33(4):1220-1229.

[29] 聂仁灿,周东明,赵东风,等. 竞争性脉冲耦合神经网络及用于多约束 QoS 路由求解[J]. 通信学报,2010,31(1):65-72.

[30] 凌力. 高级网络[M]. 北京:兵器工业出版社,2010.

[31] 龚向阳,金跃辉,王文东,等. 宽带通信网原理[M]. 北京:北京邮电大学出版社,2006.

[32] 谢希仁. 计算机网络[M]. 5 版. 北京:电子工业出版社,2010.

[33] Narvaez P,Siu K Y,Tzeng H Y. New dynamic algorithms for shortest path tree computation[J]. IEEE/ACM Transactions on Networking,2000,8(6):734-746.

[34] Narvaez P,Siu K Y,Tzeng H Y. New dynamic SPT algorithm based on a ball-and-string model[J]. IEEE/ACM Transactions on Networking,2001,9(6):706-718.

第 8 章　PCNN 与注意力选择和拓扑性质知觉理论的结合及应用

大数据时代 PCNN 与注意力选择结合的理论及应用研究突现出重要的学术价值和现实意义。本章介绍将具有生物学依据的 PCNN、基于心理学的注意力选择、拓扑性质知觉理论结合到一起的研究成果。首先介绍将 PCNN 与一种心理学注意力选择计算模型结合，应用于沙漠及海面小目标检测[1,2]、足球跟踪[3-5]；然后将 PCNN 与拓扑性质知觉理论相结合，提出基于 PCNN 和拓扑性质知觉理论的心理学注意力选择计算模型[6-8]，该仿生模型充分贯彻了拓扑性质知觉理论；最后在模型中引入光流场[9,10]，应用于运动目标的注意力选择，体现运动在注意力选择中起到重要作用这一心理学事实。本章介绍的是 PCNN 与心理学注意力选择的结合，而非 PCNN 与神经生物学注意力选择的结合。

8.1　PCNN 与心理学注意力选择的结合

注意力选择机制是一种在大量视觉信息中快速选择部分信息进行优先处理的机制，可以帮助大脑在使用较少资源的情况下有效处理重要信息。在人体视觉系统中，由于大脑的计算处理能力有限，大量视觉刺激中的部分刺激会优先引起观察者注意，以便减少大脑信息处理量。在日常生活和学习工作中，面对拥有海量信息的纷繁复杂的场景，人们并未被其淹没而茫然无措，而是利用视觉注意力选择机制，有效地从海量信息中有目的或无目的地提取信息，满足自身的需求，自适应于这个世界。

机器视觉等工程领域也面临着从海量信息中提取有效信息以便于后续处理的任务。那么是否可以在机器视觉等工程领域模仿人类注意力选择机制有效地进行信息处理？例如，开发一套模拟人类视觉注意力选择机制的系统帮助机器实现在复杂场景下提取感兴趣区域，以便优先处理该区域信息（如目标检测、跟踪等），同时可以减少资源消耗；在图像压缩、视频监控、模拟驾驶和医疗图像分析等领域借用注意力选择提升系统的信息筛选能力。要实现以上这些目标，首先需有效地建立仿生注意力选择计算模型。

建立仿生注意力选择计算模型有两条途径，一条是基于神经生物学的仿生建模；另一条是基于心理学的仿生建模。一般以工程应用为目的仿生注意力选择计算模型都是基于心理学理论的，本章涉及的注意力选择模型都属此类，基于神经生物学的注意力仿生建模将在第 9 章介绍。

8.1.1　心理学注意力选择计算模型

这里以基于四元数傅里叶变换相位谱法的心理学注意力选择模型(phase spectrum of quaternion Fourier transform,PQFT)[11,12]为基础,提出了 PQFT 和 Unit-linking PCNN 相结合的沙漠车辆识别方法[1,2],该方法还可用于海洋中的目标识别;另外,还提出基于 PQFT 和 Unit-linking PCNN 的足球跟踪方法[3-5]。

1. 传统的心理学注意力选择理论

基于心理学的注意力选择模型用于模拟人类行为,可更好地解释人类感知能力。心理学家普遍将注意力心理学模型分为自下而上(bottom-up)和自上而下(top-down)两类[13]。Bottom-up 模型主要依靠感官刺激(如图像中的颜色、形状和纹理等特征)作判断,特点是速度快,不受先验知识干预;top-down 模型采用自上而下的注意力选择,需依靠先验知识进行判断,特点是时间长、速度慢、以结果和目标为导向,如在草丛中寻找一把钥匙。注意力选择过程还可以分为前注意力阶段和注意力阶段。

Treisman 等[14]在 1980 年提出了特征综合理论,认为可由图像分别提取颜色、方向等各种特征,从而得到对应的特征图,再将这些图加权综合得到一幅图(称其为 activation map)。该图中,幅度值最大的位置就是当前的注意力焦点,据此就可实现注意力选择。

1987 年,Koch 等[15]认为人的注视焦点是由场景显著性决定的,因而在特征综合理论基础上提出了一个视觉注意模型,该模型最后可以得到一幅特征综合的显著图。该理论认为,显著性最高的区域获得全部视觉注意,即“赢者通吃”(winner take all)。

1994 年,Wolfe[16]在特征综合理论的基础上提出引导搜索(guided search)理论,可解释视觉搜索实验的事实,并进行预测。该理论最主要的特点是采纳注意力选择中的 top-down 机制,利用先验知识获得每个特征对应的特征图,再将这些特征图与 bottom-up 获得的特征图相结合,这样有效综合了 bottom-up 和 top-down 这两种模式,更有利于特定目标的注意力选择。引导搜索过程中并不需要进行完全逐一的搜索,先验知识通过 top-down 机制将目标按照某一特征进行分类,通过调整权重增强某特征,抑制其他特征。最终基于主要特征,采用并行处理的方式搜索目标。

Treisman 等的特征综合模型和 Wolfe 的引导搜索模型是传统的心理学注意力选择理论模型,一些研究人员以其为理论基础建立多种计算模型,应用于机器视觉等工程领域的信号处理,PQFT 就是其中的一种计算模型。

2. 心理学注意力选择计算模型

在特征综合模型和引导搜索模型这两个心理学理论模型基础上，Itti 等[17]于1998年提出基于显著性特征的注意力选择计算模型(neuromorphic vision C++ toolkit，NVT)。2001年，Itti 等[18]又进一步对其进行完善。该模型首先分别获取原图像颜色、方向和尺度的特征信息，进一步计算得到亮度、颜色拮抗及方向信息的特征映射图，接着通过归一化、特征重组等运算，得到一张二维视觉注意力显著图。该显著图为灰度图像，灰度值高的地方为视觉注意区域，称为显著区域，而灰度值次之的区域注意力显著性也随之下降。NVT 模型是一种 bottom-up 模型，目前为计算机视觉领域应用最为广泛的注意力选择模型之一。NVT 模型存在特征映射图较多、算法处理步骤比较复杂、参数依赖性强、运算时间较长等不足。之后，Walther 等[19]对 NVT 模型进行改进，提出 STB(saliency tool box)模型，但该模型对参数较敏感。2006年，Harel 等[20]在 NVT 模型的基础上提出一种基于图论的注意力选择模型(graph-based visual saliency，GBVS)。

针对以上模型计算复杂、耗时长的缺点，2007年 Hou 等[21]提出基于频域变换的注意力选择方法，称为残留谱法(spectral residual，SR)，该方法运算速度快，参数依赖性弱，运算结果与真人实验类似。该模型用于处理静态灰度图像，没有考虑视频连续帧之间的关系，其结构和 NVT 模型一样，但其为频域模型，NVT 为空间域模型。在残留谱法模型基础上，Guo 等[11,12]提出了 PQFT 模型，也称为四元数注意力选择模型。该模型只用到图像频域中的相位谱而忽略幅度谱，却获得与残留谱法显著图相似的结果，同时利用四元数进行快速傅里叶变换[22-24]，从而提升运算速度。Gu 等[6]提出基于 PCNN 和拓扑性质知觉理论的注意力选择模型，首次贯彻了拓扑性质知觉理论，可得到更完整的感兴趣区域；还针对运动在注意力选择中的重要作用，进一步增强了运动在模型中的权重。该模型采用了 PQFT 模型中的四元数傅里叶变换。

3. PQFT 模型

1) 四元数傅里叶变换

四元数是复数的推广，可用于彩色图像的傅里叶变换[22-24]及其他处理[25-29]。PQFT 模型为基于四元数图像快速傅里叶变换的注意力选择计算模型，其结构与空间域的 NVT 模型类似，但比其简单。

四元数与复数相似，表达式为

$$q=a+b\mathrm{i}+c\mathrm{j}+d\mathrm{k} \tag{8-1}$$

式中，a、b、c、d 为实数；i、j、k 为运算子，满足式(8-2)和式(8-3)中的运算规则：

$$\mathrm{ijk}=\mathrm{i}^2=\mathrm{j}^2=\mathrm{k}^2=-1 \tag{8-2}$$

$$\mathrm{jk}=\mathrm{i},\quad \mathrm{kj}=-\mathrm{i},\quad \mathrm{ki}=\mathrm{j},\quad \mathrm{ik}=-\mathrm{j},\quad \mathrm{ij}=\mathrm{k},\quad \mathrm{ji}=-\mathrm{k} \tag{8-3}$$

由式(8-3)可知，四元数不满足乘法交换律。

四元数模和共轭的表达式类似于一般复数，为

$$|q|=\sqrt{a^2+b^2+c^2+d^2} \tag{8-4}$$

$$\bar{q}=a-b\mathrm{i}-c\mathrm{j}-d\mathrm{k} \tag{8-5}$$

四元数的极坐标表达式为

$$q=|q|\mathrm{e}^{\mu\Phi} \tag{8-6}$$

式中，$\mathrm{e}^{\mu\Phi}=\cos\Phi+\mu\sin\Phi$，$\mu$ 和 Φ 分别代表四元数的本征轴和本征相角，μ 也称为单位纯四元数，即

$$\mu=\frac{b\mathrm{i}+c\mathrm{j}+d\mathrm{k}}{\sqrt{b^2+c^2+d^2}} \tag{8-7}$$

四元数的傅里叶变换为

$$F[u,v]=\frac{1}{\sqrt{MN}}\sum_{m=0}^{M-1}\sum_{n=0}^{N-1}\mathrm{e}^{-\mu 2\pi[(mv/M)+(nu/N)]}f(n,m) \tag{8-8}$$

四元数用于图像处理时，式(8-8)中 $f(n,m)$ 表示图像空间域第 n 行第 m 列像素点对应的四元数值；$F[u,v]$ 表示频率域第 u 行第 v 列的值；M 和 N 分别表示图像的宽度和高度。

四元数的傅里叶逆变换为

$$f(n,m)=\frac{1}{\sqrt{MN}}\sum_{v=0}^{M-1}\sum_{u=0}^{N-1}\mathrm{e}^{\mu 2\pi[(mv/M)+(nu/N)]}F[u,v] \tag{8-9}$$

四元数的超复数(symplectic)形式为

$$\begin{aligned} q &=A'+B'\mu_2 \\ &=a'+b'\mu_1+(c'+d'\mu_1)\mu_2 \\ &=a'+b'\mu_1+c'\mu_2+d'\mu_1\mu_2 \\ &=a'+b'\mu_1+c'\mu_2+d'\mu_3 \end{aligned} \tag{8-10}$$

式中，$A'=a'+b'\mu_1$，$B'=c'+d'\mu_1$，A' 称为四元数的单纯(simplex)部分，而 B' 为四元数的复杂(perplex)部分，μ_1 和 μ_2 为两个单位纯四元数且 $\mu_1\perp\mu_2$，$\mu_3=\mu_1\mu_2$。基于超复数形式的四元数可进行离散快速傅里叶变换。

2) PQFT 算法

在 PQFT 模型中，首先将图像或视频帧的四种特征(如三个颜色特征、一个运动特征)作为四元数的四个通道，从而得到一幅四元数图像；然后进行四元数离散快速傅里叶变换，进而得到四元数图像的相位谱信息；最后由相位谱得到注意力选择显著图。

8.1.2　PQFT 与 Unit-linking PCNN 相结合的沙漠车辆识别

1. 沙漠车辆识别方法现状

航拍或遥感图像中典型目标的检测和识别是目标识别领域的重要课题。交通

管理、车辆救援等部门对车辆这一类特殊目标的检测和识别有着迫切的需求[30-33]。特别是在车辆救援方面，除了考虑检测识别的精准性，还需要考虑可操作性、运行速度等，这对算法提出了很高的要求。由于沙漠气温高、风沙大、车辆运行环境复杂以及配套设施不完善，车辆发生故障待救援的情况时常发生。沙漠中没有城市使用的高分辨率摄像工具，成像主要依赖航拍及遥感等，图像分辨率低；航拍及遥感图像中的车辆面积小，有时就几个像素点，特征信息少，无法提取传统车辆识别所需的特征信息；很多情况下，沙漠中没有明显的道路信息，无法通过提取道路信息缩小搜索范围；沙漠环境复杂多变，背景中的干扰因素（植被、丘陵）多，面积与车辆相近；风沙大、车辆表面颜色与背景类似。这些因素都给沙漠车辆识别带来很大的困难。

国内外学者对车辆识别提出了诸多方法[34-41]，大部分都基于航拍图像且要求分辨率高于 0.3m×0.3m。还有一些虽在分辨率要求上有所放松，但要求背景为特定区域（如停车场[42]或者高速公路[43,44]）以减少干扰因素。随着成像技术及方式的发展，一些基于热成像图像[45,46]或者合成孔径雷达（synthetic aperture radar，SAR）图像的方法[47]逐渐出现，其中一些方法对道路车辆识别有较好的效果和鲁棒性，但大多限制在特定区域且有高图像分辨率要求[48]。然而，沙漠航拍及遥感图像分辨率较低、尺寸大、背景复杂、干扰因素多、目标特征信息少。

目前，车辆识别方法可归纳为特定模型识别[47]和非特定模型识别[49,50]。

特定模型识别有主成分分析（principal component analysis，PCA）、贝叶斯背景转换（Beyesian background transformation，BBT）和梯度检测（gradient detection）三种代表性算法[51]。这些方法在大尺寸、小目标图像中并不适用，因为图像尺寸大而目标区域小，特征信息少，无法与模型进行比对，且逐个像素进行分析，计算效率低。

非特定模型识别方法主要通过学习进行目标识别，需要进行训练，如基于形态学权重分享神经网络的算法[52]，该方法虽然效果较好，但需依靠道路分割的结果才能确定车辆位置，而沙漠救援中待救援车辆不全停靠在道路上，因此无法很好地应用于沙漠救援。

特定模型识别及非特定模型识别这两类算法各有优缺点，前者运算速度快、复杂度低，但容易受到背景干扰；后者速度慢、复杂度高，但过度依赖分割效果；同时，这些算法少有涉及虚警率的控制，特别是非特定模型识别方法，其虚警率较难控制[31]，而对于沙漠救援这是难以接受的，沙漠车辆识别要求在复杂环境下具有更高识别率的同时尽量减少虚警率。这些方法在航拍及遥感图像小目标识别中识别率不高、虚警率高，难以实现沙漠救援中对目标识别准确度及运算速度的高要求，不适用于沙漠车辆识别。因此，需要寻找更具针对性的沙漠车辆识别算法以满足从海量图像数据中迅速寻找待救援车辆的需求。

针对沙漠中车辆为小目标且不时存在荆棘等干扰的问题，可利用 PQFT 注意力选择模型对小目标比较敏感及 Unit-linking PCNN 中脉冲波的平滑去噪功能，将 PQFT 与 Unit-linking PCNN 相结合，用于沙漠车辆识别[1,2]。

2. PQFT 与 Unit-linking PCNN 相结合的沙漠车辆识别方法

PQFT 与 Unit-linking PCNN 相结合的沙漠车辆识别方法[1,2]的流程如图 8.1 所示。和传统方法相比，该方法可将图像分辨率放宽到 0.6m×0.6m，同时无需对沙漠背景、目标概率分布特性和纹理特性等进行一些理想化假设；不限制车辆出现在道路、停车场等特定区域；无需用到车辆的颜色和形状等特征信息。

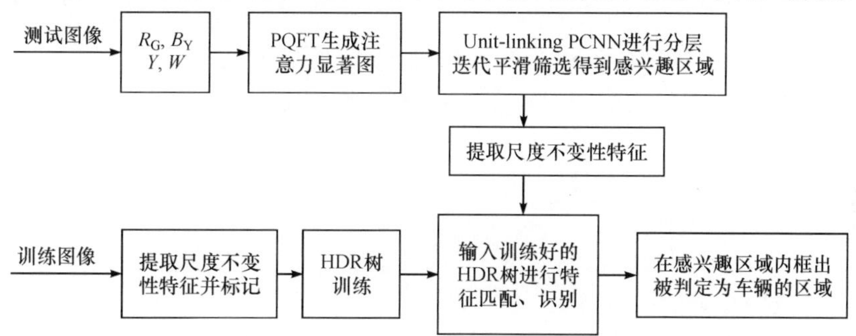

图 8.1　PQFT 与 Unit-linking PCNN 相结合的沙漠车辆识别方法的流程

下面根据图 8.1 中的流程图进行分析讨论。

算法分为训练和识别两个阶段。

(1) 训练阶段，提取训练样本的尺度不变性特征，特征分为属于车辆的区域和不属于车辆区域这两类，用 HDR(hierarchical discriminating regression)方法进行训练生成 HDR 树。

(2) 测试阶段，先将测试图像分为两个色差通道、一个亮度通道、一个背景抑制通道，据此由 PQFT 生成注意力显著图(为灰度图像)，然后用 Unit-linking PCNN 对注意力显著图分层迭代平滑筛选得到感兴趣区域，最后在感兴趣区域内提取特征送入 HDR 树进行特征匹配识别，进一步整合得到车辆区域。

匹配识别时，考虑到部分图像不含沙漠车辆，采用大小双重阈值进行判别。图像中若没有区域的匹配相似度大于小阈值，认为该幅图像没有车辆；若有多个区域位于大小阈值之间，则其中具有最大匹配相似度的区域被判为车辆区域，大于大阈值的区域均被判为车辆区域。

1) PQFT 算法中四元数的输入

算法中用 PQFT 求取注意力显著图时，R_G、B_Y 分别为红绿、蓝黄色差通道的值，I 为亮度通道的值、W 为背景抑制通道的值，公式如下：

$$q=I+R_G\mu_1+B_Y\mu_2+W\mu_3 \tag{8-11}$$

假设 r(红)、g(绿)、b(蓝)为原始图像的颜色通道值,亮度通道值 I 采用式(8-12)进行计算,色差通道值 R_G、B_Y 采用式(8-13)进行计算(这里参考 NVT 模型在颜色通道构建中采用广义颜色拮抗作为颜色通道的方式):

$$I=(r+g+b)/3 \tag{8-12}$$

$$\begin{cases} R_G=R-G \\ B_Y=B-Y \end{cases} \tag{8-13}$$

式中,R、G、B、Y 为 R、G、B、Y 颜色通道的值,其计算公式分别为

$$R=r-\frac{g+b}{2},\quad G=g-\frac{r+b}{2},\quad B=b-\frac{g+r}{2},\quad Y=\frac{g+r}{2}-\frac{|r-g|}{2}-b \tag{8-14}$$

沙漠背景中虽然存在各种干扰因素(如植被、丘陵和沟壑等)的影响,但背景的整体颜色相近,据此构建式(8-11)中的背景抑制通道 W,用于抑制背景颜色,其计算公式为

$$W=\frac{|R-\bar{R}|+|G-\bar{G}|+|B-\bar{B}|+|Y-\bar{Y}|}{4} \tag{8-15}$$

式中,$\bar{R}$、$\bar{G}$、$\bar{B}$、$\bar{Y}$ 分别为整幅图像 R、G、B、Y 颜色通道的平均值。

2) 注意力显著图的计算

根据式(8-11)建立一幅四元数图像,进行如下的 PQFT 计算。

(1) 对该四元数图像进行傅里叶变换,得到四元数图像的频域极坐标表达式为

$$Q=|Q|\mathrm{e}^{\mu\Phi} \tag{8-16}$$

(2) 将式(8-16)中的幅度谱设为 1,即令 $|Q|=1$,得到 $Q=\mathrm{e}^{\mu\Phi}$,再对 Q 进行傅里叶逆变换,得到它的时域表达式 $\tilde{q}$。

(3) 根据式(8-17)得到注意力显著图:

$$\text{SalienceMap}=G\otimes|\tilde{q}|^2 \tag{8-17}$$

式中,G 为一个高斯滤波器;$\otimes$表示卷积。

3) Unit-linking PCNN 提取感兴趣区域

Unit-linking PCNN 对注意力显著图分层迭代平滑,进而筛选得到感兴趣区域,图 8.2 为该提取流程。

该过程中,Unit-linking PCNN 由注意力显著图的高亮度值到低亮度值进行迭代运算。因为沙漠航拍图像中车辆面积很小且位置孤立,大多数情况下不会有多辆车无间隔地连成一片,所以在每次平滑分割出的区域中移除面积比较大的区域,进一步缩小感兴趣区域(即搜索范围),这个筛选过程只在新分割出的区域内进行,故 Unit-linking PCNN 各次迭代分割出的筛选区域是不重叠的,可通过使 Unit-linking PCNN 中神经元在整个迭代过程中只点火一次实现,而要使神经元只点火一次,只要使其每次点火后阈值升高到一足够大的正数即可。Unit-linking PCNN 提取感兴趣区域的平滑筛选过程是依照注意力显著图亮度值由高到低进

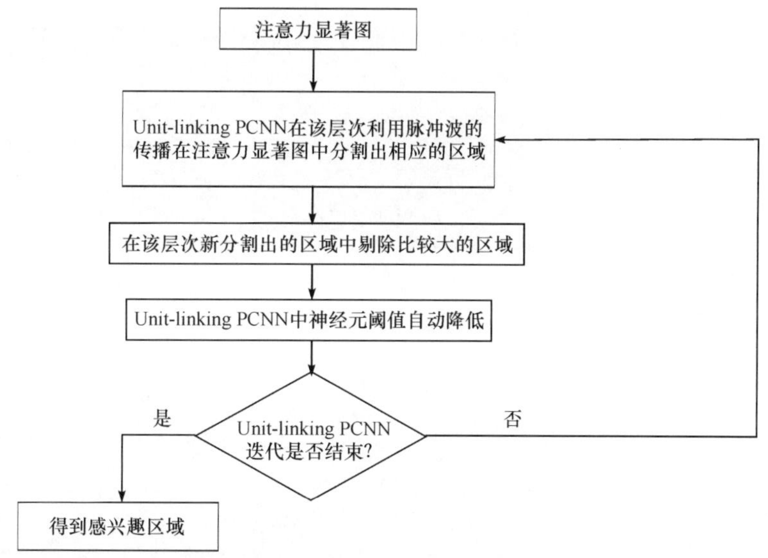

图 8.2　Unit-linking PCNN 在注意力显著图中提取感兴趣区域的流程

行的。Unit-linking PCNN 迭代及筛选结束，就得到感兴趣区域，后续的特征提取、匹配识别等只在该区域进行。通过 Unit-linking PCNN 平滑筛选过程，缩小了搜索范围，提高了车辆检测正确率，同时降低了误报。

仿真结果表明，Unit-linking PCNN 可以有效去除显著图中的噪声和大面积背景干扰。图 8.3～图 8.5 分别给出了三幅原图及其 Unit-linking PCNN 处理前后的注意力显著图，图中深色线框区域为待识别车辆区域。图像显示，经过 Unit-linking PCNN 处理后，部分背景因面积过大而被筛掉，显著图中大量零散噪点也被去除，背景噪声明显减少，形成清晰及背景简单的注意力显著图，进一步可得到感兴趣区域，为后续处理奠定良好的基础。

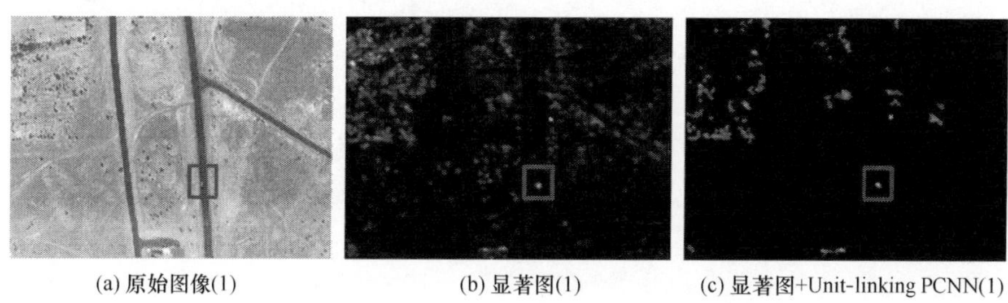
(a) 原始图像(1)　(b) 显著图(1)　(c) 显著图+Unit-linking PCNN(1)

图 8.3　注意力显著图 Unit-linking PCNN 处理前后对比(一)

3. 仿真分析及比较

仿真用图像库含 112 幅 800 像素×600 像素大小的世界各地沙漠图像，分辨

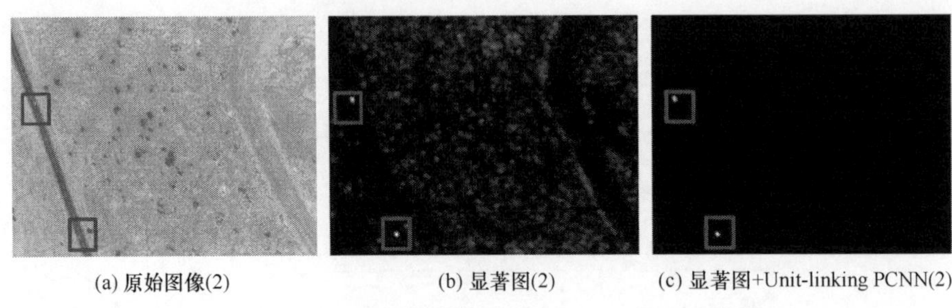

(a) 原始图像(2)　(b) 显著图(2)　(c) 显著图+Unit-linking PCNN(2)

图 8.4　注意力显著图 Unit-linking PCNN 处理前后对比(二)

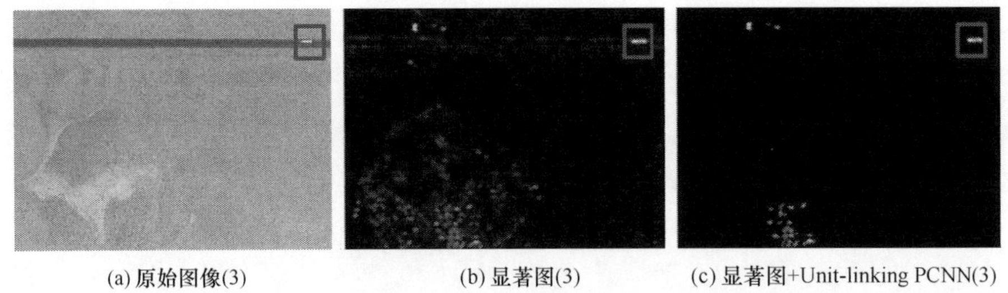

(a) 原始图像(3)　(b) 显著图(3)　(c) 显著图+Unit-linking PCNN(3)

图 8.5　注意力显著图 Unit-linking PCNN 处理前后对比(三)

率为 0.6m×0.6m，包括车辆停靠在非停车区域(道路、停车场)、一辆或多辆车辆同时或分别停靠在沙漠中沟壑和植被附近等多种沙漠救援可能遇到的场景。仿真中八幅图像作为训练图像，另外 104 幅作为测试图像。

给出的仿真图像中，车辆自动检测结果用浅色框标出，由于车辆面积较少，这些框很小；手工用较大的大深色线框出真实有车的位置(同样的图像只在一幅中框出)，真实的车辆面积只占大深色框所框区域很小的一部分，深色框较大是为了醒目。图 8.6(a)、(b)、(c)显示 PQFT 与 Unit-linking PCNN 相结合的沙漠车辆识别方法(简称为 PQFT＋UPCNN 方法)[1,2]在三幅图像中的检测结果全部正确，所提取车辆区域完整、独立，未出现缺失或过大现象，特别是图 8.6(b)中，一辆车行驶在道路上(中间大深色框区域)被准确检测到，同时另一辆因故障停靠在左下角(左下大深色框区域)的车也被准确检测到，并将其和路边其他物体区分开；图 8.6(d)、(e)、(f)为在同样的图像中形态学方法[53]的检测结果，图 8.6(d)出现漏检，未能检测出车辆，图 8.6(e)、(f)显示其虚警率很高。

图 8.7(a)、(b)、(c)为 PQFT＋UPCNN 方法[1,2]在另三幅图像中的检测结果，检测结果全部正确，所提取车辆区域同样完整、独立，未出现缺失或过大；图 8.7(d)、(e)、(f)为在同样的图像中用移动 SVM 方法[54]的检测结果，这三幅图都显示其在检测到车辆的同时出现误检，图 8.7(f)显示其虚警率很高。

沙漠车辆检测中，形态学方法和移动 SVM 方法虚警严重，虚警率远远高于 PQFT＋UPCNN 方法，特别是在复杂背景中，背景的较多部分都被误检为车辆区

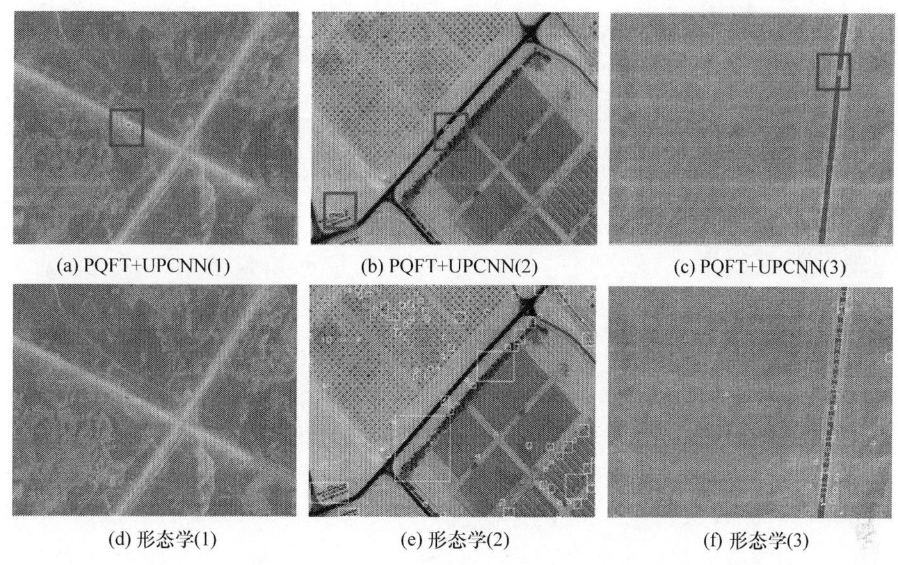

(a) PQFT+UPCNN(1)　(b) PQFT+UPCNN(2)　(c) PQFT+UPCNN(3)

(d) 形态学(1)　(e) 形态学(2)　(f) 形态学(3)

图 8.6　PQFT＋UPCNN 方法和形态学方法的检测结果比较

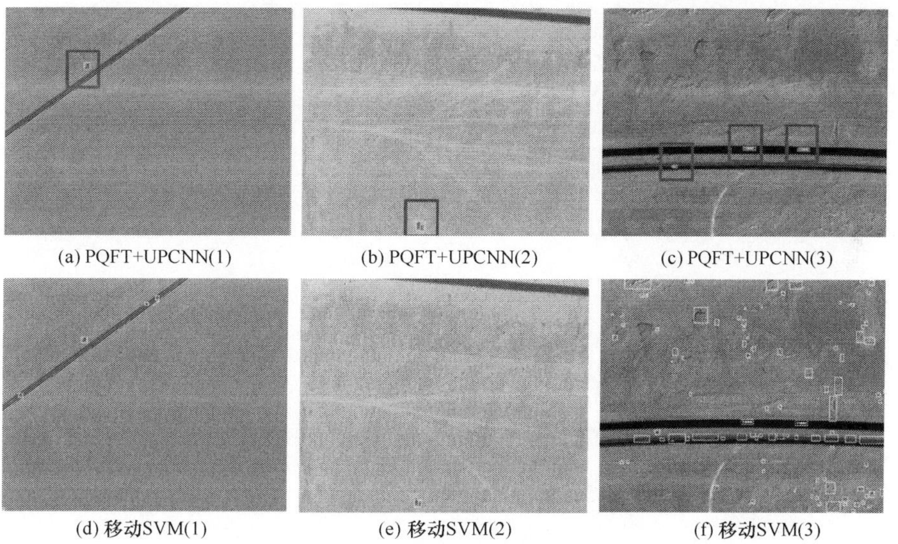

(a) PQFT+UPCNN(1)　(b) PQFT+UPCNN(2)　(c) PQFT+UPCNN(3)

(d) 移动SVM(1)　(e) 移动SVM(2)　(f) 移动SVM(3)

图 8.7　PQFT＋UPCNN 方法和移动 SVM 方法的检测结果比较

域；当汽车与背景沙漠颜色相近或者汽车停靠在沙漠的非显著位置时，形态学方法和移动 SVM 方法会出现漏检。

当沙漠图像中干扰物体面积大小与车辆相似且颜色和大面积背景存在较大差异时，PQFT 与 Unit-linking PCNN 相结合的沙漠车辆识别方法有时会出现个别误检，如图 8.8 所示，该图右上角公路上的汽车被正确检测到，但左上方一小面积

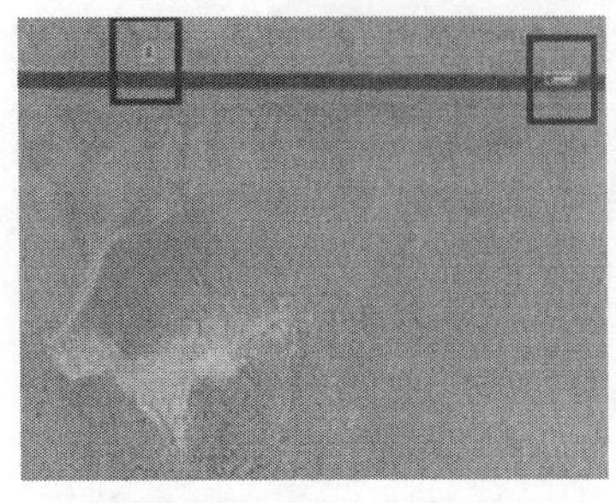

图 8.8　PQFT+UPCNN 方法的个别误检

物体被误检为车辆。图 8.8 中浅色框为算法自动标出的车辆区域；左上角深色大框为误检区域；右上角大框为真实有车的位置。干扰小物体的颜色和大面积背景存在较大差异时，背景颜色抑制通道 W 就无法对其有效抑制，从而其出现在注意力显著图中的显著区域；由于其面积与车辆相似，Unit-linking PCNN 在注意力显著图中平滑筛选提取感兴趣区域时无法将其滤除，因此导致最终的误检。这些小物体有时肉眼也很难将其与汽车区分开，仅凭其自身的特点很难将其剔除，这时利用其与周边环境的空间结构关系，并通过学习进行判别可能是一条剔除途径。

PQFT+UPCNN 方法[1,2]（无 SVM 和有 SVM）、形态学方法[53]、形态学方法+HDR 和移动 SVM 方法[54]在前述的包含 112 幅图像（八幅训练图像，104 幅测试图像）的图像库上的识别率及虚警率如表 8.1 所示。表 8.1 还给出了 PQFT+UPCNN+SVM、形态学+HDR 的测试结果。

表 8.1　五种方法的识别率及虚警率

算法	识别率/%	虚警率/%
形态学	88.4	67.3
形态学+HDR	88.4	36.5
移动 SVM 方法	78.8	71.2
PQFT+UPCNN	94.2	11.5
PQFT+UPCNN +SVM	96.5	9.61

注：图像库包含 112 幅图像（八幅训练图像，104 幅测试图像）。

表 8.1 中采用虚警率和识别率进行比较，其定义为：若测试图像 m 幅，其中 n 幅将其他非车辆区域误认为车辆区域，y 幅正确检测出车辆区域（不包含漏检、允许虚警），则虚警率 R_{FP}和识别率 R_{RF}分别为

$$R_{FP}=\frac{n}{m}\times100\% \tag{8-18}$$

$$R_{RP}=\frac{y}{m}\times100\% \tag{8-19}$$

表 8.1 显示 PQFT+UPCNN 方法的识别率高于形态学方法、形态学方法+HDR、移动 SVM 方法，其更大的优势是虚警率的大幅下降。

形态学方法结合 HDR 树(PQFT 与 Unit-linking PCNN 相结合的方法中用到),识别率未有改变,虚警率虽有所下降,但仍比 PQFT＋UPCNN 方法高 30％以上,在某种程度上反映 PQFT＋UPCNN 方法识别率的提高及虚警率的大幅下降,PQFT 与 Unit-linking PCNN 的结合起了比 HDR 更大的作用。

在 PQFT＋UPCNN 方法中,如果采用 SVM 对显著图进一步学习(学习时仍用八幅训练图像),那么识别率将再提高 2％左右,同时虚警率将再下降不到 2％,具体数据见表 8.1 最后一行。

图 8.9 显示了 PQFT＋UPCNN 方法、形态学方法、移动 SVM 方法在不同数量训练样本情况下的虚警率。由图可见,三种方法虚警率随着训练图像的增加都有所下降,但在相同数量训练情况下,PQFT＋UPCNN 方法的虚警率远低于其他两种。

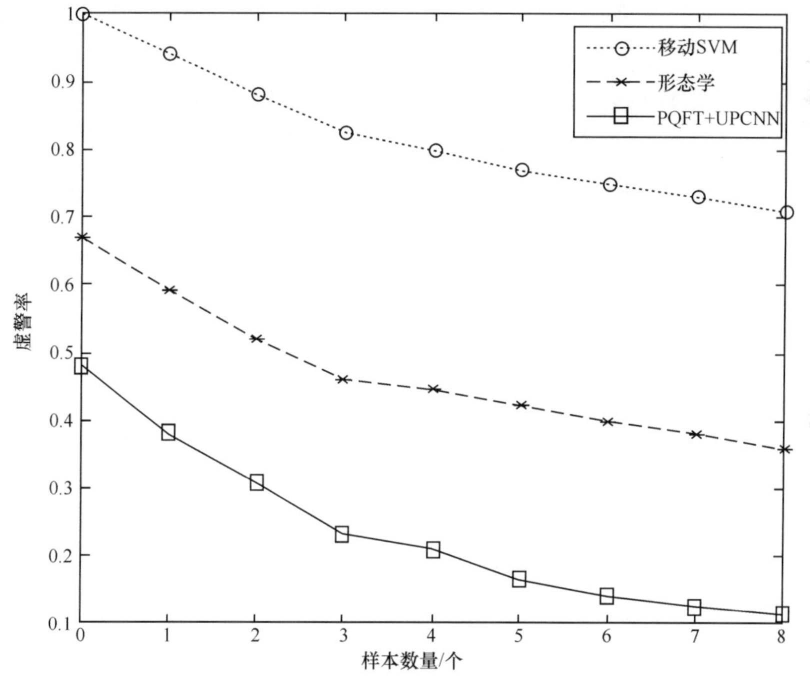

图 8.9　训练样本数量对 PQFT＋UPCNN 方法、形态学方法、移动 SVM 方法的影响

在 PQFT＋UPCNN 方法中,注意力选择与 Unit-linking PCNN 平滑筛选的结合,显著减少了噪声和背景的干扰,这体现在识别率的上升和虚警率的下降,特别是虚警率的大幅下降,从而可提高沙漠救援的效率。

8.1.3　PQFT 与 Unit-linking PCNN 相结合的海上目标识别

海上目标识别在海上救援中具有重要的应用价值。2014 年 3 月 8 日,马来西亚航空公司 MH370 航班在印度洋海域失踪,很多国家利用卫星图像,消耗大量计算资源对海上目标进行识别。然而，由于需搜索的海洋区域面积广、目标相对面积小、目标特征信息少、图像分辨率低、数据处理量大、海洋波浪和光变干扰明显等因素，检测非常困难。因此，海洋目标识别，特别是“残骸”等特定目标识别，成为目标识别研究的一个热点。

海上目标识别和沙漠车辆识别存在相似的地方，如一般都是小目标、具有大面积相似的背景颜色等。8.1.2 节用于沙漠车辆识别的 PQFT 与 Unit-linking PCNN 相结合的模型中，背景颜色抑制通道能抑制沙漠中大面积背景的颜色，同样能抑制海洋中大面积背景的颜色；Unit-linking PCNN 平滑筛选提取感兴趣区域及 PQFT 对小目标敏感的特点同样能在海面小目标识别中发挥优势。因此，本节将 PQFT 与 UPCNN 相结合的方法用于海上目标识别。表 8.1 显示，沙漠车辆识别中采用 SVM 对显著图进行学习能进一步提高识别效果，故海上目标识别也采用这一步骤。

仿真用数据库共包含 105 幅 600 像素×400 像素大小的航拍小型船只图像，分辨率为 1m×1m，其中五幅用于训练，另外 100 幅用于测试。数据库图像中的小目标分布包括无分布(图中无目标)、单一分布(图中仅有一个小目标)和多分布(图中分布有多个小目标)三种情况。这些图像中，待检测目标相对面积小，特征信息少。

图 8.10 所示为四幅海面原始图像及 PQFT+UPCNN 模型(有 SVM)的自动检测结果。图 8.10(a)中有三个框，左侧中等大小的框及右上角的小框包含真实目标，中间最大的框为 PQFT 与 Unit-linking PCNN 相结合的模型(含 SVM)的自动检测结果；图 8.10(b)中有两个框，右侧较大的框包含真实目标，其中的小框为检测结果；图 8.10(c)中有两个框，右侧较大的框包含真实目标，其中的小框为检测结果；图 8.10(d)中有两个框，左侧较大的框包含真实目标，其中的小框为检测结果。由图 8.10 可知，四幅图像中的目标均被检测到；图 8.10(a)中所提取的目标区域偏大，包括了海面大片不含目标的水域，这是因为注意力选择得到的多个目标候选区域中干扰区域的面积不足够大，后续的 Unit-linking PCNN 平滑筛选处理不能去除这些干扰区域，而这些干扰区域在接着的匹配识别阶段和真实目标区域整合在一起，使得检测结果包含了这些干扰区域；图 8.10(b)、(c)、(d)中所提取的目标区域完整、独立，未出现区域提取的缺失或过大。表 8.2 给出了含 SVM 的 PQFT+UPCNN 方法进行目标识别时的性能。

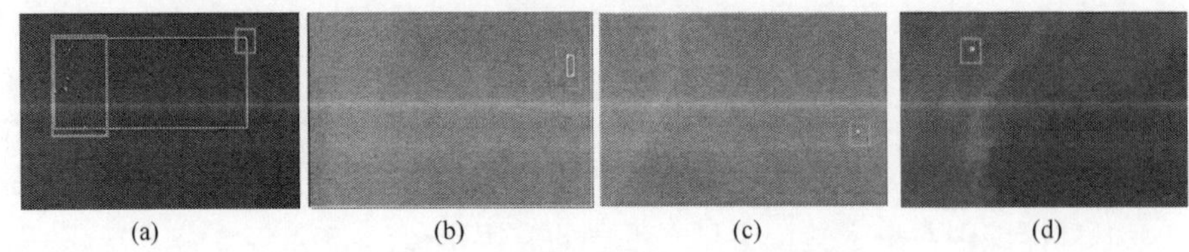

图 8.10 四幅海面原始图像及检测结果

表 8.2　含 SVM 的 PQFT+UPCNN 方法的识别率和虚警率

算法	识别率/%	虚警率/%
PQFT+UPCNN +SVM	93.0	12.0

注:图像库包含 105 幅图像(五幅训练图像,100 幅测试图像)。

仿真结果表明,PQFT+UPCNN 模型可有效应用于海面小目标识别。该模型具有较强的扩展性,可用于大面积背景颜色较单调的小目标识别。

8.1.4　基于 PCNN 和 PQFT 的足球检测与跟踪

足球是一项风靡世界的运动,一场精彩的足球比赛吸引着大量的观众,它已成为电视节目中的重要内容。对足球视频的研究具有巨大的潜在商业价值,足球检测与跟踪是其中的一项重要内容,可用于辅助判罚、重要事件检测和战术分析等。足球检测与跟踪也是一项具有挑战性的课题,尤其当摄像机进行远距离拍摄时,画面中足球非常小,而整个背景中有很多类似足球的物体,这给足球检测带来很大的困难。

有很多性能优良的目标跟踪方法,如改进的模块匹配算法[55],能够进行动态拍摄中目标跟踪的 Meanshift、粒子滤波以及卡尔曼滤波方法[56],针对群体目标跟踪的分布式挖掘算法[57]等。这些方法在一般的环境中能取得较好的跟踪效果,但在足球比赛视频中,由于足球非常小,经常被遮挡,加上背景中类似物体的干扰,检测效率不高,无法有效实时地检测与跟踪足球。针对足球跟踪中的这些问题,可采用图像分割及目标预测对策,其中较为常见的是检测与滤波预测相结合的方法,例如,改进的卡尔曼滤波预测法[58],用卡尔曼滤波弥补足球运动速度不均匀的缺点;显著图方法[59],用显著图来直接提取球场中的人和球;图像分割及目标轨迹预测法[60],将球员和球分割后,利用轨迹来检测足球的运动。

(1) 足球在多数场景中(特别是在草坪上滚动时)呈现为一个完整的个体,考虑将 Unit-linking PCNN 空洞滤波[61-63]用于足球的检测,在某些情况下(如足球单独在草坪上滚动时)可直接迅速提取目标或减少后续处理搜索的范围。

(2) 足球在空中飞行时,背景观众席上观众的衣服、挥舞的手臂和旗帜等五颜六色,考虑利用 PCNN 中脉冲波的平滑功能消除观众席等复杂背景的干扰。

(3) 比赛中大多数情况下足球是吸引观众注意力的小目标,考虑将对小目标敏感的 PQFT 注意力选择模型用于提取注意力显著图,缩小后续检测范围,同时可结合 PCNN 对注意力显著图进行平滑。

(4) 很多情况下足球的运行轨迹存在连续性,考虑在足球跟踪过程中结合卡尔曼滤波。

下面介绍综合以上方面的基于 PCNN 和 PQFT 的足球检测与跟踪方法[3-5]。

1. 基于 PCNN 和 PQFT 注意力选择的足球检测与跟踪

基于 PCNN 和 PQFT 注意力选择的足球检测与跟踪方法的流程如图 8.11 所示。首先从视频中获得图像帧(视频帧)，提取出球场范围并判断视频在当前帧是否有镜头切换，如果有镜头切换，则要对参数进行初始化，如卡尔曼滤波器的参数。然后用 PQFT 生成显著图，用 Unit-linking PCNN 空洞滤波在显著图中检测目标，如果检测成功，则直接输出检测结果，该帧检测结束；如果检测失败，则在由显著图提取的感兴趣区域中用 PCNN 颜色匹配模型[3-5]在原图中的感兴趣区域内进一步检测足球；如果 PCNN 颜色匹配模型检测成功，则直接输出检测结果，否则使用卡尔曼滤波器进行预测作为最终结果。在整个足球检测中，注意力选择、Unit-linking PCNN 空洞滤波及针对足球检测提出的 PCNN 颜色匹配模型起到重要的作用。

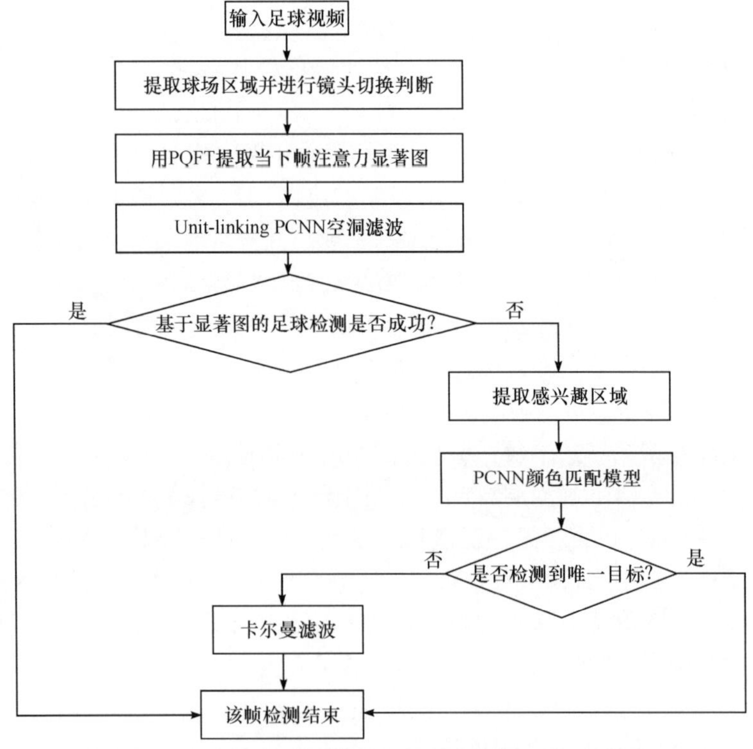

图 8.11　基于 PCNN 和 PQFT 的足球检测与跟踪方法的流程图

1) 球场区域提取与镜头切换判断

足球比赛的视频画面中，除了球场区域，还包括广告牌、观众席等众多的其他无关区域,这些区域色彩等特征复杂,对足球检测造成很大干扰。因此,首先要去除这些干扰区域,提取出球场范围,为下一步处理消除背景干扰。在 HSI 颜色空间中,草地 H 值的分布范围非常小,其分量为 0.2～0.3。根据这一先验知识,可很容易地提取出球场区域,去除杂乱的背景。

2) 由 PQFT 得到注意力选择图

足球电视转播中,球场中的球员和足球非常容易引起观众注意,因此,足球在观众注意的区域内。如果用注意力选择方法,把球场区域的注意力显著区域提取出来,将有助于足球检测。PQFT 注意力选择模型对小目标敏感且运行迅速,足球视频中大多数情况下足球也是引起人们视觉注意的小目标,因此可将 PQFT 用于生成足球视频帧的注意力显著图,实验也表明 PQFT 足球视频帧注意力显著图的质量优于 GBVS[20]、SR[21]等模型。

这里采用两个色差通道、一个亮度通道、一个运动通道作为 PQFT 四个通道的输入。实验发现,该模型中运动通道在足球检测中的作用不大,因为其采用的卡尔曼滤波已考虑到运动。若用足球颜色和背景的差异代替 PQFT 中的运动通道,则生成的显著图更清晰,该通道取值按式(8-20)计算:

$$d=255-(|R-R_f|+|G-G_f|+|B-B_f|)/3 \tag{8-20}$$

式中,R_f、G_f、B_f 为足球 RGB 空间三个颜色通道的值;R、G、B 为当前像素点三个颜色通道的值。可以认为,PQFT 模型中引入了足球颜色这一先验知识。式(8-20)为对当前像素点取值与参考值的差值进行取反运算。

3) Unit-linking PCNN 空洞滤波用于足球检测

注意力显著图中足球不清楚或者模糊会给检测造成困难。考虑到足球的连通性,这里对 PQFT 注意力显著图进行 Unit-linking PCNN 空洞滤波,以使足球更加清晰,提高最终检测效果。当足球不与其他物体接触时,经 Unit-linking PCNN 空洞滤波,得到的结果中足球非常明显,如图 8.12 所示。再通过几何及形状特征筛选,就能迅速地直接检测到足球,跳过其他的后续处理。

图 8.12　某足球视频帧显著图的 Unit-linking PCNN 空洞滤波结果

4）由显著图得到感兴趣区域

当足球与球员或其他物体接触时，无法在显著图中直接通过 Unit-linking PCNN 空洞滤波检测到足球。此时，由显著图提取感兴趣区域，感兴趣区域对应显著图灰度值较大的区域。因为足球的视觉显著性，通常它会出现在视频帧感兴趣区域的某一位置，所以接下来的检测就在感兴趣区域中进行，这样就避免了在整幅视频帧中进行搜索，减少了大量的运算，同时也减少了感兴趣区域外噪声的干扰。

5）PCNN 目标颜色匹配模型

PCNN 目标颜色匹配模型在原图感兴趣区域内通过足球颜色的匹配检测足球。该模型神经元和像素点一一对应，F 通道信号为

$$F_j(t)=S_R S_G S_B \tag{8-21}$$

式中，S_R、S_G、S_B 分别为 R、G、B 三个颜色通道的匹配结果，如式(8-22)所示，这里分别在 RGB 颜色的三个通道上进行比较。

当输入颜色和参考颜色的距离小于设置的阈值时，认为颜色匹配：

$$S_R=\begin{cases}1, |R-R_f|\leqslant t_R\\0, |R-R_f|>t_R\end{cases},\quad S_G=\begin{cases}1, |G-G_f|\leqslant t_G\\0, |G-G_f|>t_G\end{cases},\quad S_B=\begin{cases}1, |B-B_f|\leqslant t_B\\0, |B-B_f|>t_B\end{cases} \tag{8-22}$$

式中，R、G、B 分别为三个颜色通道的输入值；R_f、G_f、B_f 分别为三个颜色通道的参考值；t_R、t_G、t_B 分别为三个颜色通道的匹配阈值。

若 $S_R=1$ 表示 R 通道的颜色匹配，由式(8-21)可知，只有当 S_R、S_G、S_B 均为 1 时，$F_j=1$，即三个颜色通道都匹配，神经元才会点火，发放出脉冲。

像其他 PCNN 图像处理方法一样，目标颜色匹配模型中神经元通过 L 通道和 8 邻域内的神经元相连，邻域不包括自身，其 L 通道信号为

$$L_j(t)=\sum_{i=1}^{8}Y_i(t) \tag{8-23}$$

神经元的相乘调制及阈值调整等在此不再赘述。神经元的连接强度取 1($\beta=1$)，初始阈值取 6。神经元只有当其 8 邻域内五个或者五个以上的神经元点火，自身才会点火。

该模型根据颜色进行匹配，同时有效地进行了平滑去噪，且匹配结果在形态上更加优良。进行 PCNN 目标颜色匹配后，通过物理特征筛选得到的候选目标若只有一个，则将其作为该帧最终的检测结果；若有多个候选目标，则由卡尔曼滤波部分继续处理。

6）筛选足球时所用特征

PCNN 目标颜色匹配后若有多个候选区域，需用形状等特征筛选出候选目标。筛选出的候选目标可能是一个或多个。另外，前面判断 Unit-linking PCNN 空洞滤波是否直接得到检测结果时也用到这些特征。基于 PCNN 和

PQFT 的足球检测与跟踪方法中采用了以下三种几何形状特征。

(1) 面积。在远距离的足球场景中，足球相对图像比较小，面积过大或者过小的候选目标可以排除。

(2) 圆形度。足球是圆形的，在不遮挡的情况下，候选区域中圆形度越高，就越可能是足球。

圆形度的计算公式为

$$C=\frac{4\pi S}{P^2} \tag{8-24}$$

式中，S 为面积；P 为周长。

圆形度越接近于 1，表示该区域越接近于圆。

(3) 离心率。离心率为区域长轴与短轴尺寸之比，其计算公式为

$$E=\frac{D_{\mathrm{L}}}{D_{\mathrm{S}}} \tag{8-25}$$

式中，D_{L} 和 D_{S} 分别表示区域最小边界矩形的长和宽。

离心率越大，区域为足球的概率就越小。

这些特征可通过 Unit-linking PCNN 直接或间接求得，例如，区域面积可通过合适设置 Unit-linking PCNN 初始值前提下统计点火神经元数得到；区域周长可通过 Unit-linking PCNN 边缘提取算法[62-64]获得，提取该区域的宽度为一个像素点的边缘后，统计边缘神经元数就可求得该区域周长。

7) 卡尔曼滤波在检测中的应用

当接收到多个足球候选目标，或单幅视频帧未检测到足球时，利用前若干帧的检测结果，使用卡尔曼滤波器(式(8-26))预测当前帧中足球的位置，将视频帧中与预测位置最接近的候选目标作为预测结果：

$$\begin{aligned}&\text{运动方程}:\boldsymbol{X}_{k+1}=\boldsymbol{A}\boldsymbol{X}_k+W_k\\&\text{观测方程}:\boldsymbol{Z}_k=\boldsymbol{H}\boldsymbol{X}_k+V_k\end{aligned} \tag{8-26}$$

式中，$\boldsymbol{X}$ 为系统状态向量；W_k 和 V_k 分别为正态分布的运动和测量噪声；$\boldsymbol{Z}_k$ 为系统观测向量；$\boldsymbol{A}$ 为系统转移矩阵；$\boldsymbol{H}$ 为观测矩阵。

这样，可以在一些足球被部分遮挡的视频帧中检测出足球位置，提高检测正确率。

2. 仿真及比较

该部分仿真采用以下三段具有不同特点的典型视频。

(1) 人球分离视频：由连续 400 帧构成，是足球长传时的视频，特点是足球和球员分离。对于这段视频，进行检测跟踪足球较容易。

(2) 人球黏连视频:由连续 1000 帧构成,是一段球员连续带球过程的视频,特点是足球离球员非常近,绝大部分视频帧中足球与球员有接触,混为一体。对于这段视频,检测跟踪足球有一定难度。

(3) 球被遮挡视频:由连续的 1000 帧构成,是球员之间短传配合的视频,特点是很多情况下球会被球员身体遮挡。对于这段视频,足球检测跟踪难度大。

这三段视频中球被遮挡视频的检测难度最大,人球黏连视频的检测难度其次,人球分离视频相对比较容易。

仿真时,采用检测率衡量检测跟踪效果,检测率为正确检测跟踪到足球的视频帧占总视频帧的百分比。在检测难度最大的球被遮挡视频上,将基于 PCNN 和 PQFT 注意力选择的方法[3,5]与两种典型的足球跟踪方法——动态卡尔曼算法[58]和球跟踪算法[59]进行比较。表 8.3～表 8.7 中,基于 PCNN 和 PQFT 注意力选择的方法简称为 PCNN 和 PQFT 方法。

人球分离视频中大多数时候都是足球和球员身体分离,这是前述三段视频中最容易检测的一段。基于 PCNN 和 PQFT 注意力选择的方法在这段视频上的检测率达到 100%,如表 8.3 所示。仿真发现,由于人球分离,很多视频帧中用 Unit-linking PCNN 空洞滤波就能直接检测到足球。

表 8.3 人球分离视频的基于 PCNN 和 PQFT 方法的检测结果

方法	总帧数/帧	球被遮挡数/帧	正确检测帧/帧	检测率/%
PCNN 和 PQFT 方法	400	0	400	100

人球黏连视频的足球检测难度大于人球分离视频,表 8.4 所示的人球黏连视频检测结果表明,即使在足球与球员有接触不能分离开的情况下,基于 PCNN 和 PQFT 注意力选择的足球检测与跟踪方法依然能达到很高的检测率。

表 8.4 人球黏连视频的基于 PCNN 和 PQFT 方法的检测结果

方法	总帧数/帧	球被遮挡数/帧	正确检测帧/帧	检测率/%
PCNN 和 PQFT 方法	1000	0	960	96.0

球被遮挡视频中足球很多情况下被球员身体遮挡,其检测难度是三段视频中最大的。表 8.5 所示的球被遮挡视频上的检测结果表明,基于 PCNN 和 PQFT 注意力选择的足球检测跟踪方法[3,5]在足球被遮挡的情况下,仍能取得不错的检测结果,检测率比动态卡尔曼算法[58]高 11.5%,比球跟踪算法[59]高 16.8%。

表 8.5 球被遮挡视频的多种算法的检测效果比较

方法	总帧数/帧	球被遮挡数/帧	正确检测帧/帧	检测率/%
PCNN 和 PQFT 方法	1000	220	881	88.1
动态卡尔曼算法	1000	220	766	76.6
球跟踪算法	1000	220	713	71.3

表8.6给出了基于PCNN和PQFT注意力选择的足球检测跟踪方法、动态卡尔曼算法、球跟踪算法在同一数据库上得到的每幅视频帧的平均检测时间，视频帧大小为640像素×480像素。表8.6显示动态卡尔曼算法检测时间最少，基于PCNN和PQFT注意力选择的足球检测跟踪方法其次，球跟踪算法最多，三者的检测时间都满足实时检测的要求。

表8.6　三种算法的耗时比较

方法	PCNN和PQFT方法	动态卡尔曼算法	球跟踪算法
时间/(s/帧)	0.283	0.239	0.331

进一步将基于PCNN和PQFT注意力选择的足球检测跟踪方法用于15min长度的足球视频实时测试，该段视频涵盖足球跟踪中的绝大部分情况，获得较高的检测率，性能良好，如表8.7所示。

表8.7　15min足球视频上的实时测试结果

方法	帧数/帧	检测结果/帧	检测率/%
PCNN和PQFT方法	13560	12068	89.0

8.2　基于PCNN与拓扑性质知觉理论的注意力选择

8.1节中将有生物学依据的PCNN与心理学注意力计算模型PQFT相结合，用于沙漠及海面小目标识别、足球跟踪等方面，取得了良好的效果。这些方法中都用到了注意力显著图，很多实际图像(或视频帧)产生的显著图存在着注意力焦点区域破碎及干扰，需进一步平滑整合，从而满足后续处理的需要。前面PCNN与PQFT的结合是在得到注意力显著图后进行的[1-5]，本节介绍以拓扑性质知觉理论为基础让PCNN介入注意力显著图的生成过程[6-10]，生成性能更优良的注意力显著图。该模型[6]是首个基于拓扑性质知觉理论的心理学计算模型。

PQFT是心理学注意力选择理论的计算模型，其基础是NVT计算模型，而NVT计算模型的理论基础是传统的特征综合和引导搜索这两个心理学理论。因此，传统的特征综合和引导搜索心理学理论是PQFT模型的理论基础。

PQFT中引入四元数是因为四元数能快速实现四维傅里叶变换，PQFT属于NVT模型系列，是在机器视觉等领域应用最为广泛的心理学注意力计算模型，都是从局部性质到大范围性质进行综合的模型。例如，PQFT输入的是图像各像素点的特征，生成的注意力显著图可认为是底层局部性质的综合，是"由下至上"的从局部性质到大范围性质的形成过程，这属于传统心理学知觉形成理论中所侧重的原子论。原子论认为，知觉过程是"从局部性质到大范围性质的过程"。原子论(如特征综合理论)是大多数现有心理学注意力计算模型的理论基础。

与原子论相反的整体论却认为，知觉过程是“由大范围性质到局部性质的过程”，是“由上至下”的过程。整体论反映了格式塔心理学强调初期整体知觉的核心思想。本节介绍的模型[6]首次结合了整体论和原子论。

8.2.1 拓扑性质知觉理论

1. 概述

拓扑变换是一种一对一的连续的几何变换，变换需满足三个条件：①不破裂；②不融合；③两个点不能重合为一个点。拓扑性质就是拓扑变换中保持不变的特性，它是物体所有特征中最为稳定的。

2003 年，Zhuo 等[65]在 *Science* 上发表了用功能磁共振成像研究视觉系统的论文，其研究成果为 Chen[66]于 1982 年在 *Science* 上提出的“拓扑性质知觉理论”进一步提供了生物学的支持，使该理论得到国际上广泛的关注。拓扑性质知觉理论侧重于整体论，强调“大范围拓扑性质首先”[67-71]，认为大范围拓扑性质用来表达知觉信息具有很强的相对稳定性，而越稳定的性质具有更重要的知觉意义，因此是更基本的表达。例如，一个物体(如一只猫)运动时，它的一些性质(如朝向、大小、形状和亮度)会发生变化，而另一些性质(如它是一个物体的性质)却保持不变。用拓扑学语言描述，即这个物体(猫)的整体连通性不会改变。也就是说，整体连通性要比别的诸如朝向、大小和形状等性质稳定，具有更重要的知觉意义。人们的视觉能把猫作为一个整体从背景中分离开，就是通过具有拓扑不变性质的早期知觉实现的。

该理论所强调的“大范围拓扑性质首先”包含两层含义：①局部性质知觉在因果关系上基于由拓扑性质决定的大范围组织；②拓扑性质(如客体的整体连通性)知觉在时间上先于局部几何等性质的知觉。例如，看到一只猫，拓扑性质知觉理论认为首先由拓扑连通性知觉到这是一个物体，然后知觉到猫的颜色、皮毛纹理等。这完全不同于原子论，原子论认为先知觉到颜色、方向等局部特征，然后在此基础上一层一层地由下至上知觉出一只猫。拓扑性质知觉理论研究获得的生物实验结果与原子论的理论解释完全相反，而目前心理注意力计算模型几乎都是依据原子论建立的，PQFT 的心理学理论基础也是原子论。

2. 拓扑性质知觉理论中的注意力选择

拓扑性质知觉理论认为注意力选择的是知觉物体(perceptual object)[67]。知觉物体定义为拓扑变换中的不变性。

物体的各种几何性质都可以用变换中的不变性来定义，这为描绘物体各类性质提供了统一的语言。根据不变性知觉的观点，拓扑性质和其他几何性质是物体各种不同稳定性水平的性质。物体的各种特征可由不同层次的几何学加以描述，如欧几里得几何学、仿射几何学、射影几何学和拓扑学等。各种几何性质中，最为稳定的是拓扑性质。拓扑变换是最一般的变换，因此拓扑性质最稳定。射影变换、仿射变换和欧氏变换依次是约束越来越强的变换，也就是越来越特殊的变换；相应的射影性质、仿射性质、欧氏性质的稳定性也越来越弱，例如，欧氏性质的方向性是最不稳定的物体特征。

拓扑性质知觉是其他特征知觉的基础，视觉对拓扑性质最为敏感[71,72]。如果两个物体拓扑性质不同，人很容易就能将它们区分开[73,74]。研究发现，不仅人类，甚至蜜蜂的视觉也能够察觉到图形之间的拓扑性质差别[68]。

在视觉系统中，对于物体稳定性最强且最先感知的性质是“一个物体作为一个整体”的拓扑性质，而后视觉才逐渐感知和关注到稳定性差一些的特征。

拓扑性质知觉理论是心理学中的一项重要理论，其发现了拓扑性质和拓扑不变性在视觉及视觉注意力选择中的重要作用，开辟了视觉及注意力选择研究的新方向。

目前，绝大多数基于心理学的注意力计算模型都不具有“大范围拓扑性质首先”的性质，是从局部性质到大范围性质的模型。这些模型所依据的心理学理论没有考虑拓扑性质知觉理论，这和侧重于整体论的拓扑性质知觉理论研究发现的实验事实是不一致的。研究心理学注意力计算模型的一个重要目的是模仿人的注意力选择机制，以帮助人们解决机器视觉、工程信息等领域中不能解决或不能很好解决的问题，提高工程中信息挖掘处理的效率，即仿生建模并应用于工程等领域。心理学注意力仿生建模很重要的一点是依据心理学实验事实建模，因此有必要依据拓扑性质知觉理论的研究成果建立其计算模型。

本节将具有动物视觉皮层研究成果依据的 PCNN 与拓扑性质知觉理论及注意力选择相结合，提出基于 PCNN 和拓扑知觉的注意力选择模型[6-8]，如图 8.13 所示。该模型在注意力选择部分采用 PQFT 用到的四元数快速傅里叶变换提取相位谱的算法，进而考虑到运动在注意力选择中的作用，提出基于 PCNN、光流场及拓扑知觉的运动目标注意力选择模型[9,10]。

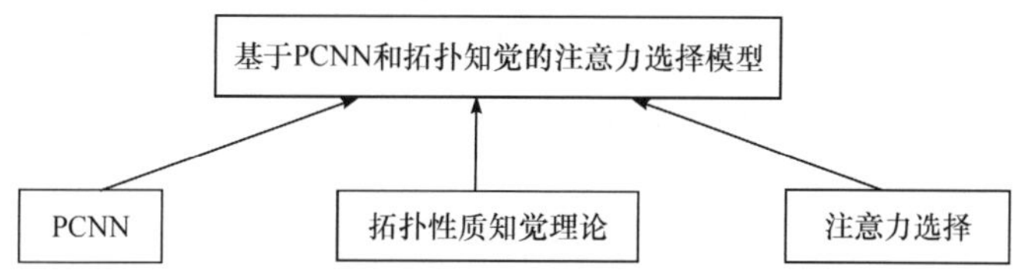

图 8.13 基于 PCNN 和拓扑知觉的注意力选择模型

8.2.2 基于 PCNN 和拓扑知觉的注意力选择

根据拓扑性质知觉理论，由拓扑性质决定的大范围知觉是局部特征知觉的基础，PQFT、NVT 等注意力计算模型却反其道而行之。例如，PQFT 注意力选择模型中，输入的是图像（或视频帧）各像素点的特征，如各像素点的色差、亮度等，PQFT 正是由这些局部特征而最终得到整幅图像的注意力显著图，由此得到对应于显著图中灰度值较大的引起注意的区域（或目标）。

根据拓扑性质知觉理论，注意力显著图中某整块引起注意的区域（或目标）应该在产生视知觉的最初就发挥作用，在知觉到（即注意到）这一整块引起注意的区域（或目标）时，图像的局部特征（如颜色、纹理和方向等）还未被知觉到。而引起注意的区域（或目标）"作为一个整体"这一拓扑性质是最基本的，是优先于局部特征及形状等几何特征的。区域（目标或物体）的整体连通性这一拓扑性质在注意力选择中起到最根本的作用，如果注意力选择采用显著图方式，区域（目标或物体）的整体连通性应该是产生显著图的原因而不是结果，即应该由区域（目标或物体）的整体连通性来产生显著图（图 8.14），而不是像 NVT、PQFT 等模型一样由显著图得到区域（目标或物体）的整体连通性（图 8.15）。

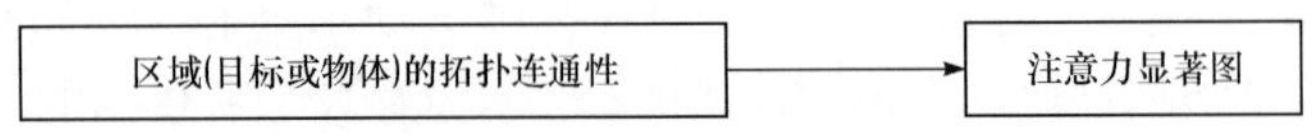

图 8.14　拓扑性质知觉理论注意力显著图的生成过程

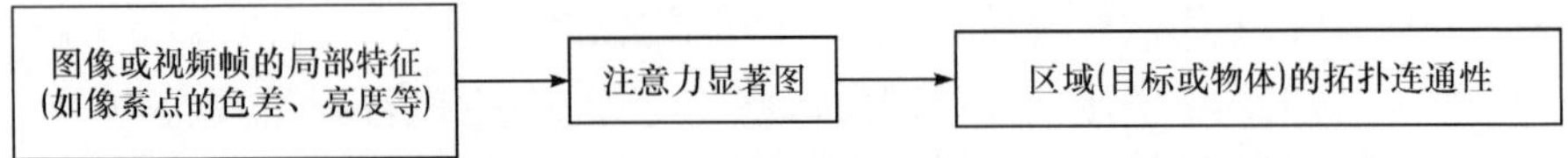

图 8.15　PQFT、NVT 等模型的注意力显著图的生成及据此得到区域连通性的过程

若要构建基于拓扑性质知觉理论的心理学注意力计算模型，就必须在模型的输入端输入区域（目标或物体）的整体连通性，用于注意力显著图的生成。PCNN 的脉冲传播特性可用于表达区域（目标或物体）的整体连通性。Gu 将 Unit-linking PCNN 用于表达区域（目标或物体）的连通性，同时采用 PQFT 中的四元数快速傅里叶变换提取相位谱的算法，得到注意力显著图，建立起基于拓扑性质知觉理论的注意力选择模型[6-8]。基于 PCNN 和拓扑知觉的注意力选择模型在生成注意力显著图时，除了用到基于 Unit-linking PCNN 的区域（目标或物体）连通性，还用到图像（或视频帧）的局部特征（如色差等），该模型是原子论与整体论的平衡和融合，如图 8.16 所示。该模型中，视觉大范围拓扑性质在显著图生成中起着重要作用，同时局部特征也起到作用，两者同等重要，通过改变权重参数可调整两者作用的大小。

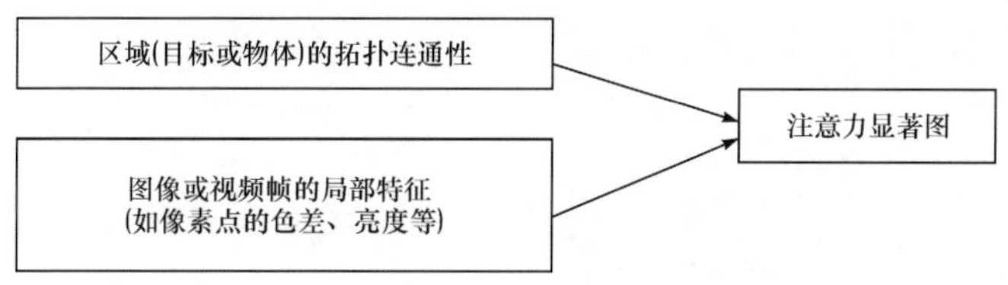

图 8.16　基于 PCNN 和拓扑知觉的注意力选择模型是原子论与整体论的平衡和融合

1. 模型

基于 PCNN 和拓扑知觉的注意力选择模型，采用 Unit-linking PCNN 对原始图像(或视频帧)进行空洞滤波，用空洞滤波得到的二值图像表达图像中区域(物体或目标)的连通性，作为四元数的一个输入通道，称为拓扑通道。建立拓扑通道的流程如图 8.17 所示，首先将原始彩色图像转化为灰度图像，然后降采样大小为 64 像素×64 像素，最后进行 Unit-linking PCNN 空洞滤波，得到一幅 64 像素×64 像素的二值图像作为拓扑通道的输入，用于表达原始图像的拓扑连通性。图 8.18 为 8 幅多种场景的彩色图像及其基于 Unit-linking PCNN 的拓扑通道信号，可见 Unit-linking PCNN 空洞滤波很好地提取了原始图像的拓扑连通性质。

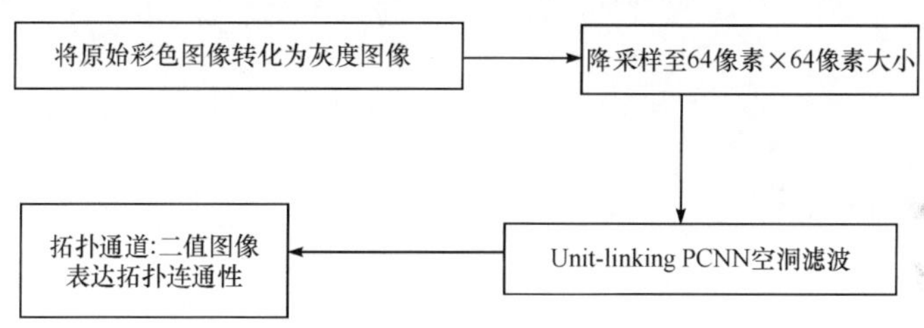

图 8.17　拓扑通道的建立过程

基于 PCNN 和拓扑知觉的注意力选择模型用于图像时的流程如图 8.19 所示，图像被表达为四元数图像，四元数的四个通道分别为一个 Unit-linking PCNN 拓扑通道、两个色差通道(颜色拮抗对通道)和一个亮度通道：

$$q = I + R_G\mu_1 + B_Y\mu_2 + T\mu_3 \tag{8-27}$$

式中，T 为拓扑通道的值；I 为亮度通道的值；R_G、B_Y 分别为红绿和蓝黄两个色差通道的值，这参考了 NVT 模型在颜色通道构建中采用广义颜色拮抗作为颜色通道的方式。

生成图像注意力显著图时，采用 PQFT 中的四元数快速傅里叶变换提取相位谱的算法，过程如下。

(1) 将一幅图像按照上述四个通道表达为四元数图像。

(2) 用四元数快速傅里叶变换得到四元数图像的相位谱信息。

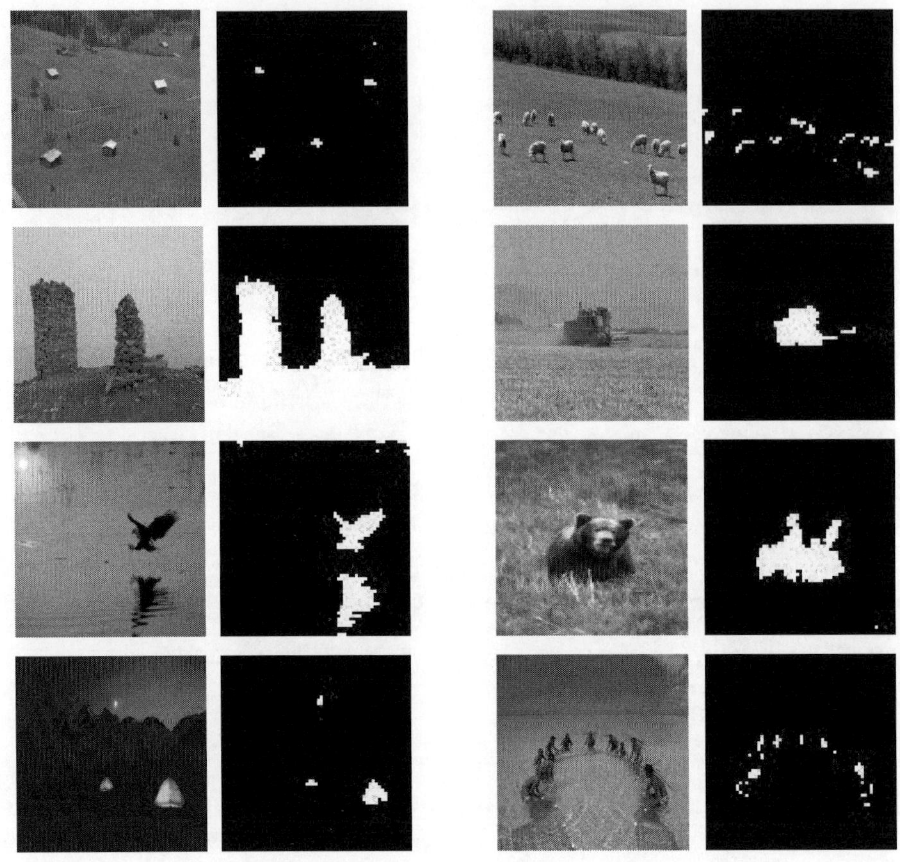

图 8.18 彩色图像及其基于 Unit-linking PCNN 的拓扑通道信号

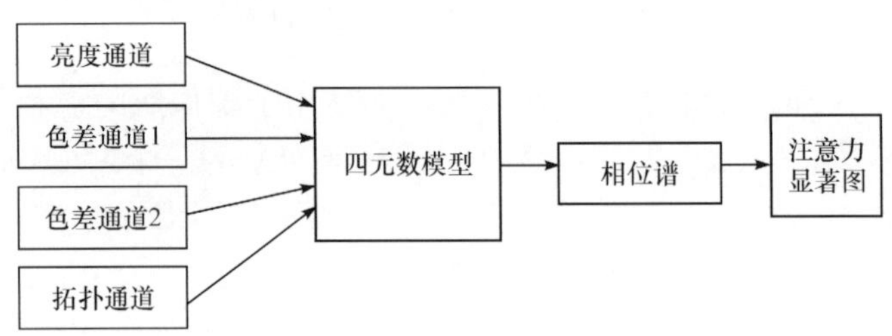

图 8.19 基于 PCNN 和拓扑知觉的图像注意力选择模型

(3) 依据相位谱信息构建显著图。

基于 PCNN 和拓扑知觉的注意力选择模型用于视频时的流程如图 8.20 所示，其中视频中的每一帧都被表达为四元数帧，四元数的四个通道分别为一个 Unit-linking PCNN 拓扑通道、两个色差通道(颜色拮抗对通道)和一个运动通道，如式(8-28)所示。与用于图像时相比，视频模型中运动通道替换了亮度通道，其他三个通道则相同。

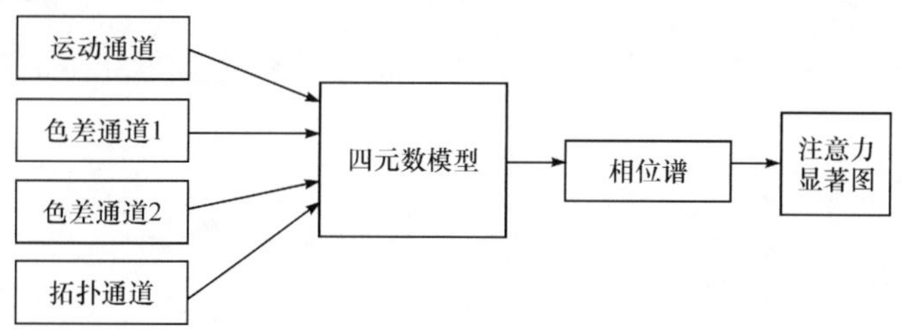

图 8.20　基于 PCNN 和拓扑知觉的视频注意力选择模型

$$q=M+R_G\mu_1+B_Y\mu_2+T\mu_3 \tag{8-28}$$

运动通道定义为

$$M(t)=|I(t)-I(t-\tau)| \tag{8-29}$$

式中，$I(t)$为 t 时刻捕捉到的视频帧的亮度；τ 为延迟变量，设置 $\tau=2$。

模型中 Unit-linking PCNN 拓扑通道引入原图像大范围的拓扑连通性，贯彻拓扑性质知觉理论中"区域(目标)的整体连通性这一拓扑性质在注意力选择中起到最根本的作用"的思想，使区域(目标)的整体连通性这一拓扑性质在注意力选择中起到非常重要的作用。因此，基于 PCNN 和拓扑知觉的模型[6-8]是贯彻了拓扑性质知觉理论的心理学注意力选择模型。

2. Unit-linking PCNN 拓扑通道在模型中的贡献

关于 Unit-linking PCNN 拓扑通道对注意力显著图的影响，涉及拓扑性质知觉理论在前述模型中的贯彻程度。下面分析各通道对生成注意力显著图所起的作用。

1) 基于 PCNN 和拓扑知觉的注意力选择模型中各通道的作用

为了衡量单个通道对模型的影响，首先分别计算一幅图像各个通道独立作用时的注意力显著图、没有拓扑通道时其他三通道一起生成的显著图，然后与四个通道共同生成的显著图(即模型生成的显著图)进行比较。

图 8.21 中，(a)为两张彩色原图；(b)为红绿色差单通道(其值为 R_G)生成的显著图；(c)为蓝黄色差单通道(其值为 B_Y)生成的显著图；(d)为亮度单通道(其值为 I)生成的显著图；(e)为Unit-linking PCNN 拓扑单通道(其值为 T)生成的显著图；(f)为三个通道(其值分别为 R_G、B_Y、I)一起生成的显著图；(g)为四个通道(其值分别为 T、R_G、B_Y、I)共同生成的显著图(即整个模型生成的显著图)。通过单个通道显著图和整个模型(四通道)显著图进行比较，可以很清楚地看到每个通道对模型显著图的影响程度；将整个模型的显著图与没有拓扑通道时其他三通道一起生成的显著图相比较，可进一步观察拓扑通道所起的作用。

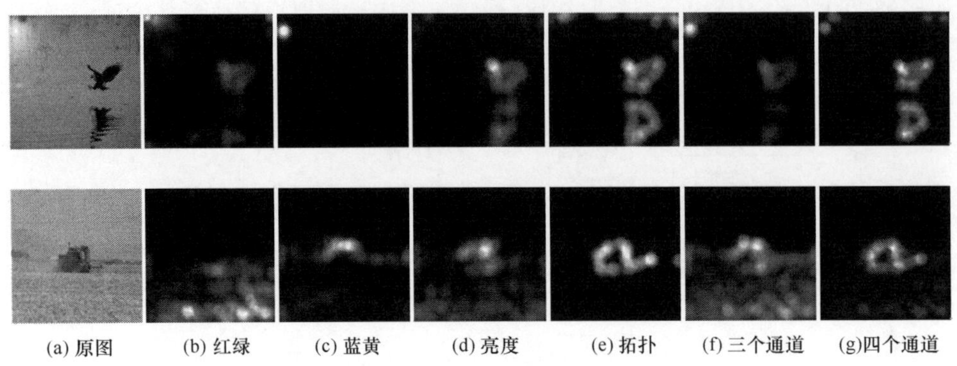

(a) 原图 (b) 红绿 (c) 蓝黄 (d) 亮度 (e) 拓扑 (f) 三个通道 (g)四个通道

图 8.21 图像采用不同通道时显著图的比较

图 8.21 显示，拓扑单通道生成的显著图和模型的四通道显著图很相似，与其他通道相比，拓扑通道对模型显著图的贡献最大，模型有拓扑通道时的显著图效果明显好于无拓扑通道时的情况。当模型有拓扑通道时，“老鹰”图像中引人关注的老鹰及其水中倒影、太阳的水中倒影都在显著图中得到很好的显示，“收割机”图像中引人关注的收割机同样得到很好的显示；当模型没有拓扑通道(即采用色差、亮度三通道)时，显著图中老鹰区域只有模糊的一点，其水中倒影完全丢失，“收割机”显著图中，除去收割机区域，显著图下方混入大量背景噪声。对于图 8.21 中的“老鹰”图像，拓扑单通道生成的显著图上方边缘有一些噪声，模型的四通道显著图中则没有，这说明虽然拓扑通道对模型显著图的贡献最大，但色差、亮度等局部特征也发挥了作用，两者的结合可进一步提高显著图的质量。

2) 通道对模型贡献度的评价方法

评价方法中采用定量评价通道贡献度的量化标准[6,7]，评价方法如下。

(1) 计算各单通道的显著图，以及所有通道共同形成的显著图。

(2) 所有的显著图转化为二值图像，称为二值化显著图。

(3) 对于二值化显著图，根据式(8-30)计算各通道的贡献度。

通道贡献度公式为

$$\mathrm{Con}(n)=\frac{\mathrm{AreaCM}(n)}{\mathrm{Area}M} \tag{8-30}$$

式中，Area$M$ 为模型(四通道)的二值化显著图中值为 1 的像素数目，对应显著图中亮区面积；AreaCM(n)表示在模型(四通道)的二值化显著图和某通道 n 的二值化显著图中都属于亮区的像素数目，这样的像素在两幅二值化显著图中都对应 1。

式(8-30)定量地评价每个通道对模型的贡献度。一个像素，如果它在某通道和模型二值化显著图中对应的值都为 1，则代表这个像素在此通道对模型的显著图有贡献；如果它在模型(四通道)的二值化显著图中对应的值为 1，而在某通道二值化显著图中不为 1,则说明这个像素在此通道对模型的显著图没有贡献。该评价标准其实就是评价相似性,即某通道显著图和模型显著图越相似,就代表此通道对模型注意力效果的贡献越大。

通道贡献度的取值范围是[0,1],其值越大,代表通道对模型的贡献度越大。利用这个标准,在包含 100 幅自然图像的图像库上,基于 PCNN 和拓扑知觉的注意力选择模型各个通道贡献度的平均值如式(8-31)所示,依次为 Unit-linking PCNN 拓扑通道、红绿色差通道、蓝黄色差通道、亮度通道对模型显著图的贡献度:

$$\begin{cases}\mathrm{Con}(T)=0.8162\\ \mathrm{Con}(R_{\mathrm{G}})=0.2263\\ \mathrm{Con}(B_{\mathrm{Y}})=0.1824\\ \mathrm{Con}(I)=0.2411\end{cases} \tag{8-31}$$

式(8-31)中各通道的贡献度值表明,表述原图像大范围拓扑连通性的 Unit-linking PCNN 拓扑通道对模型显著图的贡献远比其他局部特征通道大得多,是其他通道的 3.4～4.5 倍。

由此可见,基于 PCNN 和拓扑知觉的模型充分贯彻了拓扑性质知觉理论的“大范围拓扑性质首先”的核心思想,是基于拓扑性质知觉理论的注意力选择计算模型。

3) Unit-linking PCNN 拓扑通道的权重

无论是通道贡献度的大小,还是主观视觉效果,都表明 Unit-linking PCNN 拓扑通道在模型中起着比其他通道重要得多的作用,从理论及实际角度体现了拓扑性质知觉理论的作用。

现在从计算角度进行具体分析。Unit-linking PCNN 拓扑通道是一幅二值图像,取值只有 0 或 1 两个值,其他通道都是灰度图像,取值归一化到[0,1]。基于 PCNN 和拓扑知觉的注意力选择模型是由图像频谱得到显著图,拓扑通道只取 0 和 1 这两个最小和最大的值,相比其他通道具有更大差异,这样就导致频谱的强烈变化,最终对显著图产生重要的影响。实验表明,虽然大多数情况下基于 PCNN 和拓扑知觉的注意力选择模型都有着良好的效果,但个别情况下若拓扑通道关注了不该关注的区域,就会对显著图产生消极的影响,图 8.22 中,(a)为日出原图;(b)为拓扑通道权重为 1 时日出原图的基于 PCNN 和拓扑知觉的注意力选择模型的显著图,该显著图受拓扑通道影响,除了该关注的太阳区域,显著图中还出现亮的曲线;(d)为水母原图;(e)为拓扑通道权重为 1 时水母原图的基于 PCNN 和拓扑知觉的注意力选择模型的显著图,受拓扑通道影响,在图像的中上方出现一条亮的曲线,而应关注的水母区域却很暗淡。

拓扑通道的影响过于强大,压制了其他通道的影响,其他三个通道贡献度之和都小于其贡献度，因此应考虑在保持其重要程度及优先的前提下，适当降低其权重。

要得到合适的权重，仅凭借通过观察显著图主观视觉效果人工调整权重是远远不够的，就算通过试探得到对某些图像或图像库合适的权重，对其他图像或图像库不一定适用，另外也不具备说服力。一条可行的途径是在通用测试库上采用试探法，并结合评价显著图质量的定量指标得到优选权重。通过实验得到优选的拓扑通道权重为 0.4。优选拓扑通道权重的方法将在后面详细介绍。

图 8.22(c)为拓扑通道权重为 0.4 时的太阳图像基于 PCNN 和拓扑知觉的注意力选择模型的显著图，此时没有拓扑通道权重为 1 时出现的亮曲线；图 8.22(f)为拓扑通道权重为 0.4 时的水母图像基于 PCNN 和拓扑知觉的注意力选择模型的显著图，未出现拓扑通道权重为 1 时出现的亮曲线，同时应关注的水母区域的亮度明显增强。

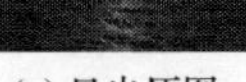
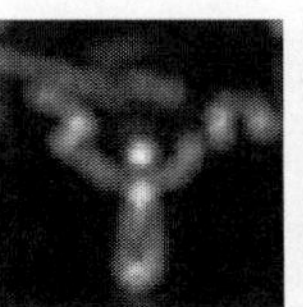

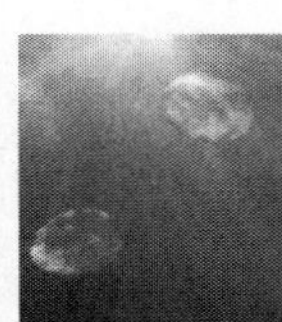
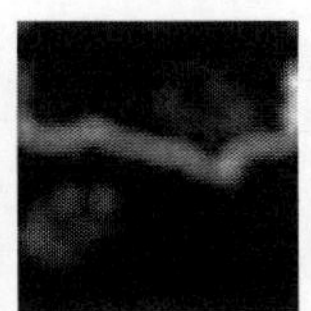
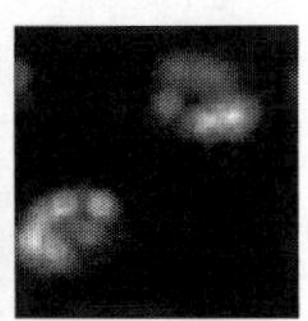

(a) 日出原图　(b) 权重为1　(c) 权重为0.4　(d) 水母原图　(e) 权重为1　(f) 权重为0.4

图 8.22　拓扑通道取不同权重时两幅彩色图像及其显著图

在 100 幅自然图像库上，拓扑通道权重分别取 0.4 和 1 时，基于 PCNN 和拓扑知觉的注意力选择模型各通道对显著图的平均贡献度见表 8.8，其中平均贡献度采用式(8-30)计算。

表 8.8　基于 PCNN 和拓扑知觉的注意力选择模型各通道对显著图的平均贡献度

拓扑通道权重	拓扑通道	红绿色差通道	蓝黄色差通道	亮度通道
0.4	0.8162	0.2263	0.1824	0.2411
1	0.6203	0.3744	0.3768	0.3922

表 8.8 表明，当拓扑通道权重为 0.4 时拓扑通道的贡献度虽有所下降，但贡献度仍占一半以上，是其他各通道的 1.5 倍以上。由此可见，优选拓扑通道权重为 0.4 时，基于 PCNN 和拓扑知觉的注意力选择模型仍然充分贯彻了拓扑性质知觉理论的“大范围拓扑性质首先”的核心思想。

3. 仿真及分析

1)显著图的视觉效果

在由 100 幅自然图像构成的图像库[11,12,21]上，将基于 PCNN 和拓扑知觉的注意力选择模型与 PQFT 模型进行了比较。

图 8.23 中，(a)为原始图像；(b)为 Unit-linking PCNN 拓扑通道；(c)为 PQFT 显著图；(d)为基于 PCNN 和拓扑知觉模型的显著图。图 8.23 显示，基于 PCNN 和拓扑知觉的模型的显著图可以将更多的注意力集中到主要目标。显著图中暗色区域表示该区域显著性信息比较少，明亮区域对应于注意力大量集中的地方。在 PCNN 和拓扑知觉模型显著图中，对应于原始图像中主要目标的区域比较明亮，而 PQFT 显著图中则相对灰暗。这表明 PCNN 和拓扑知觉模型中，注意力可以更集中到主要目标。例如，图 8.23 的第一幅图像中，水管是一个显著的目标，PCNN 和拓扑知觉模型可以注意到它，而 PQFT 模型无法注意到这个目标；在第三幅和第四幅图像中，PCNN 和拓扑知觉模型可以将注意力更加集中到目标老鹰和灰熊身上；在最后一幅图中，PCNN 和拓扑知觉模型可以关注到月亮，而 PQFT 无法做到这一点。

图 8.23 中，PQFT 显著图对应于背景的区域要更加明亮，而 PCNN 和拓扑知觉显著图则相对暗淡，这表明前者将更多的注意力集中到背景(非关注区域)，如第二幅图和第五幅图中，PQFT 明显地将注意力过多地分配给背景区域，而 PCNN 和拓扑知觉显著图在背景上要干净得多。仿真表明，在关注主要目标和忽略图像背景(非关注区域)两个方面，PCNN 和拓扑知觉模型的效果都要强于 PQFT 模型。

2) 基于离散目标区域的显著图人工评价

由于显著图可以表示显著性目标的位置，可利用在图像中前五个注意力关注区域发现正确目标的数目来衡量显著图的性能[11,12]，PQFT 就采用该标准，如式(8-32)所示：

$$\begin{aligned}&\mathrm{Mask}_i=\{(x,y)\mid \alpha O_{\max_i}\leqslant O(x,y)\leqslant O_{\max_i}\}\\&\mathrm{Rgn}_i=\mathrm{FindArea}[\mathrm{Mask}_i,(x_i,y_i)]\end{aligned}\tag{8-32}$$

式中，$O_{\max_i}$ 表示一幅显著图中第 i 个最大亮度值点，也是第 i 个注意力焦点，$i=1,2,3,4,5$；(x_i,y_i)为第 i 个注意力关注点的坐标；Rgn_i 为第 i 个关注区域；α 为决定关注区域大小的阈值，$0<\alpha<1$，这里设置 $\alpha=0.9$；FindArea 函数的作用是找到 Mask_i 函数所表示的区域。

实验中允许在一幅图像中选取前 5 个注意力焦点，如果焦点关注区域是显著的物体，则认为选中正确目标；如果焦点区域是背景，则认为没有选中正确目标。这里采用三名志愿者，利用投票的策略，只有大多数人同意的显著性物体才被认为是正确目标。

表 8.9 给出了在 100 幅自然图像上 PCNN 和拓扑知觉模型以及 PQFT 模型分别按照前述标准找到正确目标的数目。在 100 幅自然图像中，PCNN 和拓扑知觉(PCNN+TP)模型在每个注意力焦点区域发现的正确目标数目都比 PQFT 模型多，找到的目标总数也明显多于 PQFT 模型，这表明 PCNN 和拓扑知觉模型搜寻、关注目标的能力要强于 PQFT，也表明其显著图质量优于 PQFT。

图 8.23　显著图的视觉效果

表 8.9　两种模型在 100 幅自然图像上找到正确目标的数目

模型	焦点 1	焦点 2	焦点 3	焦点 4	焦点 5	总数
PCNN＋TP	93	87	85	79	72	416
PQFT	88	86	74	60	51	359

3）人眼预测的显著图评价方法

评价显著图时，采用人眼预测和 ROC（receiver operating characteristic）曲线的方法能比前述的基于离散目标区域的显著图人工评价方法更好地评价显著图的质量。

Tatler 等[75]提出用 ROC 曲线评价图像显著图的质量，该方法采用真实的人眼关注衡量显著图的性能[76-78]。该标准用到真实的注意力关注点，因此需要志愿者的参与。所有参与者的人眼关注点都被表示在一幅二值图像上，将此图像与高斯滤波器进行卷积，即得到注意力分布的真实值[79]。真实值图像二值化后，非零点被认为是目标点，其他为背景点。设定一个阈值，一幅显著图可以分为关注区域和非关注区域。目标点掉入目标区域的比率称为正确率，而目标点掉入非目标区域的比率称为错误率。阈值自动地从显著图上的最小亮度值移动到最大亮度值，随着阈值的改变，正确率和错误率同样发生着变化。ROC 曲线就是将正确率作为错误率的一个函数画出来的曲线，正确率和错误率随着阈值的变化均会从 0 增加到 1，曲线下方的面积称为 ROC 区域面积。对于随机选择的结果，ROC 区域面积应该为 0.5。对于完美的注意力分布预测，这个值应该为 1.0。如果模型的预测能力不如随机选择的结果，ROC 面积会小于 0.5。ROC 面积越大，代表注意力选择模型的预测性能越好。基于人眼预测及 ROC 曲线的评价方法需要人工参与，一定要真人给出眼睛关注的确定点，这是得到真实注意力分布的基础。

Gu 等[6]在 Bruce 图像库[80]上进行实验。Bruce 图像库拥有 120 幅图像以及所有图像的真实注意力分布情况，真实的注意力焦点由二十名志愿者的人眼关注点组成，表达在一张关注点密度图像上，将其和高斯滤波器进行卷积后，得到注意力分布情况，作为测试的参照标准。Bruce 图像库常用于测试注意力选择模型的效果[81]。

Bruce 图像库上，在没有对显著图进行优化处理的情况下，基于 PCNN 和拓扑知觉的模型的 ROC 面积比 PQFT 模型提高 2.35%；在对显著图进行平滑等优化处理的情况下，其 ROC 面积比 PQFT 模型提高 1.34%[6]。

基于 PCNN 和拓扑知觉的模型的 Unit-linking PCNN 拓扑通道的优选权重（0.4）就是在 Bruce 图像库上结合 ROC 曲线得到的。求取时将模型中拓扑通道的权重由 0 一直调整到 1.0，调整步长为 0.1，将 ROC 面积最大时的权重作为优选权重[6,7]。

图 8.24 显示了多幅 Bruce 图像库中的图像以及 PCNN 和拓扑知觉模型及

PQFT 模型生成的显著图。图 8.24 中,(a)为原始图像;(b)为注意力真实分布图;(c)为 PQFT 显著图;(d)为 PCNN 和拓扑知觉模型的显著图。该图显示 PCNN 和拓扑知觉模型的显著图效果比 PQFT 更加接近注意力真实分布图,例如,第二幅图像中,地毯上的哑铃在注意力真实分布图中是被关注的对象,PCNN 和拓扑知觉模型注意到地毯上的哑铃,而 PQFT 模型几乎将其丢失;第三幅图中,PCNN 和拓扑知觉模型注意到桌上的钢笔,其显著图接近注意力真实分布图,而 PQFT 显著图却有很多噪声,完全不同于注意力真实分布图。

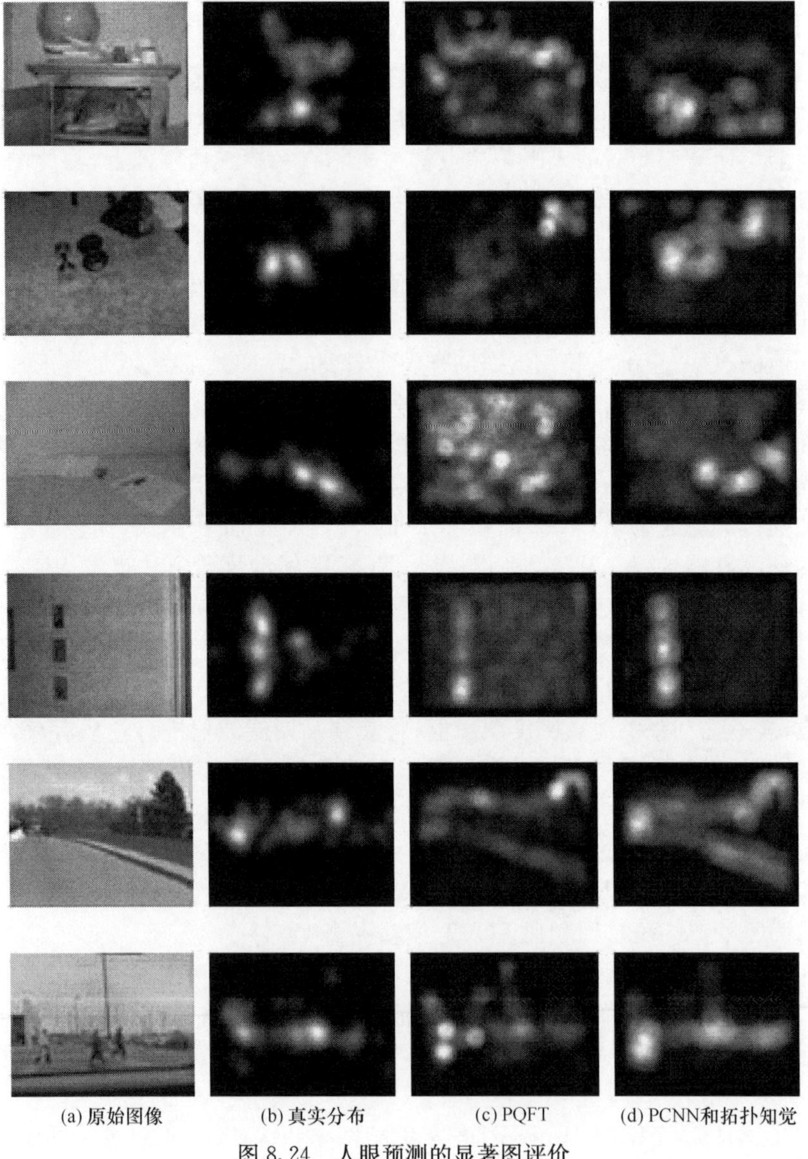

图 8.24 人眼预测的显著图评价

4）心理学图像测试

心理学图像测试广泛用于衡量注意力选择模型显著图的效果。这里分别比较了 PCNN 和拓扑知觉模型、PQFT 模型在视觉特征突变、非对称搜索、联合搜索等方面的效果[6]。图 8.25 为特征突变图像和它们的显著图，(a)为原始图像；(b)为

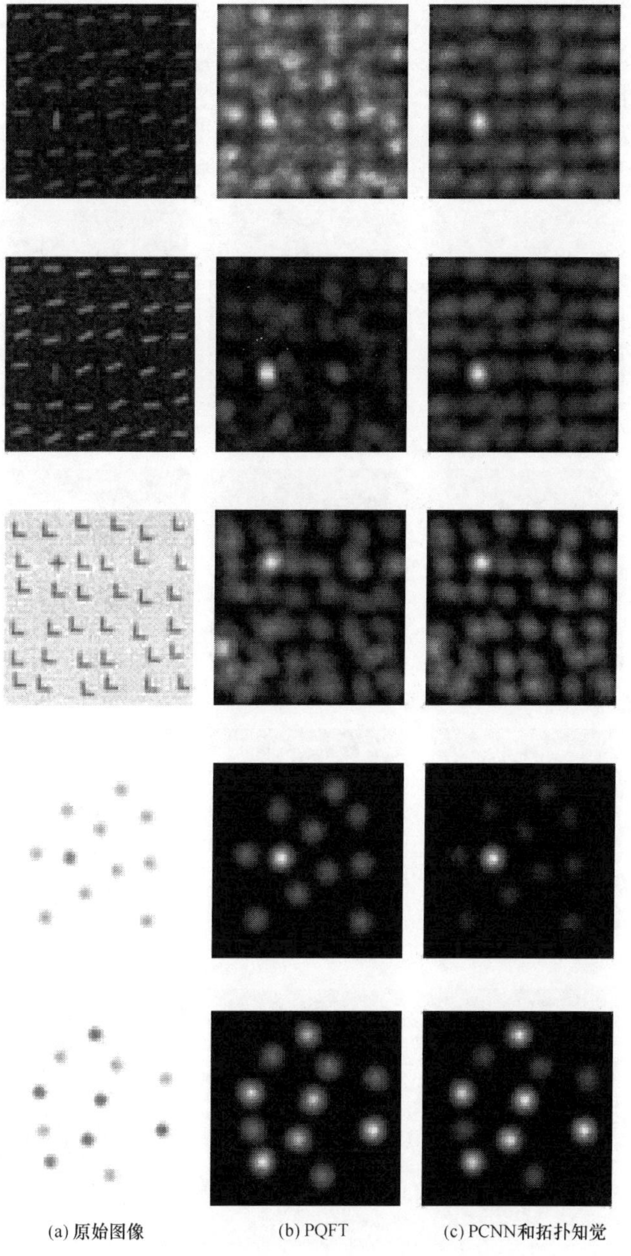

(a) 原始图像　(b) PQFT　(c) PCNN和拓扑知觉

图 8.25　两种模型的心理学视觉特征突变检测示例

PQFT 模型生成的显著图；(c)为 PCNN 和拓扑知觉模型生成的显著图。图 8.25 中第一幅图和第二幅图的目标在颜色与方向性上都有显著性，两种模型都能检测到这两个目标，但 PQFT 模型只能检测到第二幅图像中红色的短杠，无法检测到第一幅图像中绿色的短杠。对于第三幅和第四幅图像，PCNN 和拓扑知觉显著图中目标非常醒目，在目标上集中了更多的注意力，其背景比 PQFT 显著图干净得多，而 PQFT 显著图中干扰较大。对于第五幅图像，PCNN 和拓扑知觉显著图中目标更明确，干扰更少。

图 8.26 为心理学视觉非对称搜索、联合搜索情况下的示例。图 8.26 中，(a)为原始图像；(b)为 PQFT 模型生成的显著图；(c)为 PCNN 和拓扑知觉模型生成的

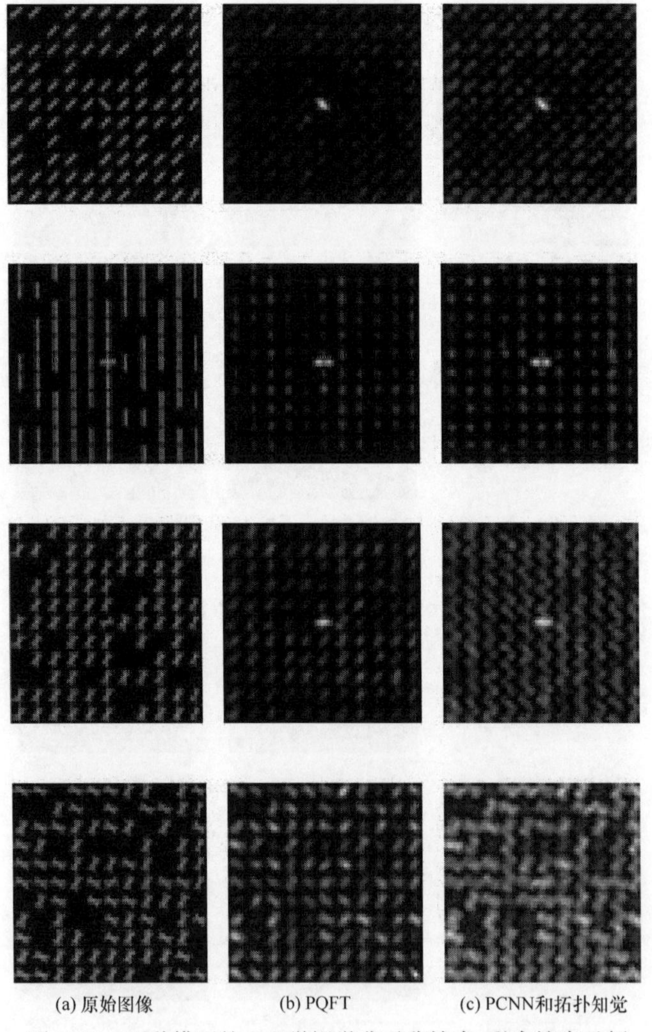

(a) 原始图像　　(b) PQFT　　(c) PCNN和拓扑知觉

图 8.26　两种模型的心理学视觉非对称搜索、联合搜索示例

显著图。图 8.26 中，第一幅和第二幅图像是非对称搜索的例子，PCNN 和拓扑知觉模型与 PQFT 模型都能检测到目标，第一幅图像中目标是图像中心的斜杠，第二幅图像中目标是图像中心的“＋”号。第三幅图像和第四幅图像为联合搜索的例子，第三幅图像中 PCNN 和拓扑知觉模型与 PQFT 模型都能检测到目标，目标为图像中央接近水平的短杠；第四幅图像中短杠的方向是杂乱的，其中并没有视觉关注的对象，PCNN 和拓扑知觉模型生成的显著图和人的视觉是一致的，PQFT 模型却特别关注了其中一些不会被人的视觉特别关注的短杠。

实验表明[6]，PCNN 和拓扑知觉模型比 PQFT 模型更加明显地突出不同特征、不对称特征、联合搜索中该突出的特征，而 PQFT 模型有时会关注到人的视觉不会注意的地方；PCNN 和拓扑知觉模型的注意效果与人类视觉以及真实注意力分布更加一致。

5）视频注意力显著图

基于 PCNN 和拓扑知觉的注意力选择模型用于视频时，与用于图像时相比，用运动通道替换了亮度通道，其他三个通道都一样。将基于 PCNN 和拓扑知觉的视频注意力选择模型与 PQFT 视频模型进行比较[6]，其中用于视频的 PQFT 模型和用于图像时相比，也是用运动通道替换了亮度通道，其他三个通道都不变。

在一段包括 374 帧的“熊”视频上的注意力显著图显示，PCNN 和拓扑知觉视频注意力选择模型显著图的效果明显优于 PQFT 视频模型[6]，该模型总是能关注到视频中的主要目标“熊”，偶尔也会关注到飞鸟；而 PQFT 视频模型几乎没有关注到，而是将注意力集中到飞鸟甚至是背景中的流水上，这不是真实注意力集中的地方。图 8.27 分别给出该段视频中部分视频帧及其基于 PCNN 和拓扑知觉的视频注意力选择模型、PQFT 视频模型的显著图。图 8.27 中，(a)为原始视频帧；(b)为 PQFT 视频模型生成的显著图；(c)为 PCNN 和拓扑知觉视频模型生成的显著图。

采用前面的基于离散目标区域的显著图人工评价方法得到表 8.10 和表 8.11[6]。表 8.10 表明基于 PCNN 和拓扑知觉的视频注意力选择模型与 PQFT 视频模型在该段视频上关注到的目标区域的个数很接近；但表 8.11 中，这两个模型注意力焦点集中在主要目标“熊”上的数目表明，基于 PCNN 和拓扑知觉的视频注意力选择模型对于视频中主要目标“熊”的关注度远高于 PQFT 视频模型，前者有 1319 个关注点落在熊的身上，而 PQFT 视频模型只有 15 个。

表 8.10　两种视频模型焦点集中于目标区域的数目

模型	焦点 1	焦点 2	焦点 3	焦点 4	焦点 5	总数
PCNN＋TP	371	368	366	325	302	1732
PQFT	372	368	360	331	317	1748

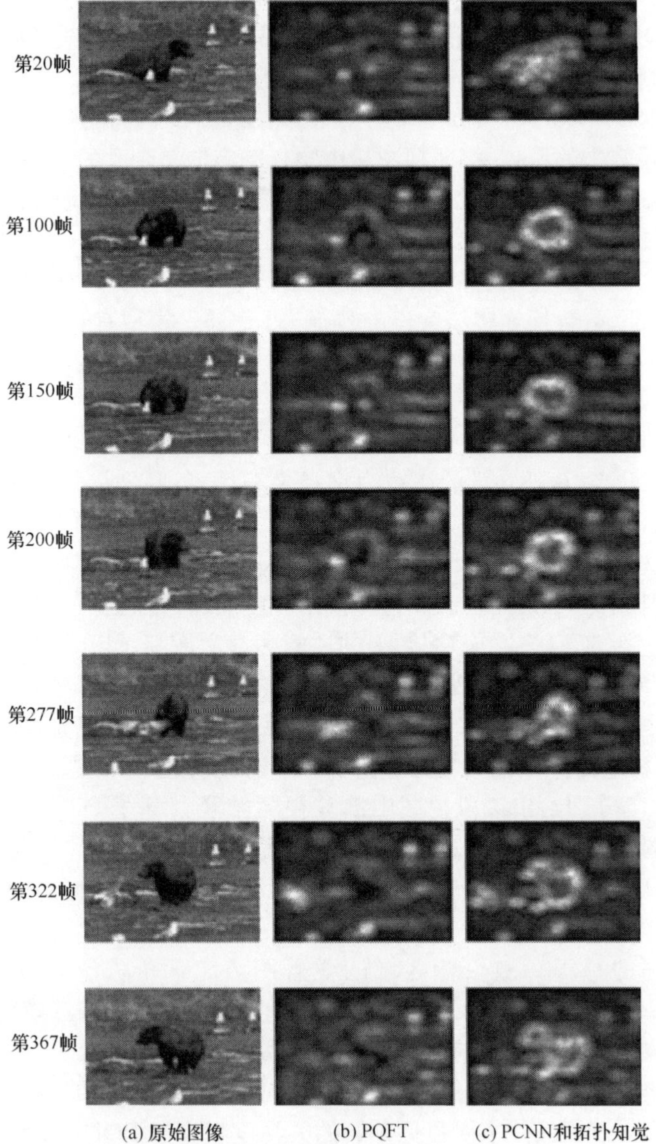

图 8.27　两种模型的视频帧显著图示例

表 8.11　两种视频模型焦点集中于主要目标“熊”的数目

模型	焦点 1	焦点 2	焦点 3	焦点 4	焦点 5	总数
PCNN+TP	351	316	294	230	128	1319
PQFT	0	2	1	3	51	15

基于 PCNN 和拓扑知觉的视频注意力选择模型中，拓扑性质知觉理论的“大范围拓扑性质首先”的功能在这段视频上充分发挥了作用，模型的注意力真正地落到最该关注的区域。

8.2.3　基于 PCNN、光流场及拓扑知觉的运动目标注意力选择

运动在视频注意力选择中起着非常重要的作用，当一只飞蛾在树干上趴着不动、一只鸟在树上栖息不动、一只田鼠在地上静止不动时，人们很难发现它们，但一旦它们动起来，马上就被注意到。心理学研究发现运动在人类知觉中起着重要作用，运动的线索普遍被生物视觉系统所利用，大量有意义的视觉信息包含在运动之中，一些静止时不易被感知的事物在移动时就可以被感知到。运动不但使目标更易于被发现(被感知到)[82,83]，且目标的运动与拓扑性质知觉密不可分[84]。基于 PCNN 和拓扑知觉的视频注意力选择模型[6]结合使用了这两点，一方面采用 Unit-linking PCNN 空洞滤波引入拓扑性质知觉中的拓扑连通性，另一方面采用亮度通道的帧差信号引入运动这一重要特性。视觉注意力选择中目标的运动方式多种多样，特别是当镜头运动时，仅用亮度通道的帧差无法充分表达各种运动的信息。

光流场具有丰富的运动表达能力，它是视频帧中所有像素点构成的一种二维瞬时速度场，其中的二维速度矢量是景物中可见点的三维速度矢量在成像表面的投影，表达视频帧灰度模式的表观运动，表征二维图像灰度变化和场景中物体结构及运动的关系，包含各像素点瞬时运动速度矢量信息，从而包括视频帧中目标的运动信息。在实际场景中，有时需移动摄像或镜头受环境影响而发生晃动，光流场在处理这样的视频时有其优势。与帧差法相比，光流法计算较复杂，但适用范围更广，能较好地应用于镜头运动、目标景深运动、背景运动和简单形变的场景中。

考虑到运动在注意力选择中的重要作用，将光流场与基于 PCNN 和拓扑知觉的视频注意力选择模型相结合，用于表达模型中的运动通道，从而将光流场、PCNN 和拓扑性质知觉理论融合到一起，提出基于 PCNN、光流场及拓扑知觉的运动目标注意力选择模型[9,10]，其可用于基于注意力显著图的运动目标跟踪。

1. 模型所用光流场算法

光流场的研究最早可追溯到 20 世纪 50 年代 Gibson 等[85]提出的 SFM(structure from motion)假设，即以心理学实验为基础，从二维平面的光流场可以恢复三维空间运动参数和结构参数，70 年代末 Ullman[86]等验证了该假设。Horn 等[87]在 1981 年将二维速度场与灰度相联系，引入光流约束方程的算法，得到有效光流计算方法(HS 法)，这被视为光流研究发展的里程碑。光流法主要利用运动特征的视觉显著特性进行运动目标检测，可分为连续光流法和特征光流法[88,89]。连续

光流法利用帧间图像强度守恒的梯度算法计算光流，代表性算法有前述的 HS 法和 Lucas-Kanada 法[90]。连续光流法是提取连续的光流场，通过比较运动目标与背景间的运动差异进行光流分割；特征光流法是通过特征匹配求得特征点处的光流，检测帧间移动较大的运动目标，但是由于计算得到的是稀疏光流场，难于提取出运动目标的精确形状，且检测结果严重依赖特征匹配。本节的模型[9,10]采用连续光流法。

根据文献[89]，通过多种不同光流计算方法的比较，根据计算效果和时间，最终确定基于 PCNN 和光流场及拓扑知觉的注意力选择模型中的光流计算部分使用 HS 光流算法。

假设 $I(x,y,t)$是图像上点(x,y)在时刻 t 的光照度，$u(x,y)$和 $v(x,y)$是该点光流的分量，则

$$u=\frac{\mathrm{d}x}{\mathrm{d}t},\quad v=\frac{\mathrm{d}y}{\mathrm{d}t}$$

令

$$I_x=\frac{\partial I}{\partial x},\quad I_y=\frac{\partial I}{\partial y},\quad I_t=\frac{\partial I}{\partial t}$$

光流约束方程为

$$I_x u+I_y v+I_t=0 \tag{8-33}$$

Horn 等使用光流在整个图像上光滑变化的假设来求解光流[87,89]，即运动场既满足光流约束方程又满足全局平滑性[87,89]。

根据光流约束方程(8-33)，光流误差为

$$e^2(x,y)=(I_x u+I_y v+I_t)^2 \tag{8-34}$$

通过求取光流误差的极小值及离散化处理，最终得到光流分量 $u(x,y)$和 $v(x,y)$的迭代方程：

$$\begin{cases} u^{n+1}=\bar{u}^n-I_x\dfrac{I_x\bar{u}^n+I_y\bar{v}^n+I_t}{\delta+I_x^2+I_y^2} \\ v^{n+1}=\bar{v}^n-I_y\dfrac{I_x\bar{u}^n+I_y\bar{v}^n+I_t}{\delta+I_x^2+I_y^2} \end{cases} \tag{8-35}$$

式中，$\bar{u}$ 和 $\bar{v}$ 分别为 u 和 v 在点(x,y)邻域内的平均值；n 为迭代次数；δ 为加权参数，用于控制图像流约束微分和光滑性微分之间的平衡，δ 值越大，平滑度越高，估计精度也越高；u^0 和 v^0 为光流的初始估值，一般取为零。

当相邻两次迭代结果的距离小于预定的阈值时，迭代过程终止。

2. 基于 PCNN、光流场及拓扑知觉的注意力选择模型一与模型二

在基于 PCNN、光流场及拓扑知觉的注意力选择方法[9,10]中，将 HS 光流算法求得的光流场用于模型中运动通道的引入，分别得到模型一与模型二。

1）模型一

基于 PCNN、光流场及拓扑知觉的运动目标注意力选择的模型一如图 8.28 所示。模型一的四个通道分别为 Unit-linking PCNN 拓扑通道、光流幅度通道、运动目标区域光流预测通道和亮度通道。模型中拓扑通道仍然用 Unit-linking PCNN 空洞滤波表达视频帧的拓扑连通性，该通道的权重为 0.4。光流幅度通道用到运动的大小，这是当前帧的运动信息；同时将当前帧的光流计算结果结合帧间时间间隔，进行下一帧运动目标区域光流预测。目标光流预测通道则接收来自上一帧的目标区域光流预测。进行下一帧目标区域光流预测时，预测为目标的区域取值为 1，其余区域取值为 0，预测时同时用到光流的两个分量。初始运动目标区域由初始数帧的光流场计算得到，得到初始运动目标区域后，就可开始进行运动目标区域的光流预测。

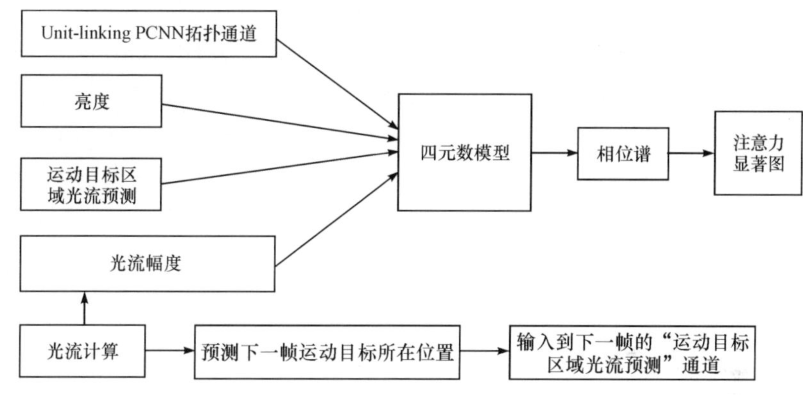

图 8.28　基于 PCNN、光流场及拓扑知觉的运动目标注意力选择的模型一

模型中 Unit-linking PCNN 拓扑通道的存在，避免或显著减少了光流场算法中目标区域破碎、存在噪声的现象。

2）模型二

模型一进行运动目标区域光流预测时，如要预测准确，则需要知道帧间时间间隔，若不知道视频的帧间时间间隔，就无法正确预测；此外，初始运动目标区域提取是否准确也将影响后续预测。于是，这里进一步提出没有运动目标区域光流预测的基于 PCNN、光流场及拓扑知觉的运动目标注意力选择的模型二，如图 8.29 所示。

当视频中有运动目标时，运动目标区域像素点的光流矢量和背景区域像素点的光流矢量存在较大的差异；同一运动目标区域像素点的光流矢量则存在着相似性；同一运动目标区域是一个整体，不应破裂。因此，可以根据光流矢量是否相似来对相应区域进行平滑，进而得到一幅二值图像。平均光流矢量模大的区域，认为是运动目标区域，对应值 1；平均光流矢量模小的区域，认为是非运动目标区域（即背景),对应值 0,据此得到的二值图像为运动目标区域图,可以很容易地由 Unit-linking PCNN 迭代运算平滑分割得到。因为模型二中运动目标区域图是通过 Unit-linking PCNN 迭代运算平滑分割得到的,故也称为 Unit-linking PCNN 运动目标区域图。在模型二中,基于光流场得到的运动目标区域图为其运动通道,其取值分别为通道的最大值 1 和最小值 0,这样的非 1 即 0 的取值方式,使它对注意力关注点的影响很大,即运动对注意力选择的影响很大。求取运动目标区域图时用到的光流矢量反映了运动,运动目标区域图的求取过程也就是通过运动求取运动目标区域整体拓扑连通性的过程,因此注意力模型中引入运动目标区域图通道是拓扑性质知觉理论在模型中的进一步深化,同时也是通过运动对目标各部分进行捆绑的过程。加上另一个权重为 0.4 的 Unit-linking PCNN 拓扑通道,模型二就有了两个拓扑性质的通道,充分体现拓扑性质知觉理论在模型中的重要程度。模型一在不知道帧间时间间隔情况下,无法利用光流对下一帧的目标区域进行准确预测,因此在模型二中不再利用光流进行运动目标区域预测,而是通过引入二值 Unit-linking PCNN 运动目标区域图加强由光流场所提取的运动特征的影响,二值Unit-linking PCNN运动目标区域图对显著图的影响远强于模型一中取值连续的"光流幅度",这类似于 Unit-linking PCNN 拓扑通道的二值化增强了其对显著图的影响。模型二的另外两个通道分别采用常用的红绿色差信号和蓝黄色差信号。

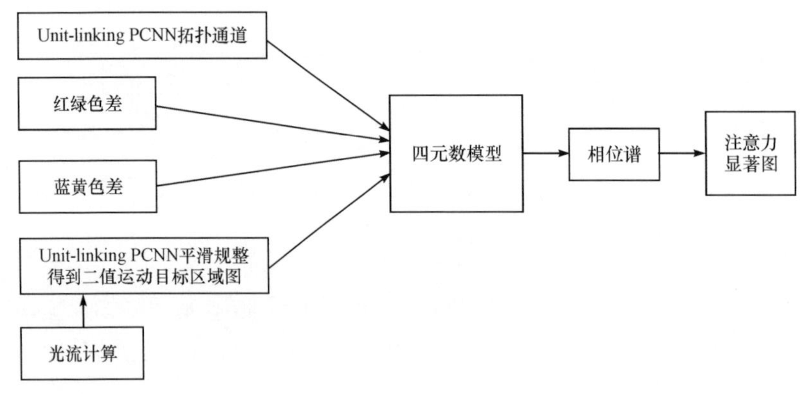

图 8.29　基于 PCNN、光流场及拓扑知觉的运动目标注意力选择的模型二

3. 仿真及讨论

首先,将基于 PCNN、光流场及拓扑知觉的运动目标注意力选择的模型一、模型二和 FT(frequency tuned)方法[91]、ViBe 方法(背景相减方法)[92]、PQFT 方法分别在 Parachute、Birdfall 两个视频上进行比较。Parachute、Birdfall 这两段视频的特点是镜头运动或背景扰动,如表 8.12 所示。

表 8.12　仿真比较所用的 Parachute、Birdfall 视频

视频	帧数/帧	每帧大小 /(像素×像素)	描述	特点
Parachute	50	414×352	降落伞运动,同时镜头也在运动	镜头运动
Birdfall	28	259×327	一只鸟从树上落下,镜头静止,树枝叶晃动	镜头静止,背景扰动

图 8.30 中,(a)为镜头运动的视频 Parachute 的第 4 帧;(b)为用于参照的真实目标区域(ground truth);(c)为 FT 方法显著图;(d)为 ViBe 方法显著图;(e)为 PQFT 视频方法显著图;(f)为模型一的显著图;(g)为模型二的显著图。图 8.30 显示对于镜头运动且有强烈光束干扰的 Parachute 视频,模型二和模型一在运动目标显著性与背景抑制方面都有很好的效果,均优于其他三种方法。模型二的运动目标降落伞提取和背景干扰抑制的视觉效果最好,且轮廓更加接近真实目标区域;视觉效果次优的是模型一的结果;PQFT 视频方法关注到降落伞,但是背景中存在很多干扰;ViBe 方法关注的是光柱和降落伞的边界;FT 方法的注意力大部分都被上方那束白光吸引过去,几乎没有关注到飘动的降落伞。

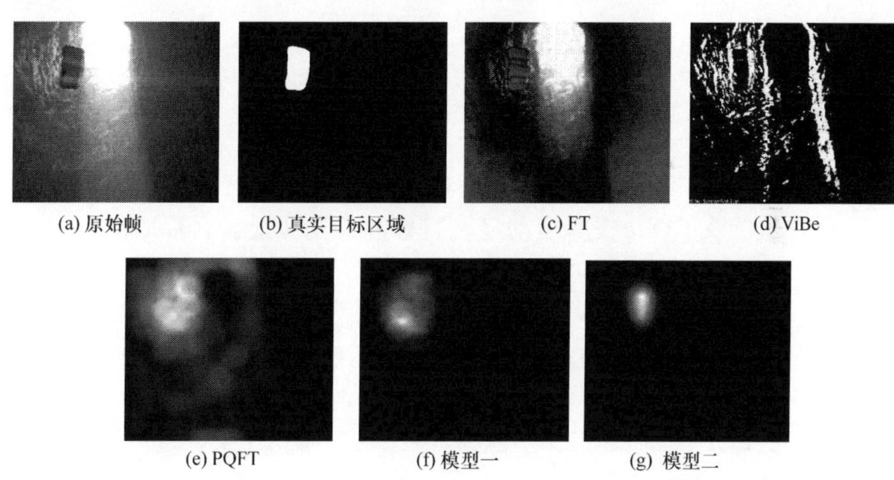

图 8.30　多种方法在镜头运动的视频 Parachute 上的显著图比较

图 8.31 中,(a)为背景扰动的视频 Birdfall 的第 37 帧;(b)为用于参照的真实目标区域(ground truth);(c)为 FT 方法的显著图;(d)为 ViBe 方法的显著图;(e)为 PQFT 视频方法的显著图;(f)为模型一的显著图;(g)为模型二的显著图。图 8.31 显示对于镜头静止、存在背景枝叶晃动干扰的 Birdfall 视频,模型二和模型一在运动目标显著性与背景抑制方面都有很好的效果,视觉效果均优于其他三种方法;模型二在运动目标鸟提取和背景干扰抑制的视觉效果是最好的,模型一次之;

PQFT 视频方法关注到目标下落的鸟，但是背景中存在干扰；对于该镜头静止、存在背景枝叶晃动干扰的视频，在镜头静止的视频类中表现优异的 ViBe 方法的显著图出现了残影现象，将背景的扰动也突显出来；FT 方法的显著图中只存在干扰，完全丢失了目标。

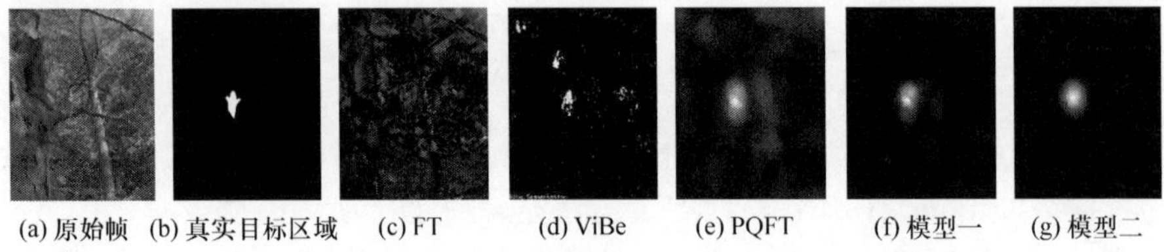

(a) 原始帧 (b) 真实目标区域 (c) FT (d) ViBe (e) PQFT (f) 模型一 (g) 模型二

图 8.31 多种方法在背景扰动的视频“Birdfall”上的显著图比较

接着，采用 F_1-Measure 评价指标[93]对各方法的运动目标显著性效果进行定量分析。F_1-Measure 评价指标为

$$F_1\text{-Measure}=\frac{2PR}{P+R} \tag{8-36}$$

式中，P 为精度；R 为查全率，具体为

$$P=\frac{G\cap S}{S}$$
$$R=\frac{G\cap S}{G} \tag{8-37}$$

式中，G 为真实目标区域；S 为显著图；$G\cap S$ 表示算法正确提取的显著区域。F_1-Measure 值反映了算法提取运动显著目标和抑制非显著目标的能力，其值越大，表明效果越好。

表 8.13 给出了模型一、模型二、PQFT、FT、ViBe 方法在 Parachute、Birdfall 视频上的 F_1-Measure 值。从 F_1-Measure 指标角度考察，对于镜头运动或背景扰动的 Parachute、Birdfall 视频，模型一及模型二提取运动显著目标和抑制非显著目标的能力优于 PQFT、FT、ViBe 方法；模型二的效果相比来说是最好的，这与图 8.30 和图 8.31 显示的效果一致。

表 8.13 多种方法在 Parachute、Birdfall 视频上的 F_1-Measure 值

视频	FT	ViBe	PQFT	模型一	模型二
Parachute	0.0340	0.0700	0.2367	0.2978	0.5702
Birdfall	0.0026	0.0850	0.1426	0.1877	0.3101

模型一和模型二用到了运动目标的大范围拓扑连通性，从而突出了目标，抑制了干扰，特别是模型二，由于 Unit-linking PCNN 运动目标区域图的引入，其运动

目标区域的拓扑连通性得到进一步增强，从而提高了模型突显运动目标、抑制干扰的效果。此外，光流场算法对镜头移动或晃动不敏感，因此采用光流场算法的模型适用于镜头运动及存在背景扰动的视频。虽然对于镜头静止且背景干扰弱的运动目标，ViBe 方法的性能优良，但当镜头运动或背景存在运动干扰时，模型一和模型二更具有优势。

当同一场景中局部区域运动方式存在差异时，某些运动变化剧烈区域比其他区域更能引起人们的关注。因此，利用这种差异，可进一步提高模型运动目标注意力选择性能[94,95]。

8.3 本章小结

本章介绍的研究结果表明仿生心理学注意力选择计算模型可为工程中的信号处理提供一条可能的途径，其在工程中的应用效果是对心理学注意力选择理论某种程度上的验证。

8.1 节介绍的研究结果表明 PCNN 和心理学注意力选择计算模型结合，可有效地用于沙漠及海面小目标识别[1,2]、足球跟踪[3-5]。用于沙漠小目标车辆检测识别时，其识别率高于形态学方法[53]和移动 SVM 方法[54]，同时虚警率远低于后两者，特别是虚警率的大幅下降，显著提高沙漠救援的效率[1,2]；用于足球跟踪时，特别是足球被遮挡的情况下，仍能取得良好的检测结果[3-5]，检测率远高于专门用于足球跟踪的动态卡尔曼算法[58]和球跟踪算法[59]。

8.2 节介绍的基于 PCNN 和拓扑知觉理论的心理学注意力仿生模型[6-8]生成的自然图像、心理学测试图像、视频的注意力显著图的视觉效果及指标均优于 PQFT 模型。该模型贯彻了拓扑性质知觉理论“大范围拓扑性质首先”的思想，其拓扑通道还可进一步优化[96]。另外，还将光流场、PCNN 和拓扑性质知觉理论融合到一起提出基于 PCNN、光流场及拓扑知觉的运动目标注意力选择模型[9,10]，强调运动在注意力选择中的重要作用，这也是拓扑性质知觉理论在模型中的进一步贯彻。当镜头运动或视频背景存在干扰时，基于 PCNN、光流场及拓扑知觉的运动目标注意力选择模型显著图的视觉效果及指标均优于 FT、ViBe、PQFT 等方法。

参考文献

[1] Zhang J J, Gu X D. Desert vehicle detection based on adaptive visual attention and neural network[J]. Lecture Notes in Computer Science, 2013, 8227: 376-383.

[2] 张津剑，顾晓东. 自适应注意力选择与脉冲耦合神经网络相融合的沙漠车辆识别[J]. 计算机辅助设计与图形学学报，2014，26(1)：56-64.

[3] 郑天宇，顾晓东. 四元数和脉冲耦合神经网络应用于足球检测[J]. 应用科学学报，2013，(2)：

183-189.

[4] Zheng T Y, Gu X D. Soccer detection based on attention selection and neural network[C]. Proceedings of the International Conference on Computer and Management, Wuhan, 2012.

[5] 郑天宇,顾晓东. 基于四元数显著图和 PCNN 空洞滤波的足球检测[J]. 微型电脑应用, 2012, 28(4):1-5.

[6] Gu X D, Fang Y, Wang Y Y. Attention selection using global topological properties based on pulse coupled neural network[J]. Computer Vision and Image Understanding, 2013, 117: 1400-1411.

[7] Fang Y, Gu X D, Wang Y Y. Attention selection model using weight adjusted topological properties and quantification evaluating criterion[C]. International Joint Conference on Neural Networks, San Jose, 2011.

[8] Fang Y, Gu X D, Wang Y Y. Pulse coupled neural network based topological properties applied in attention saliency detection[C]. International Conference on Natural Computation, Yantai, 2010.

[9] Ni Q L, Gu X D. Video attention saliency mapping using pulse coupled neural network and optical flow[C]. International Joint Conference on Neural Networks, Beijing, 2014.

[10] Ni Q L, Wang J C, Gu X D. Moving target tracking based on pulse coupled neural network and optical flow[J]. Lecture Notes in Computer Science, 2015, 9491:17-25.

[11] Guo C L, Ma Q, Zhang L M. Spatio-temporal saliency detection using phase spectrum of quaternion Fourier transform[C]. IEEE Conference on Computer Vision and Pattern Recognition, Anchorage, 2008.

[12] Guo C L, Zhang L M. A novel multiresolution spatiotemporal saliency detection model and its applications in image and video compression[J]. IEEE Transactions on Image Processing, 2010, 19(1):185-198.

[13] Desimone R, Duncan J. Neural mechanisms of selective visual attention[J]. Annual Review of Neuroscience, 1995, 18(1):193-222.

[14] Treisman A M, Gelade G. A feature-integration theory of attention[J]. Cognitive Psychology, 1980, 12(1):97-136.

[15] Koch C, Ullman S. Shifts in selective visual attention: Towards the underlying neural circuitry[M]//Vaina L M. Matters of Intelligence. Berlin: Springer, 1987.

[16] Wolfe J M. Guided search 2.0 a revised model of visual search[J]. Psychonomic Bulletin & Review, 1994, 1(2):202-238.

[17] Itti L, Koch C, Niebur E. A model of saliency-based visual attention for rapid scene analysis[J]. IEEE Transactions on Pattern Analysis & Machine Intelligence, 1998, 20(11):1254-1259.

[18] Itti L, Koch C. Computational modelling of visual attention[J]. Nature Reviews Neuroscience, 2001, 2(3):194-203.

[19] Walther D, Koch C. Modeling attention to salient proto-objects[J]. Neural Networks, 2006, 19(9):1395-1407.

[20] Harel J,Koch C,Perona P. Graph-based visual saliency[J]. Advances in Neural Information Processing Systems,2006,19:545-552.

[21] Hou X D,Zhang L Q. Saliency detection:A spectral residual approach[C]. IEEE Conference on Computer Vision and Pattern Recognition,Minneapolis,2007.

[22] Sangwine S J. Fourier transforms of colour images using quaternion or hypercomplex,numbers[J]. Electronics Letters,1996,32(21):1979-1980.

[23] Sangwine S J,Ell T A. The discrete Fourier transform of a colour image[J]. Image Processing Ⅱ Mathematical Methods,Algorithms and Applications,2000:430-441.

[24] Ell T A,Sangwine S J. Hypercomplex Fourier transforms of color images[J]. IEEE Transactions on Image Processing,2007,16(1):22-35.

[25] Sangwine S J. Colour image edge detector based on quaternion convolution[J]. Electronics Letters,1998,34(10):969-971.

[26] Sangwine S J,Ell T A. Colour image filters based on hypercomplex convolution[J]. IET Proceedings of Vision,Image and Signal Processing,2000,147(2):89-93.

[27] Sangwine S J,Ell T A,Moxey C E. Vector phase correlation[J]. Electronics Letters,2001,37(25):1513-1515.

[28] Moxey C E,Sangwine S J,Ell T A. Hypercomplex correlation techniques for vector images[J]. IEEE Transactions on Signal Processing,2003,51(7):1941-1953.

[29] Sangwine S J,Ell T A. Hypercomplex auto-and cross-correlation of color images[C]. Proceedings of the International Conference on Image Processing,Kobe,1999.

[30] U S Department of transportation, research and innovative technology administration, bureau of transportation statistics[EB/OJ]. http://www. bts. gov/publications/national_transportation_statistics/[2010-10-25].

[31] Campell G. Office for official publications of the European communities,panorama of transport[EB/OJ]. http://epp. eurostat. ec. europa. eu/cache/ITY_OFFPUB/KS-DA-07-001/EN/KSDA-07-001-EN. PDF[2015-7-2].

[32] 袁峰.基于Gabor小波的车辆识别与跟踪技术研究[D].扬州:扬州大学,2009.

[33] Findlay J M,Gilchrist I D. Visual attention:The active vision perspective[M]//Jenkin M,Harris L. Vision and Attention. New York:Springer,2001.

[34] Ruskoné R,Guigues L,Airault S,et al. Vehicle detection on aerial images:A structural approach[C]. International Conference on Pattern Recognition,Vienna,1996.

[35] Burlina P,Parameswaran V,Chellappa R,et al. Sensitivity analysis and learning strategies for context-based vehicle detection algorithms[C]. DARPA Image Understanding Workshop,Neworleans,1997.

[36] Liu G,Zhuge F,Gong L X,et al. Performance evaluation of the CFAR vehicle detection algorithm[C]. DARPA Image Understanding Workshop,Monterey,1998.

[37] Zhao T,Nevatia R. Car detection in low resolution aerial images[J]. Image and Vision Computing,2003,21(8):693-703.

[38] Rajagopalan A N, Chellappa R. Higher-order-statistics-based detection of vehicles in still images[J]. Journal of the Optical Society of America A: Optics and Image Science, and Vision, 2001, 18(12): 3037-3048.

[39] Hinz S, Baumgartner A. Vehicle detection in aerial images using generic features, grouping, and context[J]. Lecture Notes in Computer Science, 2001, 2191: 45-52.

[40] Moon H, Chellappa R, Rosenfeld A. Performance analysis of a simple vehicle detection algorithm[J]. Image and Vision Computing, 2002, 20(1): 1-13.

[41] Grabner H, Nguyen T T, Gruber B, et al. On-line boosting-based car detection from aerial images[J]. ISPRS Journal of Photogrammetry and Remote Sensing, 2008, 63(3): 382-396.

[42] Yao W, Hinz S, Stilla U. Automatic vehicle extraction from airborne LiDAR data of urban areas using morphological reconstruction[C]. IAPR Workshop on Pattern Recognition in Remote Sensing, Tampa, 2008.

[43] Toth C K, Grejner-Brzezinska D. Extracting dynamic spatial data from airborne imaging sensors to support traffic flow estimation[J]. ISPRS Journal of Photogrammetry and Remote Sensing, 2006, 61(3): 137-148.

[44] Zheng Z Z, Wang X T, Zhou G Q, et al. Vehicle detection based on morphology from highway aerial images[C]. IEEE International Geoscience and Remote Sensing Symposium, Munich, 2012.

[45] Hinz S, Bamler R, Stilla U. Theme issue: "Airborne and spaceborne traffic monitoring"[J]. ISPRS Journal of Photogrammetry and Remote Sensing, 2006, 61(3): 135-136.

[46] Kirchhof M, Stilla U. Detection of moving objects in airborne thermal videos[J]. ISPRS Journal of Photogrammetry and Remote Sensing, 2006, 61(3): 187-196.

[47] Gierull C H. Statistical analysis of multilook SAR interferograms for CFAR detection of ground moving targets[J]. IEEE Transactions on Geoscience and Remote Sensing, 2004, 42(4): 691-701.

[48] Alba-Flores R, Kuthadi S, Rios-Gutierrez F. Detecting and counting vehicles from high resolution satellite imagery[C]. Proceedings of the 2nd IASTED International Conference on Circuits, Signals, and Systems, Clearwater Beach, 2004.

[49] Gerhardinger A, Ehrlich D, Pesaresi M. Vehicle's detection from very high resolution satellite imagery[J]. International Archives of Photogrammetry and Remote Sensing, 2005, 36(P3): W24-1-W24-6.

[50] Zheng H, Li L. An artificial immune approach for vehicle detection from high resolution space imagery[J]. International Journal of Computer Science and Network Security, 2007, 7(2): 67-72.

[51] Sharma G. Vehicle detection and classification in 1-m resolution imagery[D]. Columbus: Ohio State University, 2002.

[52] Jin X Y, Davis C H. Vehicle detection from high-resolution satellite imagery using morphological shared-weight neural networks[J]. Image and Vision Computing, 2007, 25(9):

1422-1431.

[53] Zheng H, Pan L, Li L. A morphological neural network approach for vehicle detection from high resolution satellite imagery[J]. Lecture Notes in Computer Science, 2006, 4233: 99-106.

[54] Moranduzzo T, Melgani F. A SIFT-SVM method for detecting cars in UAV images[C]. IEEE International Geoscience and Remote Sensing Symposium, Munich, 2012.

[55] Kim T, Lee S R, Paik J. Combined shape and feature-based video analysis and its application to non-rigid object tracking[J]. IET Image Processing, 2011, 5(1): 87-100.

[56] Khan Z H, Gu I Y H, Backhouse A G. Robust visual object tracking using multi-mode anisotropic mean shift and particle filters[J]. IEEE Transactions on Circuits and Systems for Video Technology, 2011, 21(1): 74-87.

[57] Tsai H P, Yang D N, Chen M S. Mining group movement patterns for tracking moving objects efficiently[J]. IEEE Transactions on Knowledge and Data Engineering, 2011, 23(2): 266-281.

[58] Kim J Y, Kim T Y. Soccer ball tracking using dynamic kalman filter with velocity control[C]. International Conference on Computer Graphics, Imaging and Visualization, Tianjin, 2009.

[59] Pei C K, Yang S Y, Gao L, et al. A real time ball detection framework for soccer video[C]. International Conference on Systems, Signals and Image Processing, Chalkida, 2009.

[60] Liu S X, Jiang L J, Garner J, et al. Video based soccer ball tracking[C]. IEEE Southwest Symposium on Image Analysis & Interpretation, Austin, 2010.

[61] 顾晓东, 郭仕德, 余道衡. 基于 PCNN 的二值文字空洞滤波[J]. 计算机应用研究, 2003, 20(12): 65-66.

[62] 顾晓东. 脉冲耦合神经网络及其应用的研究[D]. 北京: 北京大学, 2003.

[63] Gu X D, Zhang L M, Yu D H. General design approach to unit-linking PCNN for image processing[C]. Proceedings of the IEEE International Joint Conference on Neural Networks, Montreal, 2005.

[64] 顾晓东, 郭仕德, 余道衡. 一种用 PCNN 进行图像边缘检测的新方法[J]. 计算机工程与应用, 2003, 39(16): 1-2, 55.

[65] Zhuo Y, Zhou T G, Rao H Y, et al. Contributions of the visual ventral pathway to long-range apparent motion[J]. Science, 2003, 299(5605): 417-420.

[66] Chen L. Topological structure in visual perception[J]. Science, 1982, 218(4573): 699-700.

[67] Chen L. The topological approach to perceptual organization[J]. Visual Cognition, 2005, 12(4): 553-637.

[68] Chen L, Zhang S W, Srinivasan M V. Global perception in small brains: Topological pattern recognition in honey bees[J]. Proceedings of the National Academy of Sciences, 2003, 100(11): 6884-6889.

[69] Chen L. The topological approach to temporal organization[J]. Perception, 2006, 35: 1.

[70] Zhou T G, Zhang J, Chen L. Neural correlation of "global-first" topological perception:

Anterior temporal lobe[J]. Brain Imaging and Behavior,2008,2(4):309-317.

[71] Chen L. Topological structure in the perception of apparent motion[J]. Perception,1985,14(2):197-208.

[72] Pfeifer R,Fogelman-Soulie F,Steels L,et al. Connectionism in perspective[C]. International Conference on Connectionism in Perspective,Amsderdam,1989.

[73] Zeeman E C. The topology of the brain and visual perception[M]//Fort Jr M K. Topology of 3-manifolds and Related Topics. Englewood Cliffs:Prentice-Hall,1962.

[74] Zhang J,Wu S. Structure of visual perception[J]. Proceedings of the National Academy of Sciences,1990,87(20):7819-7823.

[75] Tatler B W,Baddeley R J,Gilchrist I D. Visual correlates of fixation selection:Effects of scale and time[J]. Vision Research,2005,45(5):643-659.

[76] Gao D S,Mahadevan V,Vasconcelos N. The discriminant center-surround hypothesis for bottom-up saliency[J]. Advances in Neural Information Processing Systems,2007,20:497-504.

[77] Bian P,Zhang L M. Biological plausibility of spectral domain approach for spatiotemporal visual saliency[J]. Lecture Notes in Computer Science,2009,5506:251-258.

[78] Bian P,Zhang L M. Visual saliency:A biologically plausible contourlet-like frequency domain approach[J]. Cognitive Neurodynamics,2010,4(3):189-198.

[79] Bruce N D B,Tsotsos J K. A statistical basis for visual field anisotropies[J]. Neurocomputing,2006,69(10):1301-1304.

[80] Bruce N D B,Tsotsos J K. Saliency,attention,and visual search:An information theoretic approach[J]. Journal of Vision,2009,9(3):1-24.

[81] Bruce N,Tsotsos J. Saliency based on information maximization[C]. Proceedings of 18th International Conference on Neural Information Processing Systems,Vancouver,2005.

[82] Blaser E,Pylyshyn Z W,Holcombe A O. Tracking an object through feature space[J]. Nature,2000,408(6809):196-199.

[83] Pylyshyn Z W,Storm R W. Tracking multiple independent targets:Evidence for a parallel tracking mechanism[J]. Spatial Vision,1988,3(3):179-197.

[84] Royden C S,Moore K D. Use of speed cues in the detection of moving objects by moving observers[J]. Vision Research,2012,59(2):17-24.

[85] Gibson J J,Carmichael L. The Perception of The Visual World[M]. Boston:Houghton Mifflin,1950.

[86] Ullman S. The interpretation of structure from motion[J]. Proceedings of the Royal Society of London B:Biological Sciences,1979,203(1153):405-426.

[87] Horn B K P,Schunck B G. Determining optical flow[J]. Artificial Intelligence,1981,17:185-203.

[88] Barron J,Fleet D,Beauchemin S. Performance of optical flow technique[J]. International Journal of Computer Vision,1994,12(1):42-77.

[89] Sun D Q, Roth S, Black M J. Secrets of optical flow estimation and their principles[C]. IEEE International Conference on Computer Vision and Pattern Recognition, San Francisco, 2010.

[90] Lucas B D, Kanade T. An iterative image registration technique with an application to stereo vision[C]. Proceedings of the 7th International Conference on Artificial Intelligence, Vancouver, 1981.

[91] Achanta R, Hemami S, Estrada F, et al. Frequency-tuned salient region detection[C]. IEEE International Conference on Computer Vision and Pattern Recognition, Miami, 2009.

[92] Barnich O, Van Droogenbroeck M. ViBe: A universal background subtraction algorithm for video sequences[J]. IEEE Transactions on Image Processing, 2011, 20(6): 1709-1724.

[93] Powers D M. Evaluation: From precision, recall and F-measure to ROC, informedness, markedness and correlation[J]. Journal of Machine Learning Technologies, 2011, 2(1), 37-63.

[94] 王健丞,顾晓东. 基于背景抑制和 PCNN 的运动目标检测[J]. 微电子学与计算机,2017,34(3): 50-55,60.

[95] Wang J C, Gu X D. Moving object attention selection using optical flow and pulse coupled neural network[C]. International Conference on Natural Computation, Guilin, 2017.

[96] Hua Y K, Gu X D. Visual saliency using Unit-linking PCNN image segmentation[C]. International Conference on Natural Computation, Guilin, 2017.

第 9 章　Unit-linking PCNN 方位检测及同步振荡注意力选择

视觉是人类等高等动物赖以认识客观世界的主要感觉，人们通过视觉从外界获取大量的信息，并能通过注意力选择机制关注有效的信息。建立模仿人的视觉及其注意力选择机制的模型具有重要的理论意义及工程应用前景。

建立仿生视觉注意力选择计算模型有两条途径，一条是基于神经生物学的仿生建模；另一条是基于心理学的仿生建模。第 8 章介绍的 PCNN 与拓扑性质知觉理论相结合的注意力选择模型[1-3]及用到的 PQFT 模型[4,5]均是基于心理学的注意力选择模型。本章将介绍根据生物视觉皮层脉冲同步振荡现象所提出的 Unit-linking PCNN 方位检测及同步振荡注意力选择模型[6-8]，该具有 Top-down 机制的模型通过目标轮廓的同步振荡实现注意力选择，是基于神经生物学的注意力选择计算模型。

9.1　模 型 概 述

9.1.1　结构

图 9.1 为基于 Unit-linking PCNN 方位检测及同步振荡注意力选择模型[6-8]的结构框图。该模型按处理顺序分为三层：Unit-linking PCNN 边缘检测层、Unit-linking PCNN 方位检测层、Unit-linking PCNN 同步振荡注意力选择层。首先用 Unit-linking PCNN 的脉冲传播特性进行图像边缘检测[9-11]，然后在此基础上用 Unit-linking PC-NN 实现生物视觉皮层所具有的方位检测功能，最后用具有 Top-down 机制的 Unit-linking PCNN 通过目标轮廓的周期性振荡实现注意力选择。生物视觉皮层

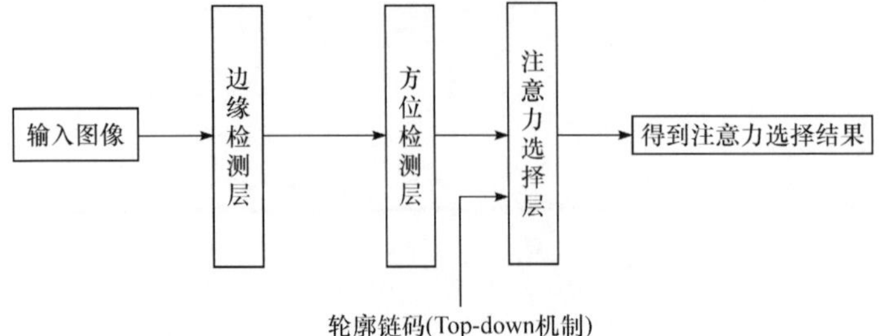

图 9.1　基于 Unit-linking PCNN 方位检测及同步振荡注意力选择模型的结构框图

的脉冲同步振荡[12-20]是脑编码理论的重要内容，而 PCNN 具有同步振荡的功能，这里利用 PCNN 的同步振荡特性进行基于神经生物学的注意力仿生建模。

9.1.2 所建模型与生物视觉系统的关系

人类大脑认知外部世界的信息 70%以上是通过眼睛获得的，大概 20%～30%的皮层区域用于视觉处理。视觉作为人类感知外界信息的主要方式，能给人们提供直观、生动的信息。通过视觉系统，人类可以十分轻松地感知和理解外界环境，并作出正确的反应判断。生物视觉系统是一个能高效处理视觉信息的复杂系统。进入眼睛的光线，沿着"视网膜-视神经-视交叉-外膝体-视皮层" 这一主要的视觉传入通路，经过轴突和树突传递信息，使相关的神经细胞产生一系列的脉冲发放活动。

视网膜接收到进入眼睛的光线后，产生信号并经由视神经传出，再通过视交叉投射到外侧膝状体(lateral geniculate nucleus，LGN)，由 LGN 传导到大脑视皮层。视皮层分为 V1、V2、V3、V4、V5、MST(medical superior temporal，内上颞)、IT(inferior temporal，下颞)等区。LGN 的绝大部分输出信号送到 V1 区(V1 区又称为条纹区)，V1 的输出送到 V2、V3、V4、V5 区(V2～V5 区又称为外条纹区)，其中 V5 区又称为 MT(middle temporal，中颞)区。V5 区投射到 MST 区，V4 区输出到 IT 区。一般情况下，V1 区进行视觉系统中各种功能的低级处理，如方向、形状和颜色等的处理；V2 区与 V1 区对各种图形特征的选择性基本相似，只是时间及空间分辨力有所不同；V3 区处理形状；V4 区涉及颜色和形状特征分辨；V5 区处理运动和深度；MST 区处理运动；IT 区对由一定形状和一定颜色构成的图形具有选择性，即具有注意力选择功能[21]。人脑的视觉处理系统以及本章的仿生建模部位如图 9.2 所示。

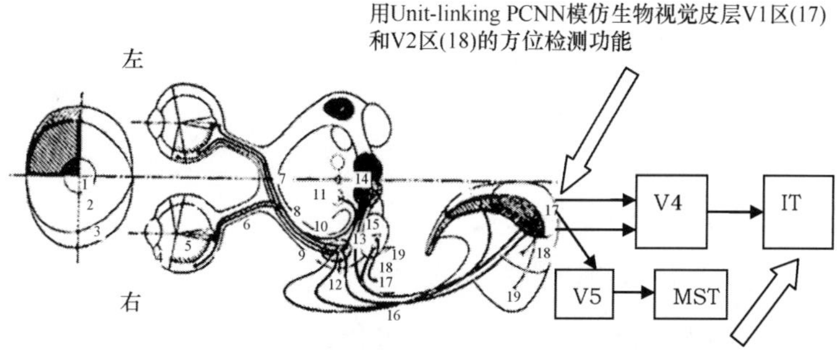

图 9.2 Unit-linking PCNN 方位检测及同步振荡注意力选择仿生建模在人脑视觉系统中的部位

1. 中央部；2. 双眼部；3. 单眼部；4. 视网膜；5. 黄斑；6. 视神经；7. 视交叉；8. 视束；9. 视束外侧根；10. 视束内侧根；11. 顶盖前主核；12. 外膝体；13. 上丘臂；14. 上丘；15. 丘脑枕；16. 视放射；17. V1 区；18. V2 区；19. V3 区

根据图 9.2,基于 Unit-linking PCNN 的方位检测及同步振荡注意力选择的仿生建模集中在以下两个方面。

(1) 基于 Unit-linking PCNN 的方位检测。视皮层中有许多相同视觉功能特性的皮层细胞,它们按一定的空间结构规则排列起来,构成功能柱。这些柱系统与各种特征检测功能一一对应;功能柱中特征调谐相同的细胞在与皮层表面垂直的方向上聚集成片层状结构;各种功能柱的宽度为 0.5～1mm。具有相同最优方位的视皮层细胞,是柱状垂直于皮层表面排列的,同时连成片状的薄层,这样一套片层结构称为方位柱。电生理学和形态学观察证明在猫、猴的 V1 区和 V2 区中存在方位柱的结构。这里用具有生物学背景的 Unit-linking PCNN 模仿生物视觉皮层 V1 区和 V2 区的方位检测功能。

(2) 基于 Unit-linking PCNN 的同步振荡注意力选择。IT 区在图形视觉和形状认知中起着重要作用,多数 IT 细胞对由一定形状和一定颜色构成的复杂图形具有高度选择性,细胞的选择性反应与图形在感受野内的位置无关。V1 区、V2 区的形状和颜色等信息通过 V4 区送到 IT 区。研究进一步表明,IT 神经元的图形选择性是后天形成的,具有注意力选择功能。以目标轮廓的链码表示后天习得的知识,用目标轮廓的周期性振荡进行注意力选择,得到具有 Top-down 机制的 Unit-linking PCNN 注意力选择模型,实现 IT 区的注意力选择功能。真实的生物视觉皮层对先验知识是如何编码的,还有待深入研究。研究表明,从仿生学的角度讲,将目标轮廓链码作为先验知识引入 Unit-linking PCNN 是可以实现注意力选择的。

9.2 基于 Unit-linking PCNN 的仿生方位检测

用 Unit-linking PCNN 模仿生物视觉皮层的方位检测时,首先通过边缘检测层用 Unit-linking PCNN 检测出图像边缘[9-11],然后将边缘检测结果输入基于 Unit-linking PCNN 的方位检测层进行方位检测,如图 9.1 所示。

9.2.1 Unit-linking PCNN 边缘检测

Unit-linking PCNN 方位检测层利用 Unit-linking PCNN 边缘检测结果进行方位检测,边缘检测结果直接影响后续的方位检测。Unit-linking PCNN 方位检测层对输入的边缘检测结果有一定的要求。

Unit-linking PCNN 用于二值图像边缘检测时为一个单层二维的局部连接网络,神经元与像素点一一对应。每个像素点的亮度输入对应神经元的 F 通道,同时每个神经元通过 L 通道接收其邻域内神经元的输出。进行二值图像边缘检测时,若亮区对应背景,暗区对应目标,则亮区由于亮度值比暗区大,其对应的神经元首先点火，而暗区对应的神经元不点火，让亮区发放的脉冲传播一个像素的距离，从而使亮区与暗区交界处的暗区神经元点火，则这些刚点火的暗区神经元对应的像素点就构成了图像中目标的边缘。该方法充分利用了 Unit-linking PCNN 的脉冲快速并行传播特性，背景亮区发出的脉冲按目标的形状自然地进行并行传播，从而迅速地得到自然而精确的目标边缘。若要增加边缘的宽度，可通过增加亮区发放的脉冲的传播距离方便地实现。当边缘用于 Unit-linking PCNN 方位检测时，边缘的宽度为 1 个像素点。对被噪声污染的二值图像，可先用 PCNN 对原始图像进行去噪处理[10,22,23]，然后提取边缘。

边缘提取时每个神经元的邻域可取为 8 邻域，也可取为 4 邻域。取 4 邻域时，Unit-linking PCNN 边缘检测结果中可能同时存在 4 连接和 8 连接的边缘；取 8 邻域时，Unit-linking PCNN 边缘检测结果均是 4 连接的。图 9.3 所示的例子说明 4 连接与 8 连接边缘的不同。图 9.3 中，每个方格表示一个像素点，(a)中白格为背景亮区，黑格为目标，(b)和(c)中黑格为边缘检测结果。图 9.3 中，(a)为一幅二值图像；(b)为神经元 4 邻域连接时二值图像的 Unit-linking PCNN 边缘检测结果，该边缘同时含有 8 连接和 4 连接，其边缘的左上角及右下角为 8 连接，左下角及右上角为 4 连接；(c)为神经元 8 邻域连接时二值图像的 Unit-linking PCNN 边缘检测结果，其边缘均为 4 连接，不存在 8 连接。

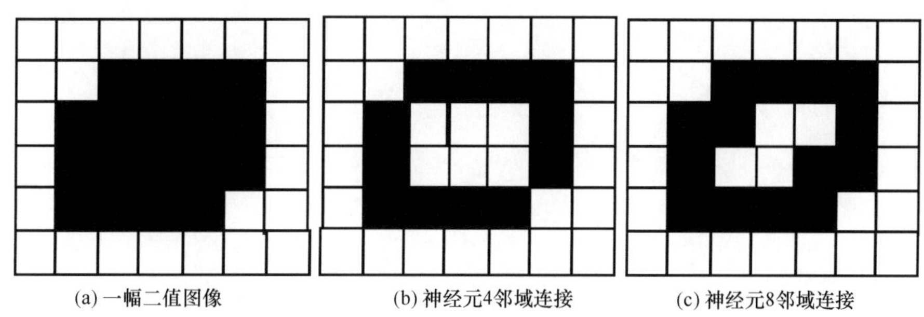

图 9.3　Unit-linking PCNN 边缘的连接说明

为了便于构建 Unit-linking PCNN 方位检测模型，Unit-linking PCNN 方位检测需要 4 连接边缘。例如，图 9.3(c)中的边缘均为 4 连接，完全满足 Unit-linking PCNN 方位检测要求，而图 9.3(b)中的边缘因含有 8 连接而不满足该要求。

因此，提取边缘时 Unit-linking PCNN 神经元需采用 8 邻域连接，这样才能得到满足 Unit-linking PCNN 方位检测要求的 4 连接边缘。

对于 256 级的灰度图像，可先用 Unit-linking PCNN 把原始的 256 级灰度图分割成二值图像[10,24]，接着用 Unit-linking PCNN 二值图像边缘检测算法得到目标边缘；或者用 Unit-linking PCNN 将原始的 256 级灰度图像按照亮度值的大小由高到低逐次分割成多值图像，在逐次分割过程中，结合 Unit-linking PCNN 二值图像边缘检测算法得到边缘,分割完毕时,已检测到的边缘即为最终的结果[9-11]。

9.2.2 用 Unit-linking PCNN 模仿生物视觉皮层的方位检测

Unit-linking PCNN 方位检测层的输入为 Unit-linking PCNN 的边缘检测结果,边缘必须是 4 连接的。

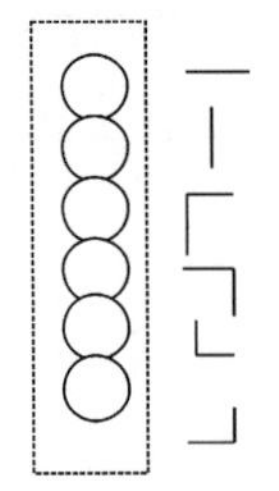

图 9.4 神经元与方向的对应关系

Unit-linking PCNN 方位检测层的每一位置上共有六个神经元,构成一个方位检测单元。这六个神经元分别对应于六个方向(图 9.4),接收其感受野中 Unit-linking PCNN 边缘检测层神经元的输出。方位检测层各位置上的由六个方向神经元构成的方位检测单元,模仿了生物视觉皮层的方位柱,称为 Unit-linking PCNN 方位柱。

边缘检测层的 Unit-linking PCNN 的边缘检测结果位于方位检测层的感受野,各方位柱感受野的大小为 3 方位柱×3 方位柱,彼此之间存在重叠,水平相邻的两感受野之间的重叠面积为感受野面积的 2/3,垂直方向也是如此。图 9.5 画出了方位检测层相邻的三个 Unit-linking PCNN 方位柱 i、j、k 感受野的覆盖情况,可见方位检测层的这三个相邻神经元共覆盖了边缘检测层的 15 个神经元。

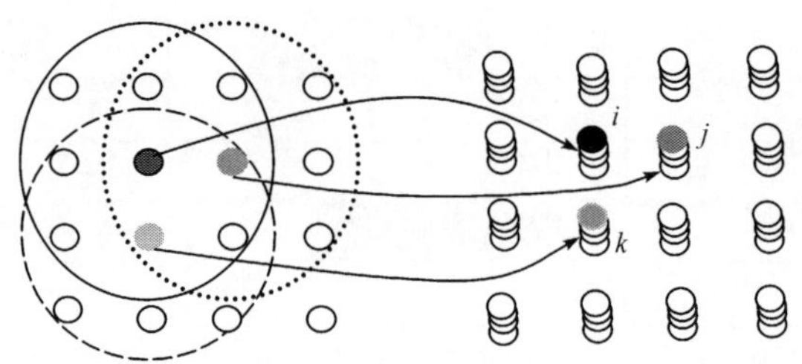

图 9.5 Unit-linking PCNN 方位柱感受野的覆盖情况

由上述可知,方位检测层的各方位柱接收其 3 方位柱×3 方位柱感受野中九个边缘检测层神经元的输出。根据这九个边缘检测神经元中的中心神经元及其四周的八个神经元的点火状况,方位检测层对应方位柱的六个方向神经元共可确定该位置的六个方向。图 9.6～图 9.11 依次画出了各 Unit-linking PCNN 方位柱中各方向神经元与其感受野中边缘检测神经元的连接方式。位于边缘检测层的各方位柱感受野中心神经元的输出信号同时输入对应方位柱中六个方向神经元各自的 L 通道;位于边缘检测层的中心神经元四周八个神经元的输出信号按一定的连接方式输入对应方位柱中六个方向神经元的 F 通道,具体的连接方式见图 9.6～图 9.11。从方位检测层来看,某特定位置方位柱的六个方向神经元 L 通道的输入均是一样的，为其位于边缘检测层的 3 方位柱×3 方位柱感受野中心神经元的输出；这六个方向神经元中，各神经元的 F 通道接收感受野中两个非中心神经元的输出，由图 9.6～图 9.11 可知，Unit-linking PCNN 方位柱中各方向神经元的 F 通道具体接收感受野中哪两个神经元的输出。由上述可知，Unit-linking PCNN 方位检测层与 Unit-linking PCNN 边缘检测层之间是一种单向垂直连接的关系，Unit-linking PCNN 方位柱之间不存在水平连接。

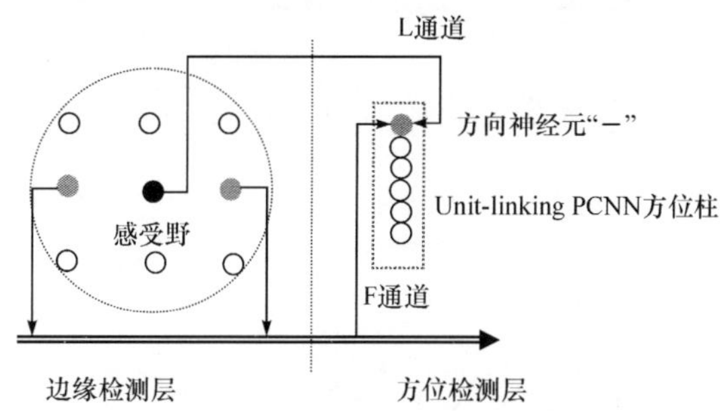

图 9.6　方向神经元"—"的连接方式

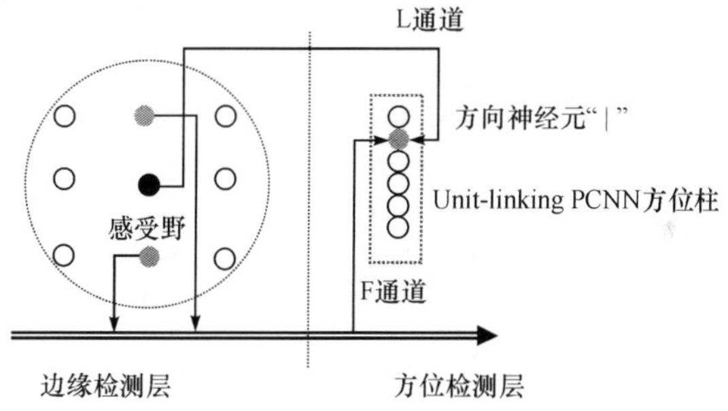

图 9.7　方向神经元"｜"的连接方式

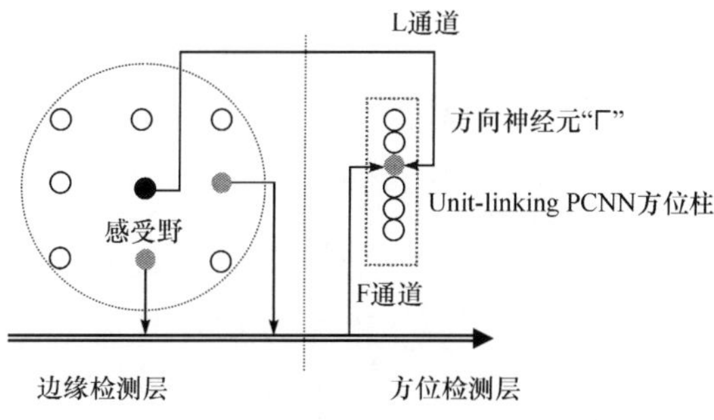

图 9.8　方向神经元"┌"的连接方式

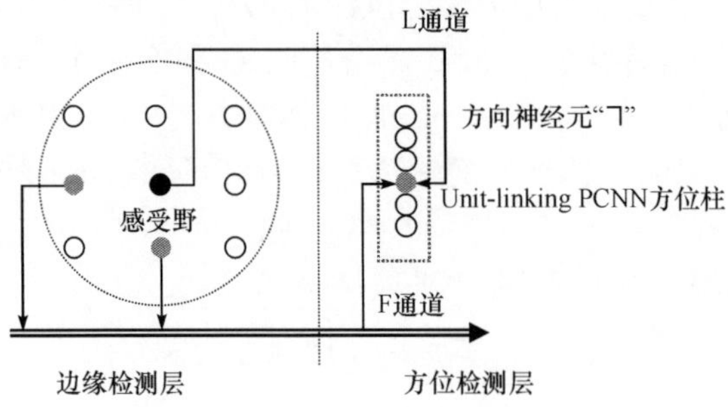

图 9.9　方向神经元"┐"的连接方式

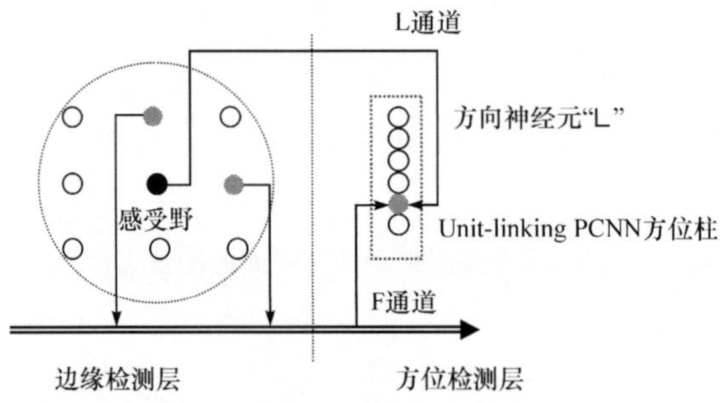

图 9.10　方向神经元"└"的连接方式

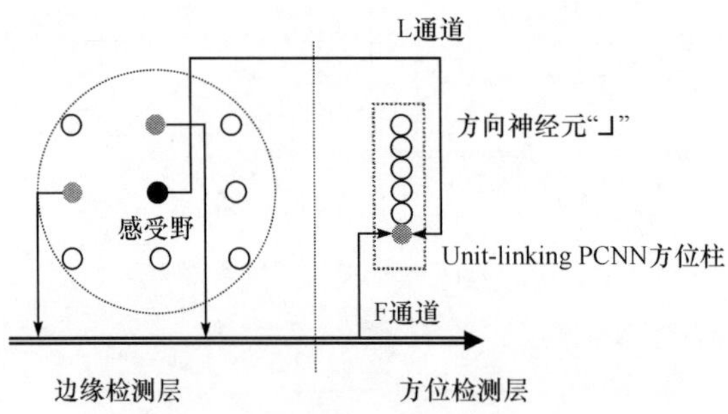

图 9.11　方向神经元"┘"的连接方式

对于闭合的 4 连接目标边缘，一般情况下 Unit-linking PCNN 方位柱中方向神经元"—"被激活时(即检测出方向"—"时)，其感受野中的边缘分布存在九种可能，这九种边缘分布具体见图 9.12；方位柱检测出方向"|"时，其感受野中的边缘分布也存在九种可能，具体见图 9.13；图 9.14 为方位柱检测出方向"┌"时其感受野中四种可能的边缘分布；图 9.15 为方位柱检测出方向"┐"时其感受野中四种可能的边缘分布；图 9.16 为方位柱检测出方向"└"时其感受野中四种可能的边缘分布；图 9.17 为方位柱检测出方向"┘"时其感受野中四种可能的边缘分布。需要说

明的是,以上讨论针对的是大多数情况下的闭合 4 连接目标边缘,并未涵盖所有的可能。大多数情况下,对于闭合的 4 连接目标边缘,同一方位柱中最多只会有一个方向神经元被激活,图 9.12～图 9.17 给出了这种情况下感受野中神经元的点火状况。个别情况下,少数特殊位置的方位柱中会有一个以上的方向神经元被激活。

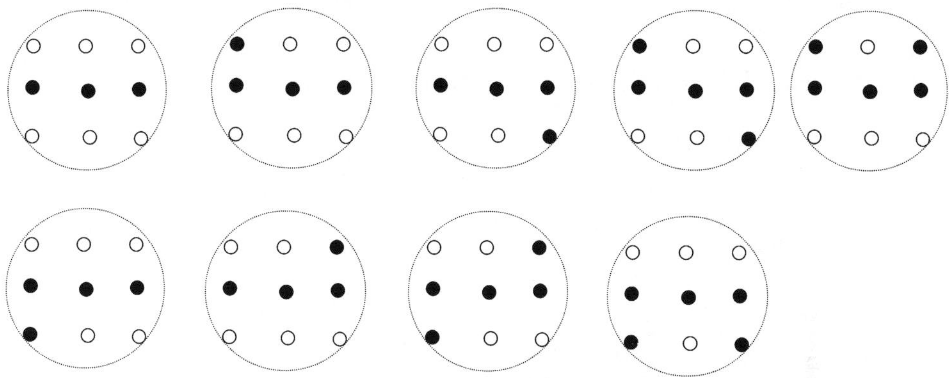

图 9.12　方位柱检测出方向"—"时其感受野中边缘分布的九种形式

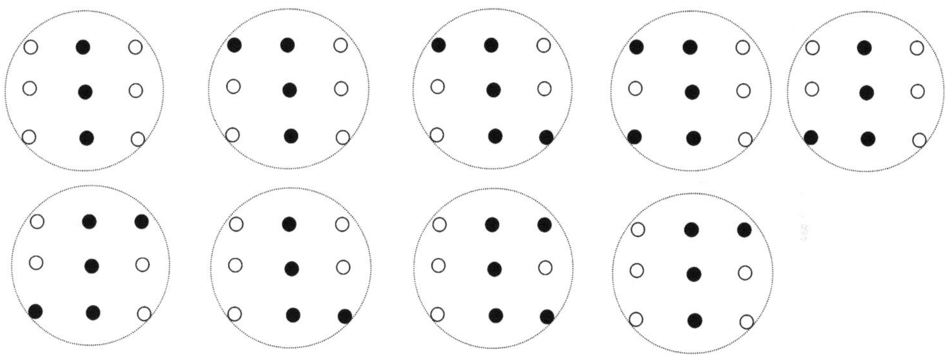

图 9.13　方位柱检测出方向"| "时其感受野中边缘分布的九种形式

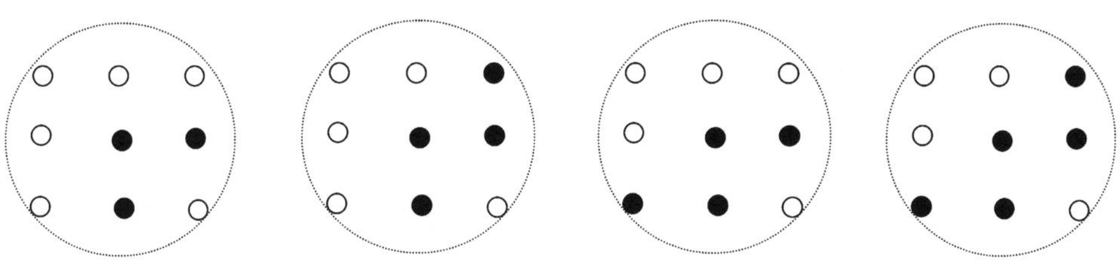

图 9.14　方位柱检测出方向" ┌ "时其感受野中边缘分布的四种形式

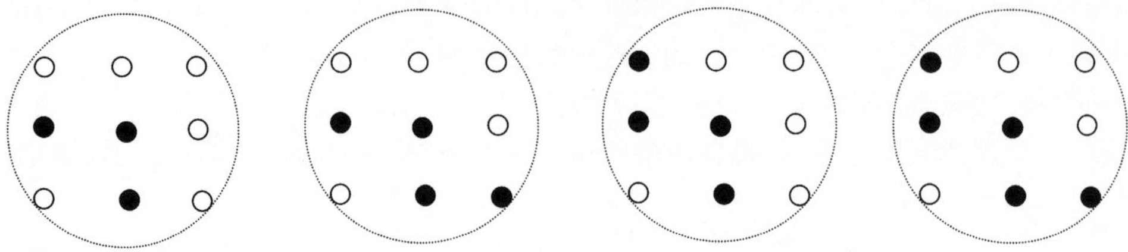

图 9.15　方位柱检测出方向“┐”时其感受野中边缘分布的四种形式

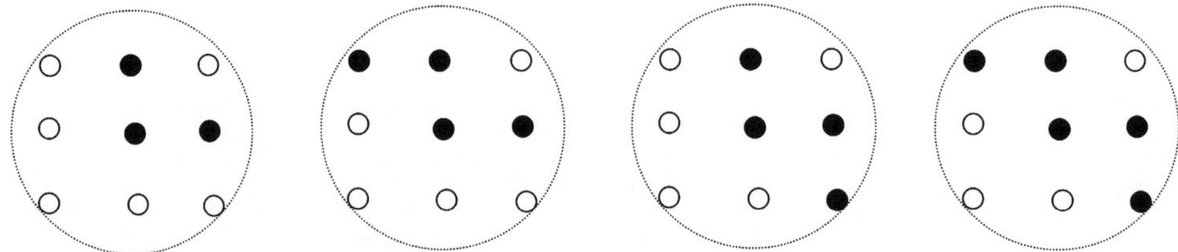

图 9.16　方位柱检测出方向“└”时其感受野中边缘分布的四种形式

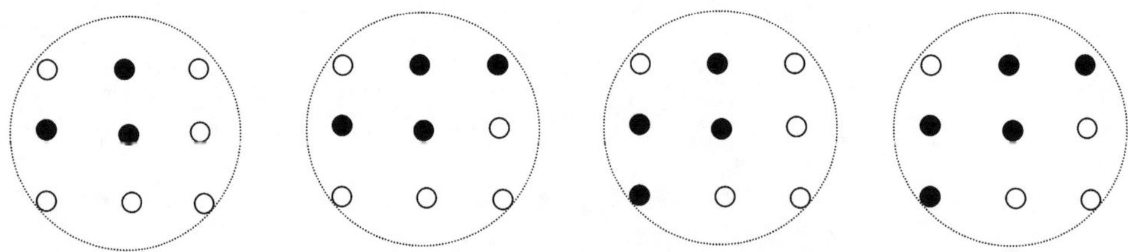

图 9.17　方位柱检测出方向“┘”时其感受野中边缘分布的四种形式

所有 Unit-linking PCNN 方位柱中各方向神经元的参数均相同。在边缘检测层神经元的输出中，令 1 表示该神经元对应的像素点为边缘，0 表示非边缘。由上述介绍可知，Unit-linking PCNN 方位柱中方向神经元 F 通道信号的可能取值为 0、1、2。方位柱中某方向神经元被激活时，其 F 通道信号为 2，L 通道信号为 1。令各方向神经元的连接强度 $\beta=1$。此时，为了能准确地检测出方向，阈值 θ 必须满足不等式：$2\leqslant\theta<4$。模型中取 $\theta=3$。

9.2.3　仿真及分析

计算机仿真结果表明，Unit-linking PCNN 方位检测模型[6-8]可简单地实现生物视觉皮层的方位检测功能，快速而准确地由各位置的边缘检测出方向。对于 256 像素×256 像素的二值图像，用 Unit-linking PCNN 检测出边缘，再由边缘检测出方位，整个过程共耗时 70ms（基于 CPU 为 PⅢ1.7GHz、内存为 512MB 的计算机），完全满足实时处理的要求。

图 9.18 为基于 Unit-linking PCNN 的方位检测示例。图 9.18(a)为原始的二值图像(包含圆形、三角形、正方形、十字形共四种不同形状的目标),输入至 Unit-linking PCNN 边缘检测层;图 9.18(b)为边缘检测层输出的边缘检测结果,该边缘检测结果输入至 Unit-linking PCNN 方位检测层;图 9.18(c)为方位检测层输出的方位检测结果。

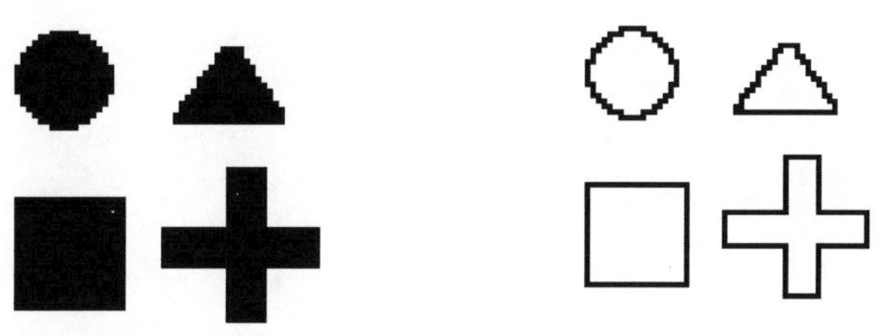

(a) 包含四种不同形状的原始二值图像　　(b) 图(a)中目标的Unit-linking PCNN检测结果

(c) 图(b)中边缘的Unit-linking PCNN方位检测结果

图 9.18　基于 Unit-linking PCNN 的二值图像方位检测示例

图 9.19 中,(a)为客机的灰度图像(60 像素×23 像素);(b)为(a)的 Unit-linking PCNN 分割结果[10,24];(c)为(b)的 Unit-linking PCNN 边缘检测结果;(d)为(c)的 Unit-linking PCNN 方位检测结果,其中 6 个▣表示该位置同时检测出一个以上的方向,分别位于机头、机尾和机翼的顶端。

Unit-linking PCNN 方位检测方法是根据小范围内边缘像素点的分布得到边缘的方向。若希望在较大的范围内检测到边缘方向或检测到更多的方向,可以增

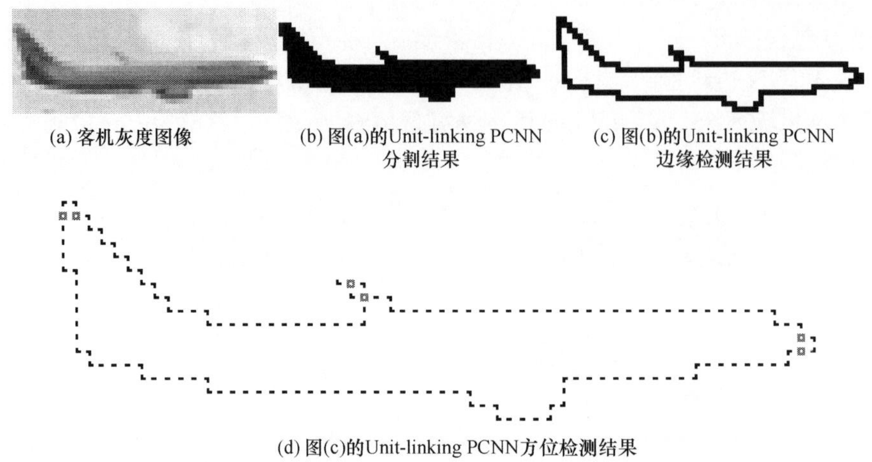

图 9.19 一幅客机灰度图像的 Unit-linking PCNN 方位检测

大方位柱的感受野范围,或逐层综合小范围内的方向检测结果。Unit-linking PCNN 方位检测方法只是粗略地实现了生物视觉皮层的方位检测功能,有待于进一步完善。

9.3 具有 Top-down 机制的 Unit-linking PCNN 注意力选择

9.2 节介绍了如何使用 Unit-linking PCNN 模仿生物视觉皮层的方位检测功能,本节将介绍在此基础上提出的具有 Top-down 机制的 Unit-linking PCNN 同步振荡注意力选择模型[6-8]。

9.3.1 Unit-linking PCNN 注意力选择概述

Unit-linking PCNN 注意力选择层的具体结构如图 9.20 所示,包括功能层和输出层(图 9.20 中虚框),它接收来自 Unit-linking PCNN 方位检测层的方位检测结果,结合目标轮廓链码通过同步振荡得到感兴趣目标。其中,功能层接收方位检测层的方位检测结果及目标轮廓链码作为输入,实现注意力选择的主要功能;输出层用于得到最终的注意力选择结果。

在 Unit-linking PCNN 同步振荡注意力选择模型中,注意力选择是通过感兴趣目标轮廓的周期性振荡实现的,背景中其他非感兴趣目标的轮廓不会在该层形成周期性振荡。某区域轮廓链码与感兴趣目标轮廓链码(即先验轮廓链码)是否匹配决定了该区域的轮廓是否发生振荡。

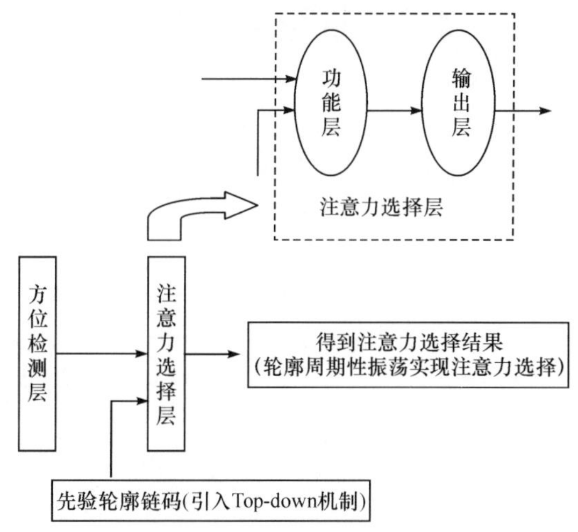

图 9.20　Unit-linking PCNN 注意力选择层的结构

认知科学研究表明，人的认知过程中利用了先验的知识，存在着 Top-down 机制。Top-down 机制对于模拟人类的注意力选择功能十分重要，甚至是必不可少的，但是认知科学对于人脑高层控制机制的有限认识使目前大部分的计算模型仅停留在轮廓整合或者模式识别阶段。Unit-linking PCNN 注意力选择模型通过引入目标轮廓链码序列作为先验知识，可得到具有 Top-down 机制的注意力选择模型，通过轮廓的同步振荡实现注意力选择。Top-down 机制的引入是通过用感兴趣目标轮廓链码表达先验知识实现的。大脑对于 Top-down 机制的实现，还有待于神经生物学及认知科学的深入研究。Yu 等[25]提出了用目标轮廓链码表达先验知识的观点，并将其用于轮廓匹配，其轮廓匹配模型非常复杂，有多个神经元参数需要选取，且包含结构不同的神经元，同时未采用神经网络进行边缘检测、方位检测等处理。Unit-linking PCNN 同步振荡注意力选择模型[6-8]中所有神经元的结构都相同，且神经元结构要简单得多，更便于用硬件实现；采用具有生物学背景的 Unit-linking PCNN 统一实现了从边缘检测到方位检测，再到同步振荡注意力选择的全过程。

9.3.2　目标轮廓链码

先验知识在认知过程中起着非常重要的作用，其在脑中的表达方式、Top-down 运作机制等还有待深入研究。先验知识种类很多，如概念、理论知识、感兴趣目标的特征等。Unit-linking PCNN 注意力选择模型采用目标轮廓链码表达先验知识，并引入 Top-down 机制。此时，Unit-linking PCNN 的结构和原来的完全一样，先验知识的引入并未改变其结构。

设目标轮廓链码为 $C=(C[0],C[1],\cdots,C[k],\cdots,C[L-1])$，其中 $C[k]\in$

$\{\phi_n, n=0,2,\cdots,N-1\}$，$L$ 为轮廓链码的长度，由于方位检测层中各方位柱共有六个方向，则 N 对应取为 6，ϕ_n 对应于方位柱中六个方向中的第 n 个方向，具体的对应关系如下：

$$\phi_0 \Leftrightarrow -,\ \phi_1 \Leftrightarrow |,\ \phi_2 \Leftrightarrow \ulcorner,\ \phi_3 \Leftrightarrow \urcorner,\ \phi_4 \Leftrightarrow \llcorner\ \phi_5 \Leftrightarrow \lrcorner$$

虽然目标轮廓的形状是两维的，但轮廓链码可用一维序列表示。模型中，通过顺时针方向由两维目标轮廓得到一维链码。当链码的起始点取轮廓上的不同点时，多数情况下会得到不同的链码，这些链码之间存在循环关系，可通过循环互相转换。为使注意力选择能顺利进行，采用的链码必须满足以下条件：链码的第一个码元必须不等于第二个码元，即 $C[0]\neq C[1]$。具体原因将在后面内容中说明。

图 9.21 所示的正方形，若以轮廓的左上角为起始点，沿顺时针方向得到其闭合轮廓的链码为($\phi_2,\phi_0,\phi_3,\phi_1,\phi_5,\phi_0,\phi_4,\phi_1$)，在一幅图像中，以此链码为先验知识，则该链码序列以其长度为周期(这里为 8)依次输入注意力选择柱中对应神经元的 F 通道。各注意力选择柱由 6 个对应 $\phi_0,\phi_1,\phi_2,\phi_3,\phi_4,\phi_5$ 的神经元构成，具体结构将在后面内容中介绍。在整个注意力选择过程中，目标链码序列以链码的长度为周期周而复始地输入注意力选择柱。图 9.21 画出了以链码($\phi_2,\phi_0,\phi_3,\phi_1,\phi_5,\phi_0,\phi_4,\phi_1$)为先验知识时 Unit-linking PCNN 注意力选择柱中各神经元 F 通道的链码输入情况。

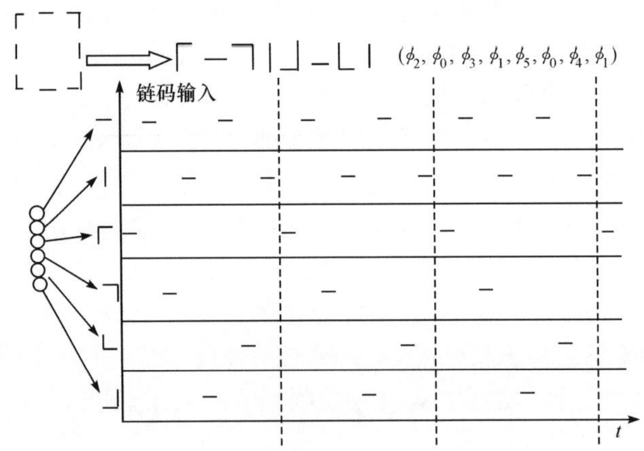

图 9.21　先验知识为一正方形轮廓时各注意力选择柱中神经元 F 通道的链码输入情况

9.3.3　Unit-linking PCNN 注意力选择层

Unit-linking PCNN 注意力选择层由功能层和输出层两个子层依次构成，功能层实现注意力选择的主要功能，输出层则得到最终的注意力选择结果。下面介绍功能层和输出层，并对其功能进行具体分析。

1. 功能层的结构及功能

Unit-linking PCNN 注意力选择层中的功能层由一个个注意力选择单元构

成，每个单元有六个神经元，称为注意力选择柱。注意力选择柱与 Unit-linking PCNN 方位检测层中的方向柱一一对应，注意力选择柱中的神经元也与对应方位柱中的方向神经元一一对应。方位检测层中方位柱神经元的输出输入注意力选择功能层各注意力选择柱中对应神经元的 F 通道，感兴趣目标的轮廓链码也输入到注意力选择层各注意力选择柱中对应神经元的 F 通道，两者共同决定注意力选择层各选择柱神经元的 F 通道响应，如图 9.22 和式(9-1)所示；各注意力选择柱中的每一个神经元的 L 通道按一定方式接收其所在柱 8 邻域中两个特定选择柱所有神经元(共 2×6＝12 个)的输出，如式(9-2)所示，具体的连接方式见图 9.23～图 9.28，图中用黑色点表示相应图题中的神经元。若选择柱 A 中某神经元 j 的 L 通道接收选择柱 B 及选择柱 C 的输出，则选择柱 B 及选择柱 C 中所有神经元的输出均输入神经元 j 的 L 通道。由图 9.21 所示的例子可清楚地知道注意力选择柱中各神经元与链码方向的对应关系，以及在给定轮廓链码的情况下如何确定各神经元的链码输入。

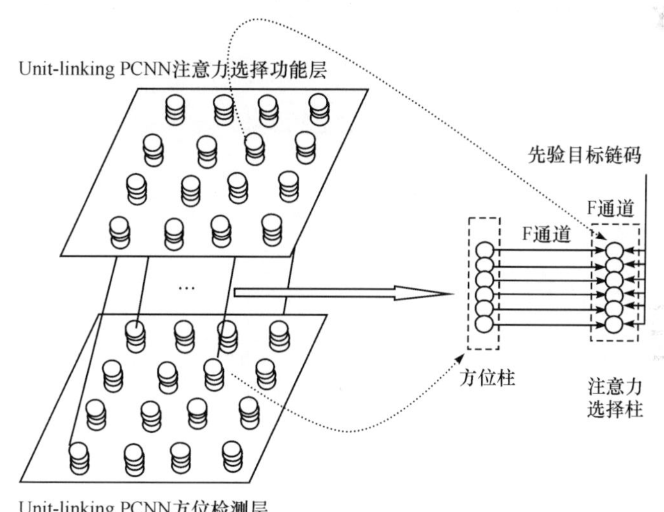

图 9.22　注意力选择柱中神经元 F 通道的连接方式

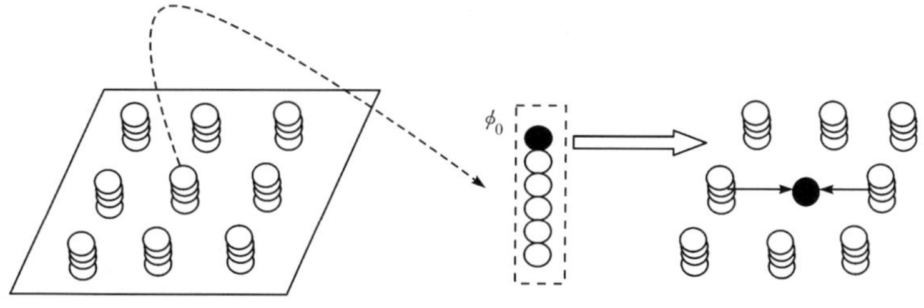

图 9.23　注意力选择柱中神经元 ϕ_0 的 L 通道的连接方式

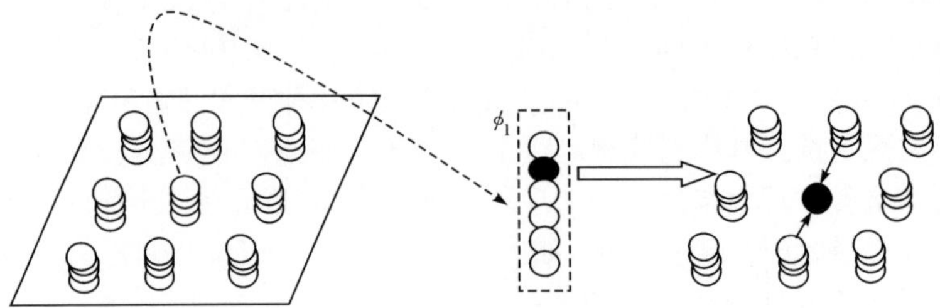

图 9.24　注意力选择柱中神经元 ϕ_1 的 L 通道的连接方式

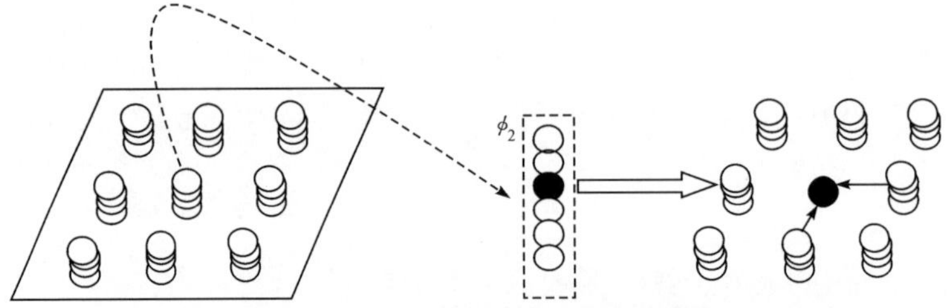

图 9.25　注意力选择柱中神经元 ϕ_2 的 L 通道的连接方式

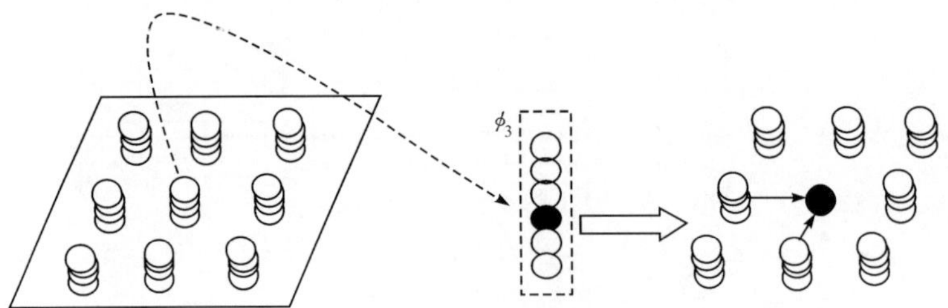

图 9.26　注意力选择柱中神经元 ϕ_3 的 L 通道的连接方式

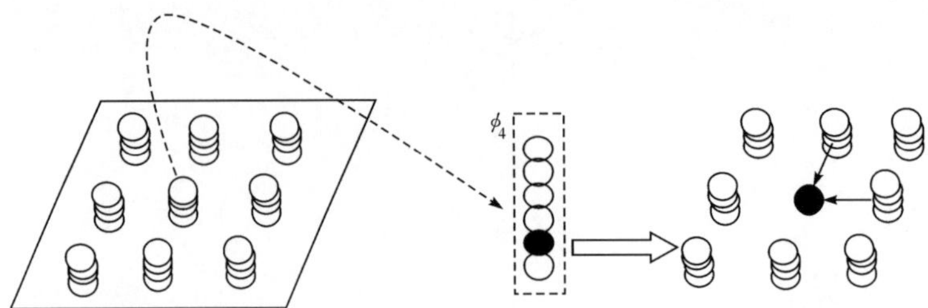

图 9.27　注意力选择柱中神经元 ϕ_4 的 L 通道的连接方式

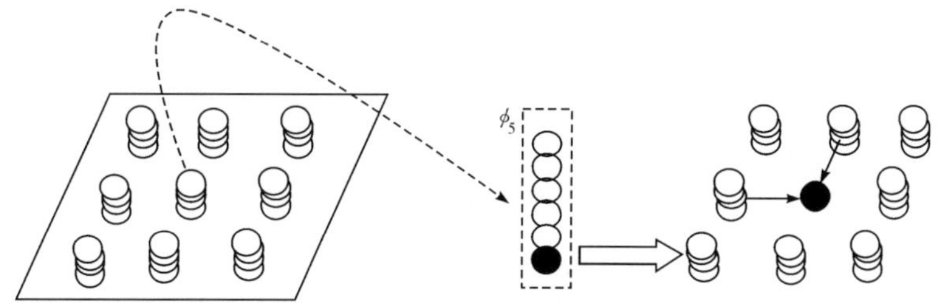

图 9.28　注意力选择柱中神经元 ϕ_5 的 L 通道的连接方式

$$F_{P\phi_j}(n)=E_{P\phi_j}+\text{Match}\{C[\text{Mod}_L(n)-1],\phi_j\} \tag{9-1}$$

式中，$F_{P\phi_j}(n)$为进行第 n 次注意力选择运算时，注意力选择柱 P 中与同一位置方位柱方向神经元 ϕ_j（$j\in\{0,1,2,3,4,5\}$）对应的注意力选择神经元 ϕ_j 的 F 通道信号的取值；$E_{P\phi_j}(n)$为此刻位置 P 的方位柱中方向神经元 ϕ_j 的二值方向检测结果，若检测到该方向，$E_{P\phi_j}(n)=1$，否则 $E_{P\phi_j}(n)=0$；函数 $\text{Mod}_L(n)$表示 n 除以 L 后再取余数，L 为先验链码的长度。

$$L_{P\phi_j}(n)=\text{Step}\Big(\sum_{k\in N_P(\phi_j)}Y_k(n)\Big)=\begin{cases}1, & \sum\limits_{k\in N_P(\phi_j)}Y_k(n)>0\\ 0, & \sum\limits_{k\in N_P(\phi_j)}Y_k(n)\leqslant 0\end{cases} \tag{9-2}$$

式中，$L_{P\phi_j}(n)$为进行第 n 次注意力选择运算时注意力选择柱 P 中神经元 ϕ_j 的 L 通道信号的取值；$N_P(\phi_j)$为注意力选择柱 P 的 8 邻域中和 P 中神经元 ϕ_j 的 L 通道相连的两个选择柱共 12 个神经元构成的集合。

式(9-1)中，$C[\text{Mod}_L(n)-1]$为第 n 次迭代时先验链码的码元，其中 Match(x,y)为匹配函数，用于判断 x、y 两者是否相同，如下所示：

$$\text{Match}(x,y)=\begin{cases}1, & x=y\\ 0, & x\neq y\end{cases} \tag{9-3}$$

L 通道的响应通过 Unit-linking PCNN 的脉冲传播特性考虑了目标轮廓的连续性，它与 F 通道的响应共同确定目标轮廓的增长，式(9-4)中的 $U_{P\phi_j}(n)$为注意力选择柱 P 中神经元 ϕ_j 的 L 通道响应和 F 通道响应相乘的调制结果，即内部状态信号：

$$\begin{aligned}U_{P\phi_j}(n)&=F_{P\phi_j}(n)[1+\beta L_{P\phi_j}(n)]\\&=\{E_{P\phi_j}+\text{Match}\{C[\text{Mod}_L(n)-1],\phi_j\}\}[1+\beta L_{P\phi_j}(n)]\end{aligned} \tag{9-4}$$

进而，$U_{P\phi_j}(n)$与阈值相比，得到神经元 ϕ_j 的输出。

例如，对于位置 P，若先验链码长度为 8，且 $E_{P\phi_j}=1$，则第 18 次迭代时：

如果 $C[1]=\phi_3$，则

$$
\begin{aligned}
F_{P_{\phi_j}}(18) &= 1+\text{Match}[C[\text{Mod}_8(18)-1], \phi_j\} \\
&= 1+\text{Match}\{C[2-1], \phi_j\} \\
&= 1+\text{Match}\{C[1], \phi_j\}
\end{aligned} \tag{9-5}
$$

因此

$$F_{P_{\phi_3}}(18)=1+1=2 \tag{9-6}$$

$$F_{P_{\phi_1}}(18)=F_{P_{\phi_2}}(18)=F_{P_{\phi_4}}(18)=F_{P_{\phi_5}}(18)=F_{P_{\phi_0}}(18)=1+0=1 \tag{9-7}$$

由上述可知,注意力选择柱中每个神经元的 F 通道共有两个输入(方向检测层的同一位置方位柱中对应神经元的输出及先验链码);注意力选择柱中每个神经元的 L 通道共有 12 个输入(其 8 邻域中的两个特定选择柱共 2×6=12 个神经元的输出)。各神经元阈值的改变方式将在下面"功能层注意力选择柱中神经元阈值参数的选取"部分结合注意力选择过程分析。

注意力选择柱中只要有一个神经元点火,就称该注意力选择柱点火。注意力选择柱中各神经元 L 通道的响应和 F 通道的响应(方位检测层中对应位置的方位柱中对应神经元的输出及相应先验链码之和)共同决定了各自的点火状况,从而决定该注意力选择柱是否点火。一般情况下,同一时刻某注意力选择柱中的 6 个神经元,只可能有一个点火。注意力选择柱与输出层的神经元一一对应,其点火状态决定了输出层对应神经元是否点火,它们之间的点火状态也是一一对应的。因此,输出层中某些神经元所构成轮廓的周期性振荡对应于功能层中对应位置的注意力选择柱所构成轮廓的周期性振荡。最终,注意力的选择表现为输出层中神经元所构成轮廓的周期性振荡。功能层是注意力选择层的关键部分,可实现注意力选择的主要功能。

2. 功能层中先验链码与轮廓匹配的原理

在 Unit-linking PCNN 注意力选择模型中,注意力选择是通过感兴趣目标轮廓链码与输入的先验链码序列相一致产生周期性振荡实现的,这里注意力选择过程也就是先验链码与目标轮廓进行匹配的过程。这一过程表现为轮廓的增长,当区域轮廓的增长与先验链码序列合拍时,轮廓就不断地增长,其中感兴趣目标的轮廓由于与先验链码完全一致而形成一闭合回路,并发生周期性振荡从而实现注意力选择。对于非感兴趣目标的轮廓,由于其轮廓不与先验链码序列完全吻合,从而不会在注意力选择层形成闭合回路,也不可能形成周期性振荡。当轮廓上某点对应的注意力选择柱点火时,也称该轮廓点点火。

通过感兴趣目标轮廓发生周期性振荡吸引注意力,这就像感兴趣轮廓上的起始点传出一令牌,该令牌沿着闭合轮廓重复传播,其周期为轮廓的长度。先验链码序列则给出了令牌传播规则。

下面将具体分析注意力选择柱中神经元阈值参数是如何选取的。

3. 功能层注意力选择柱中神经元阈值参数的选取

注意力选择柱的输入为：①位于方向检测层中的对应 Unit-linking PCNN 方位柱的输出；②先验轮廓链码序列；③其 8 邻域中其他注意力选择柱的输出（具体的连接方式见前面的描述）。这三者共同决定了注意力选择柱是否点火。

注意力选择柱点火的必要条件是其对应的 Unit-linking PCNN 方位检测层的方位柱中有方向神经元点火。只有当 Unit-linking PCNN 方位柱中有方向神经元点火时，对应的注意力选择柱才可能点火。一般情况下，即使某方位柱检测到一个以上的方向，同一时刻其对应的注意力选择柱中的六个神经元中，也只可能有一个点火，这是因为在某一时刻各注意力选择柱中只有一个神经元与当前接收到的先验链码码元相匹配。

在注意力选择过程中，最先点火的选择柱对应的视野中的点火点必位于轮廓之上，这些点称为轮廓起始点。注意，同一视野中可以有多个轮廓起始点，且它们不一定都属于感兴趣目标的轮廓，而同一感兴趣目标轮廓也可能有多个起始点。进行先验链码的第一个码元匹配时（即进行轮廓起始点匹配时），所有的注意力选择柱都还未曾点火。此时，某注意力选择柱只要其对应的方位柱点火，且注意力选择柱中与方位柱中点火神经元相对应的神经元和先验链码的第一个码元相匹配，则该注意力选择柱就被激发点火。因此，起始点注意力选择柱点火并不需要接收到其相邻注意力选择柱发出的脉冲。在每一时刻，各注意力选择柱中都有一神经元接收到相应的先验链码码元。

此后进行轮廓非起始点匹配时，某注意力选择柱要点火，必须同时满足三个条件：①方位检测层中对应的方位柱点火；②对应位置的边缘方向和先验链码相匹配；③接收到其 8 邻域中其他注意力选择柱在上一步迭代运算中点火发出的脉冲。

由此可见，注意力选择过程中进行轮廓与先验链码匹配时，轮廓的起始点和非起始点必须区别对待，这可以通过选取不同的阈值实现。

所有注意力选择柱中神经元的参数均一样，取连接强度 $\beta=1$。

为了便于分析，记

$$Z_{P\phi_j}(n)=\text{Match}\{C[\text{Mod}_L(n)-1],\phi_j\} \tag{9-8}$$

重写式(9-4)为

$$\begin{aligned}U_{P\phi_j}(n)&=[E_{P\phi_j}+Z_{P\phi_j}(n)][1+\beta L_{P\phi_j}(n)]\\&=[E_{P\phi_j}+Z_{P\phi_j}(n)][1+L_{P\phi_j}(n)]\end{aligned} \tag{9-9}$$

式中，$E_{P\phi_j}=1$ 表示方位检测层中同一位置的方位柱检测出方向 ϕ_j；$E_{P\phi_j}=0$ 表示方位检测层中同一位置的方位柱未检测出方向 ϕ_j；$Z_{P\phi_j}(n)=1$ 表示先验链码序列在第 n 次迭代时刻的码元与方向 ϕ_j 相匹配；$Z_{P\phi_j}(n)=0$ 表示先验链码序列在第 n 次迭代时刻的码元与方向 ϕ_j 不匹配；$L_{P\phi_j}(n)=1$ 表示上一步迭代中其所在注意力选择柱 8 邻域中和其 L 通道相连的两个注意力选择柱的 12 个神经元至少有一个点火；$L_{P\phi_j}(n)=0$ 表示上一步迭代中其所在注意力选择柱 8 邻域中和其 L 通道相连的两个注意力选择柱的 12 个神经元没有一个点火。

1）轮廓起始点匹配时

(1) 当 $E_{P\phi_j}=1, Z_{P\phi_j}(1)=1$ 时，该神经元应点火。此刻 $U_{P\phi_j}(1)=(1+1)(1+1\times0)=2$，为了保证该神经元应点火，阈值 $\theta_{P\phi_j}(1)$ 必须满足不等式 $\theta_{P\phi_j}(1)<U_{P\phi_j}(1)$，即 $\theta_{P\phi_j}(1)<2$。

(2) 当 $E_{P\phi_j}=0, Z_{P\phi_j}(1)=0$ 时，该神经元不应点火。此刻 $U_{P\phi_j}(1)=(0+0)(1+1\times0)=0$，故阈值 $\theta_{P\phi_j}(1)$ 必须满足不等式 $\theta_{P\phi_j}(1)\geqslant U_{P\phi_j}(1)$，即 $\theta_{P\phi_j}(1)\geqslant0$。

(3) 当 $E_{P\phi_j}=0, Z_{P\phi_j}(1)=1$ 时，该神经元不应点火。此刻 $U_{P\phi_j}(1)=(0+1)(1+1\times0)=1$，故阈值 $\theta_{P\phi_j}(1)$ 必须满足不等式 $\theta_{P\phi_j}(1)\geqslant1$。

(4) 当 $E_{P\phi_j}=1, Z_{P\phi_j}(1)=0$ 时，该神经元不应点火。此刻 $U_{P\phi_j}(1)=(1+0)(1+1\times0)=1$，故阈值 $\theta_{P\phi_j}(1)$ 必须满足不等式 $\theta_{P\phi_j}(1)\geqslant1$。

综合上述四种情况，进行轮廓起始点匹配时，各神经元阈值的取值范围为 $1\leqslant\theta(1)<2$，取 $\theta(1)=1.5$。

由于各神经元阈值均相同，这里略去阈值的下标。整个处理过程中，各神经元阈值的变化规律也均相同，后面介绍阈值的调整过程时，相应的地方同样省去下标。当某神经元点火后，其阈值该如何调整，这将结合后续的迭代过程给出。

2）轮廓后续非起始点匹配时

为了使与先验链码起始点匹配的轮廓起始点在满足与先验链码匹配的条件下能顺利增长，阈值必须满足以下八种情况下的限制条件。这些情况中，n 为大于 1 的整数。

(1) 当 $E_{P\phi_j}=1, Z_{P\phi_j}(n)=1$ ，$L_{P\phi_j}(n)=1$ 时，该神经元应点火。此刻 $U_{P\phi_j}(n)=(1+1)(1+1\times1)=4$，为了保证该神经元应点火，阈值 $\theta_{P\phi_j}(1)$ 必须满足不等式 $\theta_{P\phi_j}(n)<4$。

(2) 当 $E_{P\phi_j}=0, Z_{P\phi_j}(n)=0$ ，$L_{P\phi_j}(n)=1$ 时，该神经元不应点火。此刻 $U_{P\phi_j}(n)=(0+0)(1+1\times1)=0$，故阈值 $\theta_{P\phi_j}(n)$ 必须满足不等式 $\theta_{P\phi_j}(n)\geqslant0$。

(3) 当 $E_{P\phi_j}=0, Z_{P\phi_j}(n)=1$ ，$L_{P\phi_j}(n)=1$ 时，该神经元不应点火。此刻 $U_{P\phi_j}(n)=(0+1)(1+1\times1)=2$，故阈值 $\theta_{P\phi_j}(n)$ 必须满足不等式 $\theta_{P\phi_j}(n)\geqslant2$。

(4) 当 $E_{P\phi_j}=1, Z_{P\phi_j}(n)=0$ ，$L_{P\phi_j}(n)=1$ 时，该神经元不应点火。此刻 $U_{P\phi_j}(n)=(1+0)(1+1\times1)=2$，故阈值 $\theta_{P\phi_j}(n)$ 必须满足不等式 $\theta_{P\phi_j}(n)\geqslant2$。

(5) 当 $E_{P\phi_j}=1, Z_{P\phi_j}(n)=1$ ，$L_{P\phi_j}(n)=0$ 时，该神经元不应点火。此刻 $U_{P\phi_j}(n)=(1+1)(1+1\times0)=2$，故阈值 $\theta_{P\phi_j}(n)$ 必须满足不等式 $\theta_{P\phi_j}(n)\geqslant2$。

(6) 当 $E_{P\phi_j}=0, Z_{P\phi_j}(n)=0$ ，$L_{P\phi_j}(n)=0$ 时，该神经元不应点火。此刻 $U_{P\phi_j}(n)=(0+0)(0+1\times0)=0$，故阈值 $\theta_{P\phi_j}(n)$ 必须满足不等式 $\theta_{P\phi_j}(n)\geqslant0$。

(7) 当 $E_{P\phi_j}=0, Z_{P\phi_j}(n)=1$, $L_{P\phi_j}(n)=0$ 时,该神经元不应点火。此刻 $U_{P\phi_j}(n)=(0+1)(1+1\times0)=1$,故阈值 $\theta_{P\phi_j}(n)$ 必须满足不等式 $\theta_{P\phi_j}(n)\geqslant1$。

(8) 当 $E_{P\phi_j}=1, Z_{P\phi_j}(n)=0$, $L_{P\phi_j}(n)=0$ 时,该神经元不应点火。此刻 $U_{P\phi_j}(n)=(1+0)(1+1\times0)=1$,故阈值 $\theta_{P\phi_j}(n)$ 必须满足不等式 $\theta_{P\phi_j}(n)\geqslant1$。

因此,进行轮廓后续非起始点匹配时,各神经元阈值的取值范围为 $2\leqslant\theta(n)<4$,本书取 $\theta(n)=3(n\geqslant2)$。

3) 阈值的调整

第2次($n=2$)迭代时,为了避免已点火的轮廓起始点被其在该次点火的轮廓后续点激发而再次点火,从而造成相邻两点间的点火振荡,轮廓起始点对应的在第1次迭代中点火的神经元的阈值在其点火后,必须由1.5升高到大于等于2($\geqslant(1+0)(1+1)=2$),注意先验链码中 $C[0]\neq C[1]$ 的条件,即第1次迭代后,所有点火神经元的阈值均需调整到大于等于2,这给出了起始点阈值调整的下限。

同样,为了避免轮廓上相邻的两非起始点间的点火振荡,任一非起始点点火后,其对应的选择柱中的点火神经元的阈值必须升高到大于等于4($\geqslant(1+1)(1+1)=4$),即从第2次迭代开始,神经元一旦点火,其阈值就必须升高到大于等于4。

综上所述,迭代运算中任一神经元一旦点火,其阈值必须迅速上升到大于等于4,这里取为4.5。

在Unit-linking PCNN注意力选择模型中,注意力选择是通过感兴趣目标轮廓的周期性振荡实现的。为了使感兴趣目标轮廓发生周期性振荡,经过一段时间后感兴趣目标轮廓上的点(包括起始点和非起始点)应能被脉冲激发而再次点火。这就仿佛感兴趣轮廓上的起始点传出一令牌,该令牌沿着轮廓依次传播一圈后又回到了起始点,再由起始点沿着轮廓传出,这样周而复始下去,形成轮廓的周期性振荡,该令牌传播的周期为轮廓的长度。因此,点火轮廓点对应注意力选择柱中的点火神经元的阈值因为点火而升高到4.5后,经过一段时间后必须下降以确保感兴趣目标轮廓的起始点能再次点火,从而形成轮廓的周期性振荡,实现注意力选择。

考虑到存在短长度的感兴趣目标轮廓以及感兴趣目标轮廓中可能存在多个相隔不远的起始点,神经元阈值因点火升高到4.5后保持的时间应尽量短,模型中阈值升高到4.5后保持一个迭代过程后迅速回落到3,这样既避免了轮廓上相邻两点的振荡,又保证了各种情况下感兴趣目标轮廓均能形成周期性振荡。

下面介绍Unit-linking PCNN注意力选择功能层选择柱中各神经元阈值的选取及调整过程。

(1) 第1次迭代时,初始化各神经元的阈值为1.5,进行第1次迭代运算。若某神经元点火,则其阈值升高至4.5;否则,则其阈值调整到3。

(2) 第2次迭代时,进行第2次迭代运算,若某神经元该次未点火,则其阈值调整或保持为 3;若某神经元在该次点火,则其阈值调整或保持为 4.5。

(3) 第 3 次迭代时,进行第 3 次迭代运算,若某神经元该次未点火,则其阈值调整或保持为 3;若某神经元在该次点火,则其阈值调整或保持为 4.5。

⋮

(k) 第 k 次迭代时,进行第 k 次迭代运算,若某神经元该次未点火,则其阈值调整或保持为 3;若某神经元在该次点火,则其阈值调整或保持为 4.5。

⋮

4. 先验轮廓链码中 $C[0]\neq C[1]$

前面曾提到,先验链码必须满足条件 $C[0]\neq C[1]$。通过对阈值选取的讨论,现在可以知道其原因,这是因为如果 $C[0]=C[1]$,感兴趣目标的轮廓起始点 P_0 及紧邻后续点 P_1 将在第 1 次迭代运算中同时点火,这样第 2 次迭代运算中,P_1 对应选择柱中的相应神经元将因为上一次点火后阈值升高而该次不能点火,导致第 3 次迭代运算中 P_1 的紧邻后续点 P_2 因未接收到来自 P_1 的脉冲而不能点火,这使从轮廓点 P_2 开始感兴趣目标的轮廓就不能继续增长,从而注意力选择失败。因此,必须满足 $C[0]\neq C[1]$。

5. 功能层中轮廓与先验链码匹配的过程

从前面的讨论可知,轮廓与先验链码匹配的过程也就是轮廓在先验链码约束下的生成过程,现在用一个例子来分析轮廓生成的过程。

图 9.29 中,(a)为有两个区域轮廓的 Unit-linking PCNN 方位检测结果,其中左边的正方形是需引起注意的感兴趣目标,右边的多边形为非感兴趣目标;(b)为感兴趣正方形的链码,即先验链码,长度为 12;(c)～(n)记录了(a)中轮廓与(b)中先验链码在第一个振荡周期(即最初 12 次)的匹配过程,黑点表示当前点火的轮廓点,灰点表示本周期(即第一个周期)中已点过火的轮廓点,可清楚地看出轮廓在先验链码约束下的生成过程。

轮廓起始点匹配时,如图 9.29(c)所示,正方形轮廓中有一个点与先验链码相匹配;非感兴趣多边形中有两个点与先验链码相匹配。图 9.29(d)中,正方形轮廓起始点及非感兴趣多边形左上角的起始点由于在生长过程中和先验链码相符合而开始生长,非感兴趣多边形右面的另一个起始点则由于在生长过程中和先验链码不匹配而停止生长。图 9.29(e)～(g)中,正方形及非感兴趣多边形的轮廓在先验链码约束下持续生长。图 9.29(h)中,正方形轮廓由于在生长过程中和先验链码相符合而继续生长,而非感兴趣多边形的轮廓由于在生长过程中和先验链码不匹配而停止生长。图 9.29(i)～(n)中,感兴趣正方形轮廓在先验链码约束下持续生长,而非感兴趣多边形的轮廓早在图 9.29(h)中就停止生长。由图 9.29(n)可看出，正方形轮廓在生长过程中与先验链码序列完全一致，形成一条闭合曲线，从而可发生周期性振荡(周期为 12)，实现了具有 Top-down 机制的注意力选择。非感兴趣多边形轮廓只在开始部分与先验链码序列部分吻合，但未能与先验链码序列完全吻合，故未能形成一条闭合曲线，因此不能形成周期性振荡去吸引注意力。从第二个振荡周期开始(即从第 13 步开始)，非感兴趣多边形轮廓上将不会再有轮廓点火。

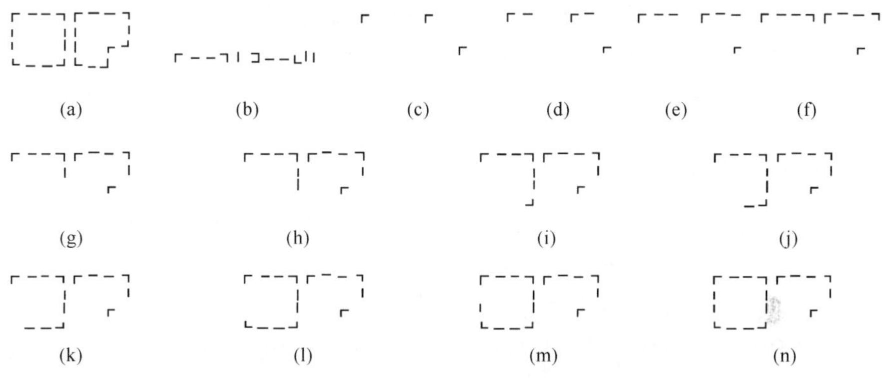

图 9.29　目标轮廓和先验链码的匹配过程示例

6. 输出层的结构及功能

Unit-linking PCNN 注意力选择层中的输出层是一个单层的二维网络，各神经元与功能层的注意力选择柱之间是一一对应的垂直连接关系，输出层的神经元之间不存在水平连接。功能层每个注意力选择柱中六个神经元的输出都输入输出层对应神经元的 F 通道，如图 9.30 所示，输出层所有神经元 L 通道的输入均为 0，

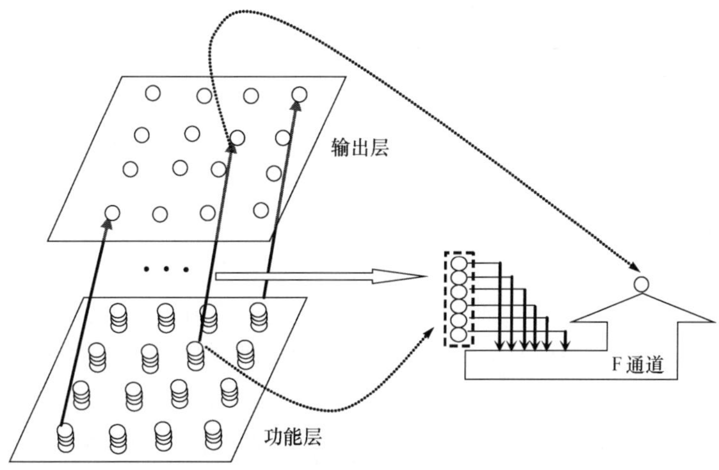

图 9.30　Unit-linking PCNN 注意力选择层中的功能层与输出层之间的连接方式

通过选取合适的阈值，可使某注意力选择柱点火时，其输出层对应的神经元也点火。输出层神经元的点火状态和功能层注意力选择柱的点火状态完全一样。在 Unit-linking PCNN 注意力选择模型中，注意力选择表现为输出层中神经元所构成的感兴趣目标轮廓发生周期性振荡。

感兴趣目标的先验知识是在功能层以轮廓链码的方式引入的。在功能层中依次输入不同目标的轮廓链码序列作为先验知识，就能在输出层依次得到不同轮廓的振荡。这时注意力就在不同的目标(轮廓)间振荡，一会注意这个目标，一会又注意另一个目标，当前的轮廓链码序列决定了当前的注意对象。

9.3.4 仿真及分析

计算机仿真结果表明，通过引入感兴趣目标轮廓链码得到的具有 Top-down 机制的 Unit-linking PCNN 注意力选择模型可在 Unit-linking PCNN 方位检测模型的基础上实现同步振荡注意力选择。

图 9.31 中，(a)为感兴趣目标(T 形多边形)；(b)为感兴趣目标的 Unit-linking PCNN 边缘提取结果；(c)为在(b)基础上得到的感兴趣目标的 Unit-linking PCNN 方位检测结果，据此可得到作为先验知识的感兴趣目标轮廓链码；(d)中含有感兴趣目标及其他非感兴趣形状，注意力选择的目的就是在(d)中注意感兴趣目标 T 形多边形。

图 9.31 中，(e)为(d)的 Unit-linking PCNN 边缘提取结果，(f)为在(e)基础上得到的(d)的 Unit-linking PCNN 方位检测结果。图 9.31(g)中的深灰方点■表示 Unit-linking PCNN 注意力选择过程中，轮廓生长第 1 步时注意力选择输出层中在该步点火的神经元。图 9.31(h)中的深灰方点■表示轮廓生长第 10 步时输出层在该步点火的神经元，浅灰方点■表示此前已点过火的神经元。图 9.31(i)中被灰色圆圈圈起来的黑点■表示轮廓生长第 38 步时点火的神经元，图 9.31(i)中所有的黑点■(包括■)表示的神经元围成了一个 T 形的闭合轮廓，该轮廓就是感兴趣目标的轮廓，这些构成 T 形轮廓的神经元周期性地依次点火，其振荡周期为 38(即为先验轮廓链码的长度)；图 9.31(i)中其他浅灰方点■表示在第一个振荡周期中点过火，且位于非感兴趣轮廓上的神经元，虽然它们在轮廓生长的初期点火，但由于其所在轮廓与先验链码不完全吻合而最终没有形成周期性振荡，它们是非感兴趣轮廓的一部分，从第二个振荡周期开始(即从第 39 步开始)它们将不再点火。从第 39 步开始，输出层中只有图 9.31(i)中黑点■ (包括■)围成的 T 形轮廓的神经元以 38 为周期依次地点火。

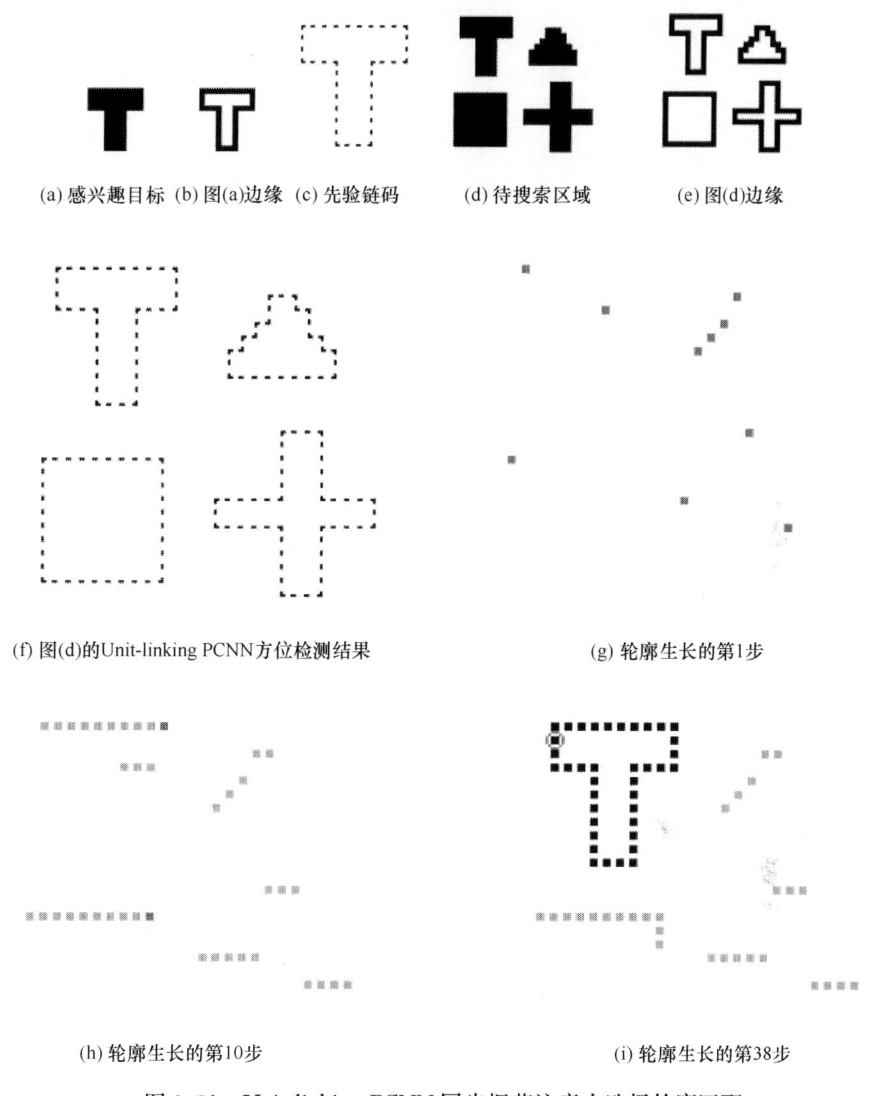

图 9.31　Unit-linking PCNN 同步振荡注意力选择轮廓匹配

9.4　本章小结

本章介绍的基于 Unit-linking PCNN 的同步振荡注意力选择模型是基于神经生物学的注意力选择计算模型，可通过同步振荡实现具有 Top-down 机制的注意力选择。该模型在用 Unit-linking PCNN 模仿生物视觉皮层方位检测的基础上，使用 Unit-linking PCNN 实现了注意力选择，其从方位检测到注意力选择都是基于神经生物学的仿生模型，同时还模仿了生物视觉皮层的同步振荡现象。本章内容侧重于理论探索,模型有待进一步完善。

9.1 节简述了基于 Unit-linking PCNN 的方位检测及同步振荡注意力选择模型[6-8],阐明其与生物视觉系统的关系。

9.2 节介绍的基于 Unit-linking PCNN 的仿生方位检测模型[6-8]是 9.3 节介绍的基于 Unit-linking PCNN 的同步振荡注意力选择模型的基础。该方位检测模型是根据小范围感受野内 Unit-linking PCNN 边缘像素点的分布情况得到边缘方向,能检测到的方向数有限,若要增加其可检测的方向数,可增大 Unit-linking PCNN 方位柱的感受野,或在较大的感受野内,通过综合小感受野的方位检测结果得到最终的方位检测结果。该方位检测模型初步模仿了生物视觉皮层中的方位柱,有待进一步研究。

9.3 节介绍基于 Unit-linking PCNN 的同步振荡注意力选择模型[6-8],通过感兴趣目标轮廓与先验轮廓链码匹配产生周期性振荡实现注意力选择。其中,Top-down 机制是通过引入感兴趣目标轮廓链码序列作为先验知识实现的,目标轮廓链码对噪声较敏感,因此有必要寻找更有效的先验知识表达方式。研究表明,将目标轮廓链码引入有生物学背景的 Unit-linking PCNN 可以实现具有 Top-down 机制的注意力选择。

参 考 文 献

[1] Gu X D, Fang Y, Wang Y Y. Attention selection using global topological properties based on pulse coupled neural network[J]. Computer Vision and Image Understanding, 2013, 117(10): 1400-1411.

[2] Fang Y, Gu X D, Wang Y Y. Attention selection model using weight adjusted topological properties and quantification evaluating criterion[C]. International Joint Conference on Neural Networks, San Jose, 2011.

[3] Fang Y, Gu X D, Wang Y Y. Pulse coupled neural network based topological properties applied in attention saliency detection[C]. International Conference on Natural Computation, Yantai, 2010.

[4] Guo C L, Ma Q, Zhang L M. Spatio-temporal saliency detection using phase spectrum of quaternion Fourier transform[C]. IEEE Conference on Computer Vision and Pattern Recognition, Anchorage, 2008.

[5] Guo C L, Zhang L M. A novel multiresolution spatiotemporal saliency detection model and its applications in image and video compression[J]. IEEE Transactions on Image Processing, 2010, 19(1): 185-198.

[6] Gu X D, Zhang L M. Orientation detection and attention selection based Unit-linking PCNN[C]. International Conference on Neural Networks and Brain, Beijing, 2005.

[7] 顾晓东. 单位脉冲耦合神经网络中若干理论及应用问题的研究[R]. 上海:复旦大学, 2005.

[8] Gu X D. Orientation and contour extraction model using Unit-linking pulse coupled neural networks[M]//Portocello T A, Velloti R B. Visual Cortex: New Research. New York: Nova

Science Publishers,2008.

[9] 顾晓东,郭仕德,余道衡. 一种用 PCNN 进行图像边缘检测的新方法[J]. 计算机工程与应用,2003,39(16):1-2,55.

[10] 顾晓东. 脉冲耦合神经网络及其应用的研究[D]. 北京:北京大学,2003.

[11] Gu X D,Zhang L M,Yu D H. General design approach to unit-linking PCNN for image processing[C]. Proceedings of the IEEE International Joint Conference on Neural Networks, Montreal,2005.

[12] Eckhorn R,Bauer R,Jordan W,et al. Coherent oscillations:A mechanism of feature linking in the visual cortex? [J]. Biological Cybernetics,1988,60(2):121-130.

[13] Gray C M,Singer W. Stimulus-specific neuronal oscillations in orientation columns of cat visual cortex[J]. Proceedings of the National Academy of Sciences,1989,86(5):1698-1702.

[14] Eckhorn R,Reitboeck H J,Arndt M,et al. A neural network for future linking via synchronous activity:Results from cat visual cortex and from simulations[M]//Cotterill R M J. Models of Brain Function. Cambridge:Cambridge University Press,1989.

[15] Eckhorn R,Reitboeck H J,Arndt M,et al. Feature linking via synchronization among distributed assemblies:Simulation of results from cat cortex[J]. Neural Computation,1990, 2(3):293-307.

[16] Kreiter A K,Singer W. Oscillatory neuronal responses in the visual cortex of the awake macaque monkey[J]. European Journal of Neuroscience,1992,4(4):369-375.

[17] Murthy V N,Fetz E E. Coherent 25-Hz to 35-Hz oscillations in the sensorimotor cortex of awake behaving monkeys[J]. Proceedings of the National Academy of Sciences,1992,89(12):5670-5674.

[18] Eckhorn R,Frien A,Bauer R,et al. High frequency(60-90Hz)oscillations in primary visual cortex of awake monkey[J]. Neuroreport,1993,4(3):243-246.

[19] Frien A,Eckhorn R,Bauer R,et al. Stimulus-specific fast oscillations at zero phase between visual areas V1 and V2 of awake monkey[J]. Neuroreport,1994,5(17):2273-2277..

[20] Frien A,Eckhorn R,Woelbern T,et al. Oscillatory group activity reveals sharper orientation tuning than conventional measure in primary visual cortex of awake monkey[J]. Society for Neuroscience Abstract,1995,21,1650.

[21] 徐科. 神经生物学纲要[M]. 北京:科学出版社,2000.

[22] Gu X D,Wang H M,Yu D H. Binary image restoration using pulse coupled neural network[C]. International Conference on Neural Information Processing,Shanghai,2001.

[23] 顾晓东,郭仕德,余道衡. 一种基于 PCNN 的图像去噪新方法[J]. 电子与信息学报,2002, 24(10):1304-1309.

[24] Gu X D,Guo S D,Yu D H. A new approach for automated image segmentation based on Unit-linking PCNN[C]. Proceedings of the International Conference on Machine learning and Cybernetics,Beijing,2002.

[25] Yu B,Zhang L M. Pulse-coupled neural networks for contour and motion matchings[J]. IEEE Transactions on Neural Networks,2004,15(5):1186-1201.